사례와 함께하는

군사법규

원영철

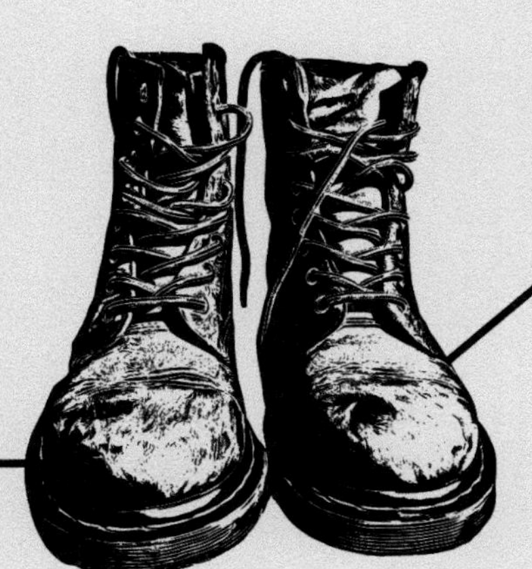

三 英 社

머리말

일상 사회생활이 각종 법규범에 의해 규율되는 것과 마찬가지로 군 조직사회도 군형법, 군인의 지위 및 복무에 관한 기본법, 국군조직법, 군사법원법, 병역법, 군인사법, 예비군법 등 각종 법에 의해 군조직의 질서를 유지하고 있다. 특히, 폐쇄적 조직사회인 군대 내에서도 엄격한 군기 확립이 필요하지만 군무이탈행위, 수소이탈행위, 근무태만행위, 항명, 폭행·협박·상해·가혹행위, 군용물훼손행위, 위령위반행위 그리고 강간과 추행행위 등 각종 범죄가 발생하고 있는데, 군법은 이러한 각종 법적 분쟁을 해결하는 최후의 수단이기 때문에 군인에게도 법적 문제의 해결능력을 키워주는 군법교육이 그만큼 필요하다.

그러나 우리나라 군법관련 교과서가 많지 않음은 물론 대부분 추상적 이론서로서 출간되고 있으나, 이 책은 군사법규의 기초적 이론과 함께 군생활에서 일어날 수 있는 213가지의 사례들에 대해 대법원 및 고등군사법원의 판결요지 등을 간략하게 설명하였다. 그럼으로써 자칫 벌어지기 쉬운 군법이론과 실제 사이의 간격을 좁히고, 실제 사례연구를 통해 교육적 흥미와 학습동기를 자극하여 교육효과를 제고시키고자 노력하였다.

이 책의 출간에 있어서 많은 분들의 성원과 격려가 있었다. 그 중에서도 원고 집필에 많은 도움과 조언을 해주신 유재풍 변호사(공군법무 최고책임자인 공군본부 제19대 법무감, 국제라이온스협회 한국연합회장, 법무법인 청주로 대표변호사)와 김선홍 변호사(법무법인 율곡 구성원 변호사)에게 고마움을 전하고, 출판업계의 어려움에도 불구하고 이 책의 출간을 기꺼이 맡아주신 도서출판 삼영사 고성익 사장님과 편집·교정을 해주신 편집부 여러분의 수고에도 감사의 말씀을 드립니다.

끝으로 6.25전쟁 당시 나라를 위해 하나 밖에 없는 목숨을 바쳤으나 미처 수습되지 못한 채 아직도 이름 모를 산야에 홀로 남겨진 12만 3천여 위의 호국용사들과 6.25전쟁 1.4후퇴 때에 중공군에 체포되어 장교에 대한 전쟁법상의 포로의 대우를 전혀 받지 못하고 갖은 고초를 겪으신 이후, 포로교환 때에 귀환하시고 직업군인으로서 국가와 국민에게 충성을 다하시다가 제대 후, 전쟁 후유증으로 작고하신 아버님의 영정에 이 책을 올립니다.

2025년 2월
저자 씀

Contents

Contents

PART 2 군형법 / 91

Contents

Contents

Contents

Contents

PART

1 군법 기초이론

Chapter

1 법의 개념과 이념

제1절 군인의 법교육 필요성

국군은 대한민국의 자유와 독립을 보전하고 국토를 방위하며 국민의 생명과 재산을 보호하고, 나아가 국제평화의 유지에 이바지함을 그 사명으로 한다는 점에서 군인은 무엇보다도 올바른 법의식의 함양이 중요하다. 그리고 군의 모든 구성원들이 법을 지키지 않으면 군의 질서가 파괴되고 군의 존립도 불가능하므로 법을 지키겠다는 준법정신을 함양해야 한다.

일상사회생활이 각종 법규범에 의해 규율되고 있듯이 군 조직사회도 군형법, 군인의 지위 및 복무에 관한 기본법, 국군조직법, 군사법원법, 병역법, 군인사법, 예비군법 등 각종 법으로 군조직의 질서를 유지하고 있다. 그러나 이러한 법들이 군의 병역생활관계와 이해관계를 조정하여 군 조직사회의 질서를 유지하기 위해서 꼭 필요한 존재라고 생각하기는 커녕, 지휘관이 법 위에 군림하거나 법을 지배·억압의 도구로 이용함으로써 '약자에 강하고 강자에 약한 법' 또는 '강자를 위한 법'이라는 법에 대한 막연한 두려움과 병영생활 속에서 상급자의 구타행위, 갑질행위 등의 사례를 무수히 목격했기 때문에 법에 대한 혐오와 경시라는 피해의식 일변도의 태도를 보여주고 있다. 또한 특히 걱정스러운 것은 우리가 가지고 있는 법에 대한 무지로 '법은 딱딱한 것', '어려운 것', '골치 아픈 것'으로 치부하면서 선량한 사람을 '법 없이도 살 사람'이라고 말한다는 것이다.

우리는 법이 어느 정도 군 조직의 이익을 정당하게 조정하고 군인의 존엄성을 보호해 주는 역할을 도모하는 한 이제까지의 군법에 대한 그릇된 사고를 건전한 방향으로 전환하는 올바른 법의식의 함양이 중요하다. 특히, 폐쇄적 조직사회인 군대 내에서도 엄격한 군기 확립이 필요하지만 군무이탈행위, 수소이탈행위, 근무태만행위, 항명, 폭행·협박·상해·가혹행위, 군용물훼손행위, 위령위반행위 그리고 강간과 추행행위 등 각종 범죄로 인한 분쟁이 발생하는데, 군법은 이러한 각종 분쟁을 해결하는 최후의 수단이기 때문에 군인에게도 법적 문제의 해결능력을 키워주는 군법교육이 그만큼 필요하다.

사례연구 1 ▶ 군인의 대민범죄현황

군인·군무원이 민간인을 대상으로 하는 범죄 현황(적발 건수, 군별·신분별·유형별)은 어떻게 되나요?

▶ 2020년 1월~2024년 6월, 군인·군무원의 대민범죄 적발 현황은 2020년 1,595건, 2021년 1,503건, 2022년 2,084건, 2023년 1,627건, 2024년 6월 기준 666건에 달했다. 군별로는 육군 5,340건, 해군 1,219건, 공군 651건, 국방부 검찰단 소관 265건으로 나타났다. 신분별 대민범죄 적발 현황은 장교 1,030건, 준·부사관 3,014건, 병 2,987건, 군무원 및 기타 444건으로 준·부사관과 일반 병사 신분에서 대민범죄가 가장 잦았다. 범죄 유형별 대민범죄는 교통범죄 2,305건, 폭력범죄 2,219건, 성범죄 1,276건, 사기 및 공갈 1,067건, 절도 및 강도 596건, 살인 10건, 방화 2건 순으로 발생했다(2024 국정감사 자료 참고). 2022년 7월 1일 개정된 군사법에 따라 군 내부에서 발생한 성범죄의 수사 및 재판이 민간으로 이관됨에 따라 대민 성범죄가 감소했으나 민간으로 이관된 사건을 포함할 경우 적발 건수는 더 늘어날 것으로 예상된다.

국민의 생명을 보호하고 안전을 도모할 군인이 민간인을 대상으로 범죄를 저지르는 것은 우리 군에 대한 국민의 신뢰도 저하로 이어진다는 점에서 군인범죄에 대해 엄중한 기준으로 처벌하고, 국방부는 범죄 예방을 위해 관련 교육을 강화함으로써 군 기강을 확립하기 위한 방안을 적극 마련해야 한다

결론적으로 군은 국토방위의 신성한 사명을 갖는 특수조직이므로 올바른 법의식과 준법정신의 함양이 무엇보다 중요하다.

제2절 법의 개념

군법을 공부하기에 앞서 법의 개념을 알아둘 필요가 있다. 왜냐하면 법의 개념적 요소 내지 특징을 알아야만 군법상의 조문을 해석하는 데에 도움이 되기 때문이다. 그러나 법학을 공부하기 시작하면서 가장 먼저 봉착하는 난관은 '법이란 무엇인가' 하는 문제이다. 그러나 이 문제는 법학의 최초의 문제이자, 최후의 문제로 그 완전한 정의를 내리기란 곤란하며, 영원히 해결할 수 없는 문제인지도 모른다. 칸트(Immanuel Kant ; 1724~1804)가 "법학자들은 끊임없이 법의 정의가 무엇인가를 찾고 있다"고 말한 것은 이를 단적으로 말해주고 있다.

한자의 '法'은 물 '수'(水)와 갈 '거'(去)를 합한 것으로 '치수'(治水), '다스림', 즉 자연의 이치에 따라 위에서 아래로 물이 흘러가듯 모든 일이나 분쟁을 순리에 맞게 처리한다는 뜻이기도 하다. 그런데 '법'(法)은 한(漢)나라 이전의 고문에는 '灋'이었다. 이것은 '수'(水), '치'(廌) 및 '거'(去)를 합친 것인 바, '수'는 어떤 그릇에 담겨도 평평한 것처럼 공평의 의미가 있고, '치'는 전설 속의 동물로서 죄의 유무를 가릴 수 있는 성스러운 동물이므로 인간에게 죄가 있느냐 없느냐 하는 것을 뜻하고, '거'는 악을 제거한다는 의미에서 사용하였다고 한다.

사례연구 2 ▸ 눈을 가린 정의의 여신 디케(Dike)

그리스 신화에 나오는 정의의 여신 디케는 한 손에는 저울을, 한 손에는 칼을 쥐고 있고, 옳고 그름, 선과 악을 정확하게 판별해야 할 정의의 여신상은 안대로 두 눈을 가리고 있는데, 이는 무엇을 의미하는가?

▶ 여기서 저울은 개인 간의 권리관계 분쟁을 해결하는 것을 의미하기 때문에 민사사건과 관련이 있고, 칼은 사회질서를 파괴하는 자에 대한 제재를 뜻하므로 형사사건과 관련이 있다. 두 눈을 안대로 가리고 있는 것은 정의를 실현하기 위해서는 '법'(法)의 '수'(水)와 같이 모든 사람에 평등하고 공평하게 적

용되어야 한다는 의미이다.

법의 완전한 정의를 찾기는 매우 어렵기 때문에 법의 특징은 어떤 것이 있느냐에 대한 해답을 제시함으로써 법의 윤곽을 이해할 수밖에 없다.

법의 특징은 행위규범이고, 사회규범이며, 강행규범이다. 따라서 이와 같은 특징으로 법에 대한 정의를 내리면, 법이란 "사회공동생활에 있어서 행위의 준칙으로서 국가에 의해 강행되는 사회규범"이라고 할 수 있고, 이를 나누어 설명하면 다음과 같다.

I 행위준칙(行爲準則)으로서의 법

법의 대상이 되는 것은 인간의 행위이다. 즉, 법은 인간이 사회공동생활을 영위하는데 있어서 '해야 되는 행위'와 '해서는 안 되는 행위'를 정하는 것이다. 여기서 인간의 '행위'란 행위자의 의사결정에 의하여 행하는 신체적 동작 내지 태도를 말한다. 따라서 법은 일정한 행위를 해야 하고, 또 하지 않아야 할 행위의 준칙이라 할 수 있다.

그러므로 이유없이 구타행위를 한 상급자가 "죽었으면 좋겠다. 죽여 버리겠다" 등과 같이 마음속으로 의사결정을 하였다고 하더라도 그 의사가 외부로 나타나지 않는 한 그것은 법의 대상이 되지 않는다. 또, 의사의 객관화라고 할 수 없는 반사운동이나 절대적 강제 하의 동작·태도는 군형법상의 행위가 아니다.

그러나 그 의사결정이 외부적으로 나타나는 이상, 그 행위가 작위이든 부작위이든 이를 묻지 않고 법의 규율대상이 된다. 여기서 '작위'란 외부에 어떤 변화를 가져오게 하는 적극적 행위, 예컨대 군무를 이탈하는 행위, 상급자가 하급자를 협박·폭행·상해하는 행위, 군용물을 손괴하는 행위 등을 말하고, '부작위'란 어떤 행위를 해야 할 책임이 있는 자가 어떤 결과의 발생을 목적으로 아무 것도 하지 않는 것, 예컨대 반란을 보고하지 않는 행위, 출병을 거부하는 행위, 부하범죄에 대한 부진정행위, 병사를 감금하고 음식물을 제공하지 않는 행위 등을 말한다.

요컨대, 법은 일정한 행위를 해야 하고, 또 하지 않아야 할 행위의 준칙이라 할 수 있다.

사례연구 3 ▶ 작위범과 부작위범

1944년 6월 6일 D-Day. 미국과 영국군 등은 프랑스 노르망디에서 상륙작전을 시행하는데, 밀러대위는 라이언 4형제 중 오늘이면 아들 셋의 전사통보를 받을 어머니를 위해 막대아들 라이언을 귀환시키라는 명령을 받게 되고 결국 라이언일병을 찾았다. 그러나 라이언은 자기가 귀대하면 이곳은 무너지고 동료들은 다 죽게 될 것이라며 완강하게 거부하였고, 결국 밀러대위는 독일군과의 전투 중에 수십명의 병사와 함께 사망하였다. 살아남은 라이언은 수 십년 후 백발노인이 되어 가족과 함께 국립묘지에 안장된 밀러대위의 묘 앞에서 눈물을 흘린다. 이 영화는 전쟁영화 사상 가장 리얼리티가 살아있다는 평가를 받았고, 스티븐 스필버그에게 아카데미 감독상의 영예를 안겨 주었던 "라이언일병 구하기"이다.

X부대 소속 Y소대는 경계근무 중 적의 공격을 받게 되자, A소대장은 B중사 등 소대원과 함께 치열한 총격전을 벌이면서 교전하던 중 안타깝게도 B중사가 적에게 붙잡혀 포로가 되었다. 그러나 A소대장은 B중사를 우군부대 또는 진지로 귀환시킬 수 있음에도 불구하고 귀환할 적절한 행동을 하지 않았다. 이 경우, 적절한 조치를 취하지 않은 행위도 군형법상 죄가 되는가?

▶ 부작위범이란 부작위(소극적 동작)에 의한 범죄, 즉 법규범이 요구하는 일정한 행위를 이행하지 않으므로써 성립하는 범죄를 말한다. 다만, 형법 내지 군형법상 부작위라 함은 '아무 것도 하지 않는다'는 것이 아니라 '무엇인가를 하지 않는 것', 즉, 기대된 작위를 하지 않는 것이다. 군형법 제86조 전단에는 적에게 포로가 된 사람이 우군(友軍)부대 또는 진지로 귀환할 수 있는데도 귀환할 수 있도록 적절한 행동을 하지 아니한 경우, 즉 부작위에 의한 행위에 대해 2년 이하의 징역에 처하도록 규정하고 있다. 한편 군형법 제86조 후단에는 다른 우군포로가 귀환하지 못하게 한 경우, 즉 작위에 의한 행위에 대해서도 같은 법정형에 처하도록 규정하고 있다.

Ⅱ 사회규범으로서의 법

법은 자연법칙이 아닌 사회규범의 하나이다. 그렇다면 왜 우리 사회에서 사회규범이 필요한가?

우리 인간의 사회공동생활이 원활하게 영위되고, 평화롭게 발전되기 위해서는 일정한 '질서'가 필요하고, 인간의 행동을 규율하기 위해서는 반드시 객관적인 규칙이 필요하며, 질서의 기준과 내용을 개개인이 마음대로 정할 수 없으므로, 사회구성원들의 공동의 동의에 따라 만들어진 사회질서의 기준을 사회규범이라 하고, 법은 종교, 도덕, 관습과 같이 사회규범의 하나에 속한다.

그렇다면 사회규범이란 무엇인가? 칸트는 자연과 사회의 이원론적 세계관에 입각하여, 존재와 당위라고 하는 두 개의 범주에 의하여 자연법칙과 사회규칙(사회규범)의 특수성을 구별하고 있다. 여기서, 자연법칙이란 자연계를 지배하는 원리, 즉 자연의 세계는 항상 변하지만 인간의 의사와는 관계없이 일정한 질서가 유지된다는 것을 말하는 것이다. 반면에 사회규범은 사회 구성원들의 공동의 동의에 따라 만들어진 사회 질서의 기준을 말하는 것으로, 예를 들면 종교, 관습, 도덕, 법 등과 같이 사회생활을 방해하는 행위를 금지하거나 필요한 것을 요구하는 것과 같이 당위의 법칙을 말한다.

모든 사회에 적용될 수 있는 법에 관한 격언 중의 하나는 '사회가 있는 곳에 법이 있다'는 말이다. 여기서 말하는 '법'이란 사회규범을 뜻하는 것으로, 우리가 살고 있는 사회에는 종교, 관습, 도덕, 법 등 여러 가지 사회규범이 있다. 이런 사회규범 중에 법의 존재는 그만큼 중요한 것으로, 사람이 둘 이상 모여 살다가 보면 서로 이해관계가 충돌하게 마련이고, 이들 이해관계의 충돌을 적절히 조절하고 질서를 유지하기 위해서는 반드시 국가권력에 기초한 강제력 있는 법의 존재를 필요로 한다.

사례연구 4 ▶ 자연법칙과 사회규범

칸트는 자연과 사회의 이원론적 세계관에 입각하여, 규범을 존재와 당위라고 하는 두 개의 범주로 구별하고 있다. 첫째, 병사들 사이에는 시쳇말로 "거꾸로 매달아놔도 국방부시계는 돌아간다."는 이야기가 있는데, 이것은 무엇이고, 둘째, 국방부시계는 돌아감에도 불구하고 연락을 끊은 여자친구를 만나기 위해 탈영하게 되면 군형법상 엄하게 처벌되는데, 이것은 무엇을 의미하는가?

▶ 칸트는 규범을 존재와 당위라고 하는 두 개의 범주에 의하여 자연법칙과 사회규칙(사회규범)의 특수성을 구별하고 있다. 여기서, 자연법칙이란 자연계를 지배하는 원리, 즉 자연의 세계는 항상 변하지만 인간의 의사와는 관계없이 일정한 질서가 유지된다는 것을 말하는 것이고, 사회규범은 사회 구성원들의 공동의 동의에 따라 만들어진 사회 질서의 기준을 말한다. 따라서 전자는 자연법칙이고, 후자는 사회규범을 말한다. 군형법은 사회규범 중의 하나이다.

Ⅲ 강제규범으로서의 법

법은 국가권력에 의해 강행되는 사회규범이다. 즉, 법은 국가권력에 의하여 그 준수가 강제되는 것이다.

사회규범에는 종교, 관습, 도덕, 법 등 여러 가지가 있으나, 종교, 관습, 도덕 등은 사회규범으로서 인류가 준수해야 할 것이기는 하지만, 이것을 위반해도 특정한 외부적 압력을 받지 않고, 각자의 양심 등에 맡겨질 뿐이며 양심의 가책 등을 느낄 뿐이다. 그러나 법규범은 시대와 국가에 따라서 각각 다르게 나타나지만, 법은 국가권력에 의해 강행되므로 법규범을 위반하는 자에 대해서는 국가권력에 의해 일정한 제재가 따른다. 예를 들면, 위법행위에 대해서 형벌이 내려지고, 불법행위에 대해서는 손해배상 내지 강제집행이 내려지는 것이다. 이러한 의미에서 독일의 법학자 예링(Rudolf von Jhering ; 1818~1892)은 "법적 강제가 없는 법규는 타지 않는 불, 비치지 않는 등불과도 같다"고 하였으며, 칸트(Immanuel Kant ; 1724~1804)는 "법과 강제기능은 동일하다"고 하였다.

이와 같이 종교, 관습, 도덕 등과는 달리, 법은 사회질서를 유지하기 위해서는 국가권력으로부터 그 강행이 보장되는 법의 위치가 그만큼 높다 할 것이며, 이는 군형법, 군인의 지위 및 복무에 관한 기본법, 군사법원법 등과 같은 국내법뿐만 아니라 1907년 헤이그육전규칙, 1949년 전장(戰場)에 있는 군대의 부상자와 병자의 상태개선을 위한 협약 및 1977년 제네바 제1추가의정서 등 전쟁법과 같은 국제법도 마찬가지이다.

사례연구 5 ▶ 국제법의 본질과 강제성

대한민국 초대대통령이었던 이승만대통령이 국제법 분야로 박사학위를 받을 때 미국의 프린스턴대학교 총장이 바로 민족자결주의를 외친 미국 윌슨대통령이었다. 윌슨총장이 베푼 리셉션에서 이승만대통령은 윌슨총장에게 등록금을 돌려달라고 농담을 건넸다. "그게 무슨 소리냐"는 윌슨총장의 물음에 이승만대통령은 "세상에 존재하지도 않는 법을 가르쳤으니 등록금을 돌려 주십시요!"라고 하였다고 한다. 혹자는 국제법에는 강제성이 없으므로 위반의 경우에도 제재를 가할 방법이 없다고 하는데, 과연 국제법은 법으로서의 성질을 가지고 있는가?

▶ 군인 또는 준군인 등은 군형법 등 국내법의 적용을 받지만, 한편으로는 국제법인 전쟁법도 적용받게 된다. 군인의 지위 및 복무에 관한 기본법 제34조에는 전쟁법 준수의 의무가 규정되어 있고, 같은 법 시행령 제22조에는 포로의 대우 관한 일반원칙 등 전쟁법 교육을 실시하도록 규정하고 있다. 국제법인 전쟁법도 위반에 대해 제재·강제가 따라야 하지만, 사실상 제재가 따르지 않는다고 해서 법이 아니라고 할 수는 없다. 따라서 국제법은 강제성을 요소로 하는가에 대해서는 '강제되어야 한다'는 규범적·당위적 강제로 보아야 할 것이다. 우리는 타국을 무력 침공한 사례와 같이 센세이션한 사건만을 생각하고, 국제법이 잘 지켜지지 않는다고 생각하고 있으나, 이런 사건이 있을 때에 비난할 수 있는 그 자체가 국제법이 이를 금지하고 있기 때문이다. 만약 국제법이 없다면, 또 국제법이 법이 아니라면 위법의 근거와 비난의 근거를 상실하게 되는 것이다. 또한, 국제사회에도 규범의 위반국에 대한 통상제재(경제봉쇄), 국제군사재판소 등을 통해 제한적이기는 하지만, 그 나름대로 위반자를 처벌하고 있다. 1928년 부전조약(不戰條約, 일명 켈로그-브리앙 조약)

은 제2차 세계대전 후 뉘른베르크의 독일 전범재판에 영향을 끼쳤다

제3절 법의 이념

I 법의 이념이란?

군인의 지위 및 복무에 관한 기본법 제5조 제1항에는 "국군은 국민의 군대로서 국가를 방위하고 자유 민주주의를 수호하며 조국의 통일에 이바지함을 그 이념으로 한다."고 규정하고 있다. 국내법인 군형법, 군인의 지위 및 복무에 관한 기본법 그리고 국제법인 1907년 헤이그육전규칙, 1949년 전장(戰場)에 있는 군대의 부상자와 병자의 상태개선을 위한 협약 및 1977년 제네바 제1추가의정서 등은 국제법의 하나인데, 기본적으로 법의 이념은 무엇일까?

법의 이념은 가치판단의 기준이며 법 형성의 기본원리로, 법이라는 사회규범을 제정하게 된 근본적인 사명을 말한다. 즉, 법에 의해서 실현하려고 하는 공동생활의 실천목표를 말한다.

법의 이념에 대해서는 과거부터 많은 법학자들이 여러 가지로 설명하여 왔다. 이에 대하여 가장 총체적이고 다면적으로 설명한 학자는 독일의 법학자 라드브루흐(Gusta Radbruch ; 1878~1949.)인데, 그는 "법의 이념은 정의와 합목적성, 법적 안정성에 가치를 두고 있다"고 하였다.

1. 정의

정의는 법이 추구하는 궁극적인 이념으로서 진선미(眞善美)와 같이 인간생활 최고의 궁극적이고 절대적인 가치를 말하고, 정의의 구체적인 내용은 시대와 민족, 국가에 따라 다르다.

아리스토텔레스는 법의 이념으로서의 정의를 '사회생활을 영위하고 있는 각인의 이해를 균등히 하는 것'이라고 하고, 이것을 '평균적 정의'와 '배분적 정의'로 구별하였다. 평균적 정의는 모든 것을 동등하게 취급하는 것으로 계약당사자가 대등한 입장에서 자유롭게 계약조건을 결정하는 것, 모든 선거권자에게 1표의 투표권을 주는 것 등과 같이 급부와 반대급부, 범죄와 형벌의 균등을 도모하는 원리이며, 그 적용에 있어서는 가치 차이를 문제시하지 않는다. 이에 반하여 배분적 정의는 각인의 재능과 가치 또는 능력과 공헌도에 따라서 명예 및 재화를 공정히 분배하는 것을 뜻하는 것으로, 부자에게 세율을 높이고, 기여상속인에 대하여 기여분의 고려를 하는 것이 이에 속한다.

법은 정의와 합치될 때 더욱 가치가 있는 것이다. 정의는 법의 중요한 이념이고, 법은 정의를 실현하는 수단이 되는 것이다. 정의의 테두리를 벗어난 입법은 가치가 없는 것이다. 정의는 최종적 가치로서의 위치에 자리하고, 법의 최종목적은 정의의 실현에 있다.

정의와 관련된 법언(法諺)에는 '세상이 망해도 정의를 세우라', '정의만이 통치의 기초다' 등이 있다.

사례연구 6 ▶ 배분적 정의

X부대에 복무하고 있는 A중사는 개를 키우고 있었는데, 며칠 전 새끼를 낳았다. 그런데 어떤 강아지는 유난히 작고 허약해 보였고, 어미가 젖을 줄 때에도 다른 강아지에 밀려 젖을 먹지 못하였다. 그래서 A중사는 그 새끼 강아지에게 먼저 젖을 주고 극진히 보살핀 결과 다른 강아지처럼 튼튼하게 성장하였다. A중사는 어떤 정의 관념을 가진 것일까?

▶ 정의는 '평균적 정의'와 '배분적 정의'로 나눌 수 있는데, A중사는 유권자에게 1인 1투표 부여, 범죄와 형벌, 손해와 배상 등과 같이 모든 것을 동등하게 취급하는 평균적 정의에 입각한 것이 아니라, 여자에게 생리휴가를 주는 것, 회사에 큰 이익을 가져다 준 사원에게 성과급을 지급하는 것, 만 19세(만 19세에 도달하는 해의 1월 1일, 청소년보호법 제2조 제1호) 미만 미성년자의 유흥주점 출입을 금하는 것과 같이 각인의 재능과 가치 또는 능력과 공헌도에 따라 명예와 재화를 분배하는 배분적 정의에 의한 것이다. A중사가 유난히 작

고 허약한 새끼에게 먼저 어미의 젖을 물리게 한 것은 배분적 정의에 의한 것이다. 군인들에게 똑같이 주는 일반휴가, 모든 병사에게 똑같은 급식 제공, 초병의 동일한 경계근무시간을 서게 하는 것과 같은 평균적 정의에 입각한 것이 아니라, 사격훈련에서 특전사수로 선발되어 받는 특별휴가, 교육이나 체육대회 우수자에게 주는 포상휴가, 무장공비를 소탕하는데 현격한 공을 세운 병사에게 훈장과 포상휴가를 주는 것과 같은 배분적 정의에 의한 것이다.

2. 합목적성

법의 합목적성이란 법이 따라야 할 기준으로, 사회가 추구하는 가치나 목적 실현에 부합하도록 하는 것을 말한다. 즉, 국가와 사회가 전체적으로 어떤 가치를 추구하는 것이 이상적인가를 예상하고, 그것에 맞추어 방향을 설정하는 것을 말한다. 따라서 국가의 법질서가 어떤 표준에 의하여 구체적으로 제정되고 시행되는가를 결정하는 실질적 기준이 된다.

합목적성은 그 시대의 가치관에 따라 다르게 나타나는 상대적인 것이기 때문에 그 의미도 시대의 가치관에 따라 다르게 표현되고 있다. 예컨대 자유주의 국가에서는 개인의 자유에 최상의 가치를 두고 있고, 제2차 세계대전의 추축국인 독일, 일본 등과 같은 전체주의 국가는 민족이나 국가와 같은 단체에 최상의 가치를 두며, 현대국가는 개인의 이익과 사회의 이익을 조화시켜 공공복리의 증진을 지향하고 있다.

합목적성과 관련된 법언(法諺)에는 '국민이 원하는 것이 곧 법이다', '민중의 행복이 최고의 법률이다' 등이 있다.

3. 법적 안정성

법적 안정성이란 인간이 법에 따라 안심하고 생활할 수 있는 환경, 즉 법질서가 동요됨이 없이 어느 행위가 옳고, 어떠한 권리가 보호되며, 어떠한 경우에 어떠한 책임이 추궁되느냐 하는 것이 일반인에게 확실히 알려져 있어서 사람들이 법의 권위를 믿고 안심하고 행동할 수 있는 상태를 말한다. 군인 등에 적용되는 군형법, 군인의 지위 및 복무에 관한 기본법의 존재도 일반인과 마찬가지로 법적 안정성을 요구하고 있다. 법적 안정성이 결여되면 사회질서, 군조직사회는 혼란에 빠질 수밖에 없고, 법은 사회질서, 군의 질서를 유지하기 위하여 인간이 만든 제도적 장치를 의미하는 것이기 때문에 법에는 안정성이 있어야 한다. 소크라테스가 '악법도 법이다'라고 말하면서 독배를 마신 것은 법적 안정성을 강조했기 때문이다.

법적 안정성과 관련된 법언(法諺)에는 '정의(법)의 극치는 부정의(불법)의 극치이다', '권리 위에 잠자는 자는 보호받지 못 한다', '정의롭지 못한 법이 무질서보다 낫다' 등이 있다.

Ⅱ 법 이념간의 상호관계

법의 이념은 정의, 합목적성, 법적 안정성 등을 들 수 있는데, 이는 올바른 법체계를 정립하고 안정적인 사회질서를 확립하기 위해서 꼭 필요한 요소들이다. 그러나 법의 이념간의 충돌, 즉 상호간에 모순되는 경우가 있다.

예컨대, 일제 강점기 때에 반민족 행위자에 대한 처벌이나 친일 행위자 후손의 재산권 박탈 등을 위한 소급 입법은 정의를 실현할 수 있지만 법적 안정성은 침해된다. 검사가 범죄자를 공소 제기할 수 없는 공소시효제도, 일정한 사실상태가 오랜 기간 동안 계속됨으로써 권리가 취득·소멸하게 되는 취득시효와 소멸시효 제도 등은 법적 안정성을 달성할 수 있지만 정의 관념에는 부합하지 않는다. 또한, 유태인을 박해하게 되었던 나치의 법률은 합목적성에는 부합할 수 있을지 모르나 정의롭지 못한 법률이다.

결국 정의와 합목적성, 법적 안정성은 서로 추구하는 것이 다르기 때문에 서로 모순된다 하더라도 법이 추구할 당위의 목표이므로 이들 상호간에 조화를 이루도록 하는 것이 법의 이념인 동시에 법이 추구해 나가야 할 과제라 할 수 있다.

사례연구 7 ▶ 법 이념 간의 충돌 문제

제2차 세계대전 당시 레지스탕스를 소탕하는 임무를 맡고 수많은 프랑스인을 고문·살해했던 '뚜비에'는 1947년 국가 반역죄로 사형선고를 받고 복역 중 탈출하였고 20년이 지난 1967년 시효가 완성되었다. 그러나 피해자 유족들은 1964년에 제정된 X법을 근거로 1973년 뚜비에를 다시 고소하였고, 결국 뚜비에는 1994년 '반인도적 범죄' 혐의로 종신형이 선고되었는데, 이를 어떻게 평가해야 하는가?

▶ 공소시효란 검사가 수사에 착수하여 공소를 제기할 수 있는 기간을 말하는데, 공소시효가 지나면 더 이상 공소를 제기할 수 없으므로 처벌도 불가능하다. 다만 소급입법(X법)도 반인도적 범죄행위에 대해 단죄를 내린다고 하는 공익적 필요성에 의해 그 예외를 인정할 수 있다. 예컨대 후술하는 인도에 관한 죄, 평화에 관한 죄 등 전쟁범죄는 많은 사람들의 기본적 인권을 말살하는 반인륜적 범죄이므로 시효를 두지 말자는 주장이 제기되어 입법화되고 있다. 다만, 이러한 법률은 법의 이념 중 정의를 구현할 수 있지만 법적 안정성을 해치게 된다.

Chapter

2 군법의 존재형식

제1절 법의 존재형식

I 성문법

1. 성문법의 의의

성문법이란 문자로 작성되고 일정한 형식과 절차에 따라 제정·공포되는 법을 말한다. 일반적으로 성문법을 '문장으로 된 법규'라고 하는 경우가 있으나, 이것은 판례법과 같이 문서로 기록된 것이 있기 때문에 올바른 정의가 아니다.

우리나라는 성문법주의 국가로서 가장 중요한 법원(法源)을 성문법으로 하고 있으며, 성문법으로는 성문헌법, 법률, 명령, 자치법규(조례, 규칙) 등이 있다.

2. 성문법의 종류

(1) 헌법

헌법이란 국가의 통치조직, 통치작용의 원칙을 정하고, 국민의 기본권을 보장하는 국가의 근본법(최고법)을 말한다.

우리 헌법 제5조에는 대한민국은 국제평화의 유지에 노력하고 침략적 전쟁을 부인하고(제1항), 국군은 국가의 안전보장과 국토방위의 신성한 의무를 수행함을 사명으로 하며, 그 정치적 중립성은 준수된다(제2항)고 규정하여 국군의 사명과 정치적 중립성을 규정하고 있다. 또한 제74조에는 대통령은 헌법과 법률이 정하는 바에 의하여 국군을 통수하고(제1항), 국군의 조직과 편성은 법률로 정한다(제2항)고 하여 국군통수권과 국군조직 및 편성의 법정주의를 규정하고 있다.

헌법은 성문법원 중에서 국가의 최고법·근본법으로서 하위의 법인 법률, 명령, 조례, 규칙 등은 헌법을 위반할 수 없으며, 헌법에 위반된 법률, 명령, 조례, 규칙 등의 효력을 부인하는 제도로 위헌법률심사제도(헌법 제107조 제1항) 및 명령·규칙 심사권(헌법 제107조 제2항) 등을 두고 있다.

사례연구 8 ▶ 위헌법률심사제도

A상병은 군 입대 이후 우울증세 등으로 인하여 A급 관심사병으로 분류되어 있었는데, 어느 날 A상병은 소속 부대의 간부나 동료 병사들의 A상병에 대한 태도를 따돌림 내지 괴롭힘이라고 생각하던 중 초소 순찰일지에서 자신의 외모를 희화화하고 모욕하는 표현이 들어 있는 그림과 낙서를 보고 충격을 받아 소초원들을 모두 살해할 의도로 수류탄을 폭발시키거나 소총을 발사하여 상관 및 동료 병사들 5명을 살해하였고 7명에게 중상을 입혔다. 우리 헌법에는 인간의 존엄과 가치(제10조), 인간다운 생활을 할 권리(제34조)가 규정되어 있는데, 군형법에는 대부분의 장(章)에서 법정형으로 사형을 규정하고 있다. 이는 군형법이 헌법을 위반하는 것이 아닌가?

▶ 우리 헌법 제10조에는 '인간의 존엄성'을 규정하고 있다. 이때 인간의 존엄성을 지키기 위한 핵심 권리는 '생명권'이다. 사형제도는 바로 이 생명권을 침해하는 것이므로 위헌이라는 주장(사형제도 위헌론)이 있다. 그러나, 헌법재판소에서는 "사형이 생명권을 완전히 박탈하는 것이기는 하지만, 동등한 가치가 있는 다른 생명이나 그에 못지않은 공공의 이익을 보호하기 위해 불가피하게 집행되는 예외적인 경우라면 합헌이고, 사형은 죽음에 대한 인간의 본능적인 공포와 범죄에 대한 응보 욕구가 서로 맞물려 고안된 '필요악'인 만큼 불가피하게 선택된 것이다"고 결정하였다(헌법재판소 1996. 11. 28.. 결정). 또한,

위와 같은 사례에서 대법원은 "범행에 상응하는 책임의 정도, 범죄와 형벌 사이의 균형, 유사한 유형의 범죄 발생을 예방하여 잠재적 피해자를 보호하고 사회를 방위할 필요성 등 제반 견지에서 법정 최고형의 선고가 불가피하다"고 판시하였다(대법원 2016. 2. 19. 선고 2015도12980 판결). (위헌론과 합헌론 등 사형제도에 대한 자세한 내용은 군형법총칙 사형제도에서 설명한다).

(2) 법률

법률은 입법권을 가지고 있는 국회의 의결에 의해 제정된 법규범을 말하며, 법에 있어서 가장 중추적 역할을 하고 있다. 현대법치주의 국가에서는 국민의 권리·의무에 관한 중요한 사항을 법률로 정하도록 하고 있는데, 이를 입법사항이라 한다. 즉, 국민에 대한 권리의 제한이나 의무의 부과는 반드시 법률에 의하지 않으면 안되고, 헌법에서는 특히, 국적에 관한 사항(제2조 제1항), 근로조건의 기준(제32조 제3항), 조세의 종목과 세율(제38조), 국군의 조직과 편성(제74조 제2항) 등에 대하여 반드시 법률로 규정하도록 하고 있다.

사례연구 9 ▶ 대통령의 법률안거부권

군형법 제92조의6(추행)에는 항문성교나 그 밖의 추행에 대해 2년 이하의 징역에 처하도록 규정하고 있는데, 진보적 사고를 가진 A국회의원은 동료의원들과 뜻을 같이 하여 강제성없는 동성 간의 성적 행위를 징역형으로만 처벌하는 것은 과잉금지원칙을 반하는 것이라 확신하고 이를 처벌하지 못하도록 군형법을 개정하여 대통령에 송부하였는데, 대통령은 법률안을 거부할 수 있는가?

▶ 대통령은 국회에서 의결되어 정부에 이송되어온 법률안에 대하여 이의가 있을 때에는 이의서를 붙여 국회의 재의를 요구하는 제도가 있는데, 이는 대한민국 헌법 제53조가 규정하고 있는 대통령의 대 입법부 견제장치의 핵심 중 핵심인 법률안 거부권이라 한다. 대통령이 국회에서 의결된 법률안에 대하여 이의가 있을 때에는 국무회의의 심의를 거쳐 법률안이 정부에 이송된 후 15일 이내에 이의서를 붙여 국회로 환부하고, 그 재의를 요구할 수 있는데, 이를

환부거부라고 한다. (추행죄(제92조의6)의 위헌성 문제에 대해서는 군형법각칙 「강간과 추행의 죄」에서 자세히 설명하기로 한다.)

(3) 명령

명령이란 국회의 의결을 거치지 않고 대통령 이하의 행정기관이 제정한 법을 말한다. 명령은 법률과의 형식적 효력 면에 있어서 하위에 있기 때문에 명령에 의하여 헌법 또는 법률은 개폐되지 않는다.

(4) 자치법규

자치법규란 지방자치단체가 법령이나 명령이 위임하는 사항에 대하여 자치권의 범위 내에서 지방자치단체의 조직, 사무 및 주민의 권리·의무에 관하여 제정한 법규를 말하며(헌법 제117조 제1항), 이와 같은 권능을 자치입법권이라 한다.

자치법규는 조례와 규칙 등 두 가지가 있다. 조례는 지방자치단체가 법령의 범위 안에서 그 사무에 관하여 지방의회의 의결을 거쳐 제정하는 자치법규이며, 규칙은 지방자치단체의 장이 법령 또는 조례의 범위 내에서 그 권한에 속하는 사무에 관하여 제정한 자치법규를 말한다. 한편, 현재 지방자치단체로는 ① 특별시와 광역시 및 도, ② 시와 군 및 구 등 2종류가 있다(지방자치법 제2조).

사례연구 10 ▸ 조례와 군인

조례는 지방자치단체가 법령의 범위 안에서 그 사무에 관하여 지방의회의 의결을 거쳐 제정하는 자치법규인데, 조례에도 군인의 지원에 관한 내용을 규정할 수 있는가?

▶ 군과 관련 된 조례의 예로는 강원도 양구군 군장병 한가족화운동지원조례 등이 있다. 이 조례는 지역발전에 적극적으로 참여하고 기여한 군장병 및

치안·재해안전 관서 소속원의 사기앙양 및 제대군인의 정착지원을 통해 '군 장병 등 한가족화운동의 활성화'와 민·군·관 협력을 위해 필요한 사항을 규정함을 목적으로 제정되었다. 이 조례는 제4조에서 지원대상 사업을 규정하고 있고, 평일 일과 후 외출하는 병사에게 택시비를 지원하는 내용도 담고 있다.

Ⅱ 불문법

1. 불문법의 의의

불문법이란 성문화되지 않고, 일정한 절차에 따라 제정·공포되지 아니한 법규를 말한다. 불문법 중에서 판례법과 같은 것은 문서로 기록되어 있는 것이지만, 일정한 기관에 의해 제정·공포되지 않았다는 점에서 불문법에 속한다.

사회가 복잡하고 경제가 눈부시게 발전함에 따라 오늘날에는 질서의 명확화라는 요청에서 성문법의 중요성이 더해지고 있지만, 성문법만으로는 모든 생활관계를 다 규율할 수 없을 뿐만 아니라, 성문법으로 규율하기가 적당치 못한 분야도 있으므로 불문법의 중요성을 간과할 수 없다.

불문법으로는 관습법, 판례법, 조리 등이 있다.

2. 불문법의 종류

(1) 관습법

관습법이란 사회에서 스스로 발생하는 일정한 관행이 오랜 기간 동안 지속되어 단순한 예의적 또는 도덕적인 규범으로서 지켜질 뿐만 아니라, 사회의 법적 확신에 의하여 사회구성원의 사회생활을 규율하게 된 법을 말한다.

관습법이 성립하기 위해서는 첫째, 일정한 관행이 존재해야 하고, 둘째, 국민이 관습의 가치에 대한 법적 확신이 필요하며, 셋째, 선량한 풍속 기타 사회질서를 위반하지 않아야 한다. 예컨대 적선과 선박 내의 화물은 원칙적으로 포획할 수 있으나 카르텔호(號), 적과의 무역에 관한 특별허가를 교전국으로부터 받은 허가선, 조난선 등은 포획할 수 없는데 이는 국제관습법이다.

사례연구 11 ▶ 사회질서에 반하는 법률행위

A중사는 소문난 고스톱꾼이었으나 이제는 휴대전화를 이용해 불법 스포츠토토까지 손을 대기 시작하였다. 결국 많은 돈을 날리고 빚에 허덕이게 되자, A중사는 B중사에게 "아내가 아파서 병원에 입원시키려 한다"고 말하면서 500만원을 빌렸다. 그러나 제버릇 뭐 못준다고 그 돈을 노름으로 날렸는데, B중사는 노름에 사용된 500만원을 받을 수 있는가?

▶ 휴대전화를 이용해 불법도박을 하는 군인이 늘어나고 있다. 형법상 단순도박인 경우에는 1천만원 이하의 벌금(제246조 제1항), 상습도박의 경우에는 3년 이하의 징역 또는 2천만원 이하의 벌금에 처해지게 되고(같은 조 제2항), 품위유지의무 위반으로 엄한 징계처분을 받게 된다. 도박과 같이 범죄 기타 부정행위를 권하거나 가담하는 경우 등은 사회질서를 위반하는 행위이고, 이와 같은 계약은 무효이다. 사회질서를 위반하는 행위를 예로 들면, 윤리적 질서에 반하는 행위(예컨대, 첩계약 등), 개인의 자유를 매우 심하게 제한하는 행위(예컨대, 인신매매 등), 생존의 기초가 되는 재산의 처분(장차 취득하게 될 전재산을 양도하겠다는 것 등) 등이 있다. 따라서 도박자금을 빌려주는 계약은 무효가 된다. 다만, 사례와 같이 B중사는 A중사가 한 말을 믿고 빌려준 것이기 때문에 설령 그 돈이 사회질서를 위반하는 데에 사용되었다 하더라도 받을 수 있다. 그리고 B중사가 법적으로 보호받아야 하는 이유는 차용증이나 각서를 받아두었기 때문은 아니다.

(2) 판례법

판례법이란 법원이 동일한 사건에 대해 동일한 판결을 되풀이함에 따라서 법으로서의 역할을 하게 된 것을 말한다. 즉, 판례는 어떤 법률문제에 대한 법원의 선언이고, 개별적 사건에 대한 법규의 적용을 말하며, 이와 같이 내려진 판결례는 유사한 사건에 반복됨으로써 그 판결에 법적 규범력을 갖게 되는데, 이것을 판례법이라 한다.

사례연구 12 ▸ 군형법 판례 쉽게 찾아보는 방법

휴전선 남방한계선 방책선 경계임무를 임무로 하는 A소위는 분대장에게 병력을 배치케 하고 근무시간에 소속선임하사실에서 술을 마신 사실로 인하여 구속되었다. 법을 잘모르는 A소위는 이와 같은 사례가 범죄가 성립되어 어느 정도의 형벌을 받게 되는지에 대한 판례를 찾아보고 싶은데, 어떤 방법이 있는가?

▶ 군인을 규율하는 대표적인 법률로 군형법이 있다. 군형법과 관련한 판례를 쉽게 알아보기 위해서는 국가법령정보센터(www.law.go.kr)에서 군형법을 찾을 수 있고, 각 조문마다 판례를 수록해 놓아 판시사항, 판결요지, 참고조문, 원심판결, 주문, 이유 등을 쉽게 찾아 볼 수 있다. 위의 사례와 같이 분대장에게 병력을 배치케 하고 근무시간에 음주한 경우, 전투준비 태만죄(제35조 제1호)가 성립되어 무기 또는 1년 이상의 징역에 처해지게 된다(대법원 1983. 10. 11. 선고 82도2108 판결).

(3) 조리

조리란 사람의 건전한 상식으로 판단할 수 있는 사물의 이치를 말한다. 대법원에서도 조리란 '사물의 도리에 따르는 이치'라고 판시한 바 있다. 조리는 이성에 의하여 승인된 사회생활의 원리로서 경험법칙, 사회통념, 선량한 풍속, 사회질서, 신의성실, 정의, 형평 등으로 표현되기도 한다.

제2절 국방관련법의 체계

I 국방관련법의 상하관계

1. 국방관련법의 종류

국방관련법은 국내법과 국제법으로 대별할 수 있다.

먼저 국내법은 국가, 공공단체 및 사인간의 법률관계를 규율하는 국내사회의 법이다. 국방관련 국내법으로는 헌법을 비롯하여 군형법, 군인의 지위 및 복무에 관한 기본법, 국군조직법, 군사법원법, 병역법, 군인사법, 예비군법 등과 같은 법률, 그리고 군인의 지위 및 복무에 관한 기본법시행령 및 시행규칙, 국군조직법 제9조 제3항에 따른 전투를 주임무로 하는 각 군의 작전부대 등에 관한 규정, 병역법시행령 및 시행규칙, 군인사법시행령 및 시행규칙, 예비군법시행령 및 시행규칙, 군에서의 형의 집행 및 군수용자의 처우에 관한 법률 시행령 등이 있다. 이와 같은 국방관련 국내법은 효력 면에서 일반인에게 적용되는 법과 마찬가지로 상하구조를 가지고 있는데, 국가의 근본법·최고법인 헌법을 정점으로 법률 그리고 명령의 순으로 단계적 상하관계를 이루고 있다.

또한, 국제법은 국가, 국제조직 및 개인을 규율하는 국제사회의 법이다. 국방관련 국제법으로는 전쟁법과 중립법이 있다. 전쟁법은 선전포고 유무와 관계없이 교전국간의 관계 및 교전국과 중립국 사이의 권리·의무관계를 규율하는 국제법인데, 대표적으로는 1864년 스위스 제네바에서 전상자 보호를 위한 최초의 「제네바조약(제1차)」이 채택되었고, 1906(제2차)·1929(제3차)·1949년(제4차)의 제네바조약은 민간인·전쟁포로·부상병 및 병든 군인 등까지 적용범위를 확대하였으며, 그 외에도 치명적 독가스와 세균전을 금지한 「독가스전에 관한 제네바 의정서(1925)」, 핵전쟁을 통제하는 「핵확산금지조약(1968년)」, 「세균무기 및 독소무기의 개발·생산 및 비축의 금지와 폐기에 관해 규정한 생물무기금지조약(1975)」 등이 있다. 그리고 중립법은 전쟁에 관계있는 범위 내에서 교전국·중립국 사이의 권리·의무관계를 규율하는 국제법인데, 대표적으로는 1907년 네덜란드 헤이그에서 채택된 「육전에 있어서 중립국 및 중립인의 권리와 의무에 관한 협약」(제5협약)과 「해전(海戰)에서 중립국의 권리와 의무에 관한 협약」(제13협약) 등이 있다. 이와 같은 국방관련 국제법은 국내법과는 달리 효력 면에서 단계적 상하관계가 없다.

2. 국내법과 국제법과의 관계

국제법과 국내법이 서로 저촉(충돌)되는 경우, 예컨대 국내법 규정과 국제법 규정이 서로 다르게 규정하고 있을 때에 국내법에 따를 것인가 국제법에 따를 것인가 하는 문제가 있다.

이론적으로는 이원론과 일원론(국내법 우위의 일원론과 국제법 우위의 일원론)이 있으나, 그 우열을 가리는 것은 각 학설 간에 여러 비판을 받을 수 있기 때문에, 이론적 구별을 유보한 채, 실제는 어떻게 되는지를 살펴보아야 한다. 먼저 국제법(국제사회) 질서 하에서 국내법의 위치는 항상 국제법이 우선한다. 반면에 국내법(국내사회) 질서 하에서 국제법의 위치는 각국마다 다르게 나타나는데, 우리나라 헌법 제6조 제1항의 규정에는 "헌법에 의해 체결·공포된 조약과 일반적으로 승인된 국제법규는 국내법과 동일한 효력을 가진다."고 규정하고 있고, 대체로 헌법 〉 국제법 = 법률 〉 명령의 순이며, 법률과 국제법과의 관계에서는 최종적으로 '신법우선의 원칙' 또는 '특별법 우선의 원칙'에 의하여 해결될 수 있다고 본다.

사례연구 13 ▸ 국제법의 국내적 효력

X국은 Y국 군대의 주둔을 인정하는 A조약(국제법)을 체결하고 동 조약에 기초하여 B특별법(국내법)을 제정하였다. 그런데 B특별법의 위반에 관한 사건에서 X국 법원은 최근에 입법된 C법(국내법)에 상충된다는 이유로 B특별법이 무효라면서 피고인 갑에 대한 무죄판결을 내렸다. X국 정부는 피고인 갑에 대한 국내

법원의 무죄판결을 근거로 A조약의 무효를 주장할 수 있는가?

▶ 국제법 질서 하에서 각국은 국내법을 이유로 국제법의 무효를 주장할 수 없다는 것이 확립된 국제법의 원칙이다. 즉, 설문의 경우, X국 법원이 C법에 상충된다는 이유로 B특별법이 무효이고, A조약이 무효라면서 피고인 갑에게 무죄판결을 내렸더라도 이는 X국의 국내법적 상황일 뿐이며 X국 정부는 Y국에게 A조약의 무효를 주장할 수 없다. 만약 X국 정부가 A조약이 자국 국내법의 내용에 위반함을 이유로 해서 Y국에 대해서 그 무효를 주장하면 국가책임 문제가 발생하게 된다(조약법협약 제46조).

Ⅱ 국방관련법의 체계

1. 헌법

헌법이란 국가의 통치조직, 통치작용의 원칙을 정하고, 국민의 기본권을 보장하는 법을 국가의 근본법(최고법)을 말한다.

헌법에는 군에 관한 기본적인 사항을 규정하고 있다. 즉, 헌법 제5조에는 대한민국은 국제평화의 유지에 노력하고 침략적 전쟁을 부인하며(제1항), 국군은 국가의 안전보장과 국토방위의 신성한 의무를 수행함을 사명으로 하며, 그 정치적 중립성은 준수된다(제2항)고 규정하고 있다. 또한, 제66조에는 대통령은 국가의 원수이며, 외국에 대하여 국가를 대표하고(제1항), 대통령은 국가의 독립・영토의 보전・국가의 계속성과 헌법을 수호할 책무를 지며(제2항), 대통령은 조국의 평화적 통일을 위한 성실한 의무를 진다(제3항)고 규정하고 있다. 그리고 제74조에서는 대통령은 헌법과 법률이 정하는 바에 의하여 국군을 통수하고(제1항), 국군의 조직과 편성은 법률로 정한다(제2항)고 규정하고 있다. 그 밖에도 대한민국 영토조항(제3조), 국제법의 효력 규정(제6조 제1항), 국가유공자・상이군경 및 전몰군경의 유가족의 우선취업권(제32조 제6항), 국방의 의무(제39조 제1항), 대통령의 국가긴급권(제76조)・계엄선포권(제

77조), 군사법원 설치와 관할(제110조) 등이 있다.

이와 같은 국가의 근본법인 헌법의 각 조항은 국방관련법의 최고의 법의 존재형식이고, 이를 근거로 법률 및 명령 등 각종 하위법령들이 존재하게 된다.

2. 법률

법률은 법에 있어서 가장 중추적 역할을 하고 있는 법으로, 입법권을 가지고 있는 국회의 의결에 의해 제정된 법규범을 말하고, 국방과 관련된 대표적인 법률로는 군형법, 군인의 지위 및 복무에 관한 기본법, 군사법원법, 국군조직법, 군인사법, 군사기지 및 군사시설보호법, 군인보수법, 군인연금법, 병역법, 예비군법 등이 있다.

법률의 효력은 최고법·근본법인 헌법보다는 하위에 있으나, 명령, 자치법규(조례, 규칙)보다는 상위에 있기 때문에 명령 등이 법률의 내용을 위반할 수 없으며, 이때에는 그 위반의 한도 내에서 효력이 부인된다. 법률은 헌법의 하위규범으로서 그 효력이 헌법에는 미치지 못하지만, 법률상호 간의 관계에 있어서는 원칙적으로 우열이 없다. 다만, 규범간의 내용에 상호모순이 있을 때에는 신법이 구법에 우선하며(신법 우선의 원칙), 또 일반법과 특별법의 관계에 있을 때에는 특별법이 일반법보다 우선하여 적용된다(특별법 우선의 원칙). 군형법은 형법에 대한 특별법이다.

3. 명령

명령이란 행정기관에 의한 법, 즉 국회의 의결을 거치지 않고 대통령 이하의 행정기관이 제정한 법을 말한다.

명령은 법률과의 형식적 효력 면에 있어서 하위에 있기 때문에 명령에 의하여 헌법 또는 법률은 개폐되지 않는다. 다만, 예외적으로 대통령의 긴급재정경제명령권(헌법 제76조 제1항), 긴급명령권(같은 조 제2항)은 법률과 동일한 효력을 갖는다.

사례연구 14 ▶ 대통령의 긴급명령권

X국의 A소장은 동료 및 하급장교들과 모의하여 정권을 잡을 목적으로 군사쿠테타를 일으켰는데, 이에 B중장 등은 이를 저지하기 위해 군병력를 동원하였고, 급기야 양측 간에 교전이 발생하였다. C대통령은 국회의 집회가 불가능한 상태에서 어떤 조치를 취할 수 있는가?

▶ C대통령은 국가긴급권 또는 계엄선포권을 행사할 수 있다. 우리 헌법 제76조 제2항에는 "대통령은 국가의 안위에 관계되는 중대한 교전상태에 있어서 국가를 보위하기 위하여 긴급한 조치가 필요하고, 국회의 집회가 불가능한 때에 한하여 법률의 효력을 가지는 명령을 발할 수 있다."(대통령의 긴급명령권)고 규정하고 있고, 제77조 제1항에는 "대통령은 전시・사변 또는 이에 준하는 국가비상사태에 있어서 병력으로써 군사상의 필요에 응하거나 공공의 안녕질서를 유지할 필요가 있을 때에는 법률이 정하는 바에 의하여 계엄을 선포할 수 있다."고 규정하고 있다. 다만, 대통령의 긴급명령권은 법률과 동일한 효력이 있는 반면에 계엄선포는 계엄법(법률)이 정하는 바에 따라 선포할 수 있다.

명령은 관점에 따라 여러 가지로 분류되지만, 행정주체가 법조(法條) 형식으로 일반적・추상적인 규범을 정립하는 작용인 행정입법은 법규로서의 성질 유무에 따라 법규명령과 행정규칙으로 분류된다.

(1) 법규명령

법규명령은 행정권이 정립하는 일반적・추상적 명령으로서 법규의 성질을 가진 것을 말한다.

법규명령은 ① 수권(受權)의 범위・근거에 의한 분류로는 비상사태를 수습하기 위하여 발하는 헌법적 효력을 가지는 명령인 비상명령(예컨대, 과거 유신헌법 제51조에 의한 긴급조치권)과 헌법적 근거에 의해 법률적 효력을 가지는 명령인 법률대위명령(예컨대, 대통령의 긴급재정경제명령 및 긴급명령권) 그리고 법률보다 하위의 효력을 가지는 명령인 법률종속명령(예컨대, 집행명령 및 긴급명령) 등이 있다.

② 법형식에 의한 분류로는 대통령령, 총리령 및 부령, 중앙선거관리위원회규칙, 감사원규칙 등이 있다. 먼저 대통령은 대통령이 제정하는 법규명령으로 보통 시행령이라 불리고, 군인의 지위 및 복무에 관한 기본법시행령, 군기령, 군인징계령, 군사경찰직무법시행령, 군사법원의 조직 및 운영에 관한 규정, 국방부와 그 소속기관직제, 병역법시행령, 군인사법시행령, 예비군법시행령, 군에서의 형의 집행 및 군수용자의 처우에 관한 법률시행령, 군인연금법시행령 등이 그 예이다. 총리령과 부령은 헌법 제95에 근거하여 국무총리와 행정각부장관이 자기의 소관사무에 관하여 상위법령의 위임 또는 직권으로 발하는 명령으로 예컨대 육군본부직제, 군인의 지위 및 복무에 관한 기본법시행규칙, 국군조직법 제9조 제3항에 따른 전투를 주임무로 하는 각 군의 작전부대 등에 관한 규정, 병역법시행규칙, 군인사법시행규칙, 예비군법시행규칙 등이 있다.

(2) 행정규칙

행정규칙은 행정조직 내부 또는 특별권력 내부에서의 조직이나 활동을 규율하기 위하여 법률의 수권(受權)없이 발하는 일반적・추상적 규정을 말한다.

행정규칙은 ① 법관계의 종류에 의한 구분으로 조직규칙, 근무규칙, 영조물규칙 등이 있다. 조직규칙은 행정권 내부에서의 기관의 설치・조직・내부의 권한 분배・사무처리절차 등을 규정한 명령으로, 예컨대 육군본부직제, 법무규정 등이 있고, 근무규칙은 상급기관이 하급기관 및 그의 구성원의 직무에 관한 사항을 계속적으로 규율하기 위하여 발하는 명령으로 각군의 내부규정 등이 있으며, 영조물규칙은 영조물의 관리주체가 영조물의 조직・관리・사용기관 등을 규율하기 위하여 발하는 명령으로 현충시설의 지정・관리에 관한 규정 등이 있다.

② 형식에 의한 구분으로는 훈령(訓令), 지시, 예규(例規), 일일명령, 고시(告示) 등이 있다. 훈령은 상급기관이 하급기관에 대하여 상당한 장기간에 걸쳐 그 권한의 행사를 일반적으로 지시하기 위하여 발하는 명령, 지시는 상급기관이 직권 또는 하급기관의 문의에 의하여 개별적・구체적으로 발하는 명령,

예규는 행정사무의 통일을 기하기 위하여 반복적 행정사무의 처리기준을 제시하는 법규문서 이외의 조문형식 또는 시행문 형식의 명령, 일일명령은 당직・출장・시간외근무・휴가 등 일일업무에 관한 명령인 일일명령 그리고 고시는 법령(법률과 명령)이 정하는 바에 따라 일정한 사항을 알리는 문서를 말한다.

Chapter

3 군인의 권리 · 의무와 징계제도

제1절 군인의 권리와 의무

I 군인의 권리

1. 권리의 의의

권리란 '특정한 이익을 누리게 하기 위하여 법에 의하여 특정인에게 주어진 법률상의 힘(권리법력설의 입장)'이라고 할 수 있으며, 이를 분설하면 첫째, 권리는 특정한 이익을 내용으로 하고, 둘째 특정인에게 부여된 것이며, 셋째, 권리는 법률상의 힘이다.

사례연구 15 ▶ 권리와 반사적 이익

A이병은 입대 전에 햄버거, 피자 등을 무척 좋아했는데 군에서도 가끔 이를 배급하고 있다. 그런데 군 사정상 몇 달 동안 이를 지급하지 않고 있는데, A이병은 이를 배급해 달라고 요구할 수 있는 권리가 있는가?

▶ 권리란 '특정한 이익을 누리게 하기 위하여 법에 의하여 특정인에게 주어진 법률상의 힘'인 반면, 반사적 이익은 '강행법규의 취지가 사익보호에 있는 것이 아니라 전적으로 공익보호만을 목적으로 한 결과 특정인이 반사적으로 누리는 이익'을 말하며, 반사권이라고도 한다. 즉, 반사적 이익은 법령 시행의 결과, 그 반사로서 이익을 누릴 뿐이고, 그 이익을 권리로서 청구할 수

없는 이익 상태를 말한다. 병사에 대한 햄버거 등의 배급은 어떤 특정인의 이익을 보호하려는 것이 아니므로, A이병은 군대에 대하여 권리로써 햄버거 등의 배급을 요구할 수는 없다.

2. 군인의 권리

군인의 권리는 헌법, 군인의 지위 및 복무에 관한 기본법(이하, "군인복무기본법"이라 한다), 군인사법, 형법, 군형법, 군인연금법, 군인보수법, 공무원보수규정 등에 규정하고 있다. 즉, 군인의 권리는 헌법, 법률 및 명령에 직·간접적으로 ① 신분상·재산상의 권리, ② 인간의 존엄과 가치·행복추구권, ③ 평등권, ④ 영외 거주권, ⑤ 사생활의 비밀과 자유, ⑥ 통신의 비밀보장, ⑦ 종교생활의 보장, ⑧ 대외발표 및 활동의 자유, ⑨ 의료권의 보장, ⑩ 미세먼지에 따른 외부활동 제한, ⑪ 휴가 등을 받을 권리, ⑫ 전직지원교육을 받을 권리 등을 규정하고 있다.

군인은 대한민국 국민으로서 일반 국민과 동일하게 헌법상 보장된 권리를 가진다(군인복무기본법 제10조 제1항). 다만, 헌법상 보장된 권리는 법률에서 정한 군인의 의무에 따라 군사적 직무의 필요성 범위에서 제한될 수 있다(같은 조 제2항).

(1) 신분상·재산상의 권리

군인은 신분상의 권리로서 신분보장권(헌법 제7조 제2항), 직위보유권 및 제복착용권, 직무집행권(형법 제136조 및 제137조, 공무집행방해죄 및 위계에 의한 공무집행방해죄, 군형법 제54조~제59조, 초병에 대한 폭행·협박·상해·살해 등), 휴가 등 받을 권리(군인복무기본법 제18조 제1항), 위법·부당한 전역 및 제적 등에 대한 소청권(군인사법 제50조), 의견의 건의 및 고충처리(군인복무기본법 제39조 및 제40조) 등과 재산상의 권리로서 보수청구권(공무원보수규정 제4조 제1호 및 제5조), 연금청구권(군인연금법 제1조·제2조·제7조 등), 실비보상청구권(군인사법 제53조 및 군인보수법 제18조) 등을 가진다.

사례연구 16 ▶ 위법·부당한 전역 및 제적 등에 관한 소청

A취사반장은 사병들에게 사용해야 할 소고기 일부를 빼돌렸다는 혐의로 전역처분을 받았다. 그러나 A취사반장은 그와 같은 횡령행위를 범한 적이 없다고 주장하고 있다. 행정소송을 제기하게 되면 시간도 많이 걸리고 상당한 비용이 발생하게 되는데, 쉽고 간편한 방법으로 구제받을 수 있는 방법은 없는가?

▶ 군인은 위법·부당한 전역, 제적 및 휴직 등 그 의사에 반한 불리한 처분(징계처분 및 징계부가금 부과처분은 제외한다)에 불복하는 경우에는 그 처분이 있음을 안 날부터 30일 이내에 이에 대한 심사를 소청(訴請)할 수 있다(군인사법 제50조). 한편 전역 또는 제적과 징계 및 휴직, 그 밖에 본인의 의사에 반한 불리한 처분에 관한 행정소송은 소청심사위원회나 항고심사위원회(군인사법 제60조의2)의 심사·결정을 거치지 아니하면 제기할 수 없다(같은 법 제51조의2). 그리고 군인의 근무여건, 인사관리, 신상문제 등에 대한 고충에 대해서는 군인고충심사위원회에서 담당한다(군인복무기본법 제40조 제1항).

(2) 인간의 존엄과 가치·행복추구권

헌법 제10조 전단에는 "모든 국민은 인간으로서의 존엄과 가치를 가지며, 행복을 추구할 권리를 가진다."고 규정하여 기본권의 대원칙을 천명하고 있고, 제11조~제37조 제1항까지 각종 기본권을 규정하고 있다. 그리고 군인복무기본법 제10조에서도 "군인은 대한민국 국민으로서 일반 국민과 동일하게 헌법상 보장된 권리를 가진다."고 규정하여 헌법 제10조 규정을 반영하고 있다.

헌법 제10조에서 인간의 존엄이란 인간의 본질로 간주되고 있는 인격의 내용을 의미하고, 인간의 가치란 이러한 인간에 대한 총체적인 평가를 의미하며, 행복추구권은 고통이 없는 상태, 안락하고 만족스러운 삶을 살 수 있는 권리를 말하고, 그 내용으로는 생명권, 인격권(성명권, 초상권, 명예권 등), 휴식권, 수면권, 흡연권(과도한 금연조치는 행복추구권 위반), 일조권 등이 있다. 다만, 국가안전보장·질서유지·공공복리를 위하여 법률로써 제한할 수 있고(헌법 제37조 제2항), 군인의 헌법상 권리는 법률에서 정한 군인의 의무에 따라 군사적 직무의 필요성 범위에서 제한할 수 있다(군인복무기본법 제10조 제2항).

사례연구 17 ▸ 초상권

사회에서 모델활동을 하고 있다가 입대한 A일병은 다른 동료병사와 함께 군 홍보를 위해 멋지게 제복을 착용하고 홍보사진을 찍었는데, X대학 군사학과에서 허락없이 입학홍보 리플렛에 사용하고 있다. 본인의 동의없이 입학홍보리플렛에 게재하는 것은 초상권을 침해한 것이라고 주장하여 위자료를 청구하고자 하는데, 이는 가능한가?

▶ 사람의 얼굴이나 전신은 그의 동의없이 촬영하거나 촬영된 사진을 사용할 수 없으며, 동의하였다 하더라도 본인이 예상한 것과 다른 방법으로 공표할 수 없는데, 이와 같이 사람이 자신의 얼굴에 대하여 갖는 권리가 초상권이다. 초상권이 침해된 경우, 피해자는 위자료의 청구, 사죄광고게재의 청구 등을 할 수 있다.

(3) 평등권

헌법 제11조 전단에는 "모든 국민은 법 앞에 평등하다."고 규정하고 있고, 군인복무기본법 제11조에서도 "군인은 이 법의 적용에 있어 평등하게 대우받아야 하며 차별을 받지 아니한다."고 규정하고 있다. 여기서 '법'이란 헌법, 법률, 명령, 규칙 등의 성문법뿐만 아니라 관습법 등 불문법을 포함하는 일체의 법을 의미하고, '평등'이라 함은 절대적 평등이 아니라 상대적·비례적 평등을 말한다.

사례연구 18 ▶ 공무원시험 군필자 가산점과 평등권

E모여대 4학년 A양은 공무원 채용시험에서 현역 군필자에게 과목별 만점의 5~3%를 가산해 주도록 한 구(舊) 제대군인법 제8조 제1항 및 제3항 등에 대해 "이는 자신의 의지와는 무관하게 군 복무에서 제외된 사람들에게 채용시험에서부터 불이익을 주는 것으로 이는 평등권에 위배된다."고 주장하고 있다. A양의 주장은 정당한가?

▶ 과거, 공무원 채용시험에서 현역 군필자에게 가산점을 주는 제도는 대부분의 여성, 심신장애가 있어 군복무를 할 수 없는 남자, 보충역에 편입되어 복무를 마친 남자를 차별하고 있었다. 이에 대해, "가산점이 단순한 혜택이 아니라 병역의무를 자진해 수행하는 풍토를 조성하는 데 기여하고, 병역의무이행으로 인한 불이익에 대한 당연한 보상"이라는 주장도 있다. 그러나 헌법재판소는 "제대군인 가산점 제도는 아무런 재정적 뒷받침 없이 현역 군필자를 지원하려 한 나머지, 결과적으로 여성과 신체장애인 등 사회적 약자들의 희생을 초래하고 있다."며 "헌법과 전체 법체계에 비춰볼 때 기본질서 중의 하나인 여성과 장애인에 대한 차별금지와 보호원칙에 저촉된다."는 결정을 내렸다(헌법재판소 1999. 12. 23. 98헌마363 결정). 그러므로 A양의 주장은 정당하다.

(4) 영외거주권(영내대기의 금지)

지휘관은 영내 거주 의무가 없는 군인을 근무시간 외에 영내에 대기하도록 하여서는 아니 된다. 다만, 전시·사변 또는 이에 준하는 국가비상사태가 발생한 경우, 침투 및 국지도발(局地挑發) 상황 등 작전상황이 발생한 경우, 경계태세의 강화가 필요한 경우, 천재지변이나 그 밖의 재난이 발생한 경우, 소속 부대의 교육훈련·평가·검열이 실시 중인 경우 등은 영내 대기를 명할 수 있다(군인복무기본법 제12조).

(5) 사생활의 비밀과 자유

헌법 제17조에는 “모든 국민은 사생활의 비밀과 자유를 침해받지 아니한다”고 규정하고 있고, 군인복무기본법 제13조에서도 “국가는 병영생활에서 군인의 사생활의 비밀과 자유가 최대한 보장되도록 하여야 한다.”고 규정하고 있다. 여기서 ‘사생활의 비밀’이란 사생활을 부당하게 공개를 당하지 아니할 자유를 말하고, ‘사생활의 자유’란 개인의 사적 영역인 사생활의 자유로운 형성과 전개를 방해받지 아니할 자유를 말한다.

사례연구 19 ▶ 공직자 등의 병역사항 신고 및 공개와 사생활의 자유

A대령은 아들이 징병검사에서 한쪽 눈 실명으로 병역면제처분을 받았다. A대령은 ‘공직자 등의 병역신고 및 공개에 관한 법률’에 따라 아들의 병역면제사유를 신고하였는데, 이 신고사항이 관보 및 인터넷에 게재하는 방식으로 공개되었다. 이에 A대령은 위 법률조항 등이 헌법상 사생활의 자유 등을 침해한다고 주장하고 있는데, 이는 정당한가?

▶ ‘공직자 등의 병역신고 및 공개에 관한 법률’에 따라 병무청장은 신고기관의 장으로부터 병역사항을 통보받은 때에는 1월 이내에 관보 또는 인터넷에 게재하여 공개하도록 하고 있다(같은 법 제8조 제1항). 대령 이상의 장교 및 2급 이상의 군무원은 본인 및 직계비속의 병역사항을 신고하도록 하고 있는데(같은 법 제1조 및 제2조 제7호) 모든 질병명을 아무런 예외 없이 공개토록 한 것은 사생활의 비밀과 자유를 침해한 것이다. 질병명은 내밀한 사적 영역에 근접하는 민감한 개인정보이고, 해당 공무원의 공적 활동과 관련하여 생성된 정보가 아니라 극히 사적인 정체성을 드러내는 정보이기 때문이다.

(6) 통신의 비밀보장

헌법 제18조에는 “모든 국민은 통신의 비밀을 침해받지 아니한다.”고 규정하고 있고, 군인복무기본법 제14조 제1항에서도 “군인은 서신 및 통신의 비밀을 침해받지 아니한다.”고 규정하고 있다. 개인의 사생활의 비밀을 보장하고, 개인의 인격을 보호하고 있다. 여기서 ‘통신’이란 신서・전신・전화 및 그 밖의 우편물과 같이 우편기관에 의하여 다루어지는 격지자간의 의사전달은 물론 물품의 수수까지 포함하며, '침해받지 아니한다.'는 것은 발신에서부터 수신 사이에 비밀이 침해되지 않는 것을 의미한다. 다만, 군인은 작전 등 주요임무수행과 관련된 부대편성·이동·배치와 주요직위자에 관한 사항 등 군사보안에 저촉되는 사항을 통신수단 및 우편물 등을 이용하여 누설하여서는 않 되고(제14조 제2항), 군사상 기밀을 누설한 군인 또는 준군인은 10년 이상의 징역이나 금고에 처해진다(군형법 제80조 제1항).

(7) 종교생활의 보장

헌법 제18조 제1항에는 "모든 국민은 종교의 자유를 가진다"고 규정하고 있고, 군인복무기본법에서도 "지휘관은 부대의 임무 수행에 지장이 없는 범위에서 군인의 종교생활을 보장하여야 한다"(제15조 제1항)고 규정하고 있다.

사례연구 20 ▸ 종교생활의 자유

A상병은 독실한 기독교 신자이다. 그런데, A상병은 부활절 예배와 행사에 참여해야 하는데 인근부대에서 탈영사건이 발생하여 지휘관이 이를 허락하지 않고 있다. A상병은 종교의 자유를 침해하는 것이라고 주장하는데, 이는 정당한가?

▶ 영내 거주 의무가 있는 군인은 지휘관이 지정하는 종교시설 및 그 밖의 장소에서 행하는 종교의식에 참여할 수 있으며, 종교시설 등 외에서 행하는 종교의식에 참여하고자 할 때에는 지휘관의 허가를 받아야 한다(군인복무기본법 제15조 제2항). 종교의 자유의 내용인 신앙의 자유는 절대적 자유지만, 종교적 행위의 자유 및 종교적 집회·결사의 자유는 대외적 행위의 자유이므로 제한이 가능하다. 한편 모든 군인은 자기의 의사에 반하여 종교의식에 참여하도록 강요받거나 참여를 제한받지 아니한다(같은 조 제3항).

(8) 대외발표 및 활동의 자유

헌법 제21조 제1항에는 "모든 국민은 언론·출판의 자유 … 가진다"고 규정하고 있고, 군인복무기본법 제16조에서도 "군인이 국방 및 군사에 관한 사항을 군 외부에 발표하거나, 군을 대표하여 또는 군인의 신분으로 대외활동을 하고자 할 때에는 국방부장관의 허가를 받아야 한다. 다만, 순수한 학술·문화·체육 등의 분야에서 개인적으로 대외활동을 하는 경우로서 직무수행에 지장이 없는 경우에는 그러하지 아니하다."고 규정하여 헌법 규정을 반영하고 있다. 이와 같은 외부적 표현의 자유, 즉 의사표현의 자유는 오늘날 민주정치에 있어서 빼놓을 수 없는 자유로 인정되고 있다.

사례연구 21 ▶ 알권리

A중령은 국방대학교에서 안보정책학 박사과정에 재학 중에 있는데, 안보에 관한 논문을 작성하기 위하여 관련 통계가 필요하여 X관계기관에 관련 통계의 공개를 요청하였다. 그런데, X관계기관은 정보공개를 요청한 정보를 공개할 수 없다고 하는데, 이는 정당한가?

▶ 정보의 공개는 알권리를 충족시키고 행정의 투명화라는 긍정적 효과를 가져 오고 우리나라에서는 1996년에 "공공기관의 정보공개에 관한 법률"을 제정하여 시행해 오고 있다. 같은 법 제9조 제1항은 비공개대상정보를 규정하고 있으며, '국가안전보장·국방·통일·외교관계 등에 관한 사항으로서 공개될 경우 국가의 중대한 이익을 현저히 해칠 우려가 있다고 인정되는 정보'도 비공개대상이다(제2호). 정보공개로 인하여 국가의 중대한 이익을 현저히 해칠 우려가 있다고 인정될 만한 상당한 이유가 있는 경우에 한하여야 한다.

(9) 의료권의 보장

모든 국민은 건강하게 생활할 권리를 가지고(헌법 제35조 제1항), 군인은 건강을 유지하고 복무 중에 발생한 질병이나 부상을 치료하기 위하여 적절하고 효과적인 의료처우를 받을 권리가 있다(군인복무기본법 제17조). 의료권은 법에서 규정하는 의료진에 의해 진료를 받을 권리를 말하고, 지휘관은 군인이 원하는 경우 정당한 사유없이 이를 거부해서는 안된다.

(10) 미세먼지에 따른 외부활동 제한

헌법 제35조 제1항 전단에는 "모든 국민은 건강하고 쾌적한 환경에서 생활할 권리를 가지며 … "라고 규정하고 있고, 군인복무기본법에서도 2019. 11. 26. 법률 제16584호에서 미세먼지에 따른 외부활동의 제한 규정을 신설하였는데, 지휘관은 그 부대가 활동하는 지역의 미세먼지 저감 및 관리에 관한 특별법 제2조 제1호에 따른 미세먼지 농도가 대기환경보전법 제8조에 따른 대기오염경보 발령 기준 이상일 경우 작전임무수행을 제외한 외부활동을 제한하고 개인보호장구를 지급하는 등 필요한 조치를 취하도록 노력하여야 하고(제17조의2 제1항), 국방부장관은 병영생활에 필요한 시설의 실내공기질 실태를 파악하고 이를 관리하기 위하여 대통령령으로 정하는 바에 따라 필요한 조치를 취하도록 노력하여야 하며(같은 조 제2항), 국방부장관은 관계 중앙행정기관의 장에게 제1항에 따른 미세먼지에 관한 정보를 제공하여 줄 것을 요청할 수 있다(같은 조 제3항). 헌법상의 환경권이란 인간다운 건강하고 쾌적한 환경 속에서 생활할 권리를 말하고, 군인복무기본법에서도 미세먼지에 따른 외부활동을 제한하고 있다.

(11) 폭염 · 한파 등에 대한 조치 등

군인복무기본법은 2024. 12. 3. 폭염·한파 등에 따른 조치 등의 규정을 신설하였다(제17조의3, 시행일 2025. 6. 4.). 즉, 지휘관은 폭염·한파 등으로 인하여 「기상법」 제13조의2에 따른 특보가 발표되는 경우에는 부대활동에 제한이 없는 범위에서 적절하게 휴식하도록 하는 등 군인의 건강 및 보건과 관련된 조치를 취하여야 하고(같은 조 제1항), 국방부장관은 폭염·한파 등에 대비하여 군인의 건강 유지에 필요한 대책을 수립하고 시행하여야 하며(같은 조 제2항), 제1항 및 제2항에 따른 조치 및 대책 등에 필요한 사항은 국방부장관이 정하도록 규정하였다.

(12) 휴가 등을 받을 권리

헌법에는 직접적 규정은 없으나 앞에서 설명한 행복추구권은 휴식권을 포함하고 있고, 군인복무기본법 제18조 제1항에서도 "군인은 대통령령으로 정하는 바에 따라 휴가・외출・외박을 보장받는다"고 규정하고 있다. 다만, 전시・사변 또는 이에 준하는 국가비상사태가 발생한 경우(같은 조 제2항 제1호), 침투 및 국지도발 상황 등 작전상황이 발생한 경우(제2호), 천재지변이나 그 밖의 재난이 발생한 경우(제3호), 소속부대의 교육훈련・평가・검열이 실시 중이거나 실시되기 직전인 경우(제4호), 형사피의자・피고인 또는 징계심의대상자인 경우(제5호), 환자로서 휴가를 받기에 적절하지 아니한 경우(제6호), 전투준비 등 부대임무수행을 위해 부대병력유지가 필요한 경우(제7호)에는 군인의 휴가・외출・외박을 제한하거나 보류할 수 있다(같은 조 제2항).

사례연구 22 ▶ 휴식권

A대대장은 평소 부하들에 대한 군기확립을 강조하고, 군인은 국토수호의 신성한 사명을 가지고 있다면서 쉬도 때도 없이 정당한 이유없이 야근을 시키거나 휴무일에도 근무하라고 한다. 이는 정당한가?

▶ 군인은 대통령령으로 정하는 바에 따라 휴가・외출・외박을 보장받는다(군인복무기본법 제18조 제1항). 따라서 군인은 모든 휴식권을 보장받을 권리가 있다. 그럼에도 불구하고 일과시간이 끝나고 야근을 하거나 마무리되지 않은 잔업을 해야 하는 때가 많고, 자율이 아니라 지시에 의해서 휴무일에 과도하게 초과근무를 해야 할 때도 있는데, 이는 근무시간 보장과 관련이 깊다. 부대의 인원과 재산을 보호하고 규율과 보안을 유지하며 각종 사고를 예방하고 비상사태에 대비하기 위하여 부대별로 당직근무・영내위병근무 등 특별근무를 실시하고(군인복무기본법 제46조 제1항), 특별근무는 계급과 직책에 따라 공정하게 배정하여야 한다(같은 조 제2항).

(13) 생활여건의 보장

군인복무기본법은 2022. 12. 13. 생활여건의 보장에 대한 규정을 신설하였다. 즉 국가는 군인의 생활여건을 보장하기 위하여 병영생활과 밀접한 급식, 피복, 주거 등에 필요한 물품에 대해서는 군인의 복지를 우선 고려하여 조달 및 보급하여야 한다(제18조의2).

(14) 양성평등을 위한 복무여건 조성 등

군인복무기본법은 2024. 2. 6. 양성평등을 위한 복무여건 조성 등의 규정을 신설하였다. 즉 국가는 군의 양성평등을 구현하기 위하여 각 군인의 성별을 고려하여 피복, 주거 및 위생시설 등 일상적인 복무에 필요한 여건을 조성하여야 하고(제18조의3 제1항), 국가는 각 군인의 성별을 고려하여 개인전투체계(군인의 개인 장비・피복 등 전투 장구류를 개선하여 군인 각각의 임무 수행 능력을 극대화시키는 체계를 말한다)를 우선적으로 개발하거나 조달하되, 향후 맞춤형 개인전투체계 발전을 위하여 노력하여야 한다(같은 조 제2항).

(15) 전직지원교육을 받을 권리

군인으로서 복무한 후 전역하는 사람에 대하여는 취업을 지원하기 위하여 대통령령으로 정하는 바에 따라 전직지원교육(轉職支援敎育)을 할 수 있고(군인사법 제46조의2), 국방부장관은 군인으로서 복무한 사람에 대한 취업기회를 확대하기 위하여 복무기간 중 습득한 특정기술과 사회・산업현장의 연계성이 제고될 수 있도록 필요한 정책을 수립・시행하도록 규정하고 있다(제46조의4 제1항).

Ⅱ 군인의 의무

1. 의무의 의의

의무라 함은 일정한 행위를 하여야 할 또는 하지 않아야 할 법률상의 구속을 말한다. 여기서 '법률상의 구속'이란 개인이 원하든, 원하지 않든 관계없이 어떤 행위를 하거나 하지 않도록 법률상 강제되는 것을 말한다.

의무의 내용에 있어서는 적극적인 형태인 작위를 강요당하는 것과 소극적인 형태인 부작위의 구속을 받는 것 등이다. 명령을 내용으로 구속하는 경우에는 작위의무가 되고, 금지를 내용으로 구속하는 경우에는 부작위의무가 된다.

의무는 책임과 같은 의미로 사용되는 경우가 있으나, 이는 구별하여야 한다. 즉, 의무는 일정한 작위 또는 부작위를 해야 할 법률상의 구속이지만, 책임은 의무위반에 대하여 형벌, 강제집행, 손해배상 등 일정한 제재를 받을 수 있는 기초를 말한다.

2. 군인의 의무

군인의 의무는 군인복무기본법에 아래와 같이 16가지를 규정하고 있는데, 그 중에서 군기문란 행위 등의 금지, 불온표현물 소지・전파 등의 금지, 전쟁법 준수의 의무 등은 국가공무원법상의 규정이 없는 규정으로, 이는 국군의 사명 및 군조직의 특수성에 기인한 것이다.

(1) 선서의 의무

군인복무기본법 제19조에는 "군인은 입영하거나 임관할 때에는 대통령령으로 정하는 바에 따라 선서하여야 한다."고 규정하고 있다. 선서의 의무에 대하여 「군인징계령시행규칙」 별표1의 징계 기준 중의 비위 유형을 따로 규정하고 있지는 않지만, 뒤에서 설명하는 복종의 의무 위반 중 '㉯ 그 밖의 복종의무 위반'에 해당하고 비행의 정도 및 과실에 따라 파면~견책의 처분을 받을 수도 있다.

(2) 충성의 의무

군인복무기본법 제20조에는 "군인은 국군의 사명인 국가의 안전보장과 국토방위의 의무를 수행하고, 국민의 생명·신체 및 재산을 보호하여 국가와 국민에게 충성을 다하여야 한다."고 규정하고 있다. 충성의 의무는 국가사회 및 군조직사회의 기본질서를 보호하는데 근본목적이 있다. 군인의 복무에 관한 행동규범이나 형법, 국가보안법, 군형법 등의 여러 규정이 충성의 의무를 전제로 하고 있다는 점에서 충성의 의무가 엄격한 법적 요구임을 알 수 있다. 충성의 의무에 대하여 「군인징계령시행규칙」 별표1의 징계 기준 중의 비위 유형을 따로 규정하고 있지는 않지만, 뒤에서 설명하는 복종의 의무 위반 중 '㉯ 그 밖의 복종의무 위반'에 해당하고 비행의 정도 및 과실에 따라 파면~견책의 처분을 받을 수 있다.

(3) 성실의 의무

군인복무기본법 제21조에는 "군인은 직무 수행에 따르는 위험과 책임을 회피하지 아니하고 성실하게 그 직무를 수행하여야 한다."고 규정하고 있다. 「군인징계령시행규칙」 별표1(장교, 준사관 및 부사관에 대한 징계의 양정 기준)(국방부령 제1153호, 2024. 7. 2. 일부 개정) 중 성실 의무 위반의 비행 유형으로는 ㉮ 군인사법 제56조의2 제1항 제2호에 해당하는 비위, ㉯ 직권남용으로 타인 권리침해, ㉰ 부작위·직무태만(라목에 따른 소극행정 제외), ㉱ 소극행정, ㉲ 군인사법 제56조의2 제1항 각 호의 어느 하나에 해당하는 비위를 신고하지 않거나 고발하지 않은 행위, ㉳ 부정청탁, ㉴ 부정청탁에 따른 직무수행, ㉵ 성과상여금을 거짓이나 부정한 방법으로 지급받은 경우, ㉶ 「공무원 행동강령」 제13조의3에 따른 부당한 행위, ㉷ 성 관련 비행 또는 「공무원 행동강령」 제13조의3에 따른 부당한 행위를 은폐하거나 필요한 조치를 하지 않은 경우, ㉸ 성 관련 비행 피해자 등에게 2차 피해를 입힌 경우, ㉹ 직무상 비밀 또는 미공개 정보를 이용한 부당행위, ㉺ 그 밖의 성실의 의무 위반 등이 있다.

성실의 의무를 위반할 경우, 비행의 정도 및 과실에 따라 파면~견책의 처분을 받게 된다. 그리고 행정상의 제재인 징계처분뿐만 아니라 군형법상 군무태만의 죄(제7장) 등에 따라 형사처벌을 받을 수 있다.

(4) 정직의 의무

군인복무기본법 제22조에는 "군인은 명령의 하달이나 전달, 보고 및 통보를 할 때에 정직하여야 한다."고 규정하고 있다. 정직의 의무에 대하여 「군인징계령시행규칙」 별표1의 징계 기준 중의 비위 유형을 따로 규정하고 있지는 않지만, 성실의 의무 또는 복종의 의무 위반에 해당될 수 있고, 비행의 정도 및 과실에 따라 파면~견책의 처분을 받게 된다. 그리고 이와 같은 행정상의 제재인 징계처분뿐만 아니라 군형법상 거짓명령·통보·보고죄(제38조)에 따라 형사처벌도 함께 받을 수 있다.

(5) 청렴의 의무

군인복무기본법에는 군인은 직무와 관련하여 직접 또는 간접을 불문하고 사례·증여 또는 향응을 주거나 받아서는 아니 되고(제23조 제1항), 군인은 직무상의 관계 여하를 불문하고 그 소속 상관에게 증여하거나 소속 부하로부터 증여를 받아서는 아니 된다(같은 조 제2항). 「군인징계령시행규칙」 별표1의2 징계 기준 중 청렴의 의무의 비위 유형으로는 ㉮ 직무와 관련하여 금품 등을 받거나 제공하고, 그로 인하여 위법·부당한 처분을 한 경우, ㉯ 직무와 관련하여 금품 등을 받거나 제공하였으나, 그로 인하여 위법·부당한 처분을 하지 아니한 경우, ㉰ 위법·부당한 처분과 직접적인 관계없이 금품 등을 직무관련자 또는 직무관련공무원으로부터 받거나 직무관련공무원에게 제공한 경우 등은 금품의 수수액(100만원 미만, 100만원 이상)에 따라 파면~강등까지의 징계를 받게 된다. 그리고 행정상의 제재인 징계처분뿐만 아니라 형법상 뇌물수뢰죄 또는 뇌물증여죄에 따라 형사처벌을 받고, 청탁금지법에 따라 과태료 또는 형사처벌을 받게 된다.

사례연구 23 ▶ 청탁금지법

A중위는 평소 가깝게 지내고 존경하는 B대대장이 연대장으로 진급하자, 5만원 상당의 사과 한 상자와 10만원 상당의 양주 1병을 보내려는 경우와 10만원 상당의 더덕선물세트와 5만원 상당의 화장품 세트를 보내려 하는데, 「청탁금지법」의 위반인가?

▶ 농수산물·농수산가공품(농수산물을 원료 또는 재료의 50%를 넘게 사용하여 가공한 제품) 선물과 그 외 선물(금전, 음식물, 경조사비 / 상품권 제외)을 함께 받을 경우, 합산하여 15만원까지 가능하지만, 그 외 선물은 5만원을 넘어서는 안 된다. 따라서 ⅰ) 5만원 상당의 농수산물 선물(사과)과 10만원 상당의 그 외 선물(양주)을 함께 받는 경우, 「청탁금지법」의 위반이 되고, ⅱ) 10만원 상당의 농수산물 선물(더덕선물세트)과 5만원 상당의 그 외 선물(화장품 세트)을 함께 받는 경우, 「청탁금지법」의 위반이 아니다. 다만 설날·추석을 포함한 기간 중에는 농수산물·농수산가공품 상품권은 30만원까지 가능하다. 한편, 부조 목적으로 축의금·조의금과 화환·조화를 함께 하는 경우에는 합산하여 10만원까지 가능하지만, 축의금·조의금은 5만원을 넘어서는 안 된다(청탁금지법 시행령, 별표 1, 음식물·경조사비·선물 등의 가액 범위 / 2024. 8. 27. 개정)

(6) 명령 발령자의 의무

군인복무기본법에는 군인은 직무와 관계가 없거나 법규 및 상관의 직무상 명령에 반하는 사항 또는 자신의 권한 밖의 사항에 관하여 명령을 발하여서는 아니 되고(제24조 제1항), 명령은 지휘계통에 따라 하달하여야 한다. 다만, 부득이한 경우에는 지휘계통에 따르지 아니하고 하달할 수 있고, 이 경우 명령자와 수명자는 이를 지체 없이 지휘계통의 중간지휘관에게 알려야 한다(같은 조 제2항). 명령의 하달은 신속·정확하게 이루어져야 하고(같은 조 제3항), 군인은 자신이 내린 명령의 이행 결과에 대하여 책임을 진다(같은 조 제4항). 명령 발령자의 의무에 대하여 「군인징계령시행규칙」 별표1의 징계 기준 중의 비위 유형을 따로 규정하고 있지는 않지만, 앞에서 설명한 성실의무 위반 중

'㉮ 군인사법 제56조의2 제1항 제2호에 따른 비행' 또는 '㉯ 그 밖의 성실의무 위반' 또는 명령복종의 의무에 해당하고 비행의 정도 및 과실에 따라 파면~견책의 처분을 받게 된다. 그리고 행정상의 제재인 징계처분뿐만 아니라 군형법상 지휘권 남용의 죄(제3장)에 따라 형사처벌을 받을 수 있다.

(7) 명령복종의 의무

군인복무기본법 제25조에는 "군인은 직무를 수행할 때 상관의 직무상 명령에 복종하여야 한다."고 규정하고 있다. 「군인징계령시행규칙」 별표1의 징계 기준 중 명령복종의무위반의 비위 유형으로는 ㉮ 지시사항 불이행으로 업무추진에 중대한 차질을 준 경우, ㉯ 그 밖의 복종 의무 위반 등을 규정하고 있고, 비행의 정도 및 과실에 따라 파면~견책의 처분을 받게 된다. 그리고 행정상의 제재인 징계처분뿐만 아니라 군형법상 항명의 죄(제6장) 등에 따라 형사처벌을 받을 수 있다.

사례연구 24 ▶ 군인의 명령복종의 의무위반 여부

대학에서 법학을 전공한 A상병은 직속상관인 B소대장이 내린 명령·지시가 위헌·위법하다고 판단하였다. A상병은 상명하복에 의한 지휘통솔체계에의 확립이 필수적인 군의 특수성에 비추어 B소대장의 지시나 명령은 준수하면서 그것이 위헌·위법이라는 이유로 재판을 청구하였다. 이와 같이 군인이 상관의 지시와 명령에 대하여 헌법소원 등 재판청구권을 행사하는 것이 군인의 복종의무에 위반되는가?

▶ 대법원 전원합의체 판결의 다수의견은 "종래 군인이 상관의 지시나 명령에 대하여 사법심사를 청구하는 행위를 무조건 하극상이나 항명으로 여겨 극도의 거부감을 보이는 태도 역시 모든 국가권력에 대하여 사법심사를 허용하는 법치국가의 원리에 반하는 것으로 마땅히 배격되어야 한다. 따라서 군인이 상관의 지시나 명령에 대하여 재판청구권을 행사하는 경우에 그것이 위법·위헌인 지시와 명령을 시정하려는 데 목적이 있을 뿐, 군 내부의 상명하복관계를 파괴하고 명령불복종 수단으로서 재판청구권의 외형만을 빌리거나 그 밖에 다른 불순한 의도가 있지 않다면, 정당한 기본권의 행사이므로 군인의 복종의

무를 위반하였다고 볼 수 없다."고 판시하였다(대법원 2018. 3. 22. 선고 2012두26401 전원합의체 판결).

(8) 사적 제재 및 직권남용의 금지

군인복무기본법 제26조에는 "군인은 어떠한 경우에도 구타, 폭언, 가혹행위 및 집단 따돌림 등 사적 제재를 하거나 직권을 남용하여서는 아니 된다."고 규정하고 있다. 사적 제재 및 직권남용의 금지에 대하여 「군인징계령시행규칙」 별표1의 징계 기준 중의 비위 유형을 따로 규정하고 있지는 않지만, 앞에서 설명한 성실의무 위반 중 '㉯ 직권남용으로 타인 권리 침해'에 해당하고 비행의 정도 및 과실에 따라 파면~견책의 처분을 받게 된다. 그리고 행정상의 제재인 징계처분뿐만 아니라 군형법상 지휘권 남용의 죄(제3장), 폭행·협박·상해 및 살인의 죄(제9장) 등에 따라 형사처벌을 받을 수 있다.

(9) 군기문란 행위 등의 금지

군인복무기본법에는 군인은 성희롱·성추행 및 성폭력 등의 행위(제27조 제1항 제1호), 상급자·하급자나 동료를 음해(陰害)하거나 유언비어를 유포하는 행위(제2호), 의견 건의 또는 고충처리 등을 고의로 방해하거나 부당한 영향을 주는 행위(제3호), 그 밖에 군기를 문란하게 하는 행위(제4호)를 하여서는 아니 되고(제27조 제1항), 금지행위에 관한 세부기준은 국방부령으로 정하도록 규정하고 있다(같은 조 제2항). 「군인징계령시행규칙」 별표1의 징계 기준 중 품위유지 의무위반의 비위 유형으로는 ㉮ 성 관련 비행, ㉯ 음주운전, ㉰ 그 밖의 품위유지의무 위반 등을 규정하고 있다. 성 관련 비행에서 "성폭력"이란 「성폭력범죄의 처벌 등에 관한 특례법」 제2조에 따른 성폭력범죄를 말하고, "성희롱"이란 「양성평등기본법」 제3조 제2호에 따른 성희롱을 말하며, "성매매"란 「성매매 알선 등 행위의 처벌에 관한 법률」 제2조 제1항 제1호에 해당하는 행위를 말한다. 군기문란 행위 등의 금지를 위반한 경우, 비행의 정도 및 과실에 따라 파면~견책의 처분을 받게 된다. 그리고 행정상의 제재인 징계처분뿐만 아니라 군형법상 강간과 추행의 죄(15장), 도로교통법상 음주운전(제44조 제1항 및 제148조의2 제1항) 등에 따라 형사처벌을 받을 수 있다.

사례연구 25 ▶ 군인의 성희롱

A사단장은 군 간부들과 함께 저녁회식을 갖고 되었고, B여대위가 A사단장에게 식사 전 건배 제의를 부탁하였다. 이에 화통하기로 유명한 A사단장은 "여자의 치마와 건배사는 짧으면 짧을수록 좋지?"라고 하였다. A사단장의 이와 같은 건배사는 징계사유가 되는가?

▶ 군인복무기본법에는 군인은 성희롱의 행위를 금지하고 있고(제27조 제1항), 양성평등기본법 제3조 제2호에는 "성희롱이란 업무, 고용, 그 밖의 관계에서 국가기관·지방자치단체 또는 대통령령으로 정하는 공공단체의 종사자, 사용자 또는 근로자가 지위를 이용하거나 업무 등과 관련하여 성적 언동 또는 성적 요구 등으로 상대방에게 성적 굴욕감이나 혐오감을 느끼게 하는 행위(가목), 상대방이 성적 언동 또는 요구에 대한 불응을 이유로 불이익을 주거나 그에 따르는 것을 조건으로 이익 공여의 의사표시를 하는 행위(나목)를 하는 경우를 말한다"고 규정하고 있다. 따라서 군 회식 장소에서 아무 생각없이 자주 하는 발언으로, 이는 성희롱에 해당됨에 유의하여야 하고, 성인지 감수성에 대한 이해가 필요하다.

(10) 비밀엄수의 의무

군인복무기본법에는 군인은 복무 중일 때 뿐만 아니라 전역 후에도 복무 중 알게 된 비밀을 엄격히 지켜야 하고(제28조 제1항), 군인은 직무상 알게 된 비밀을 공무 외의 목적으로 사용하여서는 아니 된다(같은 조 제2항). 예컨대 군인의 신상정보 등을 알려주는 행위, 군사기지 및 군사시설 등에 관한 정보를 알려 주어서는 안 된다. 「군인징계령시행규칙」 별표1의 징계 기준 중의 비위 유형으로는 ㉮ 군사기밀의 누설·유출, ㉯ 그 밖의 보안관계 법령 위반 등을 규정하고 있고, 비행의 정도 및 과실에 따라 파면~견책의 처분을 받게 된다. 그리고 행정상의 제재인 징계처분뿐만 아니라 군형법상 이적의 죄(제2

장), 국가보안법 제4조(목적수행) 등에 따라 형사처벌을 받을 수 있다.

(11) 직무이탈 금지

군인복무기본법 제29조에는 "군인은 상관의 허가 또는 정당한 사유 없이 직무를 이탈하여서는 아니 된다."고 규정하고 있다. 「군인징계령시행규칙」 별표1의 징계 기준 중의 비위 유형으로는 ㉮ 집단행동을 위한 근무지 이탈, ㉯ 군무 이탈, ㉰ 무단 이탈 등을 규정하고 있고, 비행의 정도 및 과실에 따라 파면~견책의 처분을 받게 된다. 그리고 행정상의 제재인 징계처분뿐만 아니라 군형법상 수소이탈의 죄(제5장), 군무이탈의 죄(제6장), 군사기지 및 군사시설보호법 등에 따라 형사처벌을 받을 수 있다.

(12) 영리행위 및 겸직 금지

군인복무기본법에는 군인은 군무(軍務) 외에 영리를 목적으로 하는 업무에 종사하지 못하며 국방부장관의 허가를 받지 아니하고는 다른 직무를 겸할 수 없고(제30조 제1항), 영리를 목적으로 하는 업무의 범위 등에 관한 사항은 대통령령으로 정하도록 규정하고 있다(같은 조 제2항). 「군인징계령시행규칙」 별표1에 따라 영리행위 및 겸직 금지를 위반할 경우, 비행의 정도 및 과실에 따라 파면~견책의 처분을 받게 된다.

사례연구 26 ▶ 군인의 겸직금지

A원사는 만 53세로 정년이 2년밖에 남지 않았다. A원사는 퇴직 후 아파트관리소장으로 제2의 인생을 살고자 한다. 이에 A원사는 군인사법 제46조의2에 따라 전직지원교육(轉職支援教育)도 받았다. 그리고 경험을 쌓기 위하여 자신이 거주하고 있는 X아파트의 입주자대표자 임원을 맡으려 하는데, 이는 가능한가?

▶ 군인복무기본법에는 군인은 군무(軍務) 외에 영리를 목적으로 하는 업무에 종사하지 못하도록 규정하고 있다(제30조 제1항). 군인은 재건축조합 이사, 입주자대표자회의 임원, 동대표 등의 직을 맡기 위해서는 국방부장관의 허가

를 받지 아니하고는 겸직할 수 없고, 사례의 경우는 공무원 복무규정(제25조) 상의 영리업무에 해당할 수도 있기 때문에 허가를 받을 수 없다고 본다. 그 외에도 가족 등의 명의로 사업자등록을 하여 음식점 등 자영업을 할 수 없고, 휴직 중이라도 군인 신분은 유지되므로 영리업무를 할 수 없다. 그리고 군인이 임대사업자로 등록하고 주택 상가를 임대하는 행위는 지속성이 없으면 영리업무에 해당되지 않지만, 주택 상가를 수시로 매매 임대하는 행위는 영리업무에 해당된다.

(13) 집단행위의 금지

군인복무기본법에는 군인은 노동단체의 결성, 단체교섭 및 단체행동(제31조 제1항 제1호), 군무에 영향을 주기 위한 목적의 결사 및 단체행동(제2호), 집단으로 상관에게 항의하는 행위(제3호), 집단으로 정당한 지시를 거부하거나 위반하는 행위(제4호), 군무와 관련된 고충사항을 집단으로 진정 또는 서명하는 행위(제5호)에 해당하는 집단행위를 하여서는 아니 된다(제31조 제1항). 그리고 군인은 사회단체에 가입하고자 하는 경우에는 국방부장관의 허가를 받아야 하고, 다만 순수한 학술·문화·체육·친목·종교 활동을 목적으로 하는 단체 등 대통령령으로 정하는 단체의 경우에는 그러하지 아니하다(같은 조 제2항). 국방부장관은 제2항 단서에 따른 단체의 목적이나 활동이 군인의 의무에 위반되거나 직무 수행에 지장을 준다고 인정하는 경우에는 그 단체의 가입을 제한하거나 탈퇴를 명할 수 있다(같은 조 제3항). 「군인징계령시행규칙」 별표1에 따라 집단행위의 금지를 위반할 경우, 비행의 정도 및 과실에 따라 파면~견책의 처분을 받게 된다.

사례연구 27 ▶ 군인의 집단 진정·서명의 위법성

A중위는 평소 군의 근무여건, 인사관리 등에 대해 불만이 많았다. 이에 A중위는 동료들을 규합하여 군무와 관련된 고충사항을 집단으로 진정 또는 서명하여 군 외부에 그 해결을 요청하려 하는데, 이는 가능한가?(위헌·위법을 이유로 재판을 청구하는 것은 변론으로 한다)

▶ 군인복무기본법에는 군무와 관련된 고충사항을 집단으로 진정 또는 서명하는 행위를 금지하고 있고(제39조 제1항), 군인은 군과 관련된 제도의 개선 등 군에 유익한 의견이나 복무와 관련된 정당한 의견이 있는 경우에는 지휘계통에 따라 단독으로 상관에게 건의할 수 있으며(제39조 제1항), 군인은 근무여건·인사관리 및 신상문제 등에 관하여 군인고충심사위원회에 고충의 심사를 청구할 수 있다(제40조 제1항)고 규정하고 있다. 한편, 구 군인복무규율(2009. 9. 29. 대통령령 제21750호로 개정되기 전의 것) 제25조 제4항은 "군인은 복무와 관련된 고충사항을 진정·집단서명 기타 법령이 정하지 아니한 방법을 통하여 군 외부에 그 해결을 요청하여서는 아니 된다."라고 규정하고 있었는데, 대법원은 군인의 재판청구권 행사에 앞서 반드시 거쳐야 하는 군 내 사전절차로서의 의미를 갖는 것으로 볼 수 있는지 여부에 대해 "법령에 의한 방법으로 해결하라는 의미라고 할 수 있고, 법령에 의한 방법의 대표적인 것이 바로 헌법소원 청구를 포함한 재판청구권의 행사임은 의심할 여지가 없다"고 판시하였다(대법원 2018. 4. 12. 선고 2011두22808 판결).

(14) 불온표현물 소지·전파 등의 금지

군인복무기본법 제32조에는 "군인은 불온 유인물·도서·도화 그 밖의 표현물을 제작·복사·소지·운반·전파 또는 취득하여서는 아니 되며, 이를 취득한 때에는 즉시 상관 또는 수사기관 등에 신고하여야 한다."고 규정하고 있다. 불온표현물 소지·전파 등의 금지에 대하여 「군인징계령시행규칙」 별표1의 징계 기준 중의 비위 유형을 따로 규정하고 있지는 않지만, 상황 여하에 따라 앞에서 설명한 명령복종의 의무 또는 비밀엄수의무 중 '㉯ 그 밖의 보안관계 법령 위반'에 해당될 수 있고, 비행의 정도 및 과실에 따라 파면~견책의 처분을 받게 된다. 그리고 행정상의 제재인 징계처분뿐만 아니라 군형법상 항명의 죄(제6장), 국가보안법 제7조(찬양·고무 등) 등에 따라 형사처벌을 받을 수 있다.

사례연구 28 ▶ 불온도서의 의미

A국방부장관은 B씨 등이 저작하거나 출판한 서적들을 포함한 총 23종의 서적들을 불온도서로 지정하여 군부대 내에 반입을 차단하라는 취지의 지시를 하달하였는데, 여기서 "불온도서"란 무엇인가?

▶ 군인은 불온 도서 등을·제작·복사·소지·운반·전파 또는 취득하여서는 아니 되며, 이를 취득한 때에는 즉시 상관 또는 수사기관 등에 신고하여야 한다(군인복무기본법 제32조). 헌법재판소에서는 "불온도서는 '국가의 존립·안전이나 자유민주주의체제를 해하거나, 반국가단체를 이롭게 할 내용으로서, 군인의 정신전력을 심각하게 저해하는 도서'를 의미하는 것으로 해석하여야 한다"고 결정하였다(헌법재판소 2010. 10. 28. 2008헌마638 전원재판부 결정).

(15) 정치운동의 금지

우리 헌법 제5조 제2항에는 "국군은 … 정치적 중립성은 준수된다"고 규정하고 있고, 제7조 제2항에도 "공무원의 신분과 정치적 중립성은 법률이 정하는 바에 의하여 보장된다"고 규정하고 있다. 그리고 군인복무기본법에서도 군인은 정당이나 그 밖의 정치단체의 결성에 관여하거나 이에 가입할 수 없도록 하고 있다(제33조 제1항). 군인은 선거에서 특정 정당 또는 특정인을 지지 또는 반대하기 위한 투표를 하거나 하지 아니하도록 권유 운동을 하는 것(제2항 제1호), 서명 운동을 기도·주재하거나 권유하는 것(제2호), 문서나 도서를 공공시설 등에 게시하거나 게시하게 하는 것(제3호), 기부금을 모집 또는 모집하게 하거나, 공공자금을 이용 또는 이용하게 하는 것(제4호), 타인에게 정당이나 그 밖의 정치단체에 가입하게 하거나 가입하지 아니하도록 권유 운동을 하는 것(제5호) 등의 행위를 하여서는 아니 된다(제33조 제2항). 그리고 군인은 다른 군인에게 제1항과 제2항에 위배되는 행위를 하도록 요구하거나, 정치적 행위에 대한 보상 또는 보복으로서 이익 또는 불이익을 약속하여서는 아니 된다(같은 조 제3항). 「군인징계령시행규칙」 별표1에 따라 정치운동의 금지를 위반할 경우, 비행의 정도 및 과실에 따라 파면~견책의 처분을 받게 된다. 그리고 행정상의 제재인 징계처분뿐만 아니라 군형법상 정치관여죄(제94조) 등에 따라 형사처벌을 받을 수 있다.

사례연구 29 ▶ 군인의 정치적 중립

A소위는 평소 노동문제에 관심이 많고, 일용직으로 노동하는 등 각박한 삶을 살다가 입대한 장병들에게 잘 대해주었다. 마침 국회의원선거가 있었는데, A소위는 자신이 평소 좋아하는 X노동당에 투표할 것을 권유하였는데, 이는 정당한가? 군인은 왜 정치적 중립이 필요한가?

▶ 군인은 선거에서 특정 정당 또는 특정인을 지지 또는 반대하기 위한 투표를 하거나 하지 아니하도록 권유 운동을 하는 것(제33조 제2항 제1호) 등의 행위를 하여서는 아니 된다(제33조 제2항), 이와 같이 군인에게 정치적 중립이 필요한 이유는 첫째, 국군은 대한민국의 자유와 독립을 보전하고 국토를 방위하며 국민의 생명과 재산을 보호하고 나아가 국제평화의 유지에 이바지함을 그 사명으로 하고 있다는 점(군인복무기본법 제33조 제2항 제1호), 둘째, 정권의 교체에도 불구하고 군의 사명은 지켜져야 한다는 점, 셋째, 신분보장을 통해 군무수행의 안정성을 확보하기 위한 점 등이다.

(16) 전쟁법 준수의 의무

우리 헌법 제5조 제1항에는 "대한민국은 국제평화와 유지에 노력하고 침략전쟁을 부인한다"고 규정하고 있고, 제6조 제1항에는 "헌법에 의해 체결·공포된 조약과 일반적으로 승인된 국제법규는 국내법과 같은 효력을 가진다." 고 규정하여 침략전쟁을 부인하고, 전쟁법 등 국제법을 존중하고 있다. 군인복무기본법에도 군인은 무력충돌 행위에 관련된 모든 국제법 중에서 대한민국이 당사자로서 가입한 조약과 일반적으로 승인된 국제법규를 준수하도록 규정하고 있다(제34조 제1항). 그리고 군인은 전쟁법을 숙지하여야 하며, 국방부장관은 대통령령으로 정하는 바에 따라 군인에게 전쟁법에 대한 교육을 실시하여야 한다(같은 조 제2항). 전쟁법 준수의 의무에 대하여 「군인징계령시행규칙」 별표1의 징계 기준 중의 비위 유형을 따로 규정하고 있지는 않지만, 앞에서 설명한 복종의 의무 위반 중 '그 밖의 복종의무 위반'에 해당하고 비행의 정도 및 과실에 따라 파면~견책의 처분을 받게 된다. 그리고 행정상의 제재인 징계처분 뿐만 아니라 전쟁법 위반으로 국제형사처벌을 받을 수 있다.

제2절 군인의 징계제도

I 징계의 의의와 형사벌과의 구별

1. 징계의 의의

징계란 군인 또는 준군인으로서 요구되는 의무를 위반한 행위에 대하여 군 조직의 지휘체계 확립, 질서 유지, 기강 확립 등을 통해 그 의무를 다하게 하기 위하여 과하는 형벌 이외의 행정상의 제재이다. 군인복무기본법에는 군인의 의무에 대하여 성실의무, 청렴의 의무, 명령복종 의무, 비밀엄수의 의무, 전쟁법준수의 의무 등 총 16개 조항을 두고 있다(제19조~제34조).

군인에 대한 징계는 군인으로서의 사명을 다하고 각종 행동규범을 준수하기 위한 통제활동으로, 의무위반자에 대한 제재를 통하여 군인의 잘못된 행위를 교정하는데 주목적이 있다. 그러나 징계는 교정의 목적도 있지만 예방의 목적도 함께 지니고 있다. 즉 징계를 적극적인 측면에서 보면 단순한 처벌이 아닌 교육훈련의 의미도 지닌다. 징계는 범법행위나 군무태만 등을 처벌하는 동시에 그러한 사유의 발생을 억제하려는 예방적 목적도 함께 가지고 있는 것이다.

한편 징계와 구별되는 것으로 경고가 있는데, "경고"란 지휘관이 지휘권 및 군기확립에 유해한 행위를 한 비위당사자에게 그 비행을 반성하고 뉘우치게 하여 배전의 노력을 촉구하기 위해 발하는 일종의 훈계를 말한다.

2. 징계벌과 형사벌의 구별

징계벌은 공법상 특별권력관계의 내부질서를 유지하기 위하여 특별권력에 의거하여 특별권력관계 복종자에게 과하는 제재인 반면, 형사벌은 반윤리성·반사회성의 행위에 대한 제재규범으로 그 목적·대상·권력적 기초 등이 서로 다르다. 따라서 징계벌은 군의 질서유지를 위해 군조직 내에서 부과되는 행정상의 제재이므로 전과기록이 관리되는 형사처벌과 달리 군 내부에서만 징계의 종류에 따라 일정한 기록이 남을 뿐이고 전역 후에는 문제가 되지 않는다.

징계벌과 형사벌은 그 목적·대상·권력적 기초 등이 상이하기 때문에 비위행위에 대하여 징계벌과 형사벌을 각각 부과할 수 있다. 즉, ① 목적에 있어서 징계벌은 군인복무관계의 내부적 질서유지인 반면 형사벌은 일반사회의 법질서 유지이다. ② 적용대상에 있어서 징계벌은 군인복무기본법, 군인사법상 등의 의무위반인 반면 형사벌은 형사법상 권익침해이다. ③ 권력 기초에 있어서 징계벌은 지휘권으로서의 행정적 권한인 반면 형사벌은 국가의 일반통치권(형벌권)이다.

사례연구 30 ▸ 군인의 징계벌과 형사벌

A중사는 대검을 분실하여 군용물분실죄로 벌금 100만원의 선고를 받았다. 그런데 소속군대에서는 형벌 이외 경징계의 징계처분을 요구하고 있다. 이와 같이 형사처벌을 받았음에도 불구하고 또다시 징계처분을 내리려 하는 것은 헌법 제13조 제1항에서 보장하고 있는 이중처벌금지의 원칙을 위반하는 것은 아닌가?

▶ 군인 또는 준군인이 법령을 위반하였을 경우, 행정상의 제재인 징계처분과 형사상의 제재인 형벌을 각각 내릴 수 있고, 이는 이중처벌금지의 원칙을 위배하는 것이 아니다. 징계벌과 형사벌은 그 목적·대상·권력적 기초 등이

다르기 때문에 동일한 비위행위에 대하여 징계벌과 형사벌을 모두 부과할 수 있다. 예컨대, 명령복종의 의무를 위반할 경우, 행정상의 제재인 징계처분뿐만 아니라 군형법상 항명의 죄(제6장) 등에 따라 형사처벌을 받을 수 있다. 또한 군인이 성폭력을 저지른 경우, 징계처벌을 받음은 물론 「성폭력범죄의 처벌 등에 관한 특례법」에 따라 형사처벌도 함께 받게 된다. 이와 같이 행정상의 제재와 형사상의 제재가 함께 이루어진다 하더라도 이는 이중처벌이나 일사부재리의 원칙에 반하지 않는다.

Ⅱ 징계의 사유와 종류

1. 징계의 사유 및 징계부가금

(1) 징계의 사유

징계의 사유는 ① 군인사법 또는 군인사법에 따른 명령을 위반한 경우, ② 품위를 손상하는 행위를 한 경우, ③ 직무상의 의무를 위반하거나 직무를 게을리 한 경우 등이고, 군인이 이와 같은 행위를 하였을 때에는 징계권자가 징계위원회에 징계의결을 요구하고, 그 징계의결의 결과에 따라 징계처분을 하도록 규정하고 있다(군인사법 제56조 및 제58조의2).

(2) 징계부가금

군인사법상 징계사유(제56조)에 따라 군인의 징계의결을 요구하는 경우 그 징계 사유가 금전, 물품, 부동산, 향응 또는 그 밖에 대통령령으로 정하는 재산상의이득을 취하거나 제공한 경우에는 해당 징계 외에 금전 또는 재산상 이득(금전이 아닌 재산상의 이득의 경우에는 금전으로 환산한 금액을 말한다)의 5배 이내의 징계부가금 부과 의결을 징계위원회에 요구하여야 한다(군인사법 제56조의2 제1항). 그리고 징계위원회는 징계부가금 부과 의결을 하기 전에 징계부가금 부과 대상자가 금품 및 향응 수수, 공금의 횡령・유용으로 다른 법률에 따라 형사처벌을 받거나 변상책임 등을 이행한 경우(몰수나 추징을 당한 경우를 포함한다) 또는 다른 법령에 따른 환수가 가산징수 절차에 따라 환수금이나 가산징수금을 납부한 경우에는 대통령령으로 정하는 바에 따라 조정된 범위에서 징계부가금 부과를 의결하여야 하며(같은 조 제2항), 징계부가금 부과 의결을 한 후에 징계부가금 부과 대상자가 형사처벌을 받거나 변상책임 등을 이행한 경우(몰수나 추징을 당한 경우를 포함한다)에는 대통령령으로 정하는 바에 따라 징계부가금의 감면 등의 조치를 하여야 한다(같은 조 제3항).

2. 징계의 종류 및 효과

(1) 장교 · 준사관 · 부사관

장교, 준사관 및 부사관에 대한 징계처분은 중징계(重懲戒)와 경징계(輕懲戒)로 나뉜다. 중징계는 파면 · 해임 · 강등(降等) 또는 정직(停職)으로 하며, 경징계는 감봉 · 근신 또는 견책(譴責)으로 한다(군인사법 제57조 제1항). 징계처분을 받는 경우, 군에서 쌓은 경력이 무너짐은 물론이고, '군'에서 불명예스럽게 전역을 하게 될 수도 있다. 장교 · 준사관 · 부사관의 징계종류 및 효과는 군인사법 및 군인연금법에 규정되어 있고, 그 내용은 아래의 표와 같다.

구 분	종 류	내 용
중징계	파면	- 신분의 박탈 - 퇴직금 50% 감액 - 5년간 공직취임 불가
	해임	- 신분의 박탈 - 퇴직금 감액없음(금품 및 향응수수 또는 공금의 횡령 · 유용으로 징계 해임된 경우에는 퇴직금의 4분의 1 감액) - 5년간 장교, 준사관 및 부사관 임용 제한
	강등	- 해당계급에서 1계급 내림(장교에서 준사관으로, 부사관에서 병으로 강등 불가) - 진급시킬 수 없는 사유 해당

	정직	- 1개월 이상 3개월 이내 기간 동안 직무유지 가능, 직무종사의 금지 - 정직기간 중 보수의 2/3 감액 - 진급시킬 수 없는 사유 해당 - 호봉승급 지연
경징계	감봉	- 감봉기간 중 보수의 1/3 감액 - 호봉승급 지연
	근신	- 10일 이내로 평상 근무 후 징계권자가 지정한 영내의 일정한 장소에서 비행 반성 - 호봉승급 지연
	견책	- 비행을 규명하여 앞으로 비행을 저지르지 아니하도록 훈계 - 호봉승급 지연

(2) 병(兵)

장병에 대한 징계처분은 강등, 군기교육, 감봉, 휴가단축, 근신 및 견책으로 구분한다(군인사법 제57조 제2항).

종 류	내 용
강등	해당계급에서 1계급 내림
군기교육	국방부령으로 정하는 기관에서 15일 이내에서 군인 정신과 복무 태도 등에 관하여 교육·훈련
감봉	1개월 이상 3개월 이내 기간 동안 보수의 5분의 1에 해당하는 금액의 감액
휴가단축	복무기간 중 정해진 휴가일수를 줄임(1회에 5일 이내로 하고 복무기간 중 총 15일을 초과하지 못함)
근신	훈련이나 교육의 경우를 제외하고는 15일 이내에서 평상 근무의 복무 금지와 일정한 장소에서 비행의 반성
견책	비행 또는 과오를 규명하여 앞으로 그러한 행위를 하지 아니하도록 하는 훈계

Ⅲ 징계위원회의 구성과 징계절차

1. 징계위원회의 구성과 징계위원의 제척 · 기피 · 회피

(1) 징계위원회의 구성

군인의 징계처분 또는 징계부가금 부과처분(이하 "징계처분 등"이라 한다)을 심의하기 위하여 해당 징계권자의 부대 또는 기관에 징계위원회를 둔다(군인사법 제58조의2 제1항). 그리고 징계위원회는 징계처분 등의 심의 대상자보다 선임인 장교 · 준사관 또는 부사관 중에서 3명 이상으로 구성하되, 장교가 1명 이상 포함되어야 한다. 다만, 징계처분 등의 심의 대상자가 병(兵)인 경우에는 부사관만으로도 징계위원회를 구성할 수 있다(같은 조 제2항).

(2) 징계위원의 제척 · 기피 · 회피

징계위원회의 위원이 심의대상자와 친족(「민법」 제777조에 따른 친족을 말한다) 관계에 있거나 있었던 경우와 위원과 직접적인 이해관계가 있는 안건인 경우에는 해당 안건의 심의 · 의결에서 제척된다(군인사법 제58조의3 제1항 제1호 및 제2호). 심의대상자는 징계위원회의 위원에게 심의 · 의결의 공정을 기대하기 어려운 사정이 있는 경우에는 징계위원회에 기피신청을 할 수 있고, 징계위원회는 의결로 이를 결정한다(같은 조 제2항). 그리고 징계위원회의 위원이 제1항 또는 제2항의 사유에 해당하는 경우에는 스스로 해당 안건의 심의 · 의결에서 회피할 수 있다(같은 조 제3항).

2. 징계절차

(1) 징계위원회의 심의

징계처분 등은 징계위원회의 심의를 거쳐야 하고(제59조 제1항), 징계위원회는 심의 전에 심의대상자에게 심의 일시 등을 고지하고, 심의대상자를 출석

시켜 의견을 들은 후 심의를 개시한다. 다만, 심의대상자가 출석할 수 없는 부득이한 사정이 있는 경우에는 그러하지 아니하고(같은 조 제2항), 징계위원회는 징계처분 등의 심의 대상자에게 서면이나 구술로 충분한 진술 기회를 주어야 한다(같은 조 제3항).

징계위원회는 징계권자가 징계의결 또는 징계부가금 부과 의결을 요구한 날부터 30일 이내에 심의·의결하여 징계권자와 심의대상자에게 결과를 지체 없이 송부하여야 한다. 다만, 부득이한 사유가 있을 때에는 징계위원회의 결정으로 30일의 범위에서 그 기간을 연장할 수 있다(같은 조 제4항).

(2) 징계위원회의 의사결정방법

징계권자는 징계의결 등을 요구한 때에는 심의대상자에게 ① 징계의결 등을 요구한 날짜, ② 징계위원회의 심의가 개시될 것으로 예상되는 날짜(다만, 특별한 사정으로 그 날짜를 예상할 수 없을 때에는 그러하지 아니하다.), ③ 징계권자가 요구한 징계처분 등의 구체적인 내용, ④ 심의대상자가 심의 전 및 심의 도중에 의견을 진술 또는 제출할 수 있는 권리, ⑤ 심의대상자가 「군인의 지위 및 복무에 관한 기본법」 제42조에 따른 군인권보호관 및 제59조의2 제1항에 따른 인권담당 군법무관과 상담을 받을 수 있는 권리, ⑥ 심의대상자가 징계의결 등에 불복하는 경우의 절차, ⑦ 그 밖에 징계 심의 및 의결을 위하여 국방부령으로 정하는 사항을 기재한 서면으로 고지하여야 한다(제59조 제5항 제1호~제7호).

(3) 징계위원회의 의사결정기간

징계권자는 징계위원회로부터 징계의결 등의 결과를 송부받은 때에는 그 날부터 15일 이내에 징계처분 등을 하여야 한다. 다만, 제59조의2 제1항에 따라 인권보호를 담당하는 군법무관으로부터 군기교육처분의 적법성에 관한 의견을 통보받은 때에는 그 날부터 15일 이내에 징계처분 등을 하여야 한다(제59조 제6항). 징계권자는 징계위원회의 의결 결과가 가볍다고 인정되면 징계처분 등을 하기 전에 법무장교가 배치된 징계권자의 차상급(次上級) 부대 또는 기관에 설치된 징계위원회(국방부에 설치된 징계위원회의 의결에 대하여는 그 징계위원회)에 심사 또는 재심사를 청구할 수 있다. 이 경우 징계권자는 심사 또는 재심사의 의결 결과에 따라 징계처분 등을 한다(같은 조 제7항).

(4) 징계의 불복

징계처분 등을 받은 사람은 인권담당 군법무관의 도움을 받아 그 처분을 통지받은 날부터 30일 이내에 장성급 장교가 지휘하는 징계권자의 차상급 부대 또는 기관의 장에게 항고할 수 있다. 다만, 국방부장관이 징계권자이거나 장성급 장교가 지휘하는 징계권자의 차상급 부대 또는 기관이 없는 경우에는 국방부장관에게 항고할 수 있다(제60조 제1항). 제1항 본문에도 불구하고 중징계를 받은 장교 및 준사관은 국방부장관에게 항고할 수 있고, 중징계를 받은 부사관은 소속 참모총장에게 항고할 수 있다(같은 조 제2항).

징계처분 등에 대한 항고를 심사하기 위하여 장성급 장교가 지휘하는 징계권자의 차상급 부대 또는 기관에 항고심사위원회를 둔다. 다만, 국방부장관이 징계권자인 경우와 제60조 제2항에 따라 국방부장관에게 항고한 경우에 이를 심사하기 위한 항고심사위원회는 국방부에 둔다(제60조의2 제1항). 항고심사위원회는 장교 5명 이상 9명 이내의 위원으로 구성하고, 이 경우 위원 중 1명은 군법무관이나 법률에 소양이 있는 장교로 하여야 한다(같은 조 제2항).

징계처분도 군조직의 징계권자라는 행정기관이 행한 행정처분이므로 법원에 절차상의 위법이나 재량권의 일탈·남용을 이유로 행정소송을 제기할 수 있다. 항고심사위원회의 결정에 대해서도 불복이 있는 경우에는 항고심사결정통지서를 받은 날로부터 90일 이내, 항고심사결정이 있는 때로부터 1년 이내에 법원에 행정소송을 제기할 수 있다.

사례연구 31 ▸ 징계권자의 재량

A소대장은 초소근무 중 잠을 잤다는 혐의로 정직 1월의 처분을 받았다. A소대장은 이 징계처분이 비위에 비해 과하고 생각하는데, 징계권은 징계권자의 재량행위인가?

▶ 공무원인 피징계자에게 징계사유가 있어서 징계처분을 하는 경우, 어떠한 처분을 할 것인가는 징계권자의 재량에 맡겨진 것이므로, 그 징계처분이 위법하다고 하기 위해서는 징계권자가 재량권의 행사로서 한 징계처분이 사회통념상 현저하게 타당성을 잃어 징계권자에게 맡겨진 재량권을 남용한 것이라고 인정되는 경우에 한한다. 그리고 공무원에 대한 징계처분이 사회통념상 현저하게 타당성을 잃었는지 여부는 구체적인 사례에 따라 직무의 특성, 징계의 원인이 된 비위사실의 내용과 성질, 징계에 의하여 달성하려고 하는 행정목적, 징계 양정의 기준 등 여러 요소를 종합하여 판단하여야 한다(대법원. 2006. 12. 21. 선고 2006두16274 판결).

Chapter

4 형사절차

제1절 형사절차의 의의

형사절차란 국가의 형벌권 실현에 관한 절차를 말한다. 즉, 범죄와 이에 상응한 형벌이나 보안처분을 과할 것을 추상적으로 규정한 실체법인 형법(군형법)에 대하여, 그 형법(군형법)의 적용·실현을 목적으로 하는 절차이다. 형사절차는 범죄자에게 수사절차와 재판(공판)절차로 되어 있는 공소 전 절차와 판결절차와 집행절차로 나누어진 공소 후 절차로 이루어진다.

사례연구 32 ▸ 형사소송 법정주의

A이병은 훈련을 마치고 부대로 복귀하였는데, 깜박하고 군용물인 소총을 분실하여 입건되었다. A이병은 국회에서 만든 법률에 의한 형사절차를 받게 되는데, 이렇게 형사절차를 법률로 정하도록 하는 이유는 무엇인가?

▶ 형벌권행사의 구체화 과정인 형사절차는 반드시 법률로써 규율하여야 하는데 이를 형사소송 법정주의라 한다. 형사소송 법정주의는 형벌권의 행사에 법률적 근거를 요한다는 단순한 형식적 의미에 국한되는 것이 아니라, 형사소송절차의 진행과정에서 야기될 수 있는 피의자·피고인의 인권 침해적 요소를 최대한 배제하기 위하여 형사절차의 적정과 기본적 인권의 보장이라는 실질적 의미를 동시에 내포하는 개념이다. 따라서 이는 법치주의의 본질이며, 마그나 카르타(Magna Carta)의 기본정신인 인권보장을 실질적으로 구현하기 위한 제도적 장치라고 할 수 있다. A이병은 절차법인 군사법원법에 따라 형사절차

를 거치게 된다.

제2절 형사절차의 단계

형사절차는 크게 ① 수사와 공소절차, ② 형사재판(공판)절차, ③ 형의 선고와 집행 등의 단계를 거치게 되고, 그 내용은 이하에서 설명한다.

[형사절차 개념도]

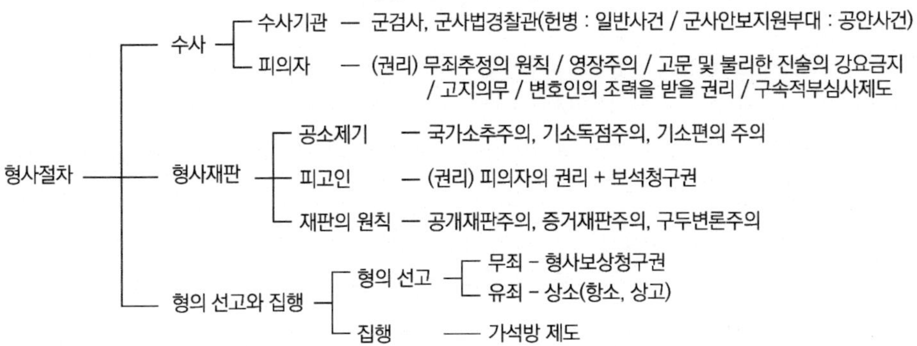

[형사절차 흐름도]

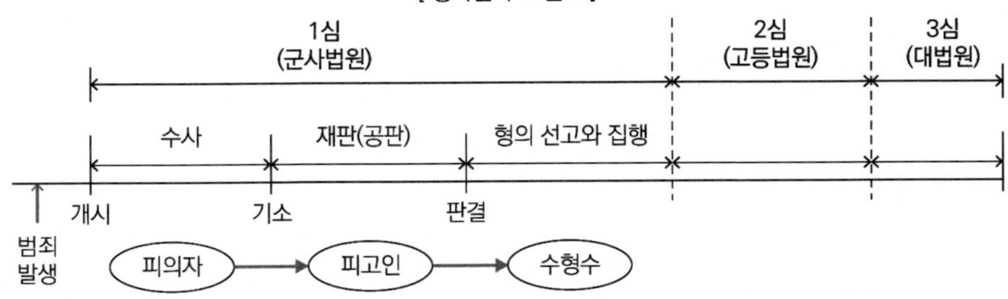

I 수사와 공소의 절차

1 수사

(1) 수사의 의의

수사란 형사사건에 대하여 공소를 제기하고 이를 유지·수행하기 위한 준비로써 범죄사실을 조사하고 범인 및 증거를 확보하며 범죄의 형의 유무를 명백히 하여 공소의 제기 및 유지여부를 결정하는 수사기관의 일체의 활동을 말한다. 수사개시의 원인으로서는 현행범, 고소, 고발, 자수, 변사자의 검시, 불심검문(직무질문) 등이 있다. 수사 과정에서 범죄 의심을 받는 사람을 형사피의자라 하고, 아직 그에 이르지 않거나 수사의 참고를 위해 수사기관에 부르는 사람을 참고인이라 하며, 수사기관에서 참고인이 형사피의자로 전환될 수 있다.

그 동안에는 군인이 범한 모든 범죄는 1심 보통군사법원(현, 군사법원)에서 재판을 받았지만, 성추행 피해 고(故) 이예람 중사 사건(2021) 처리과정에서 군수사 및 사법체계의 신뢰에 흠집이 있었고, 결국에는 군사법원법은 대폭 개정이 되었다(법률 제18465호, 2021. 9. 24., 2022. 7. 1. 시행). 즉, 군사법원법 개정으로 ① 성폭력처벌법 상, 성폭력범죄(제2조) 및 예비·음모죄(제15조의2), 청소년성보호법 상, 아동·청소년대상 성범죄(제2조 제2호)(군사법원법 제2조 제2항 제1호), 사람이 사망하거나 사망에 이른 경우 그 원인이 되는 범죄(같은 항 제2호), 군인 등의 신분취득 전에 범한 죄(같은 항 제3호) 등은 군사법원의 재판관할권에서 제외되어 이러한 사건의 수사, 기소, 재판을 모두 민간 수사기관과 민간법원에서 담당하게 되었다.

수사의 절차는 ① 수사의 개시(고소, 고발 등), ② 입건, ③ 구속 또는 불구속, ④ 송치, ⑤ 구속적부심사, ⑥ 기소의 순으로 진행된다. 여기서 고소와 고발은 수사기관에 죄를 지은 사람을 처벌해달라는 의사표시라는 점에서는 같다. 그러나 고소가 형사사건의 피해자(또는 법정대리인)가 직접 하는 것이라면(제265조), 고발은 제3자가 하는 것이다(제276조).

(2) 수사기관

수사기관이란 법률상으로 범죄수사의 권한이 인정되어 있는 국가기관을 말하며, 일반인의 형법 위반에 대해서는 검사와 사법경찰관 등이 있는 반면에, 군인·군무원 등의 군형법 위반에 대해서는 군검사, 군사법경찰관(헌병 등) 등이 있다. 수사기관인 군검사와 군사법경찰관은 범죄 혐의가 있다고 생각될 때에는 범인, 범죄사실 및 증거를 수사하여야 하고(군사법원법 제228조 제1항), 군사법경찰관이 수사를 시작하여 입건하였거나 입건된 사건을 이첩받은 경우에는 48시간 이내에 관할 검찰부에 통보하여야 한다(같은 조 제2항).

사례연구 33 ▶ 수사기관(군사법경찰관)의 종류

국가정보원에 소속된 A는 국외 정보 및 국내 보안정보(대공(對共), 대정부전복(對政府顚覆), 방첩(防諜), 대테러 및 국제범죄조직)의 수집·작성 및 배포 등의 직무를 수행 중 B준장이 대정부전복을 꾀한다는 첩보를 입수하고 B준장을 긴급 체포하였다. 국가정보원에 소속된 A도 수사기관(군사법경찰관)인가?

▶ '수사기관'은 앞에서 설명한 그대로이고, 군사법경찰관은 ① 군사경찰과의 장교, 준사관 및 부사관과 법령에 따라 범죄수사업무를 관장하는 부대에 소속된 군무원 중 국방부장관이 군사법경찰관으로 임명하는 사람, ② 「국군조직법」 제2조 제3항에 따라 설치된 부대 중 군사보안 업무 등을 수행하는 부대로서 국군조직 관련 법령으로 정하는 부대에 소속된 장교, 준사관 및 부사관과 군무원으로서 보안업무에 종사하는 사람, ③ 검찰수사관 등이며, 군사법경찰관은 군사법원 관할사건을 수사한다(군사법원법 제43조 제1호~제4호). '국가정보원 직원으로서 국가정보원장이 군사법경찰관으로 지명된 사람(같은조 제3호)'은 삭제되었다(2020. 12. 15.).

수사에는 임의수사와 강제수사가 있다. 임의수사란 수사를 받는 상대방의 동의·승낙을 전제로 하는 수사를 말하고, 강제수사란 상대방의 의사여하를 불문하고 강제적으로 실시하는 수사로써 일종의 강제처분을 말한다. 강제처분에는 소환, 구속 및 압수·수색 등이 있다.

(3) 형사피의자의 권리

형사피의자란 형사 사건에서 범죄의 혐의가 있어 정식으로 입건되었으나, 아직 공소 제기가 되지 아니한 사람을 말하고, 형사피의자의 권리는 아래와 같이 헌법과 법률에 따라 보장되고 있다.

① 무죄추정의 원칙 : 형사피고인은 유죄의 판결이 확정될 때까지는 무죄로 추정된다(헌법 제27조 제4항, 군사법원법 제323조). 이 원칙은 신체의 자유의 실체법적 보장이고, 형사정책과 관련하여 피의자뿐만 아니라 피고인까지도 유죄의 선고를 받기까지는 무죄로 추정된다는 원칙이다.

② 영장주의 : 체포・구속・압수 또는 수색을 할 때에는 적법한 절차에 따라 검사의 신청에 의하여 법관이 발부한 영장을 제시하여야 한다(헌법 제12조 제3항 전단, 군형법 제238조 제1항). 영장주의의 예외로는 현행범인 경우(군사법원법 제248조)와 피의자가 사형, 무기 또는 장기 3년 이상의 징역이나 금고에 해당하는 죄를 범하였다고 의심할 만한 상당한 이유가 있고, 피의자가 증거를 없앨 우려가 있을 때이거나 피의자가 도주하거나 도주할 우려가 있을 때에는 군사법원 군판사의 체포영장을 받을 수 없을 때에는 그 사유를 알리고 영장없이 피의자를 체포할 수 있다(군사법원법 제232조의3 제1항).

③ 고문 및 불리한 진술의 강요 금지 : 모든 국민은 고문을 받지 아니하며, 형사상 자기에게 불리한 진술을 강요당하지 아니한다(헌법 제12조 제2항, 군사법원법 제236조의3 제1항). 여기에서 고문이란 정신적・육체적인 고통을 주는 일체의 행위를 말하며, 이러한 수사기관의 위법행위에 대해서는 국가배상책임을 져야 한다. 또한, 불리한 진술을 강요당하지 않을 권리는 묵비권의 보장을 말한다.

④ 고지의무 : 누구든지 체포 또는 구속의 이유와 변호인의 조력을 받을 권리가 있음을 고지받지 아니하고는 체포 또는 구속을 당하지 아니한다(헌법 제12조 제5항). 군사법원법 제232조의5에는 "군검사나 군사법경찰관은 피의자를 체포하는 경우 피의사실의 요지, 체포의 이유 및 변호인을 선임할 수 있음을 말하고 변명할 기회를 주어야 한다."고 규정하고 있다.

사례연구 34 ▸ 미란다 원칙

A소위는 X기업에 다니는 오빠 B와 잠시 살고 있었는데, 어느 날 밤늦은 시간에 싸우는 소리가 들렸고 휴가 나온 병사가 사망하였다는 것을 알았다. 며칠 뒤 군사법경찰관이라며 신분증만을 보여 준 2명에게 체포되었고, 오빠 B등 가족에게도 연락할 수 없는 상태에서 조사를 받았다. 이 경우, 군사법경찰관의 체포행위 등은 정당한가?

▶ 1963년 미국에서 범죄자 미란다가 18세 여성을 납치하여 성폭행한 사건에서 유래된 미란다 원칙은 경찰이나 검찰이 용의자를 연행할 때, 체포이유, 변호인의 도움을 받을 수 있는 권리, 진술을 거부할 수 있는 권리 등이 있음을 미리 알려 주어야 한다는 원칙을 말한다. 우리 헌법 제12조 제5항에도 "누구든지 체포 또는 구속의 이유와 변호인의 조력을 받을 권리가 있음을 고지받지 아니하고는 체포 또는 구속을 당하지 아니한다. 체포 또는 구속을 당한 자의 가족 등 법률이 정하는 자에게는 그 이유와 일시·장소가 지체없이 통지되어야 한다"고 규정하고 있다. 그러므로 군사법경찰관이 A소위에 대하여 체포할 당시 미란다 원칙을 고지하지 않았다면 이는 불법체포가 된다.

⑤ 변호인의 조력을 받을 권리 : 누구든지 체포 또는 구속을 당한 때에는 즉시 변호인의 조력을 받을 권리를 가진다(헌법 제12조 제4항). 군사법원법 제235조의2 제1항에는 "군검사나 군사법경찰관은 피의자 또는 그 변호인, 법정대리인, 배우자, 직계친족, 형제자매의 신청에 따라 변호인을 피의자와 접견하게 하거나 정당한 사유가 없으면 피의자신문에 참여하게 하여야 한다."고 규정하고 있다. 형사피고인뿐만 아니라 형사피의자도 일단 체포·구속당하면 변호인의 조력을 받을 권리를 가지므로 변호인과의 접견, 교통을 금지하는 것은 위헌이다. 그리고 형사피고인이 스스로 변호인을 구할 수 없을 때에는 법률에 따라 국선변호인을 붙인다.

⑥ 구속적부심사청구권 : 누구든지 체포 또는 구속을 당한 때에는 적부의 심사를 법원에 청구할 권리를 가진다(헌법 제12조 제6항). 군사법원법 제252조 제1항에는 "체포되거나 구속된 피의자 또는 그 변호인, 법정대리인, 배우자, 직계친족, 형제자매, 가족, 동거인 또는 고용주는 관할 군사법원에 체포 또

는 구속의 적부심사를 청구할 수 있다."고 규정하고 있다. 이것은 아직 기소되지 않은 형사피의자의 권리를 보장하기 위해 마련된 조항이다. 한편, "구속"이란 구인(拘引)과 구금(拘禁)이 포함되는데(군사법원법 제109조), 구인은 피의자 또는 피고인을 군사법원이나 기타 장소에 인치하는 것이고, 구금은 피의자 또는 피고인을 군교도소 또는 군미결수용실에 구금하는 강제처분이다(미결구금). 구인한 피의자 또는 피고인을 군사법원에 인치한 경우에 구금할 필요가 없다고 인정한 때에는 그 인치한 때로부터 24시간 이내에 석방하여야 한다(제111조).

2. 공소

(1) 공소권자와 공소의 원칙

군 수사기관의 수사 결과를 바탕으로 사건을 재판으로 보내는 것을 '공소제기', 다른 말로 '기소'라 하는데, 기소된 순간부터 형사피의자가 아니라 형사피고인이 된다.

군검사는 공소권의 행사를 주요임무로 하는 공소권자로서의 수사기관(국가기관)이다. 즉 형사소송의 당사자로서 ① 범죄 수사와 공소제기 및 그 유지에 필요한 행위, ①의 2. 군사법원 및 고등법원에 법령의 정당한 적용 청구, ② 군사법원 재판집행의 지휘·감독, ③ 다른 법령에 따라 그 권한에 속하는 사항 등의 직무를 수행한다(군사법원법 제37조 제1호~제3호).

공소란 검사(군검사)가 특정의 범죄에 관한 형벌권의 존부 및 그 범위를 확정할 것을 목적으로 법원에 대하여 그 심판을 구하는 의사표시를 말한다. 따라서 공소의 제기는 수사의 종결을 의미하는 동시에 공판절차의 개시를 의미한다.

그런데 공소의 제기는 오직 국가기관인 검사(군검사)만이 할 수 있다. 즉, 사인에 의한 소추를 인정하지 않고 공소제기의 권한을 국가기관이 전담하는 국가소추주의를 채택하고 있으며(군사법원법 제289조), 국가기관 중에서도 검사만이 공소를 제기하고 수행할 권한을 갖는 기소독점주의를 채택하고 있다.

그러나 공소권을 국가가 독점하고 범죄사실이 인정된다고 하여 반드시 기소하는 것은 아니고, ① 범인의 연령, 성행, 지능과 환경, ② 피해자에 대한 관계, ③ 범행의 동기, 수단과 결과, ④ 범행 후의 정황 등을 고려하여 공소를 제기하지 않을 수도 있는데, 이를 기소편의주의라 한다(형법 제51조, 군사법원법 제289조의2).

사례연구 35 ▶ 형사기소 중의 징계처분

A남자상사는 다른 동료병사들과 함께 2박 3일간 출장을 가게 되었는데, 술을 마시고 B여자중사를 성폭행하여 구속되었고, A남자상사는 합의에 의한 성교라 주장하고 있다. A남자상사는 00군사법원으로부터 강간죄(군형법 제92조)로 재판 중에 있는데, 이를 사유로 해당부대 소속 징계위원회는 파면처분을 내렸다. A남자상사는 아직 유죄판결을 받지도 않았는데, 파면처분은 적법・정당한가?

▶ 공무원에게 징계사유가 인정되는 이상 관련된 형사사건이 아직 유죄로 확정되지 아니하였다거나 수사기관에서 이를 수사 중에 있다 하여도 징계처분은 할 수 있다(대법원 1984. 9. 11. 선고 84누110 판결).

(2) 공소(기소)절차

군검사는 고소나 고발에 따라 범죄를 수사할 때에는 고소나 고발을 접수한 날부터 3개월 이내에 수사를 마치고 공소제기 여부를 결정하여야 하고(군사법원법 제298조), 군검사는 고소 또는 고발이 된 사건에 관하여 공소를 제기하거나 제기하지 아니하는 처분을 한 경우, 공소를 취소한 경우 또는 군검찰부에 대응하는 군사법원에 관할권이 있지 아니하거나 관할권이 있더라도 다른 관할 군사법원에서 심리하는 것이 상당하다고 인정할 때에는 관할 군사법원에 대응하는 군검찰부에 송치(제285조 제3호)를 한 경우에는 그 처분을 한 날부터 7일 이내에 서면으로 고소인이나 고발인에게 그 취지를 통지하여야 한다(같은 법 제299조 제1항). 또한 군검사는 불기소 또는 앞에서 설명한 제285조 제3호의 송치를 한 경우에는 피의자에게 즉시 그 취지를 통지하여야 한다(같은 조 제2항).

공소(기소)절차는 크게 구약식(약식명령)과 구공판이 있다. 구약식이란 간단한 사건이기 때문에 정식재판을 거치지 않고 바로 벌금형을 내리는 결정이다. 구약식 통지를 받은 경우, 형사피고인이 별도의 정식재판을 청구할 수 있고, 정식재판을 청구하지 않으면 그 벌금이 확정된다. 그리고 구공판이란 형사사건을 법원에 기소하여 정식 재판을 청구하는 것이다. 여기서 유의할 점은 무죄를 다투거나 벌금을 줄이려고 정식 재판을 청구한 경우가 오히려 벌금을 더 내는 결과를 가져올 수도 있다.

사례연구 36 ▶ 고소사건 처분결과에 대한 불복

A소위는 B대대장을 자신은 물론 부하병사들에 대한 가혹행위 혐의로 고소하였는데 수사기관에서는 매번 수사 중이라고 말할 뿐 처벌하고 있지 않아 수차례 진정서를 제출하였다. 그러던 중 며칠 전 군검찰부에서 B대대장에게는 혐의가 없어 불기소처분을 하였다는 통지를 보내왔다. 이에 대해 A소위가 군검찰부의 불기소처분에 불복하는 방법은?

▶ 군검사는 고소 또는 고발이 된 사건에 관하여 공소를 제기하거나 제기하지 아니하는 처분을 한 경우, 공소를 취소한 경우 등에는 그 처분을 한 날부터 7일 이내에 서면으로 고소인이나 고발인에게 그 취지를 통지하여야 한다(군사법원법 제299조 제1항). 군검사의 불기소처분에 대해 고소인이 불복하는 방법에는 항고와 재정신청이 있다. 즉, 군검사 또는 피고인이 아닌 사람이 결정을 받았을 때에는 항고를 할 수 있고(제396조), 항소의 제기기간은 7일로 한다(제415조). 또한 고소나 고발을 한 사람은 군검사의 불기소처분에 불복할 때에는 고등법원에 그 당부(當否)에 관한 재정을 신청할 수 있고, 신청은 불기소처분 통지를 받은 날부터 30일 이내에 서면으로 그 군검사가 소속된 보통검찰부의 장에게 제출하여야 한다(제301조 제1항 및 제2항).

(3) 형사피고인의 권리

형사피고인이란 형사 사건에서 범죄의 혐의가 있어 검사에 의해 기소되어

법원의 심리를 받고 있는 사람을 말하고, 형사피고인의 권리는 형사피의자와 마찬가지로 무죄추정의 원칙, 고문 및 불리한 진술의 강요 금지, 변호인의 조력을 받을 권리 등을 갖는다.

그 외에도 형사피고인에 대해 보석청구권을 두고 있다. 즉, 피고인과 피고인의 변호인, 법정대리인, 배우자, 직계친족, 형제자매, 가족, 동거인 또는 고용주는 군사법원에 구속된 피고인의 보석을 청구할 수 있는데(군사법원법 제134조), 여기서 보석이란 구속 기소된 피고인이 법원에 보증금을 납부하는 조건으로 구속 집행을 정지하고 석방시키는 제도이다.

사례연구 37 ▸ 보석

A상병은 군생활에 적응을 하지 못하고 있던 중 군무를 기피할 목적으로 부대를 이탈하였고, 결국 수사기관에 체포되었다. 4대 독자인 A상병은 깊이 뉘우치며 용서를 빌었고, 보석을 청구하고자 한다. 이 경우 군사법원은 보석을 허가할 수 있는가? 보석을 허가할 수 없는 사유는 어떤 경우가 있는가?

▶ 군사법원은 보석 청구가 있을 때에 보석을 허가할 수 없는 경우가 있는데, 여기에는 ① 피고인이 사형, 무기 또는 장기 10년이 넘는 징역이나 금고에 해당하는 죄를 범한 경우, ② 피고인이 누범에 해당하거나 상습범인 경우, ③ 피고인이 범죄증거를 없애거나 없앨 우려가 있다고 믿을만한 충분한 이유가 있는 경우, ④ 피고인이 도주하거나 도주할 우려가 있다고 믿을만한 충분한 이유가 있는 경우, ⑤ 피고인의 주거가 분명하지 아니한 경우, ⑥ 피고인이 피해자, 해당 사건의 재판에 필요한 사실을 알고 있다고 인정되는 사람 또는 그 친족의 생명・신체나 재산에 해를 끼치거나 그럴 우려가 있다고 믿을만한 충분한 이유가 있는 경우 등이다(군사법원법 제135조 제1호~제6호). 군형법상 군무이탈죄의 법정형은 1년 이상 10년 이하의 징역(군형법 제30조 제1항 제3호)이므로 A상병은 보석을 청구할 수 있고, 군사법원은 위의 경우가 아니라면 보석을 허가하여야 한다.

Ⅱ 형사재판절차(공판절차)

1. 공판절차의 의의와 기본원칙

공판절차란 넓은 의미로는 공소제기 후 소송절차가 종결될 때까지의 전 절차, 즉 법원이나 법관이 행하는 검증·증인신문·피고의 구속·보석 등을 포함하는 모든 절차를 말하고, 좁은 의미로는 이러한 공판절차 가운데 특히 공판기일에서의 심리·변론·판결절차만을 말한다.

군사법원법상 공판절차는 형사소송의 기본원칙인 당사자주의(제309조의8 제1항)·집중심리주의(제310조의2 제1항)·공개주의(제322조)·구두변론주의(제323조의2)·직접주의(제326조)·증거재판주의(제359조)·자유심증주의(제360조) 등의 원리에 의하여 진행된다.

2. 공판절차

공판절차는 형사소송절차의 가장 중요한 핵심적 과정으로써 공판준비절차와 공판기일절차 및 판결절차로 구분되며, 공판기일절차는 다시 모두절차와 사실심리절차의 순으로 진행된다.

(1) 공판준비절차

공판준비절차란 공판기일의 심리를 효율적이고 집중적인 심리를 하기 위한 준비로써 공판기일 외의 절차를 말한다. 공판준비절차에는 공소장부본의 송달, 공판기일의 지정·변경 및 통지, 피고인의 소환, 공판기일 외의 증거수집 및 증거조사 등이다(군사법원법 제308조~제309조의16).

(2) 공판기일절차

공판기일이 도래하면 공판정을 개정하여 심리를 개시한다. 여기서 공판정이란 공판을 행하는 법정을 말하는데, 공판정은 재판관, 군검사, 변호인 및 서기가 출석하여 개정한다. 피고도 소송당사자로서 공판기일에 출석하여 공소사실에 대한 진술을 하여야 한다.

공판정이 개정되면 우선 모두절차가 진행된다. 모두절차란 인정신문, 검사의 공소요지진술, 피고인의 진술절차를 말한다. 그리고 모두절차가 끝나면 사실심리절차로 이어지는데 사실심리절차는 피고인의 신문, 증거조사 및 최후변론의 순서로 진행된다(제310조~제372조).

사례연구 38 ▸ 자백의 증거능력

A취사반장은 군사법경찰관서(헌병대)에 연행된 후 군사법경찰관(헌병)이 피의자 신문조서를 작성할 때 강요에 못 이겨 사병 급식용 고기를 부대 인근 정육점에 처분하여 이익을 취하였다는 혐의사실(군용물횡령죄)을 거짓 자백하였으며, 그 횡령사실로 구속기소되었다. 과연 수사단계에서의 자백이 기재된 피의자 신문조서는 유죄의 증거로 사용될 수 있는가?

▶ 피고인의 자백이 고문, 폭행, 협박, 구속의 부당한 장기화 또는 속임수, 그 밖의 방법에 따라 임의로 진술한 것이 아니라고 의심할 만한 이유가 있을 때에는 유죄의 증거로 하지 못하고(군사법원법 제361조), 피고인의 자백이 피고인에게 불리한 유일한 증거일 때에는 유죄의 증거로 하지 못한다(제362조). 이와 같이 자백이 기재된 피의자 신문조서의 증거능력을 제한하고 있는 것은 수사단계에서의 자백강요로 인한 인권침해를 방지함으로써 피의자의 인권보장을 도모하기 위함이다.

사례연구 39 ▸ 국선변호인

A일병은 가정형편이 어려운 가정에서 태어나 막노동과 아르바이트를 하며 ○○대학교를 다니다가 휴학하고 입대하였다. A일병은 군무태만의 죄로 체포되어 구속되고 보니 주위에서 "초범이므로 변호사만 선임하면 석방될 수 있다"는 말에 솔깃하였다. 그러나 A일병은 변호사를 선임할 돈이 없는 것은 당연한데, 변호사를 선임할 능력이 없으면 어떻게 되는가?

▶ 변호인은 두 가지가 있는 바, 피의자·피고인 본인이나 그 법정대리인인 배우자, 형제자매가 선임한 변호사를 사선변호사라 하고, 일정한 사유가 있을 때 피고인을 위하여 법원이 선정하는 변호인을 국선변호인이라 한다. 군사법원법에는 헌법 제12조 제4항 국선변호인제도를 이어 받아 피고인에게 변호인이 없을 때에는 군사법원은 직권으로 변호인을 선정하도록 규정하고 있다(제62조).

(3) 판결절차

공판절차의 최종단계로서 판결이 선고된다. 판결의 선고는 변론을 종결한 기일에 하여야 하고, 특별한 사정이 있을 때에는 따로 선고기일을 지정할 수 있다(제372조의2 제1항). 피고사건에 대하여 범죄가 증명되었을 때에는 형의 면제 또는 선고유예의 경우를 제외하고는 판결로 형(무죄, 유죄, 선고유예 등)을 선고하여야 하고(제375조 제1항), 형을 선고할 때에는 판결이유에 범죄가 될 사실, 증거의 요지 및 법령의 적용을 밝혀야 하며(제377조 제1항), 형을 선고하는 경우에는 재판장은 피고인에게 상소할 기간과 상소할 법원을 고지하여야 한다(제378조).

사례연구 40 ▶ 법원의 판결 성립시기

A판사는 과실에 의한 군용물손괴죄로 기소된 B중사가 반성의 기미가 없자 판결문에 징역 6월을 선고한다고 기재하였다. A판사는 법정에서 판결을 선고하기 전 피고인에게 "피고인은 그동안 많은 반성을 했습니까?"라고 질문하자 "죽을 죄를 졌습니다. 어떠한 벌도 달게 받겠습니다."라면서 고개를 숙였다. 인정 많은 A판사는 판결문과는 달리 "피고인에 대해서 금번에 한하여 300만원의 벌금으로 선고합니다."고 했는데, 이 판결문의 효력은 어떻게 되는가?

▶ 판결문(즉, 판결의 내부적 성립시)에는 실형을 선고하는 것으로 기재되어 있다가, 선고(즉, 판결의 외부적 성립시)에는 판결문과 다른 판결이 선고된 경우에 판결은 어느 경우를 유효한 것으로 볼 것인가하는 문제가 발생한다. 학자들의 견해와 대법원 판결에 의하면 이런 경우에 법정에서 선고된 판결이

효력이 있다고 한다. 한편 군형법 상, 군용물에 관한 죄 중 제66조~제71조는 과실범에 대하여 징역 이외에 벌금형도 인정되고 있다(군형법 제73조 제1항).

이상과 같이 형사절차는 크게 ① 수사와 공소절차, ② 형사재판(공판)절차, ③ 형의 선고와 집행 등의 단계를 거치게 되는데, 마지막 단계인 형의 선고와 집행은 후술한다(제2편 군형법 제2장 군형법총칙 제5절 군형법과 형법총칙).

Ⅲ 상소

1. 상소의 의의

군인 등에 대한 형사재판은 1심 군사법원, 2심 고등법원, 3심은 대법원에서 진행하게 된다. 아직 확정되지 않은 재판에 대하여 하급법원(1심 또는 2심)의 판결에 불복하는 경우 상급기관에 판결의 심사를 새롭게 구하는 제도를 두고 있는데 이를 상소라 하고, 상소권자는 군검사나 피고인이다(제395조).

2. 상소의 종류

상소에는 항소, 상고, 항고 등이 있다.

항소란 제1심(군사법원) 종국판결에 대하여 불복하여 고등법원에 상소하는 것이고, 제기기간은 7일이다(제414조~제441조).

상고란 제2심(고등법원) 종국판결에 대하여 불복하여 대법원에 상소하는 것이고, 제기기간은 7일이다(제442조~제453조).

그리고 항고란 앞에서 설명한 항고나 상고와는 성질을 달리하는 것으로, 군사법원의 판결이 아닌 결정(약식명령 등) 또는 군검사의 불기소처분 등에 대하여 불복할 때에 하는 상소를 말한다. 군검사 또는 피고인이 아닌 사람이 결정을 받았을 때에는 군사법원의 결정에 대하여 불복할 때에는 군사법원법에서 특별한 규정이 있는 경우를 제외하고는 항고를 할 수 있는데(제454조),

즉시항고의 제기 기간은 7일로 하고(제455조), 그 외에는 원심결정을 취소하여도 실익이 없게 된 때를 제외하고는 언제든지 할 수 있다(제454조의3). 군검사의 불기소처분 등에 대한 항고는 앞의 공소절차에서 설명한 그대로 이다.

사례연구 41 ▶ 항소 절차

A중사는 다른 간부들과는 달리 비교적 병사에 대한 폭언이나 구타를 하지 않는 편이다. 그런데도 불구하고 어느 날 군대 내의 가혹행위 등이 사회문제로 언론에 대대적으로 보도되자, 군사법경찰관은 A중사를 체포하여 수사를 하고 군검사가 기소하였으며, 결국 군사법원에서 징역 6월의 형벌을 받게 되었다. A중사는 '왜 나만 가지고 그래!' 하면서 이 판결에 대하여 불복하고자 하는데, 어떻게 해야 하는가?

▶ 제1심(군사법원)의 종국판결을 받은 자가 불복하여 상소하려면, 제1심 판결을 선고한지 7일 이내에 항소의 취지와 대상인 판결을 기재한 항소장을 원심군사법원에 제출해야 한다. 따라서 A중사는 군사법원에 항소장을 제출해야 한다(제414조~제416조). 원심군사법원(군사법원)은 항소제기의 방식과 기일 준수 여부를 심사한 후 기각결정을 한 경우를 제외하고는 항소장을 받은 날로부터 14일 이내에 소송기록과 증거물을 고등법원에 보내야 한다(제417~제418조). 고등법원은 소송기록과 증거물을 받으면 즉시 항소인과 상대방에게 그 사실을 통지하여야 한다(제419조 제1항). 고등법원에서는 특별한 규정이 없으면 항소의 심판에 관하여는 제2편 제2장 제3절 공판에 관한 규정을 준용한다(제441조).

PART

2 군형법

제1장 군형법 서설

제2장 군형법총칙

제3장 군형법각칙

Chapter

1 군형법 서설

제1절 군형법의 의의와 성격

I 군형법의 의의

군형법이란 종래에는 "군범죄와 이에 대한 법적 효과로서의 형벌을 규정하고 있는 법규범의 총체"라고 정의되었으나, 현재에는 헌법에 보안처분법정주의를 명문화하고 있고(제12조 제1항), 형법에서도 보호관찰을 명문화하고 있으며(형법 제59조의2), 군형법에서도 이 법에 특별한 규정이 없으면 다른 법령에서 정하는 바에 따르도록 하고 있다(제4조)는 점에서 "범죄와 이에 대한 법적 효과로서의 형벌과 보안처분을 규정하고 있는 법규범의 총체"라고 정의할 수 있다.

군형법은 그 명칭이나 형식여하에 따라 형식적 의미의 군형법과 실질적 의미의 군형법으로 나눌 수 있다.

먼저, 형식적 의미의 군형법이란 특별히 "군형법"이라는 명칭으로 공포·시행되고 있는 법률, 즉 군형법전(軍刑法典)(1962. 1. 20. 법률 제1003호, 현재 2021. 9. 24. 법률 18465호)인 "군형법"을 말한다. 군형법전은 총칙과 각칙으로 규정되어 있는데, 총칙에는 적용대상자(제1조), 장소적 적용범위(제1조의2), 용어의 정의(제2조), 사형집행(제3조) 등 일반적·공통적 요소를 규정하고, 이를 후술하는 실질적 의미의 군형법까지 원칙적으로 적용하도록 규정하고 있다(제4조). 각칙에서는 중대한 기본적 군사범죄와 이에 대한 구체적 형벌을 개별적으로 규정하고 있다. 형식적 의미의 군형법은 실질적 의미의 군형법을 그 내용으로 하는 것이 보통이지만, 예외적으로 고유한 의미의 군사범(軍事犯)이 아닌 것을 포함하고 있는 경우도 있다.

그리고 실질적 의미의 군형법이란 그 명칭이나 형식을 불문하고 그 성질상 국가형벌권의 실체를 규정한 법규로써 군의 전력을 침해하는 군사범죄의 유형과 이에 대한 법적 효과로서의 형벌의 범위와 보안처분을 규정하고 있는 법규범의 총체를 말한다. 즉, 법률인 형식적 의미의 군형법은 물론 국군조직법, 군인의 지위 및 복무에 관한 기본법, 병역법, 군사기밀보호법, 군사기지 및 군사시설보호법, 군사법원법, 병역법, 예비군법 등과 같이 다른 법률에 규정되어 있는 경우도 있다. 뿐만 아니라 법률의 상위규범인 헌법상의 대통령의 국군통수권(제74조 제1항) 등도 포함되며, 법률의 하위규범인 명령, 즉 국방관련 각종 시행령 등 법규명령과 훈령(訓令), 지시, 예규(例規), 일일명령, 고시(告示) 등의 행정규칙 등도 모두 포함된다.

Ⅱ 군형법의 필요성

군형법은 원칙적으로 군인 또는 준군인 등을 그 적용대상자로 하는 특별법으로서의 군형법이다. 물론 군인 또는 준군인 등도 일반법인 형법의 적용대상자가 되지만 이와는 별도로 매우 엄한 형벌을 가하는 특별법으로서의 군형법을 별도로 두고 있는 이유는 무엇일까?

이는 한마디로 국군의 존립 이념 내지 사명의 특수성과 그에 따르는 군조직상 특별한 군인의 자세가 요구되기 때문이다. 즉, 국군은 국민의 군대로서 국가를 방위하고 자유민주주의를 수호하며 조국의 통일에 이바지함을 그 이념으로 하고 있고, 국군은 대한민국의 자유와 독립을 보전하고 국토를 방위하며 국민의 생명과 재산을 보호하고 나아가 국제평화의 유지에 이바지함을 그 사명으로 하고 있다. 이러한 국군의 이념과 사명을 달성하기 위해 군인은 명예를 존중하고 투철한 충성심, 진정한 용기, 필승의 신념, 임전무퇴의 기상과 죽음을 무릅쓰고 책임을 완수하는 숭고한 애국애족의 정신을 굳게 지녀야 한다는 점에서 일반법인 형법과 달리 별도로 특별법인 군형법을 두고 있는 것이다.

요컨대, 군형법은 군인에게 일반인 보다는 엄격한 기준과 준수를 요구하고 이를 위반할 경우, 군인에 대한 형벌 등 실제적 제재를 통해 궁극적으로는 국군의 이념과 사명을 달성하기 위한 하나의 수단이다.

Ⅲ 군형법의 성격

법은 복잡한 사회생활관계를 규율하는 것이므로, 그 사회생활관계에 따라 법적 체제도 아주 복잡하다. 따라서 법의 체계를 간단·명확하게 설명한다는 것은 어려운 일이 아닐 수 없으며, 법은 그 분류의 기준과 목적에 따라 다양하게 나타난다. 이러한 점에서 볼 때, 군형법은 어떤 성질을 갖게 되는 법규범인가 하는 문제가 있는데, 군형법은 실정법, 국내법, 공법, 특별법, 강행법, 실체법으로서의 성격을 가지고 있다.

1. 실정법으로서의 군형법

법은 실정성(實定性) 여부에 따라 실정법과 자연법으로 분류할 수 있다. 자연법은 시대·사회 등을 초월하여 보편타당성을 갖는 영구불변의 초실정법 이상의 법규범, 즉 인간의 이성에 의하여 선험적으로 인식되어지는 어떤 근원적인 것을 의미하고, 실정법은 어떠한 특정한 시대 및 사회에서 효력을 가지고 각종 사회생활관계를 규율하고 있는 법규범을 말하며, 군형법은 자연법이 아닌 실정법이다.

사례연구 42 ▶ 제2차 세계대전 중, 악의의 밀고자

1944년 독일에서 남편 A와 헤어지기를 바라던 부인 B는 남편 A가 히틀러를 비방했다고 당국에 고발하였다. 남편 A는 사형선고를 받았으나 집행되지 않고, 최전방으로 보내졌다. 제2차 세계대전이 끝난 후, 남편 A는 부인 B를 감금죄로 고소하였는데, 부인 B는 어떻게 처리되었는가?

▶ 이 재판에서 부인 B는 지도자에 대한 비난은 누구나 고발해야 할 의무가 있다는 나치스법률이 있고, 이에 따라 남편 A가 체포된 것이므로 자신은 범죄를 저지르지 않았다고 주장하였으나, 서독법원에서는 자연법에 근거하여 부인 B에게 유죄판결을 내렸다.

2. 국내법으로서의 군형법

법은 그 지지하는 주체에 따라 국내법과 국제법으로 분류할 수 있다. 국내법은 국가, 공공단체 및 사인간의 법률관계를 규율하는 국내사회의 법을 말하며, 국제법은 국가, 국제조직 및 개인을 규율하는 국제사회의 법(국제조약, 국제관습법 등)을 말하고, 군형법은 국제법이 아닌 국내법이다.

3. 공법(公法)으로서의 군형법

법은 법이 규율하는 그 대상인 생활의 실체에 따라 공법, 사법(私法), 사회법(社會法)으로 분류할 수 있다. 사법은 비권력적 동등한 생활관계인 사회생활관계를 규율하는 법, 즉 사익적·개인적·자율적·평등적 생활관계를 규율하는 법(민법, 상법 등)이고, 사회법은 인간의 사법적 생활관계에 있어서 경제적인 약자를 보호할 목적으로 공법적인 통제를 가하여 사인의 실질적 평등을 실현하려고 하는 법(노동법, 경제법, 사회보장법 등)을 말하며, 공법은 권력적 통치관계인 국가생활관계를 규율하는 법, 즉 공익적·국가적·강제적·복종적 생활관계를 규율하는 법을 말하고, 군형법은 사법, 사회법이 아닌 공법이다.

4. 특별법으로서의 군형법

법은 적용범위의 차이에 따라 일반법과 특별법으로 분류할 수 있다. 일반법은 사람·장소·사항 등에 관하여 그 효력에 특수한 제한이 없이 일반적으로 적용되는 법(민법, 형법 등)이고, 특별법은 그 효력이 특정한 사람·장소·사항에만 미치는 법(국가공무원, 폐광지역 개발 지원에 관한 특별법, 상법 등)을 말하며, 군형법은 일반법이 아닌 특별법이다.

일반법과 특별법이 서로 저촉되는 경우, 어느 법이 우선 적용되는가에 있어서는 특별법이 일반법에 우선하여 적용된다는 특별법 우선의 원칙이 적용되고, 이러한 점에서 특별법은 일반법에 규정되어 있지 않은 것을 보충하는 의미에서 적용된다.

사례연구 43 ▸ 특별법 우선의 원칙

A중사는 비가 오는 새벽길을 운전하다가 술에 취해 무단 횡단하던 민간인 B를 치었다. A중사는 B를 구호하지 않고 도주하였으며, 결국 B는 사망하였다. A중사는 택시운전사 C의 신고로 이틀 만에 검거되었는데, A중사에게는 어떤 법이 적용되는가?

▶ 형법 제268조(업무상과실·중과실 치사상죄)에는 업무상 과실 또는 중대한 과실로 인하여 사람을 사상(死傷)에 이르게 한 자는 5년 이하의 금고형이나 2천만원 이하의 벌금형에 처하도록 규정하고 있어 A중사에게 동법이 적용될 경우 비교적 지은 죄에 비해 가벼운 금고형이나 벌금형도 가능하다. 그러나, 위와 같은 사건은 교통사고를 내고도 피해자를 구호하지 않고 도주한 행위이므로 일반법인 형법이 적용되지 않고 특별법인 "특정범죄 가중처벌 등에 관한 법률"이 적용되어 피해자를 사망에 이르게 하고 도주하거나, 도주 후에 피해자가 사망한 경우에는 무기 또는 5년 이상의 징역의 무거운 처벌을 받게 된다(제5조의3 제1항 제1호). 한편, 피해자를 상해에 이르게 한 경우에는 1년 이상의 유기징역 또는 5백만원 이상 3천만원 이하의 벌금에 처해지게 된다(제5조의3 제1항 제2호).

5. 강행법으로서의 군형법

법은 당사자의 의사에 의하여 법의 적용을 배제할 수 있느냐의 여부에 따라 임의법과 강행법으로 분류할 수 있다. 임의법은 당사자의 의사에 따라 그 적용이 배제될 수 있는 법(민법 중에서 계약에 관한 모든 규정과 상법 중에 상행위에 관한 규정 등)이고, 강행법은 당사자의 의사와 관계없이 적용되는 법(헌법, 행정법, 형법, 소송법 등)을 말하며, 군형법은 임의법이 아닌 강행법이다.

사례연구 44 ▶ 강행규범

A국은 이웃에 있는 B국이 약소국이므로 보호를 한다는 명목하에 X조약을 체결하여 국내문제에 대해 간섭을 하고, 외교권을 박탈하는 등의 조치를 취하였다. 그런데, '특별법은 일반법에 우선한다'는 원칙이 일반적으로 인정되고, 일반국제법의 다수가 임의법규의 성질을 가지고 있지만, 어떤 일반국제조약에는 그 규정 자체에 반대하는 특별법의 성립 자체를 부인하는 강행법규가 존재하는 경우가 있는데, 이와 같이 일반국제조약에 규정되어 있는 강행법규가 위의 사례와 같은 특별법(특별조약)에 우선하는가?

▶ 국제법은 임의법적 성질을 갖는 것이 보통이지만, 2차 세계대전 이후 강행법규를 인정할 것인가의 여부가 대두하였다. 즉, 국가가 타국에 예속되는 것과 같은 내용의 조약도 국가 간의 합의(조약)만 있으면 유효한 것으로 되었던 전통국제법에 대한 비판이 나타나고, 인권의 존중, 무력행사의 제한 등 인류의 생존과 직결되는 기본원칙이 제민족간에 규범의식으로 점차 싹트게 되었다. 조약법에 관한 비엔나협약 제53조는 "조약은 그 체결시에 일반국제법의 강행규범에 저촉되고 있으면 무효이다"고 규정하고 있으며, 대체로 침략전쟁과 집단살해, 기본적 인권의 침해를 금지하는 법원칙을 강행규범이라 하고, 그 밖에 국내문제불간섭의 의무, 주권평등, 민족자결의 원칙, UN헌장 전문 및 제1조, 제2조 등을 더 들기도 한다.

6. 실체법으로서의 군형법

법은 법의 규정 내용에 따라 실체법과 절차법으로 분류할 수 있다. 실체법은 권리・의무의 실체관계, 즉 권리・의무의 내용・성질・발생・변경・소멸 등을 규정한 법이며, 민법, 상법, 행정법, 형법, 군형법 등이 있다. 절차법은 실체법을 운영하는 절차, 즉 권리의 보전・실현・의무 이행 또는 강제 등에 관하여 규정하고 있는 법을 말하며, 민사소송법, 형사소송법, 군사법원법 등이 있다. 군형법은 절차법이 아닌 실체법이다.

제2절 군형법의 목적

I 서설

군형법은 시대와 상황, 사회의 급속한 변화에 따라 형법각칙에서의 범죄만으로는 효과적으로 대응할 수 없는 경우가 많아짐에 따라 국가는 그동안 형법각칙상의 상당수의 범죄를 특별히 다루고자 별도로 특별법을 제정하여 시행해 오고 있는 특별형법이다.

군형법은 다른 일반적 법률과 달리 군형법전(軍刑法典)에 목적 규정을 두고 있지 않다. 즉, 국방관련법률 중에서는 군인의 지위 및 복무에 관한 기본법(제1조), 국군조직법(제1조), 군사기지 및 군사기밀 보호법(제1조) 등과 같이 그 법을 제정하는 입법목적 규정을 두고 있는데, 군형법은 형법과 마찬가지로 입법목적 규정을 두고 있지 않다.

다만, 형법은 형벌 또는 보안처분을 효과적으로 규정한 규범이므로 형벌의 기능까지 포함하는 것으로 이해해야 할 것이고, 여기에는 본질적 기능인 규제적 기능, 질서유지기능, 보호적 기능, 보장적 기능이 있다.

그러나 군형법은 이러한 일반법인 형법과는 달리 군사회라는 특수조직을 구성하는 군인에게는 일반인보다 엄격한 기준과 준수를 요구하고, 군인에 대한 형벌 등 실제적 제재를 통해 궁극적으로는 국군의 이념과 사명을 달성하기 위한 하나의 수단이라는 점에서 목적 내지 기능은 아래와 같이 다른 면이 있다.

Ⅱ 군형법의 목적

1. 군의 조직과 질서의 유지

군형법은 범죄에 대하여 형벌을 예고함으로써 군인으로 하여금 범죄를 억제하도록 하고, 군의 조직과 질서를 유지하는 데에 그 목적이 있다.

국군은 대한민국의 자유와 독립을 보전하고 국토를 방위하며, 국민의 생명과 재산을 보호하고 나아가 국제평화의 유지에 이바지함을 그 사명으로 하고 있다. 이러한 국군의 사명을 달성하기 위해서는 군사회의 특수조직과 질서의 유지가 필요하다. 특히 국군의 사명을 달성하기 위한 최후의 수단은 무력을 사용하는 전투이고, 이런 전투에서 승리하기 위하여 군사회의 특수조직은 일반 사회의 다른 조직과는 달리 상명하복이라는 위계질서 하에서 모든 군조직의 구성원인 군인과 준군인들이 지휘관의 명령에 따라 혼연일체가 되어 행동할 것을 요구하고 있다. 물론 군사회의 특수조직과 질서의 유지는 원칙적으로 철저한 교육과 훈련을 통해 달성할 수 있지만, 이를 위해서는 최후 수단으로 일반인과는 다른 엄한 형벌의 수단을 통해 달성될 수 있는 것이다.

요컨대, 군형법은 국군의 이념과 사명을 달성하기 위한 최후의 수단으로 형벌을 가함으로써 군의 조직과 질서를 유지하려는 데에 그 목적이 있다.

2. 통수체제의 확립과 군전력 등의 유지·보존을 통한 전투력 강화

군형법은 상명하복이라는 군조직의 위계질서와 통수체계를 확립하고 군병력(인적 요소)과 군용물(물적 요소) 등 군의 전력을 유지·보존함으로써 전투력을 강화하고 이를 통해 국군의 사명을 달성하기 위한 것이다.

즉, 군형법에는 군조직의 위계질서와 통수체계를 확립하기 위하여 「지휘권 남용의 죄(제3장 제18조~제21조)」, 「군무이탈의 죄(제6장 제30조~제34조)」, 「군무 태만의 죄(제7장 제35조~제43조)」, 「항명의 죄(제8장 제44조~제47조)」, 「모욕의 죄(제10장 제64조~제65조)」, 「위령(違令)의 죄(제12장 제78조~제81조)」 등의 규정을 두고 있고, 군전력을 유지·보존을 위하여 인적 요소인 군병력에 대하여 「폭행, 협박, 상해 및 살인의 죄(제9장 제48조~제63조)」와 물적 요소인 군용물에 대하여 「군용물에 관한 죄(제11장 제66조~제77조)」 등을 두어 전투력을 강화하고 이를 통해 국군의 사명을 달성하기 위한 것이다.

제3절 군형법의 특질

I 구성요건요소의 특질

1. 특수범죄 유형의 규정

군형법은 특수범죄 유형의 존재여부에 있어서 형법과 차이가 있다. 즉, 군형법에서는 민간법원과는 달리 군사법원에서만 다루는 순정군사범이라는 특수범죄 유형을 설정하고 있다. 예컨대 「군무이탈의 죄(제6장 제30조~제34조)」를 비롯하여 「반란의 죄(제1장 제5조~제10조)」, 「이적의 죄(제2장 제11조~제17조),
「지휘관 남용의 죄(제3장 제18조~제21조)」, 「항명의 죄(제8장 제44조~제47조)」 등과 같은 경우에는 민간법원에서는 다루지 않고, 군사재판에서만 다루는 순정군사범이라는 특수한 범죄유형을 두고 있다. 이러한 순정군사범은 민간법원에서는 그 양형 기준이 없기 때문에 군사법원이 독자적으로 양형을 하게 되는데, 군형법에 대한 개정을 통해 과거보다는 법정형이 많이 줄어들기는 하였지만 군형법상의 이와 같은 범죄를 범한 사건의 경우에는 법정형 자체가 중한 경우가 많다.

2. 행위의 객체와 보호의 객체의 특수성

군형법은 범죄의 구성요건요소에 있어서 행위의 객체와 보호의 객체와의 일치여부에 있어서 형법과 차이가 있다.

형법상의 행위의 객체란 구성요건요소로 규정되어 있는 행위의 대상을 말하며, 이는 물질적·외형적 대상으로서 감각적으로 지각할 수 있는 존재이다. 예컨대 살인죄(제250조)의 객체는 "사람"(사람의 육체)이고, 절도죄(제329조)의 객체는 "타인의 재물"이다. 반면에 보호의 객체란 형벌법규가 형벌을 과함으로써 보호하고자 하는 보호법익을 말한다. 보호의 객체는 구성요건이 보호하는 가치적·관념적인 대상으로 법규정의 표면에 나타나 있지 않고 그 배후의 정신영역에 존재(생명, 신체의 안전, 재산권, 공공의 안전 등)한다.

형법에 있어서는 이 행위의 객체와 보호의 객체가 일치하는 것이 보통이며, 보호법익은 국가적·사회적·개인적 법익을 포함하지만, 군형법에 있어서 보호의 객체는 군의 조직과 질서의 유지 및 통수체제의 확립과 군전력 등의 유지·보존을 통한 전투력 강화이며, 개인적·사회적 법익이 그 보호의 대상이 되는 것이 아니다. 예컨대, 함선·항공기의 복몰(覆沒)·손괴죄(제71조)의 행위의 객체는 함선·항공기이지만 보호의 객체는 군의 물적 요소인 군용물의 유지·보존을 통한 전투력 강화이다.

사례연구 45 ▸ 친고죄와 반의사불벌죄

A중위는 B중사 등 군간부 4명과 회식 중이었다. 그러던 중 B중사가 불손한 언사를 하자, A중위는 "말이 짧아? 자세 똑바로!"라고 하자, B중사는 "아이 ×

발, 술자리에서도 군기를 잡아? ×같이?"라고 하였다. 이 사실이 헌병에 알려지게 되었고, A중위는 술자리에서 일어난 일이므로 용서하고 고소하려 하지 않았다. A중위의 의사에 반하여 B중사를 처벌할 수 있는가?

▶ 일정한 범죄의 경우에 고소권자가 고소하여야만 공소를 제기할 수 있는 범죄를 '친고죄'라 하고, 폭행죄, 명예훼손죄 등과 같이 고소권자의 의사에 반하여 처벌할 수 없는 범죄를 '반의사불벌죄'라고 한다. 그런데 군형법에 있어서 보호의 객체는 위에서 설명한 바와 같이 군의 조직과 질서의 유지 및 통수체제의 확립과 군전력 등의 유지·보존을 통한 전투력 강화이며, 개인적·사회적 법익이 그 보호의 대상이 되는 것이 아니다. 이러한 이유에서 군형법에는 친고죄와 반의사불벌죄의 규정을 두고 있지 않다. 즉 형법상 사자명예훼손죄(제308조)와 모욕죄(제311조)에 대하여 고소권자가 고소를 하여야만 공소를 제기할 수 있는 '친고죄'와 명예훼손죄(제307조)와 출판물 등에 의한 명예훼손(제309조)에 대하여 피해자의 명시적 의사에 반하여 공소를 제기할 수 없는 '반의사불벌죄'이지만, 군형법 제10장 「모욕의 죄」에서는 이러한 친고죄와 반의사불벌죄의 규정이 없는 이유가 여기에 있다.

Ⅱ 형벌상의 특질

1. 엄중한 법정형

군형법은 법정형의 경중에 있어서 형법과 많은 차이가 있다. 즉, 특별법은 일반법에 비해 법정형이 더 무거운 경우를 보이고 있기는 하지만, 군형법상의 법정형은 형법에 비해 훨씬 엄중하게 처벌하고 있다. 군형법은 형벌이라는 제재를 수단으로 하여 군의 조직과 규율을 유지·보전함과 동시에 군이 가지는 전투력을 최대한으로 보존·발휘하게 하는 데 그 궁극적인 목적이 있으므로 일반 형사법규에서 규정한 죄 중에 형량을 높여 처벌하는 경우가 많다.

즉, 특별법인 군형법은 일반법인 형법에 비하여 대부분의 범죄에 대한 법정형이 사형, 징역, 금고이다. 특히 군형법각칙 총 16장, 총 94조, 116개 조항 중 「모욕의 죄(제10장 제64조~제64조)」, 「위령의 죄(제12장 제78조~제81조)」, 「포로에 관한 죄(제14장 제68조~제91조)」, 「그 밖의 죄(제93조~제94조)」 등 4개 장(章)을 제외한 모든 장(章)에서 총 73가지 범죄에 대해 사형에 처하도록 규정하고 있을 정도로 엄하다. 그리고 미수범에 대해서도 반란죄(제5조)를 비롯하여 총 110개 항 중에서 44개 항에 규정하여 형법에 비해 많은 범죄유형에 대해서도 미수범을 처벌하고 있다. 그 밖에 형의 가중 처벌 규정도 거짓 명령・통보・보고죄(제38조), 상관집단폭행・협박죄(제49조 제2항) 등 7가지 범죄에 대해 규정하고 있고, 형사법원에서는 많이 볼 수 있는 집행유예제도도 없으며, 유해음식물공급죄(제42조) 등 9개 조항을 제외하고는 과실범도 인정하지 않아 형법에 비해 군형법은 엄한 처벌을 받게 된다.

사례연구 46 ▶ 군인범죄와 벌금형

A상병은 무기고 경계근무를 수행 중 담배를 피우고 있었다. 그런데 갑자기 연대장이 경계근무태세 점검을 나오자 담배를 버렸는데, 공교롭게도 담뱃불로 인해 군복 등이 일부 타버렸다. 사회에서는 이 경우 손괴죄로 벌금형도 받을 수 있는데, A상병은 징역형이 아닌 벌금형으로도 처벌받을 수 있는가?

▶ 1962년 군형법 제정 당시에는 벌금형이 없이 모든 범죄행위에 대해 징역 또는 금고형만을 두고 있었다. 그러나 행위의 형태와 동기가 다양함에도 죄질이 경미한 범죄행위에 대하여도 반드시 징역형으로 처벌하도록 한 종전의 조치가 과중하다는 점에서 군형법 개정을 통해 벌금형을 두고 있다. 즉, 벌금형은 직무수행 중인 군인 등에 대한 폭행・협박죄(제60조), 가혹행위죄(제62조), 군용물에 대한 과실범(제73조), 군용물분실죄(제74조), 군용물 등 범죄에 대한 형의 가중(제75조), 무단이탈죄(제79조), 군사기밀누설되(제80조) 등 7개 조(條)에 불과하지만 벌금형도 두고 있다. A상병은 군용물 손괴죄의 과실범이므로 300만원 이하의 벌금형을 받을 수도 있다(군형법 제73조).

2. 범죄발생 시기에 따른 차이

군형법은 형법과는 달리 범죄발생 시기(상황)에 따라 법정형에 있어서 많은 차이가 있다. 즉, 형법은 범죄발생 시기(상황)에 따른 법정형의 차이가 없으나, 군형법은 '적전(敵前)인 경우', '전시, 사변 시 또는 계엄지역인 경우', '그 밖의 경우'로 분류하여 각각 법정형을 달리하여 엄하게 처벌하고 있다. 즉, 적에 대하여 공격·방어의 전투행동을 개시하기 직전과 개시 후의 상태 또는 적과 직접 대치하여 적의 습격을 경계하는 상태를 말하는 적전의 경우는 총 94개조 116항 중에서 직무유기죄(제24조 제1호) 등 32개조, 38개항에서 '적전의 경우'를 규정하여 엄하게 처벌하고 있다.

제4절 군형법과 죄형법정주의

I 죄형법정주의의 의의와 내용

1. 죄형법정주의의 의의

죄형법정주의는 "법률이 없으면 범죄도 없다."와 "법률이 없으면 형벌도 없다."고 하는 두 개의 명제로 성립된 근대형법의 원칙을 말한다. 즉, 어떤 행위가 범죄가 되고, 그 범죄에 대해서 어떠한 형벌을 부과할 것인가 하는 것을 미리 성문의 법률로 정해 놓아야 한다는 원칙이다. "법률이 없으면 형벌도 없다."는 것은 자유주의 국가의 형법이념으로서, '근대형법학의 아버지'로 불리워지고 있는 포이에르바하(Feuerbach)의 「형벌론」(1801)에서 처음으로 주장되었다. 죄형법정주의는 1215년 영국의 대헌장(Magna Carta)에 기원을 두고 있으며, 1776년 미국독립선언, 1789년 프랑스의 인권선언 등을 통해 성립되었다.

2. 죄형법정주의의 내용

죄형법정주의의 내용은 전통적으로 관습형벌금지의 원칙, 소급효금지의 원칙, 유추해석금지의 원칙, 명확성의 원칙, 절대적 부정기형 금지의 원칙이라고 하는 파생원칙을 그 내용으로 하고 있으며, 죄형법정주의의 현대적 의의에 맞추어 적정성의 원칙이 논의되고 있다.

(1) 관습형벌금지의 원칙

범죄와 형벌은 반드시 성문의 법률로 규정하여야 하며, 관습법은 형법의 법원(法源)이 될 수 없다는 원칙이다. 즉, 관습법의 적용을 허용하는 경우에는 관습법의 존재여부를 재판관이 판단하기 때문에 결국은 재판관의 자의, 독선을 초래하는 결과가 되기 때문이다.

(2) 소급효금지의 원칙

법률행위 및 그 밖의 법률요건이 그 성립 이전으로 거슬러 올라가서 효력을 갖지 못하도록 하는 원칙이다. 형법에 소급효를 인정하여 행위 시에 범죄가 되지 않는 행위에 대하여 사후적으로 법률을 제정하여 처벌하는 것은 범죄와 형벌을 미리 성문법인 법률로 규정하여야 한다는 죄형법정주의에 반하는 것이 된다. 군형법 부칙 제1조에는 "본법은 서기 1962년 1월 20일부터 시행한다"고 규정하고 있어 그 이전의 행위에 대해서는 효력이 미치지 않는다.

(3) 유추해석금지의 원칙

유추해석이란 어떠한 사항에 관하여 직접적인 규정이 없는 사항에 대하여 그와 유사한 성질의 사항에 관한 법령을 그 사항에 적용하는 것을 말한다.

형법은 개인의 권리 및 자유와 깊은 관련이 있기 때문에 그 해석은 문리해석으로 엄격히 해야 하고, 유추해석에 의해 처벌해서는 안 된다는 것이다. 왜냐하면, 유추해석을 허용하게 될 경우에는 형법에 명시되지 않은 행위가 범죄로 처벌받게 됨으로써 개인의 자유와 권리가 부당하게 침해될 우려가 있기 때문이다. 따라서 만약 형법의 해석에 있어서 의문이 있는 경우에는 피고인에게 가능한 한 유리한 방향으로 해석해야 할 것이다. 예컨대, 초병의 수소이탈죄(제28조)에서 "초병이 … 지정된 시간까지 수소에 임하지 아니한 경우 … "를 초병에 초병근무명령을 받은 자까지 포함된다고 보는 것은 유추라 할 것이므로 이는 죄형법정주의에도 어긋나는 해석이다(고등군사법원 2005. 11. 1. 선고 2005노152 판결).

(4) 명확성의 원칙

누구나 어떤 행위가 형법에 의해 금지되고 있는지를 알 수 있도록 명확히 해야 한다는 원칙이다. 즉, 누구나 알 수 있어야 한다. 예컨대, '건전한 국민감정을 해치는 자는 처벌한다'든지 또는 '사회질서를 어지럽힌 자는 처벌한다'는 등의 조항은 불명확하기 때문에 죄형법정주의에 위반되는 조항이다. 또한 형벌에 있어서도 명확히 규정되어야 한다. 구(舊) 경범죄처벌법 제1조 제41호(과다노출)에는 "여러 사람의 눈에 뜨이는 곳에서 함부로 알몸을 지나치게 내놓거나, 가려야 할 곳을 내어 놓아 다른 사람에게 부끄러운 느낌이나 불쾌감을 준 사람"으로 규정하여 행위의 구체적 기준이 불명확하였으나, 현행 경범죄처벌법 제3조 제33호(과다노출)에는 "공개된 장소에서 공공연하게 성기·엉덩이 등 신체의 주요한 부위를 노출하여 다른 사람에게 부끄러운 느낌이나 불쾌감을 준 사람"으로 개정되었다.

(5) 절대적 부정기형 금지의 원칙

부정기형, 특히 절대적 부정기형 제도를 형법에 채용해서는 안된다는 원칙이다. 여기서 부정기형이란 형기를 재판에 의해 확정하지 않고 행형의 경과에 따라서 사후적으로 결정하는 형을 말하며, 부정기형은 재판에 있어서 장기와 단기로 정하여 언도하는 상대적 부정기형과 재판에 있어서 전혀 기간을 정하지 않는 절대적 부정기형이 있다. 죄형법정주의의 요구로서는 절대적이든 상대적이든 부정기형은 부정되며, 절대적 확정기형이 이상적이다.

(6) 적정성의 원칙

적정성의 원칙이란 형법(군형법)을 위반하여 형벌법규에 의해 처벌할 때에는 실질적인 필요성이나 합리성이 있어야 한다는 원칙이다. 헌법은 인간의 존엄성을 근본으로 삼고 있기 때문에 적정성의 원칙을 인정하는 것이 일반적이고, 이 원칙은 헌법 제37조 제2항 단서의 비례성의 원칙, 과잉금지의 원칙에서 도출될 수 있다. 또한 이 원칙은 실질적 법치주의가 형법(군형법)에 구현된 것으로서 입법자의 자의에 의한 형벌권의 남용을 방지하게 된다.

사례연구 47 ▶ 죄형법정주의

육군 소장 A는 군사 쿠테타를 일으켜 조국수호 비상대책위원회를 구성하고, '사회질서수호법'을 만들어 국민에게 침묵과 무비판적 충성을 강요하였다. 동법 제1조는 '누구든지 사회질서를 어지럽힐 수 없다', 제2조는 '위반자는 징역에 처한다'고 규정한 단 2개 조문으로 되어 있다. 그리고 부칙은 '이 법은 제정되기 이전의 행위에 대해서도 적용된다'고 규정하고 있다. 어느 날 '도대체 이런 법이 어디 있소!'라고 항의하던 B는 구속되었는데, 사회질서수호법은 과연 정당한가?

▶ 입법사항은 국회에 속하므로, 독재자 마음대로 법을 제정한다는 것은 있을 수 없는 악법이며, 위 사례는 형법적 측면에서 볼 때도 죄형법정주의를 위반한 것이다. 즉, 사회질서수호법 제1조의 '누구든지 사회질서를 어지럽힐 수 없다'는 규정은 명확성의 원칙, 제2조의 '위반자는 징역에 처한다'는 규정은 절대적 부정기형의 금지 등의 위반이며, 부칙에 규정된 '이 법은 제정되기 이전의 행위에 대해서도 적용된다'는 것도 형벌불소급의 원칙을 위반하는 것이다. 따라서 사회질서수호법에 따른 B의 구속은 죄형법정주의를 위반 위헌적 행위이다.

3. 우리나라 현행법상의 죄형법정주의와 그 예외

우리나라도 이 죄형법정주의는 헌법 제12조 제1항에서 "누구든지… 법률과 적법한 절차에 의하지 아니하고는 처벌·보안처분 또는 강제노역을 받지 아니한다."라고 규정하고 있고, 제13조 제1항 전단에서는 "모든 국민은 행위시의 법률에 의하여 범죄를 구성하지 아니하는 행위로 소추되지 아니하며 …" 라고 하여 사후입법 금지를 명문화하고 있다.

또한, 이러한 헌법정신에 따라 형법도 제1조 제1항에서 범죄의 성립과 처벌은 행위시의 법률에 의하도록 하여 형법의 소급효를 금지하고 있다.

죄형법정주의는 본래 근대자유주의 인권사상이 요구하는 최소한도의 보루였으나 국가의 기능이 문화국가 내지 복리국가로 이행되고, 형법이론에 있어서도 목적형주의(교육형주의)가 나오면서부터 죄형법정주의 사상도 수정되지 않으면 안 되게 되었다. 즉, 고전적·극단적 죄형법정주의를 완화하여 행위자에게 유리한 유추해석 또는 소급효는 어느 정도 인정하는 경우가 있다.

형법 제1조 제2항에서는 "범죄 후 법률의 변경에 의하여 그 행위가 범죄를 구성하지 아니하거나 형이 구법보다 경한 경우에는 신법에 의한다"고 규정하고 있고, 같은 조 제3항에는 "재판 확정 후 법률의 변경에 의하여 그 행위가 범죄로 구성하지 아니하는 때에는 형의 집행을 면제한다"고 규정하여 피고인에게 유리한 경우에는 소급효를 인정하고 있다.

군형법을 적용할 때에는 형법 제1조 제2항 및 제3항이 적용되고, 군형법 부칙 제3조(범인에게 유리한 법의 적용)에는 "본 법 시행 전에 범한 죄에 대하여는 형의 경중에 관한 것이 아니더라도 범인에게 유리할 때에는 국방경비법 또는 해안경비법에 의한다"고 규정하여 소급효를 인정하고 있다(현재, 국방경비법과 해안경비법은 폐지됨).

사례연구 48 ▸ 5·18특별법의 공소시효정지

5·18특별법 제2조는 '12.12 및 5.18사건 등 헌정질서파괴범죄의 공소시효정지'를 규정하고 있는데, 이는 형벌불소급 등 헌법상의 원칙을 위반한 것인가?

▶ 헌법재판소에서는 "5·18특별법 제2조의 공소시효정지는 헌법에 위반된다고 선언할 수 없다."는 결정을 내린 바 있다. 즉, 내란범죄 등 헌정질서파괴범죄는 일반형사범과는 달라 죄형법정주의, 법치국가의 원리, 평등원칙, 적법절차의 원리에 어긋나지 않는다(합헌의견; 소수의견 4명). 다만, 다수의견(5명)으로 헌정질서파괴범죄의 처벌도 헌법의 테두리 안에서 법치주의 내지 적법절차의 원리에 따라 이루어져야 하며, 5·18특별법 시행 이전에 12.12 및 5.18사건의 공소시효가 지났다고 볼 경우, 공소시효 정지조항은 형벌불소급의 원칙에 위반된다는 한정위헌결정을 내린 바 있다(1996. 2. 16. 96헌가2 결정).

4. 군형법의 경과규정

군형법은 시간적 효력과 관련하여 경과규정(경과법)을 두고 있다. 물론 법령이 개정·폐지되는 경우에는 구법 시행시의 사항에 대해서는 구법을 적용하고, 신법시행 후의 사항에 대해서는 신법을 적용하는 것이 원칙이지만, 구법의 적용기간에 발생한 사항이 신법 적용기간까지 계속하여 진행되는 경우에는 구법을 적용할 것인가, 아니면 신법을 적용할 것인가가 문제가 되는데, 이의 해결을 위해 만들어진 법을 경과법(경과규정)이라고 하고, 이와 같은 경과법은 신법·구법시대를 연결하는 시제법으로서 양법간의 조화를 꾀하는 것이 그 목적이다.

군형법 부칙 제4조(1개의 죄에 대한 신구법의 적용례)에는 "본법 시행전후에 걸쳐 행하여진 1개의 죄에 대하여는 본법 시행전에 범한 죄로 간주한다"고 규정하고 있다.

Ⅱ 군형법과 죄형법정주의

1. 의의

"법률이 없으면 범죄도 없다."와 "법률이 없으면 형벌도 없다."고 하는 두 개의 명제로 성립된 근대형법의 대원칙인 죄형법정주의는 군형법에도 적용됨은 물론이다. 즉, 헌법 제12조 제1항 및 제13조 제1항 전단에서 직접·간접으로 죄형법정주의 원칙을 인정하고 있고, 형법 제1조 제2항 및 제3항에서 이 원칙을 채택하고 있으며 군형법 제4조에 따라 죄형법정주의는 군형법에도 그대로 적용된다.

근대 인권사상의 최후의 보루였던 죄형법정주의는 현대국가에 이르러 야경국가에서 복리국가로의 전환, 형법이론상 목적형주의(교육형주의)의 대두 등에 따라 행위자에게 유리한 유추해석 또는 소급효는 어느 정도 인정하는 등 죄형법정주의 사상도 수정되지 않으면 안 되게 되었다.

그런데 문제는 국가 기능의 변화와 새로운 형법이론의 대두를 인정한다하더라도 죄형법정주의의 근본취지가 개인의 자유와 법적 안정성의 보장에 있는 이상, 범죄와 형벌을 법률로써 규정했다고 하더라도 군형법에서는 죄형법정주의의 예외에 있어서 일부 문제가 있다고 보고, 그 이유는 다음과 같다.

첫째, 군형법상 일부 법조문은 명확성이 불충분하고 유추해석의 여지가 광범위하다는 점이다. 즉, 군형법 제14조(일반이적죄) 제8호에는 "그 밖에 대한민국의 군사상 이익을 해하거나 적에게 군사상 이익을 제공한 사람"으로 규정하고 있어 '군사상 이익을 해하는 행위'와 '군사상 이익을 제공하는 행위'의 내용과 범위가 특정되어 있지 않아 주관적 평가가 개입할 여지가 많다.

사례연구 49 ▸ 추행죄(군형법 제92조의6)와 명확성의 원칙

A병장은 후임병 B일병과 부대 탄약고 경계초소에 직무수행 중 장난이라며 B일병의 성기를 만지는 등 7차례에 걸쳐 군인을 추행하였다는 혐의로 기소되었다. 그런데 군형법 제92조의6의 추행죄에는 '항문성교나 그 밖의 추행'이라고

규정되어 있다. 이는 죄형법정주의의 내용인 명확성의 원칙을 위반하는 것이 아닌가?

▶ 명확성의 원칙이란 어떠한 행위가 법률에 의해 금지되고 있는지가 누구나 알 수 있도록 해야 한다는 원칙을 말한다. 그러나 군형법 제92조의6(추행죄)는 구성요건요소로서의 행위의 정도에 대하여 '항문성교'를 예시하고 있을 뿐 '그 밖의 추행'에 대한 추행의 시간이나 장소, 위계·위력 기타 당사자의 의사에 반하는 등의 행위태양 등 구체적 기준을 제시하지 못하고 있고, 남성 간의 추행만을 대상으로 하는지 아니면 여성 간의 추행이나 이성간 추행도 대상으로 하는지가 명확하지 않다고 본다(대법원 2022. 5. 13., 선고 2018도11276 판결 참조).

둘째, 군형법은 사회상규상 징계의 대상에 해당하는 행위에 대해서도 범죄의 대상으로 삼고 있다는 점이다. 즉, 사회상규란 국가질서의 존엄성을 기초로 한 국민일반의 건전한 도의감 또는 공정하게 사유하는 일반인의 건전한 윤리감정을 말하는데, 군형법은 징계대상을 범죄대상으로 삼고 있다는 점이다. 예컨대, 국가공무원법상 공무원에게 명령복종 의무를 부과하고 있고(제57조) 이를 위반할 경우, 징계처분의 대상에 해당하는 반면, 군형법상의 명령위반죄(제47조)는 '정당한 명령 또는 규칙을 준수할 의무가 있는 사람이 이를 위반하거나 준수하지 아니한 경우'에는 2년 이하의 징역 또는 금고에 처하도록 규정하고 있다. 물론 군은 전시를 대비한 전력이라는 특수성으로 인해 상명하복이라는 수직적 조직구조를 가진 특수조직이라는 점을 부인하지는 않지만 명령위반을 그 동기와 행위의 태양을 묻지 않고 무조건 징역 또는 금고형 이상으로 다스리는 것은 형법체계상의 정당성을 잃는 것으로서 과중한 법정형이 아닌가라고 본다.

Chapter

2 군형법총칙

제1절 서 설

군형법 제1편 총칙편에는 총 5개의 조문으로 구성되어 있다. 즉, 제1조는 군형법의 인적 효력에 관한 규정, 제1조의2는 장소적 효력에 관한 규정, 제2조는 군형법상의 용어에 관한 규정, 제3조는 사형 집행에 관한 규정, 제4조에는 군형법 적용대상자의 타 법령 적용에 관한 규정 등이다.

이하에서는 군형법 제1편 총칙편에 규정된 법의 효력(시간적・장소적・인적 효력), 군형법상의 용어 정리, 사형 집행, 군형법과 형법총론 등에 대해 설명하고자 한다.

제2절 군형법의 효력

법은 인간의 사회생활을 규율하는 규범이므로 법의 생명은 곧 그것이 미래의 세계가 아닌 현실의 세계에서 실현되는 데 있다. 이와 같이 법규범은 현실세계에서 실현되기를 요구하고 있지만, 사실상 실현되는 규범도 있고, 사실상 실현되고 있지 않는 규범도 존재하지만, 법규범에는 그 규정대로 준수해야 한다는 요구가 내재하고 있는데, 이것을 법의 효력이라 한다. 즉, 법이 인간의 사회생활관계를 규율하기 위해서는 법으로서의 규범력을 가져야 하는데, 이와 같이 법이 가지고 있는 규범력을 법의 효력이라고 한다.

법의 효력은 "법이 현실사회에서 실현되는 것은 무엇 때문인가" 하는 실질적 효력문제와 "실정법은 시간적·공간적·인적으로 어떠한 한계성을 갖느냐" 하는 형식적 효력으로 나누어지지만, 이하에서는 군형법의 형식적 효력에 대해 살펴본다.

군형법의 형식적 효력이란 군형법에 범죄의 구성요건요소(주체, 객체, 행위, 고의 등)를 충족하는 일정한 사실이 발생한 경우에 이에 대한 효과로서 형벌을 과할 수 있는 범위를 말한다.

군형법의 형식적 효력에 관하여는 제1편 총칙편에서 적용대상자(인적 효력)(제1조), 장소적 적용범위(장소적 효력)(제1조의2), 다른 법의 적용례(군형법 피적용자의 타 형벌법규 적용)(제4조), 군형법 부칙에는 시행일(제1조), 범인에게 유리한 법의 적용(제3조), 1개의 죄에 대한 신구법의 적용례(제4조)를 두고 있다.

I 군형법의 시간적 효력

1. 시간적 효력의 일반론

법의 시간적 효력이란 법이 적용될 수 있는 시간적 한계를 말하며, 언제부터 언제까지 행해진 범위에 대해서 법을 적용할 수 있느냐의 문제를 과제로 한다.

법은 그 시행일로부터 폐지하는 날까지 효력을 갖는다. 시행일로부터 폐지일까지를 시행기간 또는 유효기간이라고 한다. 일반적으로 성문법과 같은 것은 성립과 동시에 효력이 발생하는 것은 아니다. 반드시 일정한 절차를 거쳐 공표해야 하는데, 이와 같이 성립된 법을 공표하는 행위가 '공포'이고, 특별한 규정이 없는 한, '공포한 날'로부터 20일이 경과한 후에 효력이 발생한다.

한편 시간적 효력과 관련하여 중요한 것은 법률불소급의 원칙인데, 법률불소급의 원칙이란 새로 제정 또는 개정된 법률의 효력은 그 시행기간 중에 발생한 사항에 대해서만 적용되고 그 시행 이전에 발생한 사항에 대해서는 적용되지 않는다는 원칙을 말한다.

이러한 원칙이 인정되는 이유는 법의 소급효를 인정하여 그 시행 이전의 사항에 대해서도 신법을 적용한다면 법적 안정성을 해치고 국민에게 불안감과 법에 대한 불신감을 일으키게 할 염려가 있으며, 나아가 구법에 의하여 발생한 법률관계, 특히 기득권을 보호하기 위한 것이다.

법률불소급의 원칙은 죄형법정주의와 기득권존중의 원칙을 그 내용으로 하고 있는데, 죄형법정주의란 어떤 행위가 범죄가 되고, 그 범죄에 대해서 어떤 형벌을 부과할 것인가 하는 것을 미리 성문의 법률로 규정해 놓아야 한다는 원칙을 말하고, 기득권 존중의 원칙은 이미 폐지된 구법에 의하여 생긴 권리, 즉 기득권은 신법에 의해 변경·소멸시킬 수 없다는 원칙을 말한다.

사례연구 50 ▶ 법의 공포

시행일에 대해서는 법의 부칙에서 정하는 것이 보통인데, 특별한 규정이 없는 한, '공포한 날'로부터 20일이 경과한 후에 효력이 발생한다. 여기서 '공포한 날'이란?

▶ 법의 시행과 공포는 구별되어야 하는 바, 공포일로부터 시행일 사이에 설정된 일정한 기간을 주지기간이라 한다. 법의 제정 또는 공포와 동시에 시행하게 될 경우, 법정책상 여러 가지 폐단이 있으므로 법은 그 시행에 앞서 그 법률의 존재를 국민에게 알리기 위해 공포를 하고, 공포와 시행일 사이에 주지기간을 두는 것이 보통이다. '공포한 날'이라 함은 그 법령을 게재한 관보 또는 신문이 발행된 날을 의미하며, '관보가 발행된 날'에 대해서는 중앙관보 보급소에서 일반국민이 최초로 구독하여 볼 수 있는 상태, 즉 최초구독시설이 통설 및 판례의 입장이다.

2. 군형법과 시간적 효력

군형법(총칙 및 각칙)에는 시간적 효력에 대하여 직접적인 규정을 두고 있지 않고, 부칙에 시행일(제1조), 범인에게 유리한 법의 적용(제3조), 1개의 죄에 대한 신구법의 적용례(제4조) 등 간접적인 규정을 두고 있을 뿐이다.

우리나라 헌법 제12조 제1항 후단에는 "누구든지 … 법률과 적법절차에 의하지 아니하고는 처벌, 보안처분, 강제노역을 받지 아니한다"고 규정하여 근대형법의 기본원리인 죄형법정주의를 선언하고 있고, 이에 근거하여 형법 제1조 제1항에도 "범죄의 성립과 처벌은 행위 시의 법률에 의한다"고 선언하고 있다.

군형법도 같은 법 부칙 제1조에서 "본법은 서기 1962년 1월 20부터 시행한다."(법률 1003호, 1962. 1. 20.)고 규정하여 그 이전의 행위에 대해서는 죄형법정주의의 한 가지 내용인 형벌불소급의 원칙에 의하여 제한을 받는다. 이는 사후법(事後法)을 금지함으로써 우리가 법에 따라 안심하고 생활할 수 있는 환경, 즉 법적 안정성을 보장하는 것이다.

그런데 원칙적으로 형법은 시행시부터 폐지시까지 효력을 가지지만, 행위시와 재판시 사이에 형벌법규가 변경된 경우에 어느 법률을 적용할 것이냐가 문제된다. 재판시의 법률(신법)을 적용하면 사후법에 소급효를 인정하게 되며, 행위시의 법률(구법)을 적용하면 이미 효력상실된 법률에 추급효를 인정하는 것이 된다. 전자에 따르는 입장을 재판시법주의(신법주의)라 하고, 후자에 따르는 입장을 행위시법주의(구법주의)라 한다.

이에 대하여 우리나라 헌법 제12조 제1항 후단과 형법 제1조 제1항은 행위시법주의를 명확하게 선언하고 있는데, 이는 행위시에 처벌법규가 없던 행위에 대하여 사후입법에 의해 처벌하는 것을 금지하여 개인의 자유와 인권을 보장하려는 것이다. 학설에서도 추급효부정설이 다수설인데, 이 설의 논거는 형법 제1조 제2항의 신법주의의 예외를 인정할 법적 근거가 없고, 그럼에도 불구하고 추급효를 인정하는 것은 죄형법정주의에 반한다는 점 등이다. 따라서 시행기간 만료 후에는 유효기간 전의 위반행위를 처벌할 수 없다고 하는 것은 명백하다.

행위시법주의는 죄형법정주의의 당연한 요청이지만, 재판시의 법률을 적용하여 행위자에게 유리한 결과를 가져온다면 죄형법정주의에 위배되지 않는다. 따라서 재판시의 법률적용이 행위자에게 유리할 때에는 행위시법주의의 예외를 인정하여 재판시법을 적용할 수 있다. 형법 제1조 제2항에도 "범죄후 법률의 변경에 의하여 그 행위가 범죄를 구성하지 아니하거나 형이 구법보다 경한 때에는 신법에 의한다"고 규정하고 있고, 군형법도 행위자에게 유리하게하기 위해서는 이 규정을 따라야 하는 것은 당연하다. 예컨대 법정형으로 징역형과 금고형만 규정되어 있던 구(舊) 군형법 제79조(무단이탈)가 원심판결 선고 후 개정되어 벌금형이 추가된 경우(법률 제9820호, 2009. 11. 2.), '범죄 후 법률의 변경에 의하여 형이 구법보다 경한 때'에 해당한다(대법원 2010. 3. 11. 선고 2009도12930 판결).

사례연구 51 ▶ 신법우선의 원칙

A중사는 2015. 12. 10. 일반인 B의 권리를 방해했다는 사유로 입건되었는데, 형법상의 법정형은 징역형 밖에 없다. 그런데 재판 진행 중 2016. 1. 6. 형법 개정으로 법정형에 징역형 이외에 벌금형도 추가하였다. A중사는 어떤 법이 적용되는가?

▶ 2016. 1. 6. 법률 제13719호로 개정·시행된 형법 제324조 제1항은 "폭행 또는 협박으로 사람의 권리행사를 방해하거나 의무 없는 일을 하게 한 자는 5년 이하의 징역 또는 3천만 원 이하의 벌금에 처한다."라고 규정하여, 구 형법 제324조와 달리 법정형에 벌금형을 추가하였다. 이는 행위의 형태와 동기가 다양함에도 죄질이 경미한 강요행위에 대하여도 반드시 징역형으로 처벌하도록 한 종전의 조치가 과중하다는 데에서 나온 조치로서, 형법 제1조 제2항에서 정한 '범죄 후 법률의 변경에 의하여 형이 구법보다 경한 때'에 해당하므로, 위 규정에 따라 신법을 적용하여야 한다(대법원 2016. 4. 12. 선고 2016도1784 판결 참조).

또한 형법 제1조 제3항에는 "재판확정후 법률의 변경에 의하여 그 행위가 범죄를 구성하지 아니하는 때에는 형의 집행을 면제한다."고 규정하고 있고, 형법 부칙 제2조에는 "이 법은 이 법 시행전에 행하여진 종전의 형법규정위반의 죄에 대하여도 적용한다. 다만, 종전의 규정이 행위자에게 유리한 경우에는 그러하지 아니하다"고 규정하고 있다. 군형법 부칙 제3조에는 "본법 시행전에 범한 죄에 대하여는 형의 경중에 관한 것이 아니드라도 범인에게 유리할 때에는 국방경비법 또는 해안경비법을 적용한다"고 규정하고 있는데, 이는 형법 제1조 제3항 및 형법 부칙 제2조와 동일한 입법취지이다. 다만 이 군형법 부칙 제3조는 현재의 시점에서 볼 때 그 의미가 없다고 볼 수도 있지만, 형법 제1조 제3항 및 형법 부칙 제2조는 군인에게도 적용된다는 점에서 그 의미가 있다고 본다.

어떤 법령이 스스로의 존속기간을 미리 정해 놓은 법령을 한시법이라 하는데, 하나의 행위가 구법과 신법에 걸쳐 이루어지는 경우에 어떤 법을 적용할 것인가의 문제가 있다. 여기에 대하여 형법 부칙 제4조에는 "1개의 죄가 본법 시행전후에 걸쳐서 행하여진 때에는 본법 시행 전에 범한 것으로 간주한다." 고 규정하고 있고, 군형법 부칙 제4조는 "본법 시행전후에 걸쳐 행하여진 1개의 죄에 대하여는 본법 시행전에 범한 죄로 간주한다"고 규정하고 있다.

물론 법령이 개정·폐지되는 경우 구법 시행시의 사항에 대해서는 구법을 적용하고, 신법시행 후의 사항에 대해서는 신법을 적용하는 것이 원칙이지만, 구법의 적용기간에 발생한 사항이 신법 적용기간까지 계속하여 진행되는 경우에는 구법을 적용할 것인가, 아니면 신법을 적용할 것인가가 문제가 되는데, 이의 해결을 위해 만들어진 법을 경과법(경과규정)이라고 하고, 이와 같은 경과법은 신법·구법시대를 연결하는 시제법으로서 양법간의 조화를 꾀하는 것이 그 목적이다.

사례연구 52 ▶ 한시법의 효력

X국 정부는 성희롱·성추행 및 성폭력 등의 행위, 상급자·하급자나 동료를 음해(陰害)하거나 유언비어를 유포하는 행위, 의견 건의 또는 고충처리 등을 고의로 방해하거나 부당한 영향을 주는 행위 등 군기문란행위가 도를 넘자, 기존의 법규(A법)를 강화하여 B법을 시행하였다. 그런데, A대위는 하나의 군기문란행위가 구법과 신법에 걸쳐 일어났는데, 이 경우에 어떤 법규를 적용받게 되는가?

▶ 우리나라 헌법 제12조 제1항 후단과 형법 제1조 제1항은 행위시법주의를 명확하게 선언하고 있다. 이와 같은 실정법뿐만 아니라 다수설에 의하더라도 형법 제1조 제2항의 신법주의의 예외를 인정할 법적 근거가 없고, 그럼에도

불구하고 추급효를 인정하는 것은 죄형법정주의에 반한다는 점에서 행위시법주의가 타당하다. 다만 행위시법에 의해 행위자에게 오히려 불리한 결과가 발생할 수 있다. 따라서 일정한 기간을 정하여 시행하는 한시법은 이러한 문제를 해결하기 위해 한시법을 제정할 때, 법의 효력기간이 종료된다 하더라도 법의 존속기간 중에 발생한 사건에 대해서는 효력이 미친다는 규정을 두는 것과 같은 입법적 고려가 필요하다고 본다.

Ⅱ 군형법의 장소적 효력

1. 장소적 효력의 일반론

법의 장소적 효력이란 법이 어떠한 지역적 범위에서 적용될 것인가 하는 법의 공간적 효력을 말한다. 법의 장소적 효력에 의하면 법은 그 나라 전 영역에 걸쳐 그 효력이 미치는 것이 원칙이지만, 그 법의 효력이 그 나라에 거주하는 외국인에게 전적으로 미치는가 또는 외국에 거주하는 자국민에게도 전적으로 미치는가가 문제된다.

이에 관해서는 종래로부터 속지주의, 속인주의, 보호주의, 세계주의가 대립하고 있다.

(1) 속지주의

속지주의란 한 나라의 법은 국가의 영역을 기준으로 그 영역 내에 거주하는 사람이 내국인인지, 아니면 외국인인지를 묻지 않고 항상 절대적으로 적용된다는 입법주의를 말하며, 영토고권의 요청에서 비롯되었다. 우리 형법 제2조(국내범)에는 “본법은 대한민국영역 내에서 죄를 범한 내국인과 외국인에게 적용한다”고 규정하여 속지주의를 원칙으로 하고 있다. 또한, 기국주의에 입각하여 같은 법 제4조에도 “본법은 대한민국 영역 외에 있는 대한민국의 선박 또는 항공기내에서 죄를 범한 외국인에게 적용된다”고 규정하고 있다.

사례연구 53 ▸ 영토고권

1960년 이스라엘은 유태인에 대한 잔혹한 반인륜적 범죄행위를 저지른 독일의 게슈타포의 유태인과장이었던 아돌프 아이히만(Otto Adolf Eichmann)을 아르헨티나로부터 몰래 납치하였고, 아이히만은 예루살렘지방법원에 사형이 언도되어 교수형이 집행되었다. 그의 주검은 화장되었으며, 성스러운 유태인의 땅을 사탄의 재로 더럽히지 않겠다는 이스라엘에 의해 재를 지중해에 뿌렸다. 여기에서 아이히만을 아르헨티나로부터 몰래 납치한 이스라엘의 행위는 국제법을 위반한 것인가?

▶ 예루살렘지방법원에서는 '설사 연행에 불법이 있다하더라도 그것은 연행 방법에 대한 것이지 재판관할권에 영향을 주지 않는다'고 하였으나, UN 안전보장이사회에서는 국가가 영역 내의 모든 사람과 사물에 대해 행사하는 배타적 권리인 영토주권을 위반하였으므로 이스라엘에 대해 적절한 배상을 하도록 권고한 바 있다(Otto Adolf Eichmann 사건, 1960).

(2) 속인주의

속인주의란 한 나라의 법은 그 사람의 국적을 기준으로 그가 자국 내에 있든지, 아니면 외국에 있든지를 묻지 않고 항상 본국법에 따르게 하는 입법주의를 말하며, 대인고권의 요청에서 비롯된 것이다. 우리 형법 제3조(내국인의 국외범)에는 "본법은 대한민국 영역 외에서 죄를 범한 내국인에게 적용한다"고 규정하여 속지주의원칙에 대하여 속인주의를 가미하고 있다.

사례연구 54 ▸ 속인주의와 속지주의

A대위의 부인 B는 임신 8개월의 임산부이다. B는 장차 태어날 아이의 유학비용 문제, 병역문제 등을 고려하여 미국에서 아이를 낳기로 결심하고 언니가 살고 있는 하와이에 가서 아들 C를 출산하였다. 부인 B는 사회적 물의를 빚고 있는 이른바 원정출산을 하였다. 이 경우, 아들 C는 한국 국적을 취득하는가 아니면 미국 국적을 취득하는가?

▶ 우리나라는 부모의 국적에 따라 국적이 결정되는 속인주의, 즉 혈통주의를 원칙으로 하고, 대한민국에서 발견된 기아에 대하여 예외적으로 속지주의를 채택하고 있다(국적법 제2조). 따라서 아들 C는 대한민국 국적을 취득한다. 다만, 미국은 속지주의를 채택하고 있으므로 아들 C는 미국 국적을 아울러 취득할 수 있어 이중국적을 갖게 된다. 그런데, 우리나라 국적법은 "만 20세가 되기 전에 복수국적자가 된 자는 만 22세가 되기 전까지, 만 20세가 된 후에 복수국적자가 된 자는 그 때부터 2년 내에 제13조와 제14조에 따라 하나의 국적을 선택하여야 한다"고 하여 이중국적자에 대한 국적선택의무조항을 두고 있으므로(제12조 제1항) 아들 C는 만 22세가 되기 전까지 우리의 국적법에 따라 대한민국 또는 미국 중에 하나의 국적을 선택해야 한다.

(3) 보호주의

자국 또는 자국민의 이익을 표준으로 해서 범죄지가 외국이고 범인이 외국인인 경우에도 자국 또는 자국민의 이익이 침해될 때에는 자국법을 적용한다는 입법주의이다. 우리 형법 제5조에는 "본법은 대한민국 영역 외에서 다음에 기재한 죄를 범한 외국인에게 적용한다"고 규정하고 있고(내란의 죄 등 7가지), 제6조(대한민국과 대한민국 국민에 대한 국외범)에는 "본법은 대한민국영역 외에서 대한민국 또는 대한민국 국민에 대하여 전조에 기재한 이외의 죄를 범한 외국인에게 적용한다. (이하 생략)"고 규정하여 속지주의 원칙에 대한 보호주의를 가미·채택하고 있다.

(4) 세계주의

범인의 현재지를 표준으로 해서 그 국적, 범죄행위지를 불문하고 범죄행위 후 범인의 현재지의 형벌법규를 적용한다는 입법주의이다. 우리 형법은 2013년 4월 5일, 형법 일부개정에 의해 '제31장 약취·유인 및 인신매매'를 두고 있는데, 형법 제296조의2(세계주의)에 "제287조부터 제292조까지 및 제294조는 대한민국 밖에서 죄를 범한 외국인에게도 적용된다"고 규정하여 속지주의 원칙에 세계주의를 가미하고 있다.

2. 군형법상 장소적 효력

(1) 속인주의의 원칙

우리 형법은 속지주의를 원칙으로 하고 있으나, 군형법은 속인주의를 원칙으로 하고 있다. 즉, 군형법 제1조 제1항에는 "이 법은 이 법에 규정된 죄를 범한 대한민국 군인에게 적용된다"고 규정하고 있다. 따라서 군인이나 준군인 등은 신분범(구성요건상으로 행위·주체가 일정한 신분이 있을 것을 요하는 범죄)이므로 그들이 세계의 어디에 주둔하고 있는지와 관계없이 군형법이 적용되고 있다.

(2) 속지주의와 보호주의의 가미

군형법은 속인주의를 원칙으로 하고 있지만, 예외적으로 속지주의와 보호주의를 보완·가미하여 채택하고 있다. 즉, 군형법 제1조(적용대상자) 제4항에는 " … 내국인·외국인에 대하여도 군인에 준하여 이 법을 적용한다"고 규정하고 있는데, 이 조항의 취지는 군형법 제1조(적용대상자) 제4항 각호에서 규정하고 있는 간첩(제13조), 유해음식공급(제42조) 등 제1호~제13호의 범죄에 대하여는 내국인·외국인 및 대한민국 영역 내외를 불문하고 적용한다는 것을 의미한다. 따라서 우리 영역에서 같은 법 제1조 제4항 제1호~제13호를 외국인에게도 적용한다는 것은 속지주의를 보완적으로 채택하고 있다는 것을 의미하는 것이고, 외국인이 우리 영역 외에서 범한 같은 법 제1조 제4항 제1호~제13호를 적용한다는 것은 보호주의를 보완·가미하여 채택한 것으로 볼 수 있다.

(3) 군형법의 장소적 효력과 군사재판권의 관할 문제

군형법은 속인주의를 원칙으로 하고, 예외적으로 속지주의와 보호주의를 보완·가미하여 채택하고 있는데, 그렇다고 해서 외국군인의 모든 범죄에 대해 우리가 재판관할권을 가질 수 있는 것은 아니다. 즉, 우리나라가 외국과 체결한 국제조약에 의해 제약을 받게 되기 때문에 군사재판권의 관할은 일정한 제한을 받을 수 있다. 예컨대, 한미행정협정(정식 명칭은 "대한민국과 아메리카합중국간의 상호방위조약 제4조에 의한 시설과 구역 및 대한민국에서의 합중국군대의 지위에 관한 협정"임)에서는 미국의 군대 구성원 군속 및 그들의 가족의 신체나 재산에 관한 범죄, 공무수행 중에 발생한 범죄에 대해 우리의 형사재판관할권이 일정한 제한을 받고 있다. 2002년 6월 13일에 발생한 일명 효선·미선사건은 여중생 2명이 경기도 양주시 국도변에서 미군 장갑차에 깔려 사망한 사건으로 미군이 재판관할권을 갖게 된 것은 '공무 수행 중'에 발생한 사건이었기 때문이었다.

Ⅲ 법의 인적 효력

1. 원칙

법의 인적 효력이란 법이 어떠한 사람에게 적용되는가 하는 문제, 즉 누가 법의 적용을 받으며, 또 누가 법의 적용으로부터 제외되는가 하는 것을 말한다. 따라서 군형법의 인적 효력이란 군형법이 누구에게 적용되는가의 문제로, 군형법은 구성요건상으로 행위·주체가 일정한 신분이 있을 것을 요하는 범죄인 신분범으로서 군인과 군인에 준하는 신분을 가지는 자에게 적용하는 것을 원칙으로 하고, 군형법 제1조(적용대상자) 제4항의 제1호~제13호에 해당하는 죄를 범한 경우에는 내국인·외국인에 대하여도 군인에 준하여 군형법을 적용하여 인적 효력을 확대하고 있다.

(1) 군인

군형법은 군인이라는 신분을 가진 사람에 적용하는 것을 원칙으로 한다. 군형법 제1조 제1항에는 "이 법은 이 법에 규정한 죄를 범한 대한민국 군인에게 적용한다"고 규정하고 있고, 같은 조 제2항은 "제1항에서 '군인'이란 현역에 복무하는 장교, 준사관, 부사관 및 병(兵)을 말한다. 다만, 전환복무(轉換服務) 중인 병은 제외한다."고 규정하고 있고, 병역법에서는 "전환복무란 현역병으로 복무 중인 사람이 의무경찰대원 또는 의무소방원의 임무에 복무하도록 군인으로서의 신분을 다른 신분으로 전환하는 것을 말한다."고 규정하고 있는데(제2조 제1항 제7호), 이는 병역법에 의한 전환복무자는 군인이 아니며 군형법의 적용을 받지 않는다는 뜻이다.

군인의 신분을 취득하게 되는 시기는 징집, 소집 또는 지원에 의하여 군부대에 들어가는 입영한 때를 말한다. 그리고 입대 전의 범죄에 대해서는 입대 후의 관할에 따라 수사한다.

사례연구 55 ▶ 군형법의 적용대상(군인으로서의 신분 취득 시기)

A이병은 병역처분 당시의 건강상태 특히 간질환을 앓고 있던 중 징병(병역판정)신체검사에서 합격 판정을 받아 입영하였지만, 병역처분의 흠을 이유로 탈영하는 것은 죄가 되지 않는다고 판단하여 탈영하였다. A이병은 군형법의 적용대상이 되는가?

▶ 병역법상 "현역"은 징집 등에 의해서 입영한 병(兵), 현역으로 임용 또는 선발된 장교(將校)·준사관(準士官)·부사관(副士官) 및 군간부후보생을 말한다(제5조 제1항 제1호). 그리고 "징집"이란 국가가 병역의무자에게 현역(現役)에 복무할 의무를 부과하는 것을 말하고(같은 법 제2조 제1항 제1호), "입영"이란 병역의무자가 징집(徵集)·소집(召集) 또는 지원(志願)에 의하여 군부대에 들어가는 것을 말한다(같은 법 제1조 제3항). 현역병입영대상자로의 병역처분에 흠이 있는 경우에, 현역병입영자가 군형법 적용 대상이 되는지 여부에 대하여 대법원은 "병역의무자가 소정의 절차에 따라 현역병입영대상자로 병역처분을 받고 징집되어 군부대에 들어갔다면, 설령 그 병역처분에 흠이 있다고 하더라도 그 흠이 당연무효에 해당하는 것이 아닌 이상, 그 사람은 입영한 때부터 현역의 군인으로서 군형법의 적용대상이 되는 것으로 보아야 한다"고 판시하였다(대법원 2002. 4. 26. 선고 2002도740 판결).

(2) 준군인

군형법 제1조 제3항에는 장교, 부사관 및 병(兵) 등 '군인'(같은 조 제2항)이 아닌 자로서 '군인'에 준하여 군형법을 적용하는 준군인에 대해 규정하고 있다.

① 군무원(제1호) : 국방부 직할부대 또는 육·해·공군 부대 및 군인과 함께 근무하는 공무원을 말하고, 국가공무원법상 특정직 공무원에 속한다.

② 군적(軍籍)을 가진 군(軍)의 학교 학생·생도와 사관후보생·부사관후보생 및 「병역법」 제57조에 따른 군적을 가지는 재영(在營) 중인 학생(제2호) : "「병역법」 제57조에 따른 군적을 가지는 재영(在營) 중인 학생"이란 고등학교 이상의 학교에 학생군사교육단(ROTC 및 RNTC) 사관후보생 또는 부사관후보생을 말하고(병역법 제57조), 이와 같은 사관후보생 또는 부사관후보생은 군적을 가지고 재영(在營) 중인 때에 한하여 군형법의 적용대상이 된다.

③ 소집되어 복무하고 있는 예비역·보충역 및 전시근로역인 군인(제3호) : "소집"이란 국가가 병역의무자 또는 지원에 의한 병역복무자(현역에 복무한 여성) 중 예비역, 보충역, 전시근로역 또는 대체역에 대하여 현역 복무 외의 군복무 의무 또는 공익분야에서의 복무의무를 부과하는 것을 말한다(병역법 제2조 제1항 제2호). 단, 예비역·보충역 및 전시근로역인 군인은 소집되어 복무하고 있는 때에 한하여 군형법이 적용된다.

사례연구 56 ▸ 단기병으로 소집된 보충역의 군형법의 적용 여부

A는 현역병으로 복무할 수 있으나, 현역병에 편입되지 않고 유사시에 현역병으로 충당하기 위하여 필요한 소집 및 훈련에 임하는 보충역이고, 단기병으로 소집되어 사단 연병장에서 대기하고 있었다. 그러나 A는 가정형편도 어렵고, 홀로 집에 계신 어머니가 병석에 누어 계시므로 자신이 모셔야 한다는 이유로 소속부대를 빠져 나온 후 X시와 Y시 등에서 숨어 지냈다. A와 같은 보충역의 경우에도 군형법이 적용되는가?

▶ 대법원에서는 "단기병으로 소집되어 사단 연병장에 대기 중인 보충역은 이미 군형법 피적용자로서의 신분이 되었다 할 것이므로 연병장에 대기하고 있다가 가정형편이 어렵고, 어머니를 모셔야 한다는 이유로 소속대를 빠져 나

와 사단 정문을 통하여 밖으로 나온 후 숨어 지냈다면 군무이탈에 해당한다" (대법원 1997. 5. 30. 선고 96도2067 판결)고 판시하고 있다. 따라서 A는 군형법 적용대상자가 된다.

(3) 내국인 · 외국인의 민간인(비군인)

군형법은 군인 및 준군인에게만 적용되는 것이 원칙이지만, 예외적으로 군형법 제1조 제4항 제1호~13호의 죄를 범한 내국인 · 외국인에 대하여도 군인에 준하여 적용하고 있다. 즉, ① 제13조(간첩) 제2항(군사상 기밀 누설) 및 제3항(지역 또는 기관의 군사기밀 누설)의 죄(제1호), ② 제42조(유해 음식물 공급)의 죄(제2호), ③ 제54조 내지 제56조, 제58조, 제58조의2부터 제58조의6까지 및 제59조(초병에 대한 범죄)의 죄(제3호), ④ 제66조부터 제71조까지의 죄(군용물 등에 대한 죄)(제4호), ⑤ 제75조 제1항 제1호의 죄(군용물 등 범죄에 대한 형의 가중)(제5호), ⑥ 제77조의 죄(외국의 군용시설 또는 군용물에 대한 죄)(제6호), ⑦ 제78조의 죄(초소 침범)(제7호), ⑧ 제87조부터 제90조까지의 죄(포로에 관한 죄)(제8호), ⑨ 제13조 제2항 및 제3항의 미수범(간첩)(제9호), ⑩ 제58조의2부터 제58조의4까지의 미수범(초병에 대한 범죄)(제10호), ⑪ 제59조 제1항의 미수범(초병살해와 예비, 음모)(제11호), ⑫ 제66조부터 제70조까지 및 제71조 제1항 · 제2항의 미수범(군용물에 대한 죄)(제12호), ⑬ 제87조부터 90조까지의 미수범(포로에 관한 죄)(제13호)의 죄를 범한 민간 내국인 · 외국인(비군인)에 대하여도 군형법이 적용된다.

비군인도 군의 조직과 기능을 파괴할 수 있으므로 제1조 제4항 제1호~제13호의 죄를 범한 경우, 비군인에게도 적용한다는 것이 그 입법적 취지라고 볼 수 있다. 따라서 비군인이 범할 수 있는 모든 군형법상의 범죄에 대하여 민간 내국인 · 외국인에 대하여도 적용하는 것은 바람직하다고 본다.

(4) 군인 신분 변동과 군형법 적용의 문제

군형법 제1조 제5항에는 "제1항부터 제3항까지에 규정된 사람이 군복무 중이나 재학 또는 재영 중에 이 법에서 정한 죄를 범한 경우에는 전역·소집해제·퇴직 또는 폐교나 퇴영(退營) 후에도 이 법을 적용한다"고 규정하여 군인 신분의 변동으로 인해 법률 적용이 배제되는 모순을 해소하기 위해 설정한 특별규정을 두고 있다.

2. 예 외

한 나라의 법은 원칙적으로 모든 사람에게 적용되지만, 예외도 있다. 예컨대 외국인에 대해서 자국법이 적용되는 경우, 형법상 일정한 범죄에 대해서는 재외국민은 물론 재외타국인에 대해서도 자국법이 적용되는 경우, 외교사절의 특권과 면제를 향유하는 자의 경우나 군대의 군인인 경우, 대통령과 국회의원과 같이 그 직무수행을 충실히 하도록 하기 위하여 신분상의 특권을 향유함으로써 형사상의 책임이 면제되는 경우 등이 있다.

사례연구 57 ▶ 외국군대 소속 군인에 대한 법의 적용

우리나라 주재 미군 A상병은 동료병사들과 이태원에서 술을 마시다가 호감 가는 여자를 보자 한잔하자며 치근대다가 마침내 성추행까지 범하였다. 외교사절에 대해서는 처벌할 수 없다고 하는데, 위와 같은 미군의 범죄행위에 대해 우리나라의 법을 적용하여 처벌할 수 있는가?

▶ 외교사절인 경우에는 접수국의 경찰권으로부터 면제된다. 접수국은 외교사절에 대하여 경찰권을 과할 수 없고, 외교사절이 접수국의 경찰규칙에 위반하는 경우에는 접수국은 파견국에 대하여 소환을 요구하거나 퇴거를 요구할 수 있을 뿐이다. 다만, 외교사절이 경찰규칙에 위반하는 경우에 긴급한 필요가 있을 때에는 일시적으로 신체의 자유를 구속할 수 있다. 그러나 사례와 같이 군인인 경우, 공무수행 중인 경우가 아닌 한 우리나라의 법을 적용하여 처벌한다. 2002년 6월, 안타깝게도 미군장갑차에 치어 사망한 일명 효선·미선 이사건은 미군의 '작전수행 중'에 발생한 것이므로 우리나라의 법이 적용되지 않았다.

제3절 군형법상 용어의 정의

I 서설

군형법 제2조(용어의 정의)에는 법의 해석 중 입법해석 규정을 두고 있다. 여기서 법의 해석이라 함은 일반적·추상적 법규범을 구체적인 사건에 적용하기 위하여 법규범의 의미와 내용을 밝히고 확정하는 것을 말한다. 법의 해석이 중요한 이유는 사회생활은 대단히 복잡, 미묘하기 때문에 그 전반을 모두 규율하는 것은 도저히 불가능하고, 또 구체적인 사실은 천차만별이기 때문에 성문법의 정립에 있어서는 문장이 갖는 성질상 고정적·일반적·추상적일 수밖에 없고, 성문법에 쓰이는 용어는 일반인의 상용어와는 달라서 누구나 쉽게 알지는 못하기 때문에 일반적·추상적 법규범을 구체적인 사건에 적용하기 위하여 법규범의 의미와 내용을 밝히고 확정하는 것이 필요하기 때문이다.

따라서 군형법 제2조(용어의 해석)에도 법령 해석상의 애매함을 없애고, 법령에 나오는 용어의 해석도 통일성을 기하기 위해 입법해석 규정을 두고 있다. 여기서 입법해석이란 입법기관(국회)에 의한 해석, 즉 입법기관이 입법권에 근거하여 일정한 법개념 또는 법규범의 해석을 다시 법규정으로 정해 놓은 것을 말하고, 군형법 제2조(용어의 해석)에만 적용되는 것이지 다른 법령에 적용되는 것은 아니다. 다만, 군형법 제2조의 상관(제1호), 지휘관(제2호), 초병(제3호) 등은 군인의 지위 및 복무에 관한 기본법 등 타 법률에도 같은 정의 규정을 두고 있다.

Ⅱ 용어의 정의

1. 상관

군형법 제2조 제1호에 규정된 상관은 순정상관(純正上官)과 준상관(準上官) 등 두 가지가 있다.

순정상관은 명령복종관계에서 명령권을 가진 사람을 말한다(제2조 제1호 전문). 여기서 "명령복종관계"란 법령에 의하여 설정된 상하의 지휘계통관계를 말하고, "명령권"이란 상관이 내부의 질서를 유지하고 목적을 달성하기 위하여 법령 등에 따라 수명자(受命者)에 대하여 일정한 행동을 하거나 하지 않게 명할 수 있는 권리를 말하며, "명령권을 가진 사람"이란 고유한 명령권을 가진 사람만을 의미하는 것이 아니라 직무대리나 권한을 위임받아 명령권을 행사하는 사람도 포함하고 있다. 또한, 순정상관은 명령권만 가지면 상관이므로 하명자와 수명자 간의 계급서열은 문제가 되지 않는다.

사례연구 58 ▶ 군통수권자로서의 대통령

육군 A대위는 트위터에 접속해 "가카 이×× 기어코 00공항을 팔아 먹을라고 발악을 하는구나"라는 글을 올리는 등 수차례에 걸쳐 현직 대통령을 모욕하는 내용의 글을 올렸다. 군형법 제64조에는 상관모욕죄를 규정하고 있는데, 대통령은 A대위의 상관인가?

▶ 대법원에서는 "헌법 제74조 및 국군조직법 제6조는 대통령은 국군을 통수한다고 규정하고 있고, 국군조직법 제8조는 국방부장관은 대통령의 명을 받아 군사에 관한 사항을 관장한다고 규정하고 있으며, 국군조직법 제9조 및 제10조는 합동참모의장과 각군 참모총장은 국방부장관의 명을 받는다고 규정하고 있는 등 대통령과 국군의 명령복종관계를 규정하고 있고, 한편 군인사법 제47조의2의 위임에 의한 군인복무규율 제2조 제4호는 2009. 9. 29. 대통령령 제21750호로 개정되면서 '상관이란 명령복종관계에 있는 사람 사이에서 명령권을 가진 사람으로써 국군통수권자부터 바로 위 상급자까지를 말한다'고 규정함으로써 대통령이 상관이라고 명시하고 있다"고 판시하였다(대법원 2013.

12. 12. 선고 2013도4555 판결). (참고 : 현재, 군인복무규율은 폐지되고 "군인의 지위 및 복무에 관한 기본법(법률 제13631호, 2015. 12. 29.)"이 제정되었고, 같은 법 제2조 제3호에 상관에 대해서 규정하고 있음.)

준상관은 명령복종관계가 없는 경우의 상위 계급자와 상위 서열자는 상관에 준하는 사람을 말한다(제2조 제1호 후문). 여기서 "상위 계급자"란 계급적으로 상위에 있는 사람을 말하고, "상서열자(上序列者)"란 같은 계급에 있는 사람 간에서 서열이 앞에 있는 사람, 즉 같은 계급인 경우 진급일자 순을 말한다.

사례연구 59 ▶ 준상관

육군 A중사와 B·C·D중사 등은 각각 타 부대 소속으로 주점에서 각각 술을 마신던 중 사소한 말다툼이 일어나고 급기야 감정을 억누르지 못한 A중사는 명령복종관계가 없는 B·C·D중사를 구타하여 신체에 상해를 입혔다. 그런데, A중사는 1975. 2. 22.에, 그리고 B·C·D중사는 1973. 9. 15.에 중사로 진급하였다. 이 경우, A와 B·C·D 등은 모두 중사인데, B·C·D중사는 A중사의 상관인가?

▶ 대법원에서는 "군형법 제2조 제1호 후문, 군인사법 제4조, 군인사법시행령 제2조 제1항 제2호의 규정에 의하면 명령복종관계 없는 자들 사이에는 동일계급에 있어서는 그 계급에 진급된 일자 순으로 하여 상서열자를 정하고 이러한 상서열자는 상관에 준하는 것으로 보게끔 되어 있다. 피차간에 명령복종관계는 없을지언정 동일계급의 상서열자는 상관으로 보아서 처리하는 것이 상당하다"고 판시한 바 있다(대법원 1976. 2. 10. 선고 75도3608 판결).

2. 지휘관

군형법 제2조 제2호에는 "지휘관이란 중대 이상 단위부대의 장과 함선(艦船)부대의 장 또는 함정(艦艇) 및 항공기를 지휘하는 사람을 말한다"고 규정하고 있다.

따라서 첫째, 중대 이상 단위부대의 장이라야 지휘관이므로 중대 이상 단위부대를 지휘하는 사람이라도 해당 부대의 장의 자격으로서 이를 지휘하지 않는 한 지휘관이 될 수 없다. 따라서 지휘보직이 장교가 아닌 병이나 부사관이 들어갈 수 있는 분대장과 소대장은 지휘관이라 하지 않고, 지휘자라 한다. 둘째, 함선(艦船)부대는 그 대소를 불문하고 그 장은 지휘관이며, 셋째, 함정 및 항공기도 그 대소를 막론하고 이를 지휘하는 사람은 지휘관이다.

3. 초병(哨兵)

군형법 제2조 제3호에는 "초병이란 경계를 그 고유의 임무로 하여 지상, 해상 또는 공중에 책임 범위를 정하여 배치된 사람을 말한다"고 규정하고 있다. 일반적으로 부대 내외에서 위병소, 무기고, 탄약고, 요충지 등의 경계를 그 고유의 임무로 하여, 초소나 간이 참호 등에 배치되어 그 일대를 감시하며 침입자나 탈영병을 막는 사람을 말한다. 따라서 "경계를 그 고유의 임무"라고 규정하고 있는 바, 경계를 그 고유의 임무로 하지 않고 다른 업무를 수행하는 과정에서 부수적으로 경계임무도 하게 되는 사람은 초병이 아니다. 그러나 경계를 그 고유의 임무로 하고 있는 사람이라 해서 경계임무만을 주무(主務)로 하는 직별(職別)을 가졌거나, 특별히 경계임무를 띤 부대에 속한 사람임을 요하지는 않는다.

이와 같이 초병이란 현실적으로 일정한 장소의 경계임무에 배치된 사람을 말하고, 이와 같은 임무를 수행하는 사람이라면 그 주체에 제한이 없기 때문에 장교, 부사관 및 병을 포함한다.

사례연구 60 ▶ 초병(哨兵) 신분의 취득시기

육군 A일병은 2005. 5. 24. 18:30부터 20:00까지, B상병은 같은 날 17:00부터 18:00까지 각 소속대의 위병소 경계근무명령을 받았음에도 불구하고 2005. 5. 24. 13:00경 소속대 막사 옆 향방교장의 열려진 출입문을 통하여 중대 숙영지를 이탈하였는데, 이때 A일병은 5시간, B상병은 3시간 30분을 앞둔 상태였다. 이런 경우, A일병과 B상병은 초병초소이탈죄가 성립되는가?

▶ 군형법 제28조(초병의 수소 이탈)에는 "초병이 정당한 사유없이 수소를 이탈하거나 지정된 시간까지 수소에 임하지 아니한 경우에는 다음 각 호의 구분에 따라 처벌한다"고 규정하고 있다. 위 사례에서 쟁점은 초병신분 시기이다. 이에 대해 고등군사법원은 "피고인들이 각각 5시간, 3시간 30분 전에 근무이탈하여 지정된 장소에 초소에 임하지 않은 행위는 초병의 신분을 취득하기 전의 행위이므로 구성요건에 해당하지 않는다고 보아 원심판결은 정당하다"고 판시하였다(고등군사법원, 2005. 11. 1. 선고 2005노152 판결).

4. 부대

군형법 제2조 제4호에는 "부대란 군대, 군의 기관 및 학교와 전시(戰時) 또는 사변 시에 준하여 특별히 설치하는 기관을 말한다"고 규정하고 있다.

여기서 "군대"란 순수한 군의 인적 요소로서 군의 규율 하에 있는 장병의 집합체이고, 군형법 제23조(부대 인솔 도피)는 순수한 군의 인적 구성원을 의미하고 있다. 또한, "군의 기관"이란 좁은 의미로는 군사에 관한 국가의 의사를 결정하여 이를 외부에 표시하는 관청을 말하지만, 넓은 의미로는 병무청, 육군교도소 등과 같이 국가의사 결정과 관계없는 각종 보조기관도 포함하는 일체의 인적·물적요소로 구성된 군의 공적시설을 말하고, "군의 학교"란 군의 교육기관으로서 각급 대학, 각군 사관학교 등을 말한다. 그리고 "전시(戰時) 또는 사변 시에 준하여 특별히 설치하는 기관"이란 계엄사무소와 같이 전시, 사변 또는 이에 준하는 국가비상사태에 있어서 임시적 특별기관도 포함된다.

이상과 같이 부대는 그를 구성하는 사람이 반드시 군인임을 요하지 않고, 군의 기관 및 학교와 전시(戰時) 또는 사변 시에 준하여 특별히 설치하는 기관은 상당수 또는 대부분 민간인으로 충원되어 있다 하더라도 부대임은 변하지 않는다.

5. 적전(敵前)

군형법 제2조 제5호에는 “적전이란 적에 대하여 공격·방어의 전투행동을 개시하기 직전과 개시 후의 상태 또는 적과 직접 대치하여 적의 습격을 경계하는 상태를 말한다”고 규정하고 있다.

따라서 “적에 대하여 공격·방어의 전투행동을 개시하기 직전과 개시 후의 상태”는 시간적 측면을 말하는 것으로 적에 대하여 공격·방어의 전투행동을 개시하기 직전과 개시 후 및 종료 시까지를 적전으로 보고, “적과 직접 대치하여 적의 습격을 경계하는 상태”는 공간적으로 적에 대하여 경계해야 할 정도의 거리를 두고 적과 직접 대치해 있는 상태를 적전으로 본다. 다만, 장거리유도탄 등 현대 과학 무기기술의 발달로 인하여 현재는 적전을 시간적 개념으로 보는 한 모든 영역을 적전으로 보는 것이 현실적·합리적이라 볼 수도 있지만, 군형법 제2조 제5호는 실정법규이므로 확장해석하여 모든 영역이 적전이라 할 수는 없다. 그리고 전쟁의 개시 전에는 적전이란 있을 수 없고, 전쟁의 종료 후에 적전이 있을 수 없으므로 예컨대 휴전선 등에서 전쟁에 이르지 않는 국지적 전투행위가 발생하더라도 그것만으로는 적전이라 할 수 없다.

한편 비무장지대 남방한계선(南方限界線)으로부터 5~20㎞ 밖에 민간인 통제선(民統線, Civilian Control Line)이 설정되어 있는데, 민통선에서 남방한계선까지의 지역인 민간인통제구역에서 전술도로 작업장에서 도로공사 작업을 하는 경우는 적전이라 볼 수 없다(고등군사법원 1973. 12. 21. 선고 육군 73고군형항638 판결).

사례연구 61 ▶ 적전(敵前)과 GOP

육군 A중사는 남방한계선 철책에 있는 일반초소(GOP : general outpost)의 경계근무에 투입되었다가 근무를 기피할 목적으로 그의 상관에 대하여 위계(僞計)를 하였다 하여 군형법 제41조 제2항 제1호에 정한 ‘적전(敵前) 근무 목적 위계’로 기소되었다. 그렇다면, 일반초소인 GOP에 근무한다는 사실만으로 ‘적전’이라고 볼 수 있는가?

▶ 군형법 제41조(근무 기피 목적의 사술) 제2항에는 '근무를 기피할 목적으로 질병을 가장하거나 그 밖의 위계를 한 사람은 적전인 경우, 10년 이하의 징역, 그 밖의 경우에는 1년 이하의 징역에 처한다'고 규정하고 있다. 대법원에서는 위의 사건에서 "일반초소(GOP)에 근무한다는 사실만으로 '적전'에 해당한다고 할 수 없으므로 '적전 근무 기피 목적 위계' 공소사실에 대하여 제1심의 유죄판결을 파기하고 무죄를 인정한 원심판단은 정당하다"고 판시하였다(대법원 2014. 9. 4. 선고 2014도5033 판결).

6. 전시(戰時)

군형법 제2조 제6호에는 "전시란 상대국이나 교전단체에 대하여 선전포고나 대적(對敵)행위를 한 때부터 그 상대국이나 교전단체와 휴전협정이 성립된 때까지의 기간을 말한다."고 규정하고 있다. 여기서 "교전단체"란 국제법상 교전자격이 인정된 반도(叛徒)의 단체를 말하고, "선전포고"란 전쟁 개시의 명시적 의사표시로써 교전국에 대해서 전쟁상태로 들어간다는 의사의 표현을 말하며, "휴전협정"이란 교전당사국 간에 합의에 의한 적대행위의 일부 또는 전부를 정지하는 것을 말한다.

7. 사변(事變)

군형법 제2조 제7호에는 "사변이란 전시에 준하는 동란(動亂)상태로서 전국 또는 지역별로 계엄이 선포된 기간을 말한다"고 규정하고 있다. 여기서 "동란상태"란 폭동, 반란, 전쟁 등으로 인하여 사회질서를 유지할 수 없는 혼란한 상태를 말하고, "계엄"이란 전시 등 국가비상사태가 발생한 경우 이를 극복하기 위하여 병력을 사용하는 긴급의 비상조치를 말한다. 우리 헌법 제77조 제1항에는 "대통령은 전시・사변 또는 이에 준하는 국가비상사태에 있어서 병력으로써 군사상의 필요에 응하거나 공공의 안녕질서를 유지할 필요가 있을 때에는 법률이 정하는 바에 의하여 계엄을 선포할 수 있다"고 규정하고 있다.

제4절 사형의 집행

I 사형제도

1. 사형과 법규정

사형이란 수형자의 생명을 박탈하는 형벌로서 생명형이고, 가장 중한 형벌이다.

일반법인 형법각칙의 총 42장 총 286개 조(條) 중 법정형으로 사형을 규정하고 있는 범죄는 내란의 죄(제1장) 등 20가지 범죄를 두고 있는 반면에, 특별법인 군형법각칙에서 법정형으로 사형을 규정하고 있는 범죄는 반란의 죄(제1장), 이적(利敵)의 죄(제2장), 지휘권 남용의 죄(제3장), 지휘관의 항복과 도피의 죄(제4장), 수소(守所) 이탈의 죄(제5장), 군무이탈의 죄(제6장), 군무태만의 죄(제7장), 항명의 죄(제8장), 폭행, 협박, 상해 및 살인의 죄(제9장), 군용물에 관한 죄(제11장), 약탈의 죄(제13장), 강간과 추행의 죄(제15장) 등에서 63가지 범죄를 두고 있는 바, 형법에 비해 엄중하게 처벌하고 있다.

그 밖의 특별법에서 법정형으로 사형을 규정하고 있는 법률은 국가보안법, 폭력행위 등 처벌에 관한 법률, 특정범죄 가중처벌 등에 관한 법률, 보건범죄단속에 관한 특별조치법 등에 다수 규정되어 있다.

2. 사형 존폐론

근대에 들어서 사형폐지론을 최초로 주장한 사람은 체사레 베카리아(C. Beccaria)였는데, 그는 「범죄와 형벌(1764)」이란 저서에서 개신교도였던 청년 장 칼라스(J. Calas)의 자살사건, 즉 가톨릭교도들에 의해 장 칼라스 가족들이 청년의 가톨릭 개종을 막기 위해 살해했다는 모함을 씌워 가족들을 재판에 회부해 수레바퀴형으로 처형한 사건(1762년)을 계기로 사형의 잔혹성과 불필요성을 역설하면서 사형폐지론을 주장했다. 그 후 계몽사상가들에 의하여 인도주의적 견지에서 폐지론이 강력히 전개되었으며 현재에도 많은 학자들에 의하여 사형폐지가 주장되고 있다.

사형폐지론을 주장하는 근거는 ① 하나뿐인 생명을 박탈하는 것은 인도주의적 견지에서 허용될 수 없다는 점, ② 현대의 형벌의 본질은 교화인데, 사형은 형벌의 본질에 반한다는 점, ③ 범죄예방이나 억제효과가 없다는 점, ④ 오판의 가능성이 있다는 점, ⑤ 독재자들이 정치적 반대자들을 억압하는 수단으로 악용될 수 있다는 점 등이다. 반면에 사형존치론을 주장하는 근거는 ① 생명을 박탈하는 극형이므로 범죄 억제 효과가 있다는 점, ② 살인, 강도살인, 약취·유인살해 등의 흉악한 범죄인의 생명 박탈은 사회적 정의라는 점, ③ 국민의 법감정 여론이 확실히 지지하고 있다는 점, ④ 국가안전보장, 질서유지, 공공복리를 보존할 수 있다는 점 등이다.

사형에 관하여는 인도주의적·형사정책적 입장에서 위와 같이 그 폐지론이 주장되고 있으며, 상당한 수의 국가가 사형을 폐지하거나 제한하는 경향이 있다. 우리나라는 1997년 12월을 마지막으로 더 이상 사형집행을 하지 않고 있다. 사형제도는 있으나 집행은 하지 않는 나라로, 이른바 '실질적 사형폐지국'이다

사례연구 62 ▶ 사형제도

1960년 영국에서 사형집행관이 사형수에게 물었다. "마지막으로 할 말이 있으면 해보시오." 사형수는 "나는 결코 아내를 죽이지 않았습니다."라는 말을 남기고 형장의 이슬로 사라졌다. 그 후 진범은 체포되었고, 영국은 사형제도를 폐지하였다. 우리나라에서는 사형제도가 인정되고 있는데, 흉악범에 대하여 사형이라는 형벌은 필요한가? 또한 사형은 생명권을 기본권으로 인정한 헌법을 위반한 것이 아닌가?

▶ 사형폐지론을 최초로 주장한 학자인 베까리아는 1764년「범죄와 형벌」이란 저서를 통해 사형은 인간본성에 따라 곧 잊혀질 것을 방지할 수 없고 위하력에 있어서도 무기형이 훨씬 크기 때문에 사형은 폐지되어야 한다고 주장하였다. 흉칙한 사건이 발생할 때마다 사형제도의 존폐론이 제기되고 있는데,

사형의 폐지를 주장하는 근거와 사형의 존치를 주장하는 근거는 위의 본문과 같고, 사형은 흉악범에 대한 응징을 통해 사회질서를 유지하기 위해 불가피하다는 합헌이 통설 및 판례의 입장이다.

사례연구 63 ▶ 상관 등의 살해에 대한 사형

A상병은 군 입대 이후 우울증세 등으로 인하여 A급 관심사병으로 분류되어 있었는데, 인성검사 결과 등을 종합하여 B급 관심사병으로 분류가 조정되면서 GOP에 근무하게 되었다. A상병은 소속 부대의 간부나 동료 병사들의 A상병에 대한 태도를 따돌림 내지 괴롭힘이라고 생각하던 중 초소 순찰일지에서 자신의 외모를 희화화하고 모욕하는 표현이 들어 있는 그림과 낙서를 보고 충격을 받아 소초원들을 모두 살해할 의도로 수류탄을 폭발시키거나 소총을 발사하여 상관 및 동료 병사들 5명을 살해하고 7명에게 중상을 입혔다. 군형법의 최고형인 사형은 정당한가?

▶ 대법원에서는 "범행 동기와 경위, 범행 계획의 내용과 대상, 범행의 준비 정도와 수단, 범행의 잔혹성, 피고인이 내보인 극단적인 인명 경시 태도, 피해자들과의 관계, 피해자의 수와 피해결과의 중대함, 전방에서 생사고락을 함께하던 부하 혹은 동료 병사였던 피해자들과 유족 및 가족들이 입은 고통과 슬픔, 국토를 방위하고 국민의 생명과 재산을 보호함을 사명으로 하는 군대에서 발생한 범행으로 성실하게 병역의무를 수행하고 있는 장병들과 가족들, 일반 국민이 입은 불안과 충격 등을 종합적으로 고려하면, 비록 피고인에게 일부 참작할 정상이 있고 예외적이고도 신중하게 사형 선고가 이루어져야 한다는 전제에서 보더라도, 범행에 상응하는 책임의 정도, 범죄와 형벌 사이의 균형, 유사한 유형의 범죄 발생을 예방하여 잠재적 피해자를 보호하고 사회를 방위할 필요성 등 제반 견지에서 법정 최고형의 선고가 불가피하다"고 판시하였다(대법원 2016. 2. 19. 선고 2015도12980 판결).

Ⅱ 사형의 집행

사형의 집행방법은 중세까지는 잔혹하였으나 근대로 들어오면서 점차 그 잔혹성이 완화되었다. 근대 이후 각국에서 사형을 집행하는 방법은 ① 칼, 도끼 등으로 목을 절단하여 사망에 이르게 하는 참수(斬首), ② 교수대 등에 목을 매달아 질식하여 사망에 이르게 하는 교수(絞首), ③ 전기의자 등으로 전기에 감전시켜 사망에 이르게 하는 전기형, ④ 밀폐된 공간에 넣어두고 거기에 독가스 등을 주입하여 사망에 이르게 하는 가스살, ⑤ 총기로써 사살하는 총살 등이 있다.

우리나라의 현행 사형집행방법으로는, 일반법인 형법은 교수형, 특별법인 군형법은 총살형을 채택하고 있다. 즉, 형법 제66조에는 "사형은 형무소 내에서 교수하여 집행한다"고 규정하는 반면에 군형법 제3조에는 "사형은 소속 군 참모총장이 지정하는 장소에서 총살로써 집행한다"고 규정하고 있다.

그리고 사형집행장소도 형법과 군형법은 다르다. 즉, 형법 제66조에 의하여 사형집행장소는 '형무소 내'로 한정하고 있고, 군형법 제3조에는 '소속 군 참모총장이 지정하는 장소'로 규정하여 각각 다르다. 형법은 미리 일정한 장소(형무소 내)를 지정하고 있지만, 군형법은 형법과는 달리 미리 일정한 장소를 지정하지 않고 '소속 군 참모총장이 지정하는 장소'로 규정하여 신축성을 부여하고 있다. 그 이유는 군은 항상 이동성을 띠고 있으므로 이동하는 곳마다 교수(絞首)의 도구를 가지고 다녀야 할 불편함을 제거하기 위한 실용적 측면도 고려한 것이다. 그 외에도 사형집행방법으로 총살형을 채택한 것은 이념적 측면에서 적군에 의해 사살되지 않고 전우의 손에 의해서 사살된다는 것은 군인으로서의 최소한의 명예를 지킬 수 있다는 측면과 반란의 죄(제2편 제1장), 이적(利敵)의 죄(제2장), 지휘관의 항복과 도피의 죄(제4장) 등에 대해 군기의 준엄성을 유지하려는데 그 입법적 취지가 있다고 볼 수 있다.

한편, 우리 헌법 제27조 제2항에는 "군인 또는 군무원이 아닌 국민은 대한민국의 영역 안에서는 중대한 군사상 기밀·초병·초소·유독음식물공급·포로·군용물에 관한 죄 중 법률이 정한 경우와 비상계엄이 선포된 경우를 제외하고는 군사법원의 재판을 받지 아니한다."고 규정하고 있는 바, 반대해석하면 군인 또는 군무원 등이 헌법 제27조 제2항에 규정하고 있는 죄를 범한 경우에는 군사재판을 받고, 사형선고를 받으면 총살형에 의해 집행하게 되고, 그 외에도 군인, 군무원 등이 형법 및 기타 법률에 따라 민간법원에서 사형선고를 받으면 그 사형집행방법은 총살하게 된다.

요컨대, 사형집행방법으로써의 총살은 형법법규, 재판기관을 불문하고 군에서 집행하는 사형 전부에 미친다 할 것이다.

제5절 형법총칙과 군형법

I 서설

형법(Criminal law)이란 어떠한 행위가 범죄로 되고 이에 대한 법적 효과로써 어떠한 형사제재(형벌 또는 보안처분)를 과할 것인가를 규정하고 있는 법규범의 총체이다. 근대 법치국가에 있어서는 국가적 공동생활의 질서에 위반하는 행위를 범죄라 하고, 이 범죄행위자에 대하여 형벌이라는 제재를 과하기 위하여는 법적 근거가 있어야 한다. 이와 같이 범죄와 형벌에 관한 법규범을 형법이라 한다. 다만, 형사정책의 근대화에 따라 형벌 이외에 보안처분제도가 새로운 형사제재로서 추가됨으로써 형법의 개념적 정의도 형벌 이외에 보안처분을 포함하게 되었다.

그런데 형법총칙 내에 규정되어 있는 각 조항들은 형법각칙에 대해서만 적용되는 것이 아니라, 특별법인 군형법 등에도 그대로 적용된다. 즉, 형법 제8조(총칙의 적용) 전문(前文)에는 "본법 총칙은 타법령에 정한 죄에 대해 적용한다."고 규정하고 있다.

다만, 형법 제8조(총칙의 적용) 후문(後文)에는 "그 법령에 특별한 규정이 있는 때에는 예외로 한다"고 규정하고 있고, 군형법 등 개개의 특별형법은 그 입법취지에 따르는 고유한 목적을 달성하기 위하여 형법총칙의 일부 규정의 적용을 배제하는 특별규정을 두고 있다. 즉, 군형법이란 국가 형벌권의 실체를 규정한 법규로서, 군의 전력을 침해하는 범죄의 태양과 그에 대한 법률적 효과로서의 형벌의 범위를 규정한 법체계이므로, 군형법의 입법적 취지에 따라 특별한 규정이 있는 때에는 그 적용을 배제할 수 있다.

따라서, 형법총칙의 각 규정들은 원칙적으로 아무런 제한을 받지 않고 특별법인 군형법에도 그대로 적용되지만, 일부 특별규정은 그 예외를 두고 있다. 즉, 군형법 제4조(다른 법의 적용례)에는 "제1조에 따른 이 법의 적용대상자가 범한 죄에 관하여 이 법에 특별한 규정이 없으면 다른 법령에서 정한 바에 따른다."고 규정하고 있다.

여기서 "특별한 규정"이란 군형법 제1조(적용대상자), 제1조의2(장소적 적용범위), 제2조(용어의 정리), 제3조(사형 집행) 등 4개 조항을 의미하는 것이다. 또한 "다른 법령에서 정한 바에 따른다."는 것은 다른 법령을 준용한다는 의미로, 준용이라 함은 각 경우에 일일이 규정하여야 할 것에 대해 중복을 피하고 법조문을 간결하게 하기 위하여 다른 법조문을 응용하여 적용하는 것을 말한다. 군형법에서는 "준용한다"는 용어 대신 " … 에 따른다"고 표현하고 있다.

사례연구 64 ▶ 군형법 제4조(다른 법의 적용례)와 감금죄

A병장은 자신의 후임병인 B · C이병이 내무실 청소를 제대로 하지 않은 채 내무반에서 한가하게 바둑을 두고 있던 것에 화가 난 나머지, "한번 움직일 때마다 한 대씩 때리겠다."고 하면서 7시간 동안 부동자세를 취하게 하였다. 이 경우, 어떤 죄가 성립하는가?

▶ 군형법 제62조 제1항에는 "직권을 남용하여 학대 또는 가혹한 행위를 한 사람은 5년 이하의 징역에 처한다"고 규정하고 있으나, 병(兵) 상호간에는 명령 · 지시의 권한이 없기 때문에 이 죄가 성립되지 않는다. 그러나 군형법 제4조(다른 법의 적용례)에는 "제1조에 따른 이 법의 적용대상자가 범한 죄에 관하여 이 법에 특별한 규정이 없으면 다른 법령에서 정한 바에 따른다."고 규정하고 있고, 형법에는 폭행 또는 협박으로 사람의 권리행사를 방해하거나 의

> 무없는 일을 하게 함으로써 성립하는 강요죄가 규정되어 있다. 따라서 B・C 이병 등에 대해 7시간 동안 부동자세를 취하게 한 경우는 강요죄가 성립되어 5년 이하의 징역 또는 3천만원 이하의 벌금에 처해지게 된다(제324조).

이하에서는 군형법에도 원칙적으로 적용되는 형법총칙의 범죄론과 형벌론에 대해 설명하고자 하는데, 이는 군형법각칙을 이해하는데 있어 형법총칙의 이해는 필수적이기 때문이다.

Ⅱ 범죄론

1. 범죄의 의의

실질적 의미의 범죄란 법질서에 비추어 보아 형벌을 과할 필요가 있는 행위로서 사회적 유해성 내지 법익을 침해하는 반사회적 행위를 의미하고, 형식적 의미의 범죄란 구성요건에 해당하는 위법하고 책임있는 행위로써 형법의 해석과 죄형법정주의에 의한 형법의 보장적 기능의 기준이 되는 범죄를 말한다.

범죄의 개념을 형식적・실질적 의미 모두를 고려하면, 범죄란 '법익을 침해한 어떤 행위가 위험할 뿐만 아니라 법질서를 위반하여 사회의 비난을 받기 때문에 어떠한 형식이든지 강제조치를 가할 필요성이 있는 행위'를 말한다.

범죄가 성립하기 위해서는 구성요건 해당성, 위법성, 책임성 등의 요건을 갖추어야 하는데, 이를 범죄 성립의 3대 요소라 한다.

2. 행위의 구성요건해당성(構成要件該當性)

(1) 구성요건의 의의

구성요건이란 '군무를 기피할 목적으로 부대 또는 직무를 이탈한 사람'(군형법 제30조), '상관의 신체를 상해한 사람'(군형법 제52조의2) 등과 같이 형벌을 과하는 근거가 되는 행위의 유형을 추상적으로 기술한 것을 말한다. 말하자면, 입법자가 군형법을 제정함에 있어서 군 조직사회에서의 행동을 규율하는 많은 규범 가운데 특히 중요한 규범을 선택하여 그 규범의 위반에 대하여 특히 형벌로 처벌할 가치가 있다고 인정되는 것을 추상화·유형화하여 개념적으로 정립한 것이다.

(2) 부작위범(不作爲犯)

부작위범이란 부작위(소극적 동작)에 의한 범죄, 즉 법규범이 요구하는 일정한 행위를 이행하지 않음으로써 성립하는 범죄를 말한다. 다만, 형법상 부작위라 함은 '아무것도 하지 않는다'는 것이 아니라 '무엇인가를 하지 않는 것', 즉 기대된 작위를 하지 않는 것이다.

부작위범의 종류에는 반란불보고죄(군형법 제9조), 직무유기죄(군형법 24조) 등과 같이 구성요건이 처음부터 부작위를 예상하고 있을 경우와 같은 순수한 부작위범(진정부작위범)과 영아에게 젖을 먹이지 않음으로써 죽게 하는 것과 같이 작위에 의하여 실현되는 것을 예상한 범죄가 사실상 부작위에 의하여 실현되었을 경우와 같은 부작위에 의한 작위범(부진정부작위범)이 있고, 군형법에는 상관의 제지불응죄(제46조), 부하범죄부진정죄(部下犯罪不鎭定罪, 제93조) 등이 있다.

사례연구 65 ▶ 부작위범

국군체육부대 양궁선수인 A상병과 수영선수인 B이병은 부모의 유산문제로 사이가 좋지 않은 이복형제간이다. 어느 날 수영을 전혀 하지 못하는 A상병이 술에 취해 비틀거리다가 발을 헛디뎌 부대 옆 저수지에 빠지게 되었다. 마침, 그곳을 지나가던 B이병은 A상병의 살려달라는 애원에도 불구하고 못 본 체하고 그냥 지나쳤고, 마침내 A상병은 익사하였다. B이병은 형사책임이 있는가?

▶ 부작위범이란 위에서 설명한 그대로 이고, 부작위범이 성립하기 위해서는 행위자에게 먼저 어떤 의무가 전제되어야 한다. 이를 작위의무라고 하고, 그 내용은 결과나 위험을 방지할 의무를 말한다. B이병은 A상병에게 닥친 목전의 위험을 방지해야 할 의무, 즉 형법 제271조 제1항이 전제하는 긴급구조의무를 위반하고 있다. 따라서 B이병이 A상병을 구조하는데 별 위험이 없으면서 구조의무를 이행하지 않았기 때문에 유기죄가 성립되고, 형법 제271조 제4항에 따라 2년 이상의 유기징역에 처해지게 된다(대법원 1992. 2. 11. 선고 91도2951 판결). 다만, 조상대대로 원수지간으로 지내온 병사 중 한명이 강물에 빠졌을 경우, 이를 목격한 사람은 구조행위를 하지 않더라도 친족 간이 아니므로 구조의무가 없다.

(3) 인과관계

형법상의 범죄의 성립에 있어서 결과의 발생을 필요로 하는 것이 있는데, 이때 행위와 결과 사이에는 인과관계가 있어야 한다. 여기서 인과관계란 결과의 발생을 요하는 범죄에 있어서 그 행위가 없었다고 하면 그런 결과가 발생하지 않았을 것이라는 관계를 말한다.

인과관계에 관한 학설에는 여러 가지가 있으나, 인과관계의 유무를 경험법칙에 비추어서 그 행위에서 그 결과가 발생되는 것이 보통 인정되는 경우에 비로소 인과관계가 있다고 인정하는 상당인과관계설이 학설 및 판례의 입장이다. 예컨대, 초병의 얼굴을 강타하였더니 사망한 경우, 임신 8개월의 여군을 걷어차 낙태와 심근경색증으로 사망케 한 경우 등에는 행위와 결과 간에 인과관계가 있다고 보고 있다.

사례연구 66 ▶ 인과관계

A중령은 온갖 갑질을 하여 모든 장교와 장병으로부터 공분을 사고 있는 상관인 B준장을 살해하기 위하여 권총으로 저격하였다. 생명을 잃을 정도의 부상을 입지 않았던 B준장은 공교롭게도 병원으로 긴급후송 도중 마주오던 트럭과 정면충돌함으로써 사망하였다. A중령은 살인미수죄가 되는가, 아니면 살인죄가 되는가?

▶ 살인죄가 성립하기 위해서는 범죄자의 행위와 피해자가 입은 결과간에 소위 '인과관계'가 있어야 하는데, 판례와 통설을 따를 경우 A중령의 경우 인과관계가 있다고 볼 수 없다. 즉, 살인의 고의를 가지고 저격하였으나 부상만 입고 후송 도중에 교통사고를 당해 사망한 경우, 저격행위와 사망간에는 상당한 인과관계가 있다고 볼 수 없으므로 A중령은 살인미수죄만 성립한다는 것이 통설이다.

(4) 고의

고의란 행위자가 구성요건에 해당하는 사실을 인식하면서 그러한 행위로 나오는 행위자의 의사태도를 말한다. 고의는 의지적 요소(내가 저 사람을 죽이겠다)와 지적 요소(저 사람을 칼로 찌르면 죽을 것이다)로 이루어진다.

형법 제13조 전단에는 "죄의 구성요소인 사실을 인식하지 못한 행위는 벌하지 아니한다."고 규정하고 있다.

고의는 지적 요소와 구성요건 실현에 대한 행위자의 의사관련에 따라 확정적 고의와 불확정적 고의로 나누어진다. 확정적 고의는 구성요건적 결과의 실현을 행위자가 인식하였거나 확실히 예견한 때를 말하고, 불확정적 고의는 구성요건적 결과에 대한 인식 또는 예견이 불명확한 경우를 말한다. 불확정적 고의 가운데 특히 결과의 예견을 인용한 경우를 미필적 고의라 하고, 결과의 발생은 확실하나 객체가 불확실하여 그것이 택일적인 경우인 택일적 고의, 그리고 일정한 범위의 객체에 있어서 결과의 발생은 확실하나 어느 객체에서 결과가 발생한 것인가가 불확정한 개괄적 고의 등이 있다.

사례연구 67 ▶ 미필적 고의

A일병은 다른 선임병이 군인 신분임에도 불구하고 해외여행을 다녀왔는데 자신은 입대 전에도 휴가철에 동해안으로 피서 한번 가지 못한 자신의 처지가 한탄스러워 세상살기가 싫어졌다. 운전병인 A일병은 모든 세상사람들을 원망하며 살아가다가 어느 날 차를 몰고 가다가 부대 내에서 체력훈련을 하고 있던 병사들이 있는 쪽으로 눈을 감고 무조건 질주하여 병사 1명을 사망케 하였다. A일병은 살인할 고의가 없었기 때문에 살인죄가 성립하지 않는다고 주장하고 있는데, 그의 주장은 정당한가?

▶ 자기의 행위로 범죄가 발생한다는 확실한 인식은 없으나, 그러한 결과의 발생이 있더라도 용인하겠다는 내심의 인식이나 의사가 있는 경우를 미필적 고의라 하고, 이에 대한 형법적 처리는 확정적 고의와 같다. 차를 몰고 군중 속으로 질주하는 행위는 특정인을 살해하겠다는 확정적 고의는 없지만, 자기의 행위로 누군가가 죽을 것이라고 예상하고 있으며, 누가 죽더라도 할 수 없다는 의사가 있으므로 미필적 고의에 의한 살인죄가 성립한다.

(5) 사실의 착오

착오란 인식한 사실과 결과간의 불일치, 즉 행위자가 주관적으로 인식한 것과 객관적·사실적으로 발생된 사실이 일치하지 않는 경우를 말하며, 착오는 사실의 착오와 법률의 착오로 구별된다.

사실의 착오는 구성요건에 해당하는 위법한 사실을 알지 못하거나 오인하여 행위자가 주관적으로 인식한 바와 객관적으로 발생한 사실이 일치하지 않는 경우를 말하며, 예를 들면, 상관을 살해하기 위하여 커피에 독약을 넣었으나, 엉뚱하게 부관이 이를 마시고 사망한 경우를 말한다.

반면에 법률의 착오는 자기의 행위가 법률상 허용되지 않는다는 점에 관한 착오, 즉 범죄사실에 대한 형벌적 평가를 그르친 경우를 말하며, 형법 제16조 제1항은 "자기의 행위가 법령에 의하여 죄가 되지 아니하는 것으로 오인한 행위는 그 오인에 정당한 이유가 있는 때에 한하여 벌하지 아니한다."고 규정하고 있다.

사례연구 68 ▶ 사실의 착오

A대령은 부인과 사별한 후 B와 5년 동안 동거하고 있다. 그러나 A대령은 동거 전에 B에게 약속한 혼인신고를 계속 미루고 있고 갑자기 건강도 쇠약해지고 있으나 유산에 대한 아무런 언질도 주지 않자, 초조했던 B는 유언장을 위조한 뒤 A대령을 독살하기로 마음먹었다. B는 A대령이 매일 아침 마시는 생과일주스에 독약을 넣어 두었으나 A대령이 이를 깜박 잊고 마시지 않았는데, 엉뚱하게 부관 C가 호기심에 마시게 되었고 결국 사망하였다. B의 형사책임은 어떻게 되는가?

▶ 범죄자가 인식한 '고의'와 실제발생한 '결과'사이에 착오가 생긴 경우, 범죄자의 형사 책임은 어떻게 되는가의 문제이다. 범죄 행위에는 원칙적으로 고의가 있어야 하지만, 행위자가 인식·의도한 사실과 실제로 발생한 객관적인 사실이 일치하지 않는 경우도 적지 않다. 위의 사례에서 A대령을 살해하려고 생과일주스에 독약을 넣어 두었으나 엉뚱하게 부관 C가 마시고 사망한 경우도 사실의 착오에 해당되고, B는 부관 C에 대한 살인죄가 인정된다.

(6) 과실

과실이란 정상의 주의를 태만함으로써 죄의 성립요소인 사실을 인식하지 못한 행위를 말한다. 과실은 언제나 처벌되는 것이 아니라 법률에 특별한 규정이 있는 경우에 한하여 처벌되는데, 과실범은 행위자의 의사에 의해서가 아니라 부주의에 의해서 법질서의 명령을 위반한 것으로 고의범보다 그 불법과 책임이 가볍다. 예컨대, 가정부가 가스렌지를 켰다가 깜박 잊고 잠그지 않았는데, 가정부가 잠든 사이에 가스렌지에서 새어나온 가스에 의해 아이가 사망하는 경우는 과실범이며, 과실치사죄가 성립한다. 군형법은 1962년 제정 당시에는 모든 범죄에 대하여 과실범을 인정하지 않았으나, 군형법 개정을 통해(법률 제9820호, 2009. 11. 2.) 군사시설 등 방화죄(제66조), 노적군용물방화죄(제67조), 폭발물파열죄(제68조), 군용시설 등 손괴죄(제69조), 노획물훼손죄(제70조) 등은 과실범을 인정하고 있고, 이 범죄행위에 대해서는 징역 이외에 벌금형으로도 처벌하도록 규정하고 있고(제73조), 군용물분실죄(제74조)의 법적 성질은 과실범이다.

사례연구 69 ▶ 과실범

소속 연대장의 A당번병이 하는 일은 근무시간 중은 물론 근무시간 후에도 밤늦게 까지 수시로 영외에 있는 연대장의 관사에 머물면서 집안일을 도와주고 식사준비, 집안청소, 정원관리 등이다(현재 엄격하게 이를 규제하고 있음). 어느 날 야식준비를 위해 가스렌지를 켰다가 깜박 잊고 가스렌지를 잠그지 않았다. 잠시 A당번병이 잠든 사이, 가스렌지에서 새어나온 가스에 의해 아이만 질식사하였는데, A당번병의 죄는?

▶ A당번병은 가스를 오래 켜두면 가스가 샐 염려가 있다는 것을 예상하고, 주의를 다해야 함에도 이를 다하지 않은 과실이 인정되기 때문에 과실범이다. 따라서 과실치사죄가 성립하고, 살인죄는 성립되지 않는다.

(7) 결과적 가중범

결과적 가중범이란 행위자의 일정한 고의에 기한 범죄행위가 그 고의를 초과하여 중한 결과를 발생시킨 경우, 그 중한 결과를 이유로 형벌을 가중하는 범죄를 말한다. 예컨대, 근무를 게을리한 초병의 얼굴을 한 대 때렸는데 땅에 넘어지면서 돌에 머리가 부딪쳐 사망한 경우는 초병폭행치사죄(군형법 제58조)라는 결과적 가중범에 속하며, 강간치사상죄(같은 법 제92조의8)도 여기에 속한다.

3. 위법성(違法性)

(1) 위법성의 의의

위법성이란 구성요건에 해당하는 행위가 법질서 전체의 관점에 비추어 보아 허용되지 않는 경우를 말한다. 어떠한 행위든지 위법성이 있어야만 범죄가 성립될 수 있는 것이며 행위가 범죄구성요건에 해당하더라도 위법성이 없으면 범죄는 성립하지 않는다.

(2) 위법성 조각사유

범죄가 성립하려면 각 규정의 구성요건에 해당하는 행위가 있어야 한다. 그러나 어떤 행위가 구성요건에 해당하더라도 위법하지 않음으로 인하여 범죄가 성립되지 않는 경우가 있는데, 이를 위법성 조각사유라고 한다. 형법상 위법성 조각사유로는 다음과 같은 것이 있다.

(가) 정당방위

정당방위란 자기 또는 타인의 법익에 대한 현재의 위법·부당한 침해를 방위하기 위한 행위로서 상당성이 있어서 위법한 행위로 평가할 수 없는 행위를 말한다. 정당방위의 성립요건은 ① 타인으로부터 현재의 부당한 침해가 있을 것, ② 자기 또는 타인의 법익을 방위하기 위한 행위일 것, ③ 방위행위가 상당한 이유가 있을 것 등이다.

국제법에도 국내법상의 정당방위와 유사한 제도로 자위권을 인정하고 있다. 즉, 자위권이란 국민에 대한 긴급하고 부정한 위해에 대하여 부득이 실력으로써 필요한 한도 내의 방위행위를 할 수 있는 권리이다. 국제연합헌장 제51조 전단에도 '무력공격이 발생한 경우'에 국가의 고유한 권리로써 자위권을 인정하고 있다.

사례연구 70 ▸ 정당방위

A중대장은 병사들이 군기가 문란하고 B초병이 경계근무 중 부대에서 10m 떨어진 편의점에 다녀온 사실을 문제 삼아 내무반으로 찾아와 욕을 하고 흥분하여 개머리판으로 B의 머리를 가격하자, B가 A중대장의 팔을 잡아 밀쳤는데 넘어지면서 손가락에 가벼운 부상(실금)을 입혔다. 이 경우, 정당방위가 성립하는가?

▶ 정당방위의 의의와 성립요건은 위에서 설명한 그대로 이고, 사안의 경우, 첫째, 현재 침해행위가 진행되고 있고, 둘째, 자신의 법익을 방위하기 위한 행위였으며, 셋째, A중대장의 폭행행위로 인한 자신의 법익 보호와 상대방

(A)이 받는 피해를 비교·형량하여 볼 때, 정당방위가 성립되고 위법성이 조각되어 범죄는 성립하지 않으며, 정당방위가 인정되면 형벌 뿐만 아니라 손해배상책임도 부담하지 않는다.

(나) 긴급피난

긴급피난이란 자기 또는 타인의 법익에 대한 현재의 위난을 피하기 위한 상당한 이유있는 행위를 말한다. 긴급피난은 정당방위와 같이 긴급행위로서 처벌되지 않지만, 정당방위는 위법한 침해에 대한 정당한 방위인 반면, 긴급피난은 위법하지 않은 침해에 대하여 일정한 한도에서 피난하는 것을 법이 허용하는 것이다. 긴급피난의 성립요건은 ① 현재의 위난이 있어야 하고, ② 자기 또는 타인의 법익에 대한 위난을 피하기 위한 행위여야 하며, ③ 상당한 이유가 있어야 한다. 예컨대, 싯가 50만원 하는 애완견을 데리고 산책을 하던 중, 싯가 500만원 하는 군견이 목줄을 끊고 애완견을 공격하려고 하자, 단검으로 군견을 처리한 경우는 긴급피난이 인정되어 군용물손괴죄(제69조)에 해당되지 않는다.

국제법에도 국내법상의 긴급피난과 유사한 제도로 긴급피난권을 인정하고 있다. 즉, 긴급피난권이란 국가 또는 국민에 대한 위해를 피하기 위해 부득이 취하는 방위행위이다. 긴급피난이기 때문에 그 행위는 본래의 위법성이 조각되고 국제법상 적법한 행위가 된다. 긴급피난이 본래의 자위권과 다른 점은 상대국의 부정한 위해에 대한 방위행위가 아니고 제3국 또는 자연적 사실로부터 생기는 위해에 대한 것이라는 점이다.

사례연구 71 ▶ 긴급피난

다세대주택에서 살고 있는 A중사(여)는 B대위(남)가 성폭행을 하려 하자 이를 피하여 3층 옥상까지 도피하다가 결국 이웃집 마당으로 뛰어 내렸고, 장독대도 깨졌는데, 깨진 장독대에 대한 손해배상 책임이 있는가?

▶ 긴급피난은 정당방위와 마찬가지로 방위행위에 상당한 이유가 있어야 하는데, 사회적 통념뿐만 아니라 피난행위가 유일한 행위여야 하며(보충성의 원

칙), 침해행위와 방위행위는 어느 정도 균형이 맞아야 하는(법익균형의 원칙) 등의 조건이 더 필요하다. 따라서 위 사례의 경우는 긴급피난이 인정되어 주거침입죄가 성립하지 않고, 그 피신과정에서 장독대가 깨졌어도 손괴죄에 해당하지 않는다. 다만, 장독대의 주인은 불법행위가 없으므로 장독대 파손에 대해서는 긴급피난을 일으킨 불법행위자(B대위)에 대해 손해배상을 청구할 수 있다.

(다) 자구행위

자구행위란 법률의 절차에 의하여 권리를 보전하기 곤란한 경우, 그 권리의 실행불능이나 실행의 곤란을 피하기 위한 실력적 행위로써 상당성이 인정되어 위법성이 배제되는 행위를 말한다.

자구행위의 성립요건은 ① 법정절차에 의하여 청구권을 보전하기가 불가능한 경우일 것, ② 청구권의 실행불능 또는 현저한 실행곤란을 피하기 위한 행위일 것, ③ 상당한 이유가 있을 것 등이다.

사례연구 72 ▸ 자구행위

A중령은 집에 보관 중이던 수백만원과 값비싼 예물용 시계와 보석 등을 도난당했다. CCTV를 확인한 결과, 집이 비었던 특공종합훈련(일명, 천리행군)을 다녀온 사이 전역대상자 B상사가 절취해 간 것이었고, B상사는 다른 장교 및 간부의 집에 들어가 수억원 상당을 절취하기도 하였다. B예비역상사는 노름빚에 허덕이고 조직폭력배에 의해 폭행·협박을 당하자 해외로 도피하려고 공항에서 출국수속을 받고 있었고, A중령은 B예비역 상사를 우연히 발견하고 경찰서로 끌고 가려 했으나 완강히 저항하여 어쩔 수 없이 전치 1주의 상처를 입혔는데, A중령은 상해죄로 처벌받는가?

▶ 절도범을 현장에서 추적해서 도난 물품을 탈환하는 행위는 정당방위가 되지만, 며칠 뒤 절도범을 발견해서 약간의 폭행과 협박을 가해서 도난당한 물품을 탈환하는 행동은 자구행위가 된다. A중령의 행위는 B예비역상사가 해외로 도피할 경우 권리실현에 상당한 어려움이 예상된다 할 것이므로 자구행위로 볼 수 있다. 다만, 자구행위가 지나쳐 그 상당성의 정도를 벗어난 과잉자구행위가 되는 경우에는 처벌받게 된다.

(라) 피해자의 승낙

피해자의 승낙이란 법익의 주체가 타인에 대하여 자기의 법익을 침해하는 것을 허용하는 것을 말한다. 피해자의 승낙은 로마법의 "승낙이 있으면 침해가 되지 아니한다."는 법언에 의해 로마법 이래 위법성 조각사유로 인정되어 왔다. 피해자의 승낙에 의해 위법성이 조각되려면, ① 법익주체의 유효한 승낙이 있을 것, ② 승낙에 의한 행위라도 처벌하는 특별한 규정이 없을 것, ③ 사회상규에 위배되지 않을 것 등이다.

예컨대, 군의관이 병사에게 수혈하기 위하여 다른 병사의 승낙을 얻어 그의 피를 뽑는 행위는 상해죄가 성립되지 않지만, 병역을 면제받을 목적으로 무릎수술을 해달라고 한 경우에 아무리 피해자의 승낙에 의한 것일지라도 의사가 수술을 하게 되면 위법성이 있고, 군인 등의 살인, 군용물에 대한 방화 등은 승낙이나 촉탁이 있어도 범죄가 성립한다.

사례연구 73 ▶ 피해자의 승낙

어느 날 A상사가 동료 B상사의 집으로 가던 중 반대편 골목길에서 연기가 나는 것을 보고 그곳으로 달려갔는데, 한 가정집에서 불이 나고 있었다. A상사는 집주인의 허락없이 창문을 깨고 들어가 불을 껐는데, 죄가 성립되는가?

▶ A상사는 한 가정집의 창문을 깨고 들어갔으므로 원칙적으로 형법상 주거침입죄(제319조 제1항)와 재물손괴죄(제366조)에 해당한다. 그러한 A상사의 행동이 위법성 조각사유인 피해자의 승낙에 해당하는가가 문제가 된다. 집주인의 명시적 승낙이 없었으므로 피해자의 승낙으로 인해 위법성이 조각될 수는 없다. 다만, 학설과 판례에서는 위 사례와 같이 피해자가 있었더라면 법익의 침해를 당연히 승인하였을 객관적 사정이 있는 경우 피해자의 승낙이 있었다고 추정하는 '추정적 승낙'이라는 위법성 조각사유를 인정하고 있다. 따라서 A상사는 범죄가 성립하지 않는다.

(마) 정당행위

정당행위란 법령에 의한 행위 또는 업무로 인한 행위, 기타 사회상규에 위배되지 아니하는 행위로서, 벌하지 않는 행위, 즉 위법성이 조각되는 사유를 말한다. 여기서, 법령에 의한 행위로는 공무집행행위, 징계행위, 현행범의 체포, 정신병자에 대한 감호행위 등이며, 업무로 인한 행위로는 군의관의 치료행위, 변호사의 소송행위 등이 있고, 사회상규에 위배되지 아니하는 행위란 사회통념상 정당시되는 행위이면 된다. 예컨대, 후임병의 군기문란을 문제삼아 선임병이 단 한차례 "이 새끼, 똑바로 못해?"라고 질책한 행위는 사회통념상 어느 정도 정당시된다고 볼 수 있다.

사례연구 74 ▶ 정당한 사유와 군무이탈죄

1990년 국군보안사령부(현, 국군방첩사령부)에 근무하던 Y이병은 보안사의 사찰 대상인 정계와 노동계, 종교계 등 민간인에 대한 사찰 기록이 담긴 디스크를 들고 탈영하였다(일명 국군보안사령부 민간인사찰사건). 이는 정당한 사유가 인정되어 위법성이 조각되는가?

▶ 대법원에서는 "서면화된 인사발령 없이 국군보안사령부 서빙고분실로 배치되어 이른바 '혁노맹'사건 수사에 협력하게 된 사정만으로 군무이탈행위에 군무기피목적이 없었다고 할 수 없고, 국군보안사령부의 민간인에 대한 정치사찰을 폭로한다는 명목으로 군무를 이탈한 행위가 정당방위나 정당행위에 해당하지 아니한다"고 판시하였다(대법원 1993. 6. 8. 선고 93도766 판결).

4. 책임성(責任性)

(1) 책임의 개념

책임이란 구성요건에 해당하는 위법한 행위를 한 사람에 대하여 가해지는 인격적 비난을 말한다. "책임이 없으면 형벌도 없다."라는 것은 현대 형법의 근본원칙이다. 위법성은 행위와 법질서 사이의 모순·불합치의 관계를 말하는 것으로서 그것은 행위 그 자체에 대한 부정적 반가치판단이지만, 책임은 그러한 위법행위에 관련된 행위자의 주관에 관한 부정적 가치판단이다.

(2) 책임능력

책임능력이란 육체적 건전과 정신적 성숙에 의하여 사회적 행동을 할 수 있는 정신적 능력을 말한다. 즉, 행위의 사회적·도덕적 의미를 이해하고 그 이해에 따라 의사를 결정할 수 있는 능력을 말한다.

우리 형법에는 책임능력을 적극적으로 규정하지 않고, 소극적으로 책임능력의 전부 또는 일부가 결여된 경우만을 규정하고 있다. 우리 형법상 만 14세가 되지 아니한 자와 심신장애로 인하여 사물을 변별할 능력이 없거나 의사를 결정할 능력이 없는 사람의 행위와 같이 행위 시에 책임능력이 완전히 결여된 절대적 책임무능력자는 책임이 조각되고, 심신장애로 인하여 전항의 능력이 미약한 사람과 농아자(청각장애와 발음기능에 모두 장애가 있는 자)의 행위는 형을 감경할 수 있다. 다만, 위험의 발생을 예견하고 자의로 심신장애를 야기한 자의 행위에는 감경되지 않는다(제9조 및 제10조).

사례연구 75 ▶ 심신장애인

A중사는 술을 너무 많이 마셔서 속된 말로 필름이 끊긴 상태에서 술집 종업원을 추행하려다가 헌병대로 끌려 왔다. A중사는 술이 깨고 나서 왜 자기가 헌병대에 왔는지 조차도 모를 정도로 그 전의 일을 전혀 기억하지 못하고 있다. 심신상실의 경우에는 책임이 조각된다는데, '술에 만취된 상태'도 심신상실 상태로 보는가?

▶ 음주로 만취가 된 상태에서 저지른 행위도 심신상실 상태 하의 범죄로 보아야 하는가 하는 것은 어려운 문제이다. 만취상태였기 때문에 기억을 못한다고 하는 말은 외부인이 판단하기가 상당히 어렵기 때문이다. 그러나 대법원에서는 "술에 만취되어 범행을 기억하지 못한다는 사실만으로 바로 범행 당시 심신상실 상태에 있었다고 단정할 수 없다."고 판시한 바 있다(대법원 1985. 5. 28). 다만, "책임을 면할 정도의 만취상태였는가의 여부는 음주량이나 혈액 속의 알콜수치로 판단할 성질의 것이 아니고, 구체적 행위에 있어서 사물의 변별능력 또는 의사결정능력과 관련해서 판단해야 한다."고 판시하고 있다(대법원 1997. 9. 28). 형법에서는 위험의 발생을 예견하고 자의로 심신장애를 야기한 자의 행위에는 감경 규정을 적용하지 않는다(제10조 제3항).

(3) 위법성의 인식

위법성의 인식이란 행위자가 행위시에 자신의 행위가 위법하다는 것을 인식한 내부적·심리적 요소를 말한다. 위법성의 인식은 책임을 인정하기 위한 핵심적 요소이다. 우리 형법에서는 "자기의 행위가 법령에 의하여 죄가 되지 아니하는 것으로 오인한 행위는 그 오인에 정당한 이유가 있는 때에 한하여 벌하지 아니한다."고 규정하고 있다(제16조).

사례연구 76 ▶ 위법성의 착오

소속 중대장의 당번병이 근무시간 중은 물론 근무시간 후에도 밤늦게까지 수시로 영외에 있는 중대장의 관사에 머물면서 집안일을 도와주고 있었는데, 어느 날 중대장과 함께 외출나간 그 처로부터 24:00경 비가 오고 밤이 늦어 혼자 귀가할 수 없으니 관사로부터 1.5㎞ 가량 떨어진 지점까지 우산을 들고 마중을 나오라는 연락을 받고 당번병으로서 당연히 해야 할 일로 생각하고 그 지점까지 나가 중대장의 부인을 마중하여 그 다음날 01:00경 귀가하였다. 이 경우 군형법상 무단이탈죄(제79조)로 처벌되는가?

▶ 대법원에서는 "당번병의 관사이탈 행위는 중대장의 직접적인 허가를 받지 아니 하였다 하더라도 당번병으로서의 그 임무범위 내에 속하는 일로 오인하고 한 행위로서 그 오인에 정당한 이유가 있어 위법성이 없다고 볼 것이다."고 판시하여 무단이탈죄의 성립을 부인하였다(대법원 1986. 10. 28. 선고 86도1406 판결).

(4) 기대가능성

기대가능성이란 행위 당시의 구체적인 사정 하에서 행위자가 그러한 범죄행위를 하지 않고 다른 적법한 행위를 할 것을 기대할 수 있는 가능성을 말한다. 특수한 사정에 따라서는 행위자에게 책임능력이 있고, 자기 행위의 위법성을 현실적으로 알고 있고, 또는 이를 알 가능성이 있음에도 불구하고 당해 위법행위를 하지 않고 적법행위를 취할 것을 기대하는 것이 도저히 불가능한 경우에는 행위자를 비난할 수 없는 것이고, 따라서 책임이 조각되는 것이다. 즉, 책임능력자의 위법행위가 있을지라도 구체적인 경우에 적법행위의 기대가능성이 없을 때에는 책임이 조각된다.

이 기대가능성 이론은 1897년 독일의 판례로부터 시작하였던 바, "마부인 피고인이 나쁜 습성이 있는 말의 사용을 거부하게 되면 즉시 주인으로부터 해고되어 생계에 위협을 받게 되므로 마부는 그 말의 사용을 거부하는 것을 기대할 수 없다"는 이유로 무죄선고를 내린 바 있다.

우리 형법 제12조(강요된 행위)에 "저항할 수 없는 폭력이나 자기 또는 친족의 생명·신체에 대한 위해를 방어할 방법이 없는 협박에 의하여 강요된 행위는 벌하지 아니한다."고 규정한 것은 이 기대가능성의 이론을 적용한 것이다.

한편 군형법 제30조에는 군무를 기피할 목적으로 부대 또는 직무를 이탈한 경우에는 군무이탈죄가 성립되는데, 예컨대 병사의 부인이 생활고로 행방불명된 사정이 있다 하더라도 그 사정만으로 군에 귀대할 수 있는 기대가능성이 없어 군무이탈의 범의(犯意)나 책임이 없다고 할 수는 없다(대법원 1969. 11. 23. 선고 69도2084 판결).

사례연구 77 ▶ 기대가능성

민간인 A는 동해방면에서 명태잡이를 하다가 기관고장과 풍랑으로 표류 중 북한괴뢰집단의 함정에 납치되어 북괴지역으로 납북된 후 북한을 찬양하기도 하고 여러 가지 지령을 받고 송환되었다. 이와 같은 행위는 기대가능성이 없어 책임성이 없는가?

▶ 대법원에서는 "북한괴뢰집단의 함정에 납치되어 북괴지역으로 납북된 후 북괴를 찬양, 고무 또는 이에 동조하고 우리나라로 송환됨에 있어 여러 가지 지령을 받아 수락한 소위는 살기 위한 부득이한 행위로서 기대가능성이 없다고 할 것이다"고 판시하였다(대법원 1967. 10. 4, 선고 67도1115 판결).

5. 미수(未遂)

(1) 미수범

미수범이란 범죄의 실행에 착수하여 행위를 종료하지 못하였거나, 결과가 발생하지 않은 경우에 성립하는 범죄를 말한다. 이와 같이 미수범이란 구성요건의 내용을 충족하지 못한 경우에 성립되는 범죄로, 군형법상의 이적의 죄(제11조~제14조), 수소이탈죄(제27조~제28조) 등과 같이 처벌규정이 있는 경우에 한하여 처벌되지만, 기수(旣遂)보다 형이 감형될 수 있다. 미수범에는 장애미수, 중지미수, 불능미수가 있는데, 이 중에서 장애미수를 좁은 의미의 미수라고 한다.

(2) 중지미수(中止未遂)

중지미수란 범죄의 실행에 착수하였으나 행위자가 자기의 의사에 의하여 범죄를 중지한 경우의 미수를 말한다. 미수는 '실행의 착수'가 있었다는 점에서 예비 · 음모와 구별되며, 범죄를 완성하지 못하였다는 점에서 기수와 구별되는데, 이와 같은 중지미수는 그 형을 감면 또는 면제한다(형법 제26조). 중지미수에서 주의할 것은 행위자가 자기의 의사에 의해 중지했다는 점으로, 예컨대 군용시설에 불을 낸 방화범이 불길이 맹렬히 솟는 것을 보고 놀라 도망친 경우에는 중지미수가 아니라 방화죄의 기수범이 된다.

사례연구 78 ▸ 중지미수

A상병은 동료병사인 B상병과 함께 휴가 중 술을 마시고 지나가던 C를 강간하기 위해 으슥한 골목길로 끌고 갔으나 양심의 가책을 느낀 B상병이 A상병을 말리며 다투고 있던 중 신고를 받고 출동한 경찰관에 의해 체포되어 현재 특수강간미수의 혐의로 구속되었다. 실제 강간이 이루어진 것도 아니고 A상병을 말리다가 다투기 까지 하였는데, B상병은 처벌받게 되는가?

▶ A상병과 B상병은 「성폭력 범죄의 처벌 등에 관한 특례법」의 특수강간미수죄로 처벌받는다(제4조). 다만, B상병과 같이 외부적 장애로 인한 것이 아

닌 범죄행위자의 자의에 의하여 범죄 실행을 중지했거나 결과발생 등을 적극적으로 방지했을 경우에 이를 입증한다면 중지범으로서 형을 감경 또는 면제될 수 있다. 한편, 군사법원법 개정에 따라 성폭력 범죄는 민간 수사기관과 민간법원에서 담당한다.

(3) 불능미수

실행수단 또는 대상의 착오로 인하여 결과발생이 불가능한 경우를 불능범이라고 한다. 불능범은 원칙적으로 처벌되지 않으나 불능범 중 결과발생이 불가능하더라도 행위의 위험성이 있는 경우에는 불능미수라 하여 처벌된다.

사례연구 79 ▶ 불능미수와 불능범

후임병이 졸고 있는 틈을 타 소매치기를 하려고 안주머니를 뒤졌으나 지갑이 없어서 목적을 이루지 못한 경우와 살해하기 위해 상관에게 설탕을 독약인 줄 알고 먹임으로써 죽지 않은 경우에는 법적으로 어떻게 다른가?

▶ 설문과 같이 소매치기에 실패한 경우와 같은 것은 불능미수로, 결과의 발생은 사실상 불가능하지만 위험성으로 인하여 불능미수범으로 처벌된다. 반면에 살인죄의 고의로 살해대상자에게 설탕을 독약인 줄 알고 먹였으나 죽지 않은 경우와 같이 불능범은 사실상 결과의 발생이 불가능할 뿐만 아니라 객관적 위험성이 없기 때문에 불능범에 해당하여 벌할 수 없다.

6. 공범(共犯)

(1) 공범의 의의

본인 스스로의 의사에 의하여 저지른 범죄인을 직접정범이라 하고, 범죄를 직접 범한 사람, 혹은 여러 사람 중 범죄 행위를 주도하는 정범이 범죄를 저지르도록 옆에서 부추기거나 도와주는 사람을 공범이라고 하는데, 공범에는

간접정범, 공동정범, 교사범, 종범 등이 있다

(2) 간접정범

간접정범이란 직접정범에 대한 개념으로, 우월한 지위에 있는 사람이 조정의사에 의하여 타인을 조종·장악하여 간접적으로 범죄를 실행하는 정범의 형태를 말한다. 예컨대, 정신병자를 충동하여 어린아이를 살해하게 하는 것, 내용을 모르는 간호장교에게 독약을 주어 환자를 살해하게 하는 것 등이 그 예이다. 우리 형법 제34조 제1항에서는 "어느 행위로 인하여 처벌되지 아니하는 자 또는 과실범으로 처벌되는 자를 교사 또는 방조하여 범죄행위의 결과를 발생케 한 자는 교사 또는 방조의 예에 의하여 처벌한다."고 간접정범을 규정하고 있다.

한편, 도구를 사용한다는 점에서는 같으나 정의 사실을 모르는 타인을 도구로 사용하는 간접정범은 살인의사가 있는 사람이 용기를 얻기 위하여 만취한 후 명정상태에서 의도한 범행을 저지르는 것과 같이 자기 자신을 도구로 사용하는 원인에 있어 자유로운 행위(형법 제10조 제3항)와 구별할 필요가 있다.

사례연구 80 ▸ 간접정범

A군의관은 X군인병원에서 근무하던 중 학창시절 동창이었던 B소령이 부상으로 입원하자, B소령으로부터 학교폭력을 당한 것에 앙심을 품고 정의 사실을 모르는 C간호병에게 독약을 주어 B소령을 살해하게 하였다. A군의관은 어떻게 되는가?

▶ 간접정범의 고유한 수정구성요건은 ① 피이용자가 어느 행위로 인하여 처벌되지 아니하는 사람 또는 과실범으로 처벌되는 사람임을 필요로 하고, ② 이용자의 교사 또는 방조행위에 의하여 범죄행위의 결과발생이라는 이용행위가 있어야 한다. A군의관은 C간호병을 도구로 이용하여 범죄를 실행하였으므로 살인죄의 간접정범으로 처벌된다.

(3) 공동정범

공동정범이란 2인 이상의 자가 공동하여 범죄를 실행하는 것을 말하고, 각자를 그 죄의 정범으로 처벌한다(형법 제30조). 각 공동행위는 서로 협력하여 분업적으로 구성요건을 실현하는 것이므로 비록 각 행위자가 구성요건의 일부만을 실현한 경우라도 그 전부의 실현에 대한 책임을 진다는 점에서 단독정범과 구별된다.

공동정범이 성립하려면 주관적으로는 2인 이상의 자가 실행행위를 공동으로 한다는 의사가 있고, 객관적으로는 공동실행의 사실이 있어야 한다.

사례연구 81 ▶ 공동정범

A대위와 B상사는 C사단장의 갑질행위를 널리 알리기 위해 C사단장이 근무하는 본부 건물에 불을 지르고 그 취지를 알리기로 하였다. 어느 날, A대위는 불을 지르고, B상사는 건물옥상으로 올라가 이 방화의 의의, 목적 등의 뜻이 담긴 유인물을 살포하였다. 이 경우에 직접 방화에 가담하지 않은 B상사를 방화죄의 정범으로 처벌할 수 있는가?

▶ 공동정범의 성립요건은 각 공범자가 공동실행의 의사가 있어야 하며, 공동으로 실행행위(사실)를 해야 한다. 그런데 법원의 판례에서는 더 나아가 공범자간에 공동실행의 의사가 있었던 이상, 그중에 1인이 공동의 실행행위(사실)에 가담하지 않았더라도 그 실현된 범죄의 공범이 된다는 입장을 취하고 있는 바, 이를 공모공동정범이라 한다. 따라서 B상사도 방화죄의 공동정범이다.

(4) 교사범

교사범이란 타인을 교사하여 죄를 범하게 하는 것을 말한다. 여기서 '교사'란 고의없는 자에게 고의를 유발케 하는 것이라는 점에서 종범과 구별되며, 스스로 범행의 실행을 분담하는 것이 아니라는 점에서 공동정범과 구별된다. 교사범의 성립요건은 교사자의 교사행위와 정범의 실행행위가 있어야 하고, 교사자의 교사행위에는 교사하려는 의사가 있어야 하며, 정범의 실행행위에도 범죄를 실행할 결의가 있어야 한다.

형법 제31조 제1항에는 "타인을 교사하여 죄를 범하게 한 자는 죄를 실행한 자와 동일한 형으로 처벌한다."는 교사범에 대한 규정을 두고 있다. 그리고 특수교사범, 즉 자기의 지휘, 감독을 받는 자를 교사 또는 방조하여 전항의 결과를 발생하게 한 자는 교사인 때에는 정범에 정한 형의 장기 또는 다액에 그 2분의 1까지 가중하고 방조인 때에는 정범의 형으로 처벌한다(제34조 제2항).

사례연구 82 ▶ 교사범

X병과 군인들과 Y병과 군인들 사이에 업무분장과 군기확립방법 등과 관련하여 가치관의 차이로 심한 갈등이 일고 있는데, 어느 날 X병과에 속한 A소령은 그 병과에 속한 뭘 모르는 C중사에게 "Y병과에서는 B소령이 문제다. B소령의 집무실을 부숴 혼을 내주어야 하는데 … " 하고 은근히 권유하였다. 며칠 후, C중사는 B소령의 집무실을 부수었다. 이 경우, A소령의 행위는 형법적으로 어떻게 평가해야 하는가?

▶ A소령은 손괴의 의사가 없었던 C중사에게 범죄를 결의케 한 것이므로 군용물손괴죄(제69조)의 교사범이 된다. 교사의 수단과 방법은 제한이 없다. 즉, 명령, 강제, 위협, 이익의 제공이나 약속, 간청, 권고 등 명시적이든 묵시적이든 범행의 의사가 없는 자에게 범죄의 의지를 발생케 하고 그 범죄를 수행케 하면 교사범이 된다.

(5) 종범

종범이란 정범의 범죄를 방조하는 공범의 하나로 방조범이라고도 하며, 방조의 수단방법은 유형·무형을 가리지 않는다. 즉, 흉기의 제공과 같은 유형적인 방법이든, 조언·격려 등 무형적 방법(정신적 방법)에 의하든 관계없다. 종범의 처벌은 정범의 형보다 감경한다.

사례연구 83 ▶ 종범

시골에 위치한 X부대의 Y소대원들은 체육대회에서 1등을 하였다. 이에 중대장의 허가를 얻어 부대 끝에 있는 한 장소에서 술을 마시던 중 안주가 떨어져 그중 한명인 A병장은 '또래오래 양계장'에 닭서리에 나섰다. A병장이 양계장 철조망 밑으로 들어가 계사에 접근하는 것을 발견한 친구 B는 이를 못 본체하여 A병장은 소기의 목적을 달성하였다. 닭서리도 절도죄가 되는데, B도 죄가 되는가?

▶ 타인의 범죄를 도와주는 일체의 행위를 종범 또는 방조범이라 한다. B가 A병장이 양계장 철조망 밑으로 들어가 계사에 접근하는 것을 발견하고도 저지하지 않은 것은 부작위의 방조행위가 된다. 즉, '또래오래 양계장'의 경비원인 B가 친구 A병장의 절도 범행을 목격하고도 눈감아준 경우 부작위에 의한 절도 방조범이 된다. 다만, B의 처벌은 A병장의 형보다는 감경된다.

(6) 공범과 신분

범죄에는 일정한 신분관계가 범죄의 구성적 요건으로 되어 있는 경우(예컨대, 군형법 제18조~제20조 지휘권 남용의 죄) 또는 신분관계로 인하여 형이 가중 혹은 감경되는 경우(예컨대, 군형법 제8조 제1항 반란예비・음모・선동・선전죄, 제38조 제2항 거짓명령・통보・보고죄 등)가 있다.

형법 제33조에는 "신분관계로 인하여 성립될 범죄에 가공한 행위는 신분관계가 없는 자에게도 전3조의 규정을 적용한다. 단, 신분관계로 인하여 형의 경중이 있는 경우에는 중한 형으로 벌하지 아니한다."고 규정하고 있는데, 여기서 "가공한"이란 정범의 행위가 위법성 조각사유에 해당하지 않는 정범의 실행행위에 참여하는 것을 말한다. 즉, 신분관계로 인하여 성립될 범죄에 가담한 행위는 신분관계가 없는 자에게도 공범에 관한 규정을 적용한다. 그러나 신분관계로 인하여 형의 경중이 있는 경우에는 중한 형으로 벌하지 아니한다. 예컨대, A하사와 B하사가 공동하여 A하사의 아버지를 살해하였을 경우에 공범이론에 따르면 B하사도 존속살인의 공동정범이 되지만, 이

때 A하사는 존속살인죄로 처벌되고, B하사는 보통살인죄로 처벌된다.

7. 죄수론(罪數論)

(1) 죄수론의 의의

범죄의 수가 한 개인가, 아니면 수 개인가의 문제를 죄수론이라 한다. 형법상 범죄의 수 그 자체에 중요성이 있는 것이 아니라, 행위자에게 형벌을 과할 때 일죄(一罪, 하나의 죄)와 수죄(數罪, 여러 가지 죄)를 어떻게 처벌하느냐에 중요성이 있다. 따라서 죄수론은 특히 경합범의 형 가중의 관계 등에서 형벌론과 밀접한 관계가 있고, 형의 적용상 중요한 의미를 가질 뿐만 아니라 공소의 효력, 기판력(확정판결의 효력)의 범위의 관계에서 절차법상으로도 중요하다.

(2) 일죄

범죄의 수가 1개인 것을 일죄라고 하며, 단순일죄와 처분상 일죄가 있다.

단순일죄에는 범죄사실은 하나인데 적용법조의 수가 여러 개인 법조경합(法條競合)(예컨대, 존속살인과 보통살인)과 수개의 행위가 포괄적으로 1개의 구성요건에 해당하여 단순히 일죄를 구성하는 포괄일죄(예컨대, 동일인에 대한 체포와 감금)가 있다. 군형법상 수소이탈죄(제27조)와 군무이탈죄(제30조)와의 관계는 상상적 경합범이 아니고 법조경합의 관계에 있다(고등군사법원 1978. 5. 13. 선고 78고군형항23 판결).

처분상 일죄는 이론상 수죄(數罪)에 속하나 과형상 일죄로 처벌하는 경우를 말한다. 예컨대, A병장은 B초병이 약 1시간 가량 군용창고를 비운 사이에 3차례에 걸쳐 군화 1컬레, 군복 1벌, 대검 1자루를 훔쳤는데, 이 경우, 포괄일죄, 즉 1개의 절도죄가 된다. 어떤 행위자에 의해 수행된 여러 개의 행위가 모두 하나하나의 구성요건에 해당되어 수죄가 되지만, 그 행위의 특수성에 비추어 특별히 여러 개의 행위를 포괄하여 일죄로 처리한 경우가 있는데, 이를 포괄일죄라 한다.

사례연구 84 ▸ 일죄(一罪)

A상사는 B대대장이 평소 자기만 미워하고 차별대우를 한다며 불만을 갖고 있던 중 술을 조금 마시고 용기를 얻어 B대대장을 살해하고 그 과정에서 B대대장의 책상과 전화기 등을 손괴하였다. A상사의 범죄행위는 몇 가지로 처벌되는가?

▶ A상사는 B대대장을 사망에 이르게 하고, 군용에 공(供)하는 물건을 손괴하여 그 효용을 해하였으므로 군형법상 상관치사죄(제52조의6) 및 군용시설 등 손괴죄(제69조)가 성립되지만, 과형상 일죄로 취급되며, 이때 2개의 죄 중에서 가장 중한 죄인 상관치사죄의 형으로 처벌한다.

(3) 수죄

수죄에는 상상적 경합범, 실체적 경합범 등이 있다.

상상적 경합범이란 한 개의 행위가 수개의 죄명에 해당하는 경우를 말한다. 예컨대, 한발의 탄환으로 여러 사람을 살해하는 경우나 한발의 총알로 사람을 살해하고 재물을 손괴한 경우, 자동차로 건널목의 행인을 치고 좌회전하던 자동차까지 치는 사고를 낸 경우 등이다.

실체적 경합범이란 보통 판결이 확정되지 않은 수개의 범죄를 말하나, 어떤 범죄에 관하여 이미 확정판결이 있는 때에는 "판결이 확정된 죄와 그 판결확정 전에 범한 죄"도 실체적 경합범이 된다.

사례연구 85 ▸ 실체적 경합범

A일병은 X부대 소속중대 경계근무 중에 있었는데, 평소 군생활 부적응 및 향수심으로 인해 군복무의 염증을 느껴 선임병이 초소 내에서 자고 있는 틈을 타 개인 화기 등을 벗어놓고 수소를 이탈하고, 별도로 군무를 기피할 목적을 일으켜 그 직무를 이탈하였다면 어떤 죄가 성립하는가?

▶ 대법원에서는 초병의 수소이탈죄(제28조)와 군무이탈죄(제30조)와의 관계에 대하여 "두 죄는 각 그 설치의 근거나 필요성, 그 요건 등에 있어 서로

확연히 구별되는 별개 성질의 죄라 할 것이고, 따라서 만약 초병이 일단 그 수소를 이탈한 후 다시 부대에 복귀하기 전이라도 별도로 군무를 기피할 목적을 일으켜 그 직무를 이탈하였다면 초병의 수소이탈죄와 군무이탈죄가 각각 독립하여 성립하고, 그 두 죄는 서로 실체적 경합범의 관계에 있다고 해석함이 상당하다."고 판시하였다(대법원 1981. 10. 13. 선고 81도2397 판결). 실체적 경합범에 대한 형기를 결정하는 방법은 가장 중한 죄의 2분의 1을 가중할 수 있다.

Ⅲ 형벌론

1. 형벌의 의의와 종류

(1) 형벌의 의의

형벌이란 범죄행위에 대한 법률상의 효과로서 국가가 그 형벌권에 근거하여 행위자에게 과하는 법익의 박탈을 의미한다. 국가는 범인의 악행에 대한 비난의 표현으로서 범죄자에게 형벌이라는 해악을 과하고 있다. 어떤 이유에서 범죄인에 대하여 형벌을 과하는가에 대해서 형벌의 본질을 범죄에 대한 정당한 응보에 있다고 하는 응보형주의와 장래에 범죄가 일어나지 않도록 하기 위하여 과해지는 것이라는 목적형주의 등이 있다.

사례연구 86 ▸ 형벌이론

A상병은 천리행군 중 계곡에서 독버섯이 있다는 사실을 모른채, 버섯을 채취하였다. A상병은 동료병사들과 함께 버섯요리를 만들어 먹었는데, 그중 병사 1명이 사망하게 되었다. 이상과 같이 A상병은 살인의 책임을 져야 하는가 하는 문제에 대해 형벌이론적 측면에서 보면 어떻게 될까?

▶ 형벌이론에는 여러 가지가 있는데, 먼저, 일반예방주의의 관점에서 보면 독버섯의 위험성을 언론·교육을 통해 일반인·군인 등에게 깨우쳐주는 것으

로 충분하며, 특별예방주의의 관점에서 보면 A상병은 다시는 버섯채취를 하지 않을 것이기 때문에 형벌을 과할 필요가 없다. 또한, 응보형주의에 의하면 병사 1명 사망에 대하여 군형법상 직무수행중인 군인치사죄(제60조의2)를 인정해야 하며, 목적형주의에 의하면 독버섯의 전량을 수거·폐기처분하는 공적 조치가 가장 좋은 방법이다. 이와 같이 인간의 행위에 대한 형사책임의 설명도 보는 관점과 이론에 따라 다를 수 있으므로 어떤 형벌이론을 구성하는 것이 결과적으로 더 합리적인 것인가는 깊이 생각해야 할 문제이다.

(2) 형벌의 종류

형법상 형벌의 종류로는 사형, 징역, 금고, 자격상실, 자격정지, 벌금, 구류, 과료, 몰수 등 9종이 있고, 군형법에서는 사형, 징역, 금고, 자격정지, 벌금 등 5종이 있다. 이것을 박탈하는 법익의 종류에 따라 분류하면, 생명형, 자유형, 명예형, 재산형으로 나누어진다. 또한, 기타 형사정책수단으로 보호관찰, 사회봉사명령, 수강명령 등이 있다. 아래에서는 형법상의 형벌의 종류에 대해 설명한다.

1) 형벌의 종류

(가) 생명형(사형) : 사형은 생명을 박탈하는 형벌로서 가장 중한 벌이다. 형법상 사형은 교도소에서 교수형으로 집행하고(제66조), 군형법상 사형은 소속 군 참모총장이 지정한 장소에서 총살로써 집행한다(제3조). 사형에 관하여는 인도주의적·형사정책적 입장에서 그 폐지론이 주장되고 있으며, 상당한 수의 국가가 사형을 폐지하거나 제한하는 경향이 있다. 우리나라는 1997년 12월을 마지막으로 더 이상 사형집행을 하지 않고 있다. 사형제도는 있으나 집행은 하지 않는 나라로, 이른바 '실질적 사형 폐지국'이다.

사례연구 87 ▶ 사형존치론과 사형폐지론

사형의 본질은 사람의 생명을 박탈하는 것이므로 생명형이라고도 하며, 형벌의 성질상 가장 중한 것이기 때문에 극형(極刑)이라고도 한다. 20세기에 들어와 세계 각국이 형사정책상 사형을 폐지하고 있는 경향이 두드러지고 있음은, 사형존치국가보다 사형폐지국가가 훨씬 많다는 점으로 미루어 알 수 있다. 사형존치론과 사형폐지론의 근거는 각각 무엇인가?

▶ 사형폐지론을 최초로 주장한 학자인 베까리아는 1764년「범죄와 형벌」이란 저서를 통해 사형은 인간본성에 따라 곧 잊혀질 것을 방지할 수 없고 위하력에 있어서도 무기형이 훨씬 크기 때문에 사형은 폐지되어야 한다고 주장하였다. 흉칙한 사건이 발생할 때마다 사형제도의 존폐론이 제기되고 있는데, 사형의 폐지를 주장하는 근거는 ① 사형은 인도적 견지에서 존치시킬 수 없으며, ② 종교적 견지에서 허용될 수 없으며, ③ 생명권을 근본적으로 부정하는 것으로 헌법위반이며, ④ 형벌의 본질은 교화인데 사형은 이를 포기하는 것이며, ⑤ 범죄예방효과가 없으며, ⑥ 오판의 가능성이 있다는 점 등이다. 반면에 사형의 존치를 주장하는 근거는 ① 사형은 범죄억제효과가 대단히 높으며, ② 살인, 강도·강간 등 흉악범의 생명박탈은 사회적 정의이며, ③ 국민의 확실한 지지를 받고 있다는 점 등이다. 사형은 흉악범에 대한 응징을 통해 사회질서를 유지하기 위해 불가피하다는 합헌론이 통설 및 판례의 입장이다.

(나) 자유형 : 자유형은 구금에 의하여 범죄자의 신체적 자유를 박탈하는 형벌이다. 자유형에는 교도소 내에 구치하여 정역(定役)에 복무하게 하는 징역, 교도소 내에 구치할 뿐 정역에 복무하게 하지 않는 금고, 유치장에 구치하는 가장 약한 자유형인 구류가 있다. 군형법은 징역과 금고가 있다.

(다) 명예형 : 명예형은 일정한 자격을 박탈 내지 정지하게 하는 형벌로서 형법은 자격상실과 자격정지의 두 가지가 있다. 자격상실은 형의 선고로써 일정한 자격을 영구적으로 박탈하는 형벌로서 사형, 무기징역 또는 무기금고의 판결을 받은 자는 ① 공무원이 되는 자격, ② 공법상의 선거권과 피선거권, ③ 법률로 요건을 정한 공법상의 업무에 관한 자격, ④ 법인의 이사, 감사 또는 지배인 기타 법인의 업무에 관한 검사역이나 재산관리

인이 되는 자격을 상실한다. 자격정지는 수형자의 일정한 자격을 일시적으로 정지시키는 형벌로 유기징역 또는 유기금고의 판결을 받은 자는 그 형의 집행이 종료하거나 면제될 때까지 전술한 ①~③에 기재된 자격이 정지된다. 다만, 다른 법률에 특별한 규정이 있는 경우에는 그 법률에 따른다(제43조). 군형법에서는 자격상실은 없고 자격정지만 두고 있다(제94조 제1항).

(라) 재산형 : 재산형은 범죄자의 재산적 이익을 박탈하는 형벌로서 형법상의 재산형에는 벌금과 과료가 인정되며, 몰수는 재산형적 성질을 가지고 있으나, 부가형으로 되어 있기 때문에 주형(主刑)으로서의 재산형에는 포함되지 않는다. 벌금은 감경하는 경우를 제외하고는 5만원 이상이며 상한이 없고, 과료(科料)는 2,000원 이상 50,000원 미만이다. 몰수는 범죄행위와 관련된 일정한 재산의 박탈을 내용으로 하는 형벌로, 몰수할 수 있는 것은 범인의 소유에 속할 것 또는 범죄 후 범인 이외의 자가 그 사정을 알면서 취득한 물건(범죄행위에 제공하였거나 제공하려고 한 물건, 범죄행위로 인하여 발생하였거나 이로 인하여 취득한 물건과 이를 대가로 취득한 물건) 등이다. 군형법은 앞에서 설명(군형법의 특질)한 바와 같이 1962년 제정 당시에는 벌금형이 없이 모든 범죄행위에 대해 징역 또는 금고형만을 두고 있었으나 현재에는 직무수행 중인 군인 등에 대한 폭행·협박죄(제60조) 등 8개 조(條)에 불과하지만 벌금형도 두고 있다.

2) 기타 형사정책 수단

형법상 형벌의 종류로는 사형 등 9종이 있지만, 현행 형벌제도로는 신축성 있는 대처가 어렵다는 문제점이 있는데, 이를 보완하기 위한 제도로 보호관찰, 사회봉사명령, 수강명령 등을 두고 있다.

보호관찰제도는 죄가 인정되거나 보호처분의 필요성이 인정된 자에 대해 자유로운 사회생활을 허용하면서 일정한 의무사항을 지킬 것을 부과하는 처분이고, 사회봉사명령은 일정시간 무보수로 복지시설이나 공동시설에서 봉사활동을 하게 하는 것이며, 수강명령은 마약사범이나 가정폭력사범, 성폭력사범 등에게 일정 시간동안 강의, 체험학습 등 범죄성 개선을 위한 교육을 받도록 명령하는 것이다.

사례연구 88 ▶ 사회봉사명령제도

그룹 총수인 A회장은 X당(黨)에 불법적 정치자금을 제공한 혐의로 기소되었지만, A회장의 구속으로 인해 우리나라 경제에 막대한 영향을 미칠 수 있어 B판사의 고민은 깊어지고 있다. 결국 B판사는 징역 2년에 집행유예 3년을 선고하면서, 기타 회개하는 시간을 주고 싶은데 어떻게 하면 되는가? 또한 일정액의 금전출연을 주된 내용으로 하는 사회공헌계획도 사회봉사로 인정되는가?

▶ 재벌 총수들이 비자금을 만들어 정당의 선거자금으로 제공하여 사회적 물의를 일으키는 경우가 많다. 그룹 총수의 구속은 곧 그룹 신용도의 하락을 가져오게 되고 우리나라 경제에도 악영향을 끼칠 염려가 있어 동정론도 일부 있다. 형법상의 형벌제도 이외에 양로원, 고아원, 무료급식소 등에서 일정기간 봉사하게 하는 사회봉사명령제도를 활용할 수 있을 것으로 본다. 다만, 여기서 사회봉사는 자유형의 집행을 대체하기 위한 것으로 500시간 내에서 시간 단위로 부과될 수 있는 일 또는 근로활동을 의미하므로 일정액의 금전출연을 주된 내용으로 하는 사회공헌계획은 사회봉사로 허용될 수 없다(대법원 2008. 4. 11. 선고 2007도8373 판결). 한편 군사법원법의 적용대상자는 보호관찰 등에 관한 법률이 적용되지 않아 보호관찰, 수강명령, 사회봉사제도 등이 없다(제56조).

2. 형의 선고유예 · 집행유예 · 가석방

재판에서 피고인에게 선고한 형은 실제로 그 집행이 되면서 비로소 구체적 · 현실적인 형벌로 나타난다. 따라서 형의 집행이란 재판에서 특정범죄자에 대하여 선고된 형의 내용을 구체적으로 실현하는 것을 말한다(형법 제66조~제71조). 다만 형의 집행과 관련하여 형법에서는 선고유예, 집행유예, 가석방 등을 두고 있다.

(1) 선고유예

선고유예란 경미한 범죄자에 대하여 일정한 기간 동안 형의 선고를 유예하였다가 이 기간이 무사히 경과된 경우에는 면소된 것으로 간주하는 제도이다. 우리 형법에 있어서 가장 가벼운 제재방법으로 단기자유형의 폐단을 제거하고, 특별예방의 목적을 달성하려고 하는 것이다.

선고유예는 1년 이하의 징역이나 금고·자격정지 또는 벌금의 형을 선고할 경우에 있어서, 개전의 정이 현저한 때에는 그 선고를 유예할 수 있다. 단, 자격정지 이상의 형을 받은 전과가 있는 자에 대하여는 예외로 한다(제59조 제1항).

(2) 집행유예

집행유예란 유죄판결을 하면서 그 형의 집행을 유예하여 일정기간을 무사히 경과하면 형의 선고가 없었던 것으로 취급하는 제도를 말한다. 이는 실제적으로 개과천선의 실효를 거두지 못하고 있는 단기자유형의 폐단을 시정하고 동시에 형의 현실적 집행과 동일한 효과를 실현하려는 제도이다.

집행유예는 3년 이하의 징역이나 금고 또는 500만원 이하의 벌금의 형을 선고할 경우에 그 정상에 참작할 만한 사유가 있는 때에는 1년 이상 5년 이하의 기간, 형의 집행을 유예할 수 있다. 다만, 금고 이상의 형을 선고한 판결이 확정된 때부터 그 집행을 종료하거나 면제된 후 3년까지의 기간에 범한 죄에 대하여 형을 선고하는 경우에는 집행유예를 내릴 수 없다(제62조 제1항).

사례연구 89 ▶ 집행유예기간 중의 범죄

좀도둑 A는 절도죄로 징역 6월에 집행유예 1년의 선고를 받았으나, 집행유예기간 중 다시 절도미수로 구속 기소되어 재판을 기다리고 있는데, 동 절도미수 사건에 대해 다시 집행유예 선고를 받아 풀려 나올 수 있는가?

▶ 집행유예기간 중이라도 절도미수사건을 저지른 것이라면 풀려 나올 수

있다. 왜냐 하면 절도미수의 법정형에는 징역형 이외에 벌금형도 있으므로 벌금형을 선고받을 수 있고, 이런 경우에는 종전의 집행유예는 실효되지 않아 결국 종전의 형은 집행되지 않을 수 있다. 다만, 이와는 달리 교통사고 등으로 인한 과실치사로 기소된 피고인이 법관으로부터 집행유예선고를 받고, 그 기간 중에 다시 재범(再犯)을 한 경우에는 재차 집행유예를 할 수 없다는 것이 판례의 입장이다.

(3) 가석방

가석방이란 징역 또는 금고의 집행 중에 있는 수형자를 개전의 정이 현저하다고 인정되는 경우에 형기 만료 전에 조건부로 석방하는 제도이다.

사례연구 90 ▶ 가석방

A상사는 동기들과 술을 마시던 중, 자신에게 인간적인 모멸감을 준 B상사를 흉기로 찔러 살해하였다. 개전의 정이 뚜렷한 A상사는 현재 10년 형의 선고를 받고 만 3년째 교도소에 복역 중인데 곧 돌아오는 광복절에 가석방될 수 있는가?

▶ 가석방은 징역 또는 금고의 집행 중에 있는 자가 그 행상이 양호하여 개전의 정이 현저한 때에는 무기에 있어서는 20년, 유기에 있어서는 형기의 3분의 1을 경과한 후 행정처분으로 가석방을 할 수 있다. 다만, 벌금 또는 과료의 병과가 있는 때에는 그 금액을 완납하여야 한다. 따라서 A상사는 유기징역 10년을 선고받고 아직 1/3이 경과하지 않았으므로 개전의 정이 뚜렷하더라도 가석방의 대상이 되지 않는다.

3. 형(刑)의 시효(時效)와 소멸 및 기간

(1) 형의 시효

형의 시효란 형의 선고를 받아 판결이 확정된 후 그 형의 집행을 받지 않고 법률이 규정한 일정한 기간을 경과하면 집행이 면제되는 제도를 말한다. 형의 시효는 이미 확정된 형벌의 집행권을 소멸시키는 점이라는 점에서 미확정의 형벌권인 공소권을 소멸시키는 공소시효와 구별된다.

사례연구 91 ▶ 형의 시효제도

A 예비역 중사는 4년전 교통사고특례법위반으로 금50만원의 벌금형을 선고받았으나 이를 납부하지 않은 채 행방불명되었다. 위 선고 2년 후 A 예비역 중사 명의의 승용차에 대한 검사의 집행명령에 의하여 집행관이 집행하였으나 집행불능으로 종료되었으며 최근 다시 벌금을 납부하라는 통지를 받았다. 벌금은 3년이 지나면 시효완성이 되는데, A 예비역 중사는 벌금을 내야 하는가?

▶ 형법상 형의 시효는 형을 선고하는 재판이 확정된 후 그 집행 받음이 없이 ① 사형은 30년, ② 무기징역 또는 금고는 20년, ③ 10년 이상의 징역 또는 금고는 15년, ④ 3년 이상의 징역이나 금고 또는 10년 이상의 자격정지는 10년, ⑤ 3년 미만의 징역이나 금고 또는 5년 이상의 자격정지는 5년, ⑥ 5년 미만의 자격정지, 벌금, 몰수 또는 추징은 3년, ⑦ 구류 또는 과료는 1년이 경과함으로써 완성된다. 위 사례에서 검사의 집행명령에 의하여 집행관이 집행을 개시한 때인 2년 전에 시효가 중단되었으므로 집행불능이 된 때부터 다시 3년이 지나야 시효가 완성되므로 벌금을 납부해야 한다.

(2) 형의 소멸

형의 소멸이란 유죄판결의 확정에 의하여 발생한 국가의 형벌집행권이 소멸하는 것을 말하는데, 이것은 형사소송법에서 말하는 공소권의 소멸과는 다르다.

형의 소멸의 원인으로는 형의 집행의 종료 또는 면제, 형의 선고유예 또는 집행유예기간의 경과, 가석방기간의 만료, 형의 시효의 완성, 범인의 사망과 범인의 소멸, 사면 또는 형의 실효 및 복권 등의 경우이다.

(3) 형의 기간

기간의 계산은 년 또는 월로써 정한 기간으로 역수에 따라 계산하고(제83조), 형기는 판결이 확정된 날로부터 기산하며(제84조 제1항), 징역, 금고, 구류와 유치에 있어서는 구속되지 아니한 일수는 형기에 산입되지 아니한다(제84조 제2항).

Chapter

3 군형법각칙

제1절 총 설

군형법총칙의 일반적・추상적 원리(제1조~제4조)는 군형법각칙(제5조~94조)의 구체적・개별적 원리를 기초로 하였을 때에만 그 의의를 가진다. 따라서 군형법 제4조(다른 법의 적용례)에는 "제1조에 따른 이 법의 적용대상자가 범한 죄에 관하여 이 법에 특별한 규정이 없으면 다른 법령에서 정한 바에 따른다."고 규정하고 있으므로 형법총칙 상의 범죄의 일반적 성립요건・고의・과실・작위・부작위・미수・공범・죄수(罪數) 등은 특별법인 군형법 등에도 그대로 적용되고, 군형법은 그 입법취지에 따르는 고유한 목적을 달성하기 위하여 형법총칙의 일부 규정의 적용을 배제하는 특별규정을 두고 있을 뿐이다.

군형법 제2편 군형법각칙은 총 16개의 장(章)(제15조~제94조)으로 구성되어 있다. 즉, 제1장 반란의 죄(제5조~제10조), 제2장 이적(利敵)의 죄(제11조~제17조), 제3장 지휘권 남용의 죄(제18조~제21조), 제4장 지휘관의 항복과 도피의 죄(제22조~제26조), 제5장 수소(守所) 이탈의 죄(제27조~제29조), 제6장 군무이탈의 죄(제30조~제34조), 제7장 군무 태만의 죄(제35조~제43조), 제8장 항명의 죄(제44조~제47조), 제9장 폭행, 협박, 상해 및 살인의 죄(제48조~제63조), 제10장 모욕의 죄(제64조~제65조), 제11장 군용물에 관한 죄(제66조~제77조), 제12장 위령(違令)의 죄(제78조~제81조), 제13장 약탈의 죄(제82조~제85조), 제14장 포로에 관한 죄(제86조~제91조), 제15장 강간과 추행의 죄(제92조

~제92조의8), 제16장 그 밖의 죄(제93조~제94조) 등 군인, 준군인 등의 행위에 직접적으로 적용될 구체적·개별적 형벌 규정을 두고 있다.

일반법인 형법각칙에는 ① 국가적 법익에 관한 죄(국가의 존립과 권위에 관한 죄, 국가의 기능에 관한 죄 등), ② 사회적 법익에 대한 죄(공공의 안전과 평온에 관한 죄, 공공의 신용에 관한 죄, 사회도덕에 관한 죄 등), ③ 개인적 법익에 대한 죄(생명·신체 대한 죄, 자유와 안전에 대한 죄, 명예·신용·사무에 관한 죄, 사생활의 평온에 관한 죄, 재산에 관한 죄 등) 등이 규정되어 있는데, 특별법인 군형법각칙에서도 형법각칙과 마찬가지로 국가적 법익에 대한 죄인 국가의 존립과 권위에 관한 죄뿐만 아니라 사회적 법익에 대한 죄인 강간과 추행의 죄 등과 개인적 법익인 폭행, 협박, 상해 및 살인의 죄, 모욕의 죄 등을 규정하고 있다. 그러나 군형법상의 모든 범죄는 군대의 법도(法度)와 질서인 군기(軍紀)를 침해하는 범죄라는 점에서 본질적으로 동일하다. 군형법각칙의 제5조~제94조는 군의 조직활동 및 통제의 법규로서 군기를 그 공통적인 보호법익으로 하고 있다.

군형법은 그 소정의 범죄에 대하여 단독으로 범죄를 범한 때와 집단적으로 범죄를 범한 때를 구별하고 있고, 범죄시기·장소도 적전(敵前), 전시, 사변, 계엄지역 및 기타인 경우를 구별해서 각 조문에서 법정형을 엄격히 구분하고 있으며, 집단적 범죄에 대해서도 일부 규정은 수괴(首魁), 모의참여자, 지휘자 기타 중요임무 종사자 및 부화뇌동자·단순관여자 등을 구별해서 법정형의 경중을 달리하는 경우도 있다.

이하에서는 군형법각칙의 조문의 순이 아닌 실무상 범죄발생 빈도가 높거나 보호법익을 같이하는 죄의 순으로 설명한다.

제2절 군무이탈(軍務離脫)의 죄

Ⅰ 서설

군형법 각칙 제6장(제30조~제34조)은 「군무이탈의 죄」라는 제목 하에 군무이탈죄(제30조), 특수군무이탈죄(제31조), 이탈자비호죄(제32조), 적진도주죄(제33조), 미수죄(제34조) 등에 대해 규정하고 있다.

군무이탈의 죄란 군무를 기피할 목적으로 부대 또는 직무를 이탈하는 경우, 위험하거나 중요한 임무를 회피할 목적으로 배치지 또는 직무를 이탈하는 경우, 이와 같은 죄를 범한 사람을 숨기거나 비호한 경우, 적진으로 도주하는 경우 등의 행위를 함으로써 성립하는 범죄이다.

군무이탈의 유형은 음주 등으로 인하여 단순히 부대에 복귀하지 못한 경우를 비롯하여 가정문제 또는 남녀문제 등의 신상문제로 인해 군무를 이탈하는 경우, 군복무에 적응하지 못하여 군무를 이탈하는 경우, 영내폭행, 선임병의 횡포 등에 의하여 군무이탈을 유발하는 경우 등 다양하게 나타나고 있다. 이 죄는 군병력의 유지·확보와 더 나아가 군조직의 통수체계를 유지하려는 데에 그 입법취지가 있다.

Ⅱ 군무이탈죄

> **【구성요건·법정형】** 군무를 기피할 목적으로 부대 또는 직무를 이탈한 사람은 적전인 경우에는 사형, 무기 또는 10년 이상의 징역, 전시, 사변 시 또는 계엄지역인 경우에는 5년 이상의 유기징역, 그 밖의 경우에는 1년 이상 10년 이하의 징역에 따라 처벌한다(제30조 제1항 제1호~제3호). 부대 또는 직무에서 이탈된 사람으로서 정당한 사유 없이 상당한 기간 내에 부대 또는 직무에 복귀하지 아니한 사람도 제1항의 형에 따라 처벌한다(제30조 제2항). 미수범은 처벌한다(제34조).

1. 의의

군무이탈죄란 군무를 기피할 목적으로 부대 또는 직무를 이탈하거나, 부대 또는 직무에서 이탈된 사람으로서 정당한 사유 없이 상당한 기간 내에 부대 또는 직무에 복귀하지 아니함으로써 성립하는 범죄이고, 「군무이탈의 죄」의 기본적 구성요건이다.

이 죄의 성격에 대하여 대법원에서는 " … 휴가 허가기간 종료 후 군무를 기피할 목적으로 귀대하지 아니함으로써 곧 군무이탈죄는 성립된다 … "고 판시하여 상태범으로 보고 있고(대법원 1976. 6. 22. 선고 76도1342 판결), 군무를 기피할 목적이 있을 것을 요하는 목적범이다. 다만, 부대 또는 직무에서 이탈된 사람으로서 정당한 사유 없이 상당한 기간 내에 부대 또는 직무에 복귀하지 않은 경우는 그러한 목적을 필요로 하지 않는다(제30조 제2항).

그리고 이 죄는 군병력의 유지·확보를 그 보호법익으로 하고, 무단이탈죄(제79조)가 군병력의 절대적 유지·확보인 반면 군무이탈죄는 군병력의 상대적 유지·확보에 그 입법취지가 있다.

사례연구 92 ▶ 군무이탈죄

A상병은 소총 소지자를 총기로 협박하여 그 소총을 교부받아 실탄을 장전한 후 소속 부대 하급자에게 건네주어 그로 하여금 소속 부대원들이 내무반에서 나오는지 여부를 감시하도록 지시한 후, 위병소를 빠져나갔다. 이 경우, A상병의 행위는 군무기피의 목적이 있는 것으로 추정되어 군무이탈죄가 성립되는가?

▶ "추정"이란 명확하지 않은 사항을 일단 있는 것으로 가정하여 법률효과를 발생시키고 만일 이에 대한 반증을 들면 가정에 의해 발생한 법률효과가 전복되는 것을 말하고, 잠수정의 폭발로 여러 군인이 사망한 경우 동시에 사망하는 것으로 추정하는 것 등이 그 예이다. 대법원에서는 군무이탈죄(제30조)의 성격에 대하여 "군무를 기피할 목적이 있음을 요하는 목적범이지만, 군인이 소속 부대에서 무단이탈하였다면 다른 사정이 없는 한 그에게 군무기피의 목적이 있었던 것으로 추정되고, 군무이탈죄는 그 이탈행위가 있음과 동시에 완성되므로, 그 이후의 사정 여하는 범죄의 성립 여부에 영향이 없다."고

판시하여 목적범으로 보고 있다(대법원 1995. 7. 11. 선고 95도910 판결, 대법원 1986. 2. 11. 선고 85도2674 판결, 대법원 1970. 7. 28. 선고 70도1092 판결 등).

2. 구성요건요소

(1) 주체

이 죄의 주체는 군무를 기피할 목적으로 부대 또는 직무를 이탈한 군인 또는 군무원(제30조 제1항) 또는 부대 또는 직무에서 이탈된 사람으로서 정당한 사유 없이 상당한 기간 내에 부대 또는 직무에 복귀하지 아니한 군인 또는 군무원이다(같은 조 제2항).

(2) 행위

행위에는 아래와 같이 두 가지가 있다.

(가) 제30조 제1항의 군무이탈죄

제30조 제1항의 행위는 군무를 기피할 목적으로 부대 또는 직무를 이탈하는 것이다(제30조 제1항).

여기서 "군무"란 군에 대한 복무 일체, 즉 군형법상 임무(제5조, 제31조, 제35조), 직무(제24조, 제30조, 제31조, 제35조, 제60조, 제60조의5), 근무(제35조, 제41조) 등을 포함하는 광의의 의미를 말한다.

"군무를 기피할 목적"이란 병역을 기피할 목적은 물론이고 구체적 임무 또는 특정한 임무를 기피·회피하려는 의사·인식을 포함한다. 군무를 기피할 목적은 주관적 구성요건요소로서의 고의, 즉 군무를 기피하겠다는 의욕은 없어도 군무를 기피한다는 인식만 있으면 충분하다(고등군사법원 1970. 12. 8. 선고 육군 70고군형항1067 판결). 일시적이든 영구적이든 이를 가리지 않고(고등군사법원 1973. 6. 30. 선고 육군 73고군형항298 판결), 이탈행위 직후나 이탈기간 중에 생겨도 상관없다. 예컨대, 초병이 수소를 이탈하면 그 이탈행위와 동시에 수소이탈죄는 완성되고, 그 후 다시 부대에 복귀하기 전이라도 별도로 군무를 기피할 목적을 일으켜 그 직무를 이탈하였다면 초병의 수소이탈죄와 군무이탈죄가 각각 독립하여 성립한다.

그리고 군무를 기피할 목적이라면 영구히 기피할 것을 목적으로 하는 것이 아니고, 군형법 피적용자가 같은 목적으로 부대 또는 직무를 이탈하여 다시는 자의로 돌아가지 않을 생각이면 충분하고(대법원 1967. 6. 11. 선고 67도747 판결), 상관의 명령이더라도 명백히 범죄를 저지르는 것을 명하는 명령에 따라 군무를 이탈한 경우에도 군무이탈죄가 성립된다(고등군사법원 1973. 6. 30. 선고 육군 73고군형항298 판결). 다만, 적법한 허가가 아니더라도 중대장의 승인으로 부대를 나온 경우는 군무기피의 목적이 있다고 할 수 없다(고등군사법원 1970. 10. 5. 선고 육군 70고군형항553 판결).

또한, "부대"란 군대, 군의 기관 및 학교와 전시 또는 사변 시에 이에 준하여 특별히 설치하는 기관을 이탈하는 것을 말하고, 국군이 파견되어 근무 중인 외국군부대도 포함된다(고등군사법원 1973. 9. 22. 선고 육군 73고군형항370 판결). "직무"란 군이 부여한 특정·불특정 업무를 뜻하는 것이 아니라(제24조의 직무유기죄) 직무장소를 말하며, "이탈"이란 부대 또는 직무로부터 거리의 길고 짧음에 관계없이 여기에서 떨어지거나, 벗어난 상태로서 현실적으로 맡은 바 직무를 수행할 수 없는 상태에 놓이면 이탈행위는 완성되어 기수가 된다. 이탈행위는 부대 또는 직무로부터 적극적으로 벗어나는 것뿐만 아니라 정당하게 이탈하였다가 이를 이용하여 이탈하였더라도 상관없다. 예컨대, 야외 훈련 후 귀대하지 않거나 휴가, 외출 시 귀대시간에 귀대하지 않는 경우 귀대하지 않는 그 자체가 바로 군무이탈죄가 된다. "군무를 기피할 목적으로 부대 또는 직무를 이탈한 사람"은 군인 또는 준군인과 소속부대와의 사이에 신분적 규율관계가 종료한 것만을 한정한 것이다(고등군사법원 1970. 10. 27. 선고 육군 70고군형항928 판결).

(나) 제30조 제2항의 군무이탈죄

제30조 제2항의 행위는 부대 또는 직무에서 이탈된 사람으로서 정당한 사유 없이 상당한 기간 내에 부대 또는 직무에 복귀하지 않는 경우이다(제30조

제2항). 여기서 "이탈된 사람"이란 군무를 기피할 목적없이 이탈한 군인 또는 준군인으로서 무단이탈자뿐만 아니라 합법적 이탈자라도 정당한 사유없이 상당기간 내에 부대 또는 직무에 복귀하지 아니하면 이 죄가 성립한다.

또한, "정당한 사유"란 위법성 또는 책임성을 조각할 사유를 말하고, 예컨대, 천재지변 기타 법령에 의해 이탈이 허용된 경우, 전투행위 중 위급상황이 발생하여 부대가 해산된 경우 및 상관의 명령에 의해 이탈된 경우 등은 이 죄가 성립하지 않는다. "상당한 기간"은 일률적으로 정할 수 없고 사회통념에 따라 구체적·개별적·객관적으로 결정할 문제이다.

사례연구 93 ▶ 정당한 사유와 군무이탈죄

A방위병은 자신을 멸시하고 가끔 군기를 잡는다는 핑계로 심한 기합을 받기도 하여 군생활에 적응하지 못하고 있던 중 퇴근 후 친구들과 술을 마시고 늦게 일어나자 혼날 것을 두려워 한 나머지 3일간 군무를 이탈하였다(1일은 근무일이 아님). 군무를 기피할 목적으로 부대를 이탈한 경우, 1년 이상 10년 이하의 징역에 처하도록 규정하고 있는데, 단지 2일간 군무를 이탈해도 군무이탈죄가 성립하는가?

▶ 대법원에서는 "방위병이 소속부대에 출근하지 아니하고 자수 시까지 3일 중 중간 1일은 근무일이 아니라 하더라도 이는 군무이탈죄의 완성이후의 사정에 불과하다"고 판시하여 군무이탈죄를 인정하였다(대법원 1986. 2. 11. 선고 85도2674 판결).

Ⅲ 특수군무이탈죄

【구성요건·법정형】 위험하거나 중요한 임무를 회피할 목적으로 배치지 또는 직무를 이탈한 사람도 제30조(군무이탈죄)의 예에 따른다(제31조). 미수범은 처벌한다(제34조).

1. 의의

특수군무이탈죄란 위험하거나 중요한 임무를 회피할 목적으로 배치지 또는 직무를 이탈함으로써 성립하는 범죄이다. 이 죄는 법정형이 제30조(군무이탈죄)와 같으므로 불법이 가중된 구성요건이 아니라 제30조에 대한 보충규정이다.

2. 구성요건요소

(1) 주체

이 죄의 주체는 위험 또는 중요한 임무에 배치된 군인 또는 준군인이다.

(2) 행위

행위는 위험하거나 중요한 임무를 회피할 목적으로 배치지 또는 직무를 이탈하는 것이다.

여기서 "위험한 임무"란 생명·신체의 위험이 따르는 임무를 말하고, "중요한 임무"란 군의 기능을 수행하는데 있어 중대한 관계에 있거나 타인에 의해 즉시 대체하기 곤란한 임무 등을 말한다. 다만, 여기서 "위험하거나 중요한 임무"란 일률적으로 규율할 수 없고 사회통념에 따라 구체적·개별적인 사정에 따라 객관적으로 결정할 문제이다. 또한 "배치지"는 업무에 따라 넓은 지역 또는 좁은 지역일 수도 있고, 개인적으로 배치되든지 부대 전체적으로 배치되든지를 가리지 않는다. 군무를 기피할 목적이 없이 상당한 기간 내에 배치지 또는 직무를 이탈한 경우에는 특수군무이탈죄(제31조)가 성립되는 것이 아니라 군무이탈죄(제30조)가 성립될 뿐이라고 본다.

이 죄는 위험 또는 중요한 임무를 회피할 목적으로 적어도 시간 또는 처리상으로 용이하게 배치지 또는 직무에 복귀할 수 없는 상태에 이를 정도로 그 배치지 또는 직무를 떠난 경우에 성립한다(고등군사법원 1977. 11. 30. 선고 육군 77고군형항415 판결).

사례연구 94 ▶ 특수군무이탈죄와 착오

군생활을 하다 보면 극심한 스트레스 또는 건강악화로 인해 성격이 부정적으로 변한다거나 선후임과의 상하위계질서관계, 간부와의 관계에 적응하지 못하는 경우도 있다. 어느 날 A일병은 갈등관계에 있던 소속부대 간부로부터 특정 임무를 부여받았는데, 이와 같은 임무가 위험한 임무라고 착오를 일으켜 이를 회피할 목적으로 배치지 또는 직무를 이탈하였다면 어떤 죄가 성립되는가?

▶ 특수군무이탈죄는 주관적 구성요건요소로서의 고의, 즉 위험하거나 중요한 임무를 회피할 목적으로 배치지 또는 직무를 이탈한다는 인식·의사가 있어야 한다. 따라서 행위자가 위험 또는 중요한 임무가 아님에도 불구하고 행위자가 착오를 일으켜 배치지 또는 직무를 이탈하였다면 이 죄가 성립하지 않고 무단이탈죄(제30조)가 성립한다.

Ⅳ 이탈자비호죄

【구성요건·법정형】 제30조(군무이탈죄) 또는 제31조(특수군무이탈죄)의 죄를 범한 사람을 숨기거나 비호한 사람은 전시, 사변 시 또는 계엄지역인 경우에는 5년 이하의 징역, 그 밖의 경우에는 3년 이하의 징역에 따라 처벌한다(제32조). 미수범은 처벌한다(제34조).

1. 의의

이탈자비호죄란 군무이탈죄(제30조) 또는 특수군무이탈죄(제31조)의 죄를 범한 사람을 숨기거나 비호함으로써 성립하는 범죄이다. 이 죄는 군무이탈행위(제30조) 또는 특수군무이탈행위(제31조)의 정범의 실행을 방조하는 공범형태인 종범을 처벌하기 위한 규정이다. 즉, 이탈행위라는 정범의 위법상태에 참여하여 이탈자를 숨기거나 비호함으로써 군형벌권 실현을 방해하는 행위를 처벌하기 위한 규정이다. 종범의 이탈자비호행위는 필요적 감경사유이므로 공동정범, 교사범과의 구별은 중요한 의미가 있다.

2. 구성요건요소

(1) 객체

이 죄의 객체는 군무이탈죄(제30조) 또는 특수군무이탈죄(제31조)를 범한 군인 또는 준군인이다. 비군인이 이탈자를 은닉 또는 도피하게 한 경우에는 형법상 범인은닉죄(제151조)가 성립한다.

(2) 행위

행위는 군무이탈죄(제30조) 또는 특수군무이탈죄(제31조)의 죄를 범한 사람을 숨기거나 비호하는 것이다. 여기서 "숨긴다(은닉)"는 것은 군수사기관의 발견·체포를 면할 수 있는 장소를 제공하여 범인을 감추어주는 행위를 말하고, 은닉장소 여부는 묻지 않는다. 선박 또는 차량에 태우고 운행하여도 은닉에 해당한다. "비호한다"는 것은 형법 제151조의 "도피하게 한다"는 의미와 같은 의미로 은닉 이외의 방법으로 군수사기관의 발견·체포를 곤란 또는 불가능하게 하는 일체의 행위를 말하고, 장소적 관련성이 없다는 점이 은닉과 다르다. 예컨대, 변장용의 의류·장신구를 제공하여 범인을 변장시키거나 도피자금·은신처 등을 제공하여 도피의 편의를 보아주는 행위, 이탈자에게 수사상황을 알려주는 행위, 추적하는 군수사관에게 이탈자의 방향과 반대방향을 가르쳐 주는 행위, 이탈자에게 자수하지 말고 도피할 것을 권유하는 행위 등이 이에 속한다. 다만, 이탈자에 대한 도피행위는 이탈자를 도주하는 행위 또는 도주하는 것을 의도적·직접적으로 용이하게 하는 행위에 한정된다.

또한, 은닉 또는 도피시키는 행위는 부작위로도 할 수 있다. 예컨대, 군수사관 등이 이탈자임을 알면서 체포하지 않고 방임하는 경우에도 이 죄가 성립된다. 그러나 고소·고발행사는 본인의 권리일 뿐 의무는 아니므로 단순히 고소·고발하지 않은 것만으로 이 죄가 성립되지는 않는다.

이 죄는 주관적 구성요건요소로서의 고의가 있어야 한다. 즉 이탈행위자가 군무이탈죄(제30조) 또는 특수군무이탈죄(제31조)를 범한 군인 또는 준군인이라는 인식이 있어야 한다.

사례연구 95 ▶ 친족간의 특례적용여부 문제

A이병은 특공종합훈련(일명 천리행군) 중 X지역 계곡에 휴식을 하다가, 고된 훈련으로 인한 수면부족과 배고픔을 견디지 못하고 군무를 기피할 목적으로 통제가 소홀한 틈을 타 이탈하여 타부대 소속 장교로 복무하고 있는 친형인 B대위의 집으로 숨어들어 갔다. 이에 친형인 B대위는 친동생인 A이병에게 자수를 권유하면서 자신의 집에 숨겨 주었다. 이 경우, 친형인 B대위도 이탈자비호죄가 성립되는가?

▶ 형법에서는 친족 또는 동거의 가족이 본인을 위하여 범인은닉죄를 범한 때에는 처벌하지 않고 있다(제151조 제2항). 이와 같은 특례조항은 도의・인정을 고려한 위법성 조각사유가 된다. 그러나 군병력은 군의 물적 요소인 군용물과 더불어 인적 요소로서 군의 2대 요소를 이루고 있다. 이탈자비호죄는 군병력의 유지 등 군의 실체를 파괴하는 범죄이므로 도의・인정이 이에 앞설 수는 없으므로 형법상의 특례규정이 적용되지 않으며, 군형법에도 형법과는 달리 특례규정을 따로 두고 있지 않다. 따라서 B대위는 양형의 문제는 별론으로 하고 이탈자비호죄가 성립한다.

V 적진도주죄

【구성요건・법정형】 적진으로 도주한 사람은 사형에 처한다(제33조). 미수범은 처벌한다(제34조).

1. 의의

적진도주죄란 적진으로 도주함으로써 성립하는 범죄이다. 헌법 제5조 제2항에는 "국군은 국가의 안전보장과 국토방위의 신성한 의무를 수행함을 사명으로 한다."고 명시되어 있는 바, 국가의 안전보장과 국토방위라는 신성하고도 막중한 의무와 책임을 지고 있는 군인 또는 준군인이 이를 망각하고 배신하는 행위를 처벌하기 위한 규정으로 불법이 가중된 구성요건이다. 따라서 비겁한 행위를 처벌하는 항복죄(제22조) 또는 부대인솔도피죄(제23조)와 구별된다.

2. 구성요건요소

(1) 주체

이 죄의 주체는 군인 또는 준군인이다. 일반인이 국가의 존립·안전이나 자유민주적 기본질서를 위태롭게 한다는 정(情)을 알면서 반국가단체의 지배하에 있는 지역으로부터 잠입하거나 그 지역으로 탈출한 자는 국가보안법상 잠입탈출죄가 성립한다(제6조).

(2) 행위

행위는 적진으로 도피하는 것이다. 여기서 "적진(敵陣)"이란 교전상대국 또는 교전단체의 영역을 말하고, "교전상대국"이란 전쟁수행을 위하여 해적(害敵)수단을 행사하고 있는 국가를 말하며, "교전단체"란 어느 국가에서 그 국가를 전복하여 정권을 획득하거나 본국으로부터 분리·독립하려는 목적으로 반란을 일으킨 반도(叛徒)가 국가영역의 일부를 점령하고 사실상의 정부를 조직하여 그 영역에서 실권을 장악하고 있는 단체를 말한다. 그리고 "적진으로 도피한다"는 것은 적진의 실질적 지배 범위 내로 들어가는 것을 말하고, 이적(利敵)의 목적이든 일신상의 안전을 위한 것이든 그 동기는 묻지 않고 이 죄가 성립한다.

사례연구 96 ▸ 적진도주죄와 '탈출'

경기도 고양군(현 고양시)에 있는 X부대 소속 A중사는 1973. 12. 17 13:20 경 군무에 염증이 생기고 이북에 있을 부친을 만나기 위해 월북할 생각으로 소속대 후면 철조망을 넘어 이탈하여 소로를 이용하여 임진강 지역까지 가다가 출동한 병력에 의해 체포되었다. 일반인 통제구역까지 간 것도 아닌데, 적진도주죄가 성립되는가?

▶ 대법원에서는 "우리나라 내륙에서 반국가단체의 지배하에 있는 지역으로 탈출하려는 탈출죄의 착수가 있었다고 보려면 북괴지역으로 탈출할 목적아래 일반인의 출입이 통제되어 있는 지역까지 들어가 휴전선을 향하여 북상하는 정도에 이르러야 탈출죄의 실행에 착수하였다고 볼 것이다"고 판시하였다(대법원 1974. 12. 24. 선고 74도3064 판결).

제3절 수소이탈(守所離脫)의 죄

I 서설

군형법은 군인 및 준군인이 자신의 직분을 버리고 부대 또는 직무를 이탈하는 행위를 범죄로 규정하고 있다. 즉, 제5장(제27조~제29조)에는 「수소이탈의 죄」라는 제목 하에 지휘관 또는 초병이 수소(守所)를 이탈함으로써 성립하는 범죄, 제6장(제30조~제34조)에는 「군무이탈의 죄」라는 제목 하에 군무를 기피할 목적으로 부대 또는 직무를 이탈함으로써 성립하는 범죄, 제12장 「위령의 죄」 중 허가없이 근무장소 또는 지정장소를 이탈함으로써 성립하는 무단이탈죄(제79조) 등을 규정하고 있다.

수소이탈의 죄란 지상·해상·공중에의 일정한 구역을 지키기 위해 마련된 장소인 수소(守所)에 지휘관 또는 초병이 그 임무에 위배하여 수소를 지키지 아니함으로써 성립하는 범죄이고, 지휘관의 수소이탈죄(제27조), 초병의 수소이탈죄(제28조), 미수범(제29조) 등에 대해 규정하고 있다. 이 죄는 경계근무의 안전성을 그 보호법익으로 하고 있다.

Ⅱ 범죄유형과 법정형

1. 지휘관의 수소이탈죄

> **【구성요건 · 법정형】** 지휘관이 정당한 사유 없이 부대를 인솔하여 수소를 이탈하거나 배치구역에 임하지 아니한 경우에는 적전인 경우에 사형, 전시, 사변 시 또는 계엄지역인 경우에는 사형, 무기 또는 5년 이상의 징역 또는 금고, 그 밖의 경우에는 3년 이하의 징역 또는 금고에 따라 처벌한다(제27조). 미수범은 처벌한다(제29조).

(1) 의의

지휘관의 수소이탈죄란 지휘관이 정당한 사유 없이 부대를 인솔하여 수소를 이탈하거나 배치구역에 임하지 아니함으로써 성립하는 범죄이고, 지휘관만이 범죄의 주체가 될 수 있는 진정신분범이다.

(2) 구성요건요소

이 죄의 주체는 정당한 사유 없이 부대를 인솔하여 수소를 이탈한 지휘관 또는 배치구역에 임하지 않은 지휘관이고, "지휘관"은 중대 이상의 단위부대의 장과 함선부대의 장 또는 함정 및 항공기를 지휘하는 사람이다.

행위는 정당한 사유없이 부대를 인솔하여 수소를 이탈한 지휘관 또는 배치구역에 임하지 않는 것이다. 여기서 "정당한 사유"란 위법성 또는 책임성을 조각할 사유를 말한다. "수소를 이탈한다"는 것은 지상 · 해상 · 공중에의 일정한 구역을 지키기 위해 마련된 장소인 수소(守所)를 지키지 않고 떠나는 것을 말한다. 또한, "배치구역에 임하지 않는다"는 것은 지휘관이 새로운 수소에 배치의 명령을 받고 부대를 인솔하여 이에 임하지 않는 것을 말한다.

이 죄에서 수소를 이탈하는 동기는 불문한다. 즉 정당한 이유없이 부대를 인솔하여 수소를 이탈하는 한 모든 경우에 이 죄가 성립한다. 그리고 지휘관이 이 죄를 범하는 수단으로 지휘관이 부대원에 대하여 폭행 또는 협박 등을 하는 경우에는 이들 행위는 이 죄에 흡수되어 과형상 일죄로 처벌하는 처분상 일죄가 된다.

사례연구 97 ▸ 지휘관의 수소이탈죄

해안경계근무명령을 받은 A중대장은 오랜만에 대학 친구가 찾아오자, 부대를 배치구역에 보내 놓고 수소를 이탈하여 친구와 식사를 하였다. 이 경우, A중대장은 지휘관수소이탈죄가 성립하는가?

▶ 지휘관 수소이탈죄는 정당한 사유없이 부대를 인솔하여 수소를 이탈한 지휘관 또는 배치구역에 임하지 아니함으로써 성립하는 범죄이므로 지휘관이 부대를 배치구역에 보내 놓고 자신만이 그에 임하지 않는 경우에는 지휘관 수소이탈죄(제27조)와 군무이탈죄(제30조)가 각각 독립하여 성립하고, 이 두 개의 범죄는 서로 실체적 경합범, 즉 판결이 확정되지 아니한 수개의 죄가 성립하게 된다(대법원 1981. 10. 13. 선고 81도2397 판결). 따라서 A중대장은 엄한 죄의 법정형에 2분의 1을 가중할 수 있다.

2. 초병의 수소이탈죄

【구성요건 · 법정형】 초병이 정당한 사유 없이 수소를 이탈하거나 지정된 시간까지 수소에 임하지 아니한 경우에는 적전인 경우에 사형, 무기 또는 10년 이상의 징역, 전시, 사변 시 또는 계엄지역인 경우에 1년 이상의 유기징역, 그 밖의 경우에는 2년 이하의 징역에 따라 처벌한다(제28조). 미수범은 처벌한다(제29조).

(1) 의의

초병의 수소이탈죄란 초병이 정당한 사유 없이 수소를 이탈하거나 지정된 시간까지 수소에 임하지 아니함으로써 성립하는 범죄이고, 초병만이 범죄의 주체가 될 수 있는 진정신분범이다. 초병의 수소이탈은 군복무 부적응으로 인한 사례가 많이 발생하고 있다. 이 죄는 1981. 4. 17. 군형법 제28조가 개정(법률 제3443호)되어 '지정된 시간 내에 수소에 임하지 않은 때'가 삽입되었고, '… 내에 …'가 '…까지 …'로 개정되었다. 이 죄의 보호법익은 경계근무의 안전성이며 이 죄가 군형법 제28조 후단의 지정된 시간 내에 수소에 임하지 아니하는 행위까지 벌하는 것은 초병의 근무교대를 확실하게 함으로써 경계근무의 안전성을 더욱 보호하기 위함이라 할 수 있다. 또한 여기에서의 수소는 초병이 경계근무를 서고 있는 장소로 초소의 개념과 동일하다고 본다.

(2) 구성요건요소

이 죄의 주체는 정당한 사유 없이 수소를 이탈하거나 지정된 시간까지 수소에 임하지 않은 초병이고, "초병"은 경계를 그 고유의 임무로 하여 지상, 해상 또는 공중에 책임 범위를 정하여 배치된 사람을 말한다. 초병에는 실제로 수소에 배치되어 근무하는 자는 물론이고, 초병근무명령을 받아 경계근무 감독자에게 신고하고 근무시간에 임박하여 경계근무의 복장을 갖춘 자도 포함된다(대법원 2006. 6. 30. 선고 2005도8933 판결).

행위는 초병이 정당한 사유 없이 수소를 이탈하거나 지정된 시간까지 수소에 임하지 않는 것이다. 여기서 "정당한 사유"와 "수소를 이탈한다"는 것은 앞의 지휘관의 수소이탈죄에서 설명한 그대로이다. "지정된 시간까지 수소에 임하지 않는다"는 것은 초병이 '초병근무명령을 받은 후 지정된 시간 내'가 아니다. 즉, 초병신분 취득 시기는 초병이 초병근무명령을 받고 근무시간을 확인한 후 근무시간이 도래하여 경계근무자가 복장을 갖추고 수소에 임한다는 인식과 경계근무감독자 및 제3자가 보았을 때 근무에 임하려 한다는 상황이 존재하여야 하고 이 죄의 보호법익을 초병의 근무교대를 확실하게 함으로써 경계근무의 안전성을 더욱 보호하기 위함이라 한다면 다른 근무자를 교체할 시간적 여유가 없는 상황에까지 이르러야 한다(고등군사법원 2005. 11. 1. 선고 육군 2005노152 판결).

사례연구 98 ▸ 초병의 수소이탈죄

A병장은 2005. 5. 24. 18:30부터 20:00까지, B상병은 같은 날 17:00부터 18:30까지 위병소 경계근무명령을 받았음에도 불구하고 군무를 기피할 목적으로 중대 숙영지를 이탈하였다. 경계근무를 각각 5시간, 3시간 30분을 앞둔 A병장과 B상병들이 부대를 이탈함으로써 지정된 근무시간까지 경계근무 장소에 임하지 못한 경우, 초병수소이탈죄의 주체가 될 수 있는가?

▶ 고등군사법원에서는 "군형법 제28조는 초병만이 범죄의 주체가 될 수 있는 진정신분범으로서 규정되어 있으므로 '초병근무명령을 받은 후 지정된 시간 내에'로 임의로 확장해석 할 수는 없을 것이다. 처벌의 필요성은 인정되지만 초병의 의미에 있어 초병에 초병근무명령을 받은 자까지 포함된다고 보는 것은 유추라 할 것이므로 이는 죄형법정주의에도 어긋나는 해석이라 할 것이다."면서 경계근무명령을 받은 시간보다 수 시간 전에 군무를 이탈하여 지정된 시간에 초소에 임하지 아니한 행위는 아직 초병 신분을 취득하기 전에 있었던 행위이기 때문에 초병 수소이탈죄가 성립하지 않는다고 판시하였다(고등군사법원 2005. 11. 1. 선고 육군 2005노152 판결).

제4절 위령(違令)의 죄

I 서설

군형법 각칙 제12장(제78조~제81조)은 「위령(違令)의 죄」라는 제목 하에 초소침범죄(제78조), 무단이탈죄(제79조), 군사기밀누설죄(제80조), 암호부정사용죄(제81조) 등에 대해 규정하고 있다.

위령의 죄란 "법률, 명령, 규율 또는 개개의 명령에 직접·간접으로 위배되는 여러 범죄"라고 볼 수 있으나, 이 죄는 개념 자체에 별의미가 없을 뿐만 아니라 불명확한 것으로, 군관련 법률, 명령, 규율에 위배되는 행위 중에서 군기를 문란케 하고 군의 안녕을 해하는 중요한 범죄행위로서 다른 장에서 규정하기 곤란한 범죄행위를 「위령(違令)의 죄」라는 제목으로 규정한 것일 뿐 제9장(폭행, 협박, 상해 및 살인의 죄), 제16장(그 밖의 죄)과 마찬가지로 보호법익이 같아서가 아니라 단지 편의상에 의한 것이다.

Ⅱ 초소침범죄

【구성요건·법정형】 초병을 속여서 초소를 통과하거나 초병의 제지에 불응한 사람은 적전인 경우에는 1년 이상 5년 이하의 징역 또는 금고, 전시, 사변 시 또는 계엄지역인 경우에는 3년 이하의 징역 또는 금고, 그 밖의 경우에는 1년 이하의 징역 또는 금고에 따라 처벌한다(제78조).

1. 의의

초소침범죄란 초병을 속여서 초소를 통과하거나 초병의 제지에 불응함으로써 성립하는 범죄이고, 초병의 직무 집행상의 안전이나 성과를 그 보호법익으로 하고 있다. 즉, 군형법상 초병에 대한 폭행·협박·상해·살해죄(제54조~제59조)와 초병 모욕죄(제65조)가 초병의 생명·신체·명예 등의 그 자체를 보호하기 위한 규정인 반면 이 죄는 초병의 안전 이외에도 활동의 성과를 직접적으로 보호하기 위한 규정으로 볼 수 있다. 또한, 초령위반죄(제40조)는 정하여진 내부적 규율의 초령위반인 반면 이 죄는 외부적 규율의 초령위반이라는 점에서 차이가 있지만, 군의 전력을 유지·강화를 위한 죄라는 점에서는 동일하다.

2. 구성요건요소

(1) 주체

초소침범죄의 주체는 제한이 없다. 즉, 군인, 준군인뿐만 아니라 내국인·외국인도 군인에 준하여 적용대상자가 된다(제1조 제4항 제7호).

(2) 행위

행위는 ① 초병을 속여서 초소를 통과하는 것과 ② 초병의 제지에 불응하는 것 등 두 가지가 있다.

여기에서 "초병"이란 경계를 그 고유의 임무로 하여 지상, 해상 또는 공중에 책임 범위를 정하여 배치된 사람을 말하고(군형법 제2조 제3호), "초소"란 초병이 현실적으로 배치되어 경계임무를 수행하는 일정한 범위의 장소를 말한다. 그리고 "초병의 제지"는 초병이 경계임무를 수행하기 위하여 일정한 행위의 금지를 요구하는 것이고, "불응"은 초병의 제지를 받고서도 제지의 대상이 된 행위를 착수하거나 그러한 행위를 계속하는 것을 말한다.

사례연구 99 ▶ 초소침범죄

A대위와 B중위는 부대 밖에서 술을 마신 후 부대 안에 있는 숙소로 복귀하기 위하여 함께 택시를 타고 부대 정문 앞에 도착하였다. B중위는 부대 앞에서 근무 중이던 초병인 C일병에게 신분증을 보여주고 정문을 통과하여 부대 안으로 들어갔는데, A대위는 C일병으로부터 "패스 확인 부탁드리겠습니다."라는 말을 들었으나, 출입증을 보여주지 아니하고 정문 안으로 들어갔다. C일병은 "패스 확인 부탁드리겠습니다."는 말만 했는데, 이것은 '초병의 제지'에 해당하는가?

▶ 초병의 제지에 불응함으로써 초소침범죄가 성립하려면 초병의 제지행위가 선행되어야 한다. 초병인 C일병이 A대위에게 "패스 확인 부탁드리겠습니다."라고 말을 하였지만 그 어구에 비추어 이는 출입증(패스)의 확인을 부탁한다는 의미로 보이고, 그 자체만으로 어떠한 행위의 금지를 요구하는 말이라고 보기에는 부족하다. C일병은 당시 A대위를 막아서거나 부대 안으로 들어온 A

대위에게 퇴거를 요구하는 제지행위를 하였다고 평가하기에는 부족하다(대법원 2016. 6. 23. 선고 2016도1473 판결). 따라서 A대위는 초소침범죄가 성립하지 않는다.

Ⅲ 무단이탈죄

> **【구성요건 · 법정형】** 허가 없이 근무장소 또는 지정장소를 일시적으로 이탈하거나 지정한 시간까지 지정한 장소에 도달하지 못한 사람은 1년 이하의 징역이나 금고 또는 300만원 이하의 벌금에 따라 처벌한다(제79조).

1. 의의

무단이탈죄란 허가 없이 근무장소 또는 지정장소를 일시적으로 이탈하거나 지정한 시간까지 지정한 장소에 도달하지 못함으로써 성립하는 범죄이고, 무단이탈은 즉시범이므로 무단이탈 기간 중에는 새로이 무단이탈죄는 성립할 수 없다(고등군사법원 1977. 3. 3. 선고 육군 77고군형항37 판결). 이 죄는 전투력의 기초가 되는 군 병력의 유지・확보를 그 보호법익으로 하고, 군무를 기피할 목적이 없을 때에 성립된다는 점에서 군무기피목적의 사술죄(제41조)와 다르다.

2. 구성요건요소

(1) 주체

무단이탈죄의 주체는 군인, 준군인 등이다(제1조 제1항~제3항).

(2) 행위

행위는 아래의 두 가지가 있다.

첫째, 허가 없이 근무장소 또는 지정장소를 일시적으로 이탈하는 것이다. 여기서 "허가"란 휴가, 출장 및 외출 등과 같이 일반적·상대적 금지를 특정한 경우에 개별적으로 해제하여 적법하게 일정한 행위를 할 수 있도록 하는 것을 말한다. 여기서 허가는 허가권자의 정당한 허가를 말하므로 허가권자 이외의 사람의 사실상의 허가나 허가권한자의 허가라도 위법·부당한 허가는 여기서 제외된다. 예컨대, 병사가 부대 밖 바로 옆에 위치한 상점에 여자친구가 온 것을 알고 내무반장에게 허가를 얻어 밖에 나갔다온 경우에도 지휘관이나 그 대리근무자 등 허가권자가 아닌 내무실장, 선임자, 위병조장 등이 허가하였더라도 무단이탈죄가 성립되고, 소대장의 허가를 받고 인근 목욕탕에 다녀 온 것도 휴가, 출장 및 외출의 허가권자는 중대장이므로 이 죄가 성립한다. 또한 주번사관에게 단순히 미귀의 뜻을 보고한 것만으로도 무단이탈죄가 성립한다(고등군사법원 1971. 8. 3. 선고 육군 71고군형항 37 판결).

"근무장소 또는 지정장소를 이탈한다"는 것은 근무장소 또는 지정장소에서 떨어진 상태를 의미하므로 특별히 근무하고 있던 장소를 이탈하거나 지정된 장소를 이탈하는 것을 요하지 않고, 근무 또는 지정된 장소에서 멀리 떠난 경우뿐만 아니라 그 이탈로 인하여 그에 부과된 임무를 수행할 수 없는 정도로 이탈함으로써 충분하다. 또한 "일시적으로 이탈한다"는 것은 상당기간에 이르지 않은 단기적 이탈을 말하고, "근무장소 또는 지정장소를 일시적으로 이탈하는 것"은 결국 사회통념에 따라 구체적으로 결정할 문제이다.

대법원에서는 무단이탈죄에 대해 즉시범으로서 허가없이 근무장소 또는 지정장소를 일시 이탈함과 동시에 완성되고 그 후의 사정인 이탈 기간의 장단 등은 무단이탈죄의 성립에 아무런 영향이 없다고 판시하였고(대법원 1983. 11. 8. 선고 83도2450 판결), 반드시 근무 또는 지정된 장소에서 멀리 떠난 경우뿐 아니라 그 이탈로 인하여 그에 부과된 임무를 수행할 수 없는 정도로 이탈함으로써 족하다고 하여 10m 정도 근무장소를 이탈한 경우에도 무단이탈죄를 인정하였다(대법원 1967. 7. 25. 선고 67도734 판결).

둘째, 지정한 시간까지 지정한 장소에 도달하지 못하는 것이다. 지정된 장소에 도달하지 못한 것이 천재지변 등 불가항력이나 형법상 위법상 조각사유에 해당할 때에는 이 죄가 성립되지 않는다. 그러나 행위자의 착오, 신병, 교통 지연 등의 사유로 도달하지 못한 경우는 불가항력이나 위법성 조각사유가 되지 않는다. 허가를 받았다 하더라도 소정 지정시간까지 복귀하지 않은 것도 당연히 이 죄에 해당한다. 다만 정당한 절차에 의하여 소속부대를 나가고 허용된 시간 안에 귀대한 것이라면 업무를 마치고 남은 시간을 다방에 들어가 차를 마시며 잠시 휴식을 하는데 이용하였다 하여도 이를 무단이탈죄로 처벌할 수는 없다(대법원 1985. 4. 23. 선고 85도388 판결).

사례연구 100 ▶ 무단이탈죄

(1) A이병은 근무 중 날씨가 춥고 배도 고파지자 부대 밖 약 10미터 정도 떨어진 가게로 가서 라면을 산 경우, (2) B하급자(피고인)는 C상급자의 지시에 따라 회의에 참석하였어야 함에도 불구하고 자의적으로 자신이 참석하지 않아도 되는 회의라고 결정하여 회의에 참석하지 않은 경우, A와 B의 행위도 무단이탈죄가 성립하는가?

▶ B이병은 군무이탈죄가 성립하는 반면 B하급자는 성립하지 않는다. (1) 무단이탈의 죄는 그것이 반드시 근무 또는 지정된 장소에서 멀리 떠난 경우뿐만 아니라, 동 이탈로 인하여 그에 부과된 임무를 수행할 수 없는 정도로 이탈하므로서 족하다고 할 것이며, 그 넘어선 거리가 비록 10미터에 불과하였다 할지라도 무단이탈죄에 해당된다(대법원 1967. 7. 25. 선고 67도734 판결). (2) B의 경우는 "구체적인 형식을 갖춘 명령에 의하지 아니한 회의참석 명령을 어긴 것은 명령위반에 해당하지 아니하고 피고인이 단지 회의에만 참석하지 않았을 뿐 외래자 숙소에서 대기하고 있던 점 등을 고려하여 무단이탈에는 해당하지 아니한다"고 판시한 바 있다(서울남부지방법원, 2020. 5. 29. 선고.). 이 사례는 상급자의 구체적 지시를 어기고 군무를 이탈하여 숨어있거나, 숙소에서 잠을 자는 것 등은 무단이탈에 해당하나, 사안의 사실관계를 종합하면 외래자 숙소에 머무는 동안 지속적으로 전화 등 수시로 연락을 통해 업무를 지시한 것이 인정되어 무단이탈에 해당하지 않는다는 다소 특이한 판례로, 무단이탈에 대한 엄격한 기준을 마련할 필요성이 있다고 설시한 판례이다.

Ⅳ 군사기밀누설죄

【구성요건 · 법정형】 군사상 기밀을 누설한 사람은 10년 이하의 징역이나 금고에 처한다(제80조 제1항). 업무상 과실 또는 중대한 과실로 인하여 제1항의 죄를 범한 경우에는 3년 이하의 징역이나 금고 또는 700만원 이하의 벌금에 처한다(같은 조 제2항).

1. 의의

군사기밀누설죄란 군사상 기밀을 누설함으로써 성립하는 범죄이고, 군사기밀누설로 인하여 위협받게 되는 국가의 기능을 그 보호법익으로 하고 있다. 군형법 제13조(간첩) 제2항은 군사상 기밀을 적에게 누설한 범죄이고, 제35조(근무태만) 제4호는 군사기밀인 문서 또는 물건을 보관하는 사람으로서 위급한 경우에 있어서 부득이한 사유 없이 적에게 이를 방임한 사람으로 주체를 한정하고 있는 반면, 이 죄는 일반적으로 군형법 제13조(간첩) 제2항과 제35조(근무태만) 제4호를 제외한 모든 누설행위를 처벌하는 범죄이다. 군사기밀보호에 관한 특별법으로 군사기밀보호법이 있다.

군사기밀누설죄는 목적범이 아니다. 군사기밀을 취급하는 자가 정당한 사유 없이 군사기밀의 보호에 필요한 조치를 취하지 않은 것이 군사기밀을 누설할 목적이 아니라 업무효율성 도모와 후배를 돕기 위한 행위였다고 하더라도 군사기밀의 보호조치를 취하지 않은 경우에 처벌하는 것으로 군형법 제80조, 군사기밀보호법 제10조 제1항이 기밀누설의 목적을 요하는 목적범이 아니므로 그와 같은 사유만으로는 필요조치를 취하지 않은 데 대해 정당한 사유가 있다고 할 수 없다(대법원 2000. 1. 28. 선고 99도4022 판결).

2. 구성요건요소

(1) 주체와 객체

군사기밀누설죄의 주체는 군인, 준군인 등이고(제1조 제1항~제3항), 객체는 군사상 기밀이다. 여기서 "군사상 기밀"이란 반드시 법령에 의하여 기밀사항으로 규정되었거나 기밀로 분류 명시된 사항에 한하지 아니하고 군사상의 필요에 따라 기밀로 된 사항은 물론 객관적, 일반적인 입장에서 외부에 알려지지 않은 것에 상당한 이익이 있는 사항도 포함한다고 해석하여야 하고 군사기밀보호법 제2조 소정의 범위에 국한되지 않는다. 다만 외부로 알려지지 아니하는 것에 상당한 이익이 있는지 여부는 자료의 작성 경위 및 과정, 누설된 자료의 구체적인 내용, 자료가 외부에 알려질 경우 군사목적상 위해한 결과를 초래할 가능성, 자료가 실무적으로 활용되고 있는 현황, 자료가 외부에 공개된 정도, 국민의 알권리와의 관계 등을 종합적으로 고려하여 판단하여야 한다(대법원 1990. 8. 28. 선고 90도230 판결).

대법원에서는 "소위 'IPT(Improved Programming Technologies, 프로그래밍 개선 기법)별 사업분류 현황'은 군사기밀로 지정되거나 대외비로 설정되지 않은 채 실무상 평문으로 관리하고 있고, 그 내용도 일반에 공개할 수 있는 것이며 이미 대부분 공개되어 있는 점 등을 이유로, 군형법 제80조의 '군사상의 기밀'에 해당하지 않는다."고 판시하였다(대법원 2007. 12. 13. 선고 2007도3450 판결).

(2) 행위

행위에는 아래와 같이 두 가지가 있다.

(가) 제80조 제1항의 군사기밀누설죄

행위는 군사상 기밀을 누설하는 것이다. 여기서 "군사상 기밀"은 앞에서 설명한 그대로이고, "누설"이란 비밀사항을 직접·간접으로 제3자에게 알리는 것을 말한다. 이미 알고 있는 사람에 대하여 알리는 것은 누설에 해당하지 않지만, 어렴풋이 알고 있는 자에게 확실히 알리는 것도 누설에 해당한다. 누설의 방법은 제한이 없으므로 작위는 물론 서류열람을 묵인하는 부작위로도 가능하다. 그리고 누설한 사항 중 일부내용이 실제 군사기밀 내용과 다른 경우에도 나머지 부분이 군사기밀인 내용을 제대로 담고 있다면 전체적으로 보아 군사기밀보호법 제12조 소정의 군사기밀누설죄에 해당한다(대법원

2000. 1. 28. 선고 99도4022 판결). 다만, 군사상 기밀을 적에게 누설한 경우는 제13조(간첩) 제2항이 적용되고, 이 죄가 성립되지 않는다.

(나) 제80조 제2항의 군사기밀누설죄

행위는 업무상 과실 또는 중대한 과실로 군사상 기밀을 누설하는 것이다. 여기서 "업무"란 직무로서 계속적으로 행하는 일정한 사무를 통칭하고 그 직무는 법령에 의하든, 관례에 의하든, 계약에 의하든 관계없다. "군사상 기밀"과 "누설"은 앞에서 설명한 그대로이다.

사례연구 101 ▶ 군사기밀누설죄

국군기무사(현, 국군방첩사령부) A원사는 대통령선거공약 및 국회의원선거공약 등에 나타난 사항이라면서 객관적·일반적인 입장에서 알려지지 않은 군사시설보호구역 해제계획을 일반인에게 누설하였다. 군사시설보호구역 해제계획은 군형법 제80조 소정의 군사상 기밀에 속하는가?

▶ 대법원에서는 군사시설보호구역 해제계획이 군형법 제80조 소정의 군사상 기밀에 해당하는지의 여부에 대하여 "군사시설보호구역 해제계획은 군사시설보호구역의 설정목적과 절차, 그 해제절차 및 해제기밀이 공표 전에 누설됨으로 인하여 초래될 군사목적상 위해한 결과 등에 비추어 볼 때 군형법 제80조 소정의 군사상의 기밀에 해당한다고 할 것이다"고 판시하였다(대법원 1990. 8. 28. 선고 90도230 판결).

V 암호부정사용죄

【구성요건·법정형】 암호를 허가 없이 발신한 사람, 암호를 수신(受信)할 자격이 없는 사람에게 수신하게 한 사람, 자기가 수신한 암호를 전달하지 아니하거나 거짓으로 전달한 사람은 2년 이상의 유기징역이나 유기금고에 따라 처벌한다(제81조).

1. 의의

암호부정사용죄란 암호를 허가 없이 발신하거나, 암호를 수신(受信)할 자격이 없는 사람에게 수신하게 하거나 또는 자기가 수신한 암호를 전달하지 아니하거나 거짓으로 전달함으로써 성립하는 범죄이고, 군작전상 극히 중요한 암호의 보안성을 그 보호법익으로 하고 있다.

2. 구성요건요소

(1) 주체와 객체

암호부정사용죄의 주체는 군인, 준군인 등이고(제1조 제1항~제3항), 객체는 암호이다. 여기서 "암호"란 일정한 범위 내에서만 통하는 비밀된 신호나 부호를 말하고 "신호"란 의식내용을 전달하기 위한 일정한 거동을 말한다.

(2) 행위

행위는 ① 암호를 허가 없이 발신하는 것, ② 암호를 수신(受信)할 자격이 없는 사람에게 수신하게 하는 것, ③ 자기가 수신한 암호를 전달하지 아니하는 것, ④ 자기가 수신한 암호를 거짓으로 전달하는 것 등 네 가지가 있다.

첫째, 행위는 암호를 허가 없이 발신하는 것이다. 즉, 암호를 발신하는 경우에는 허가 없이 하는 것이다. 여기서 허가는 허가권자의 정당한 허가를 말하므로 허가권자 이외의 사람의 사실상의 허가나 허가권한자의 허가라도 위법·부당한 허가는 여기서 제외된다. 여기서 말하는 허가는 포괄적 허가도 가하다는 점에서 일반적·상대적 금지를 특정한 경우에 개별적으로 해제하여 적법하게 일정한 행위를 할 수 있도록 하는 것을 의미하는 무단이탈죄와 다르다. 암호의 발신방법은 불문하지만, 적을 위하여 암호 또는 신호를 사용하는 경우에는 일반이적죄(제14조 제5호)가 성립된다.

둘째, 행위는 암호를 수신할 자격이 없는 사람에게 수신하게 하는 것이다. 즉, 암호를 수신하게 하는 경우에는 수신할 자격이 없는 사람에게 하여야 한다. 자기 이외의 사람으로부터 발신된 암호를 수신 자격이 없는 사람으로 하여금 수신하게 하거나, 자기가 허가를 얻어서 자격이 없는 사람에게 발신하는 경우를 포함한다.

셋째, 행위는 자기가 수신한 암호를 전달하지 아니하는 것이다. 즉, 암호를 전달하지 아니하는 경우에는 자기가 수신한 암호를 전달하지 아니하는 때에 한하여 이 죄가 성립한다.

넷째, 행위는 자기가 수신한 암호를 거짓으로 전달하는 것이다. 여기서 "암호를 거짓으로 전달하는 것"이란 진실한 암호를 왜곡해서 전달하는 것을 말한다.

사례연구 102 ▸ 암호부정사용죄

국군방첩사령부 A상사는 B중사가 수신한 암호를 C소령에게 전달할 의무가 있으나 이를 전달하지 않은 경우도 있고, 자기가 수신한 암호의 일부를 C소령에게 거짓으로 전달한 경우도 있다. 이 경우 암호부정사용죄가 성립하는가?

▶ 암호부정사용죄의 행위는 자기가 수신한 암호를 전달하지 아니하는 것이므로 자기 이외의 사람이 수신한 암호에 대해서는 설령 그것을 전달할 의무가 있는 경우라도 이 죄가 성립하지 않는다. 그러나 이 죄의 행위는 자기가 수신한 암호를 거짓으로 전달하는 것이므로 전혀 새로운 암호를 조작하여 전달하는 것뿐만 아니라 그 일부를 거짓으로 전달하는 경우에도 이 죄가 성립한다.

제5절 군용물에 관한 죄

I 서설

군형법 각칙 제11장(제66조~제77조)은 「군용물에 관한 죄」라는 제목 하에 군용시설 등에 대한 방화죄(제66조), 노적 군용물에 대한 방화죄(제67조), 폭발물파열죄(제68조), 군용시설 등 손괴죄(제69조), 노획물훼손죄(제70조), 선박·항공기의 복몰(覆沒)·손괴죄(제71조), 미수범(제72조), 과실범(제73조), 군용물분실죄(제74조), 군용물범죄에 관한 형의 가중(제75조), 예비·음모(제76조), 외국의 군용시설 또는 군용물에 대한 행위(제77조) 등에 대해 규정하고 있다.

군용물이란 "오직 군의 용도에만 사용되는 군소유의 물건"이다(대법원 1987. 3. 14. 선고 78도160 판결). 예컨대, 군에서 먹고 남은 밥찌꺼기 값으로 받은 돈(대법원 1979. 12. 11. 선고 79도2305 판결)이나 탄피(고등군사법원 1965. 4. 22. 선고 육군 65고군형항159 판결)는 군용물에 해당하고, PX판매대금은 군용물이 아니다(고등군사법원 1965. 3. 13. 선고 육군 64고군형항533 판결).

군용물은 군의 인적 요소인 군법 적용대상자와 더불어 물적 요소로서 국군의 2대 요소를 이루고 있다. 군형법상의 「군용물에 관한 죄」는 군의 물적 전쟁수행능력을 침해·위태롭게 하는 범죄이고, 그 보호법익도 단순한 재산권의 보호는 군용물 자체의 재산적 가치가 아니라 국가적 법익인 군용물의 효율성, 즉 군용물이 지니고 있는 군의 물적 전쟁수행능력으로서의 군사적 가치(헌법재판소 1995. 10. 6. 92헌바45 결정)이므로 군용물의 보전·유지는 그 만큼 중요하다 할 것이다. 따라서 군형법 제11장(군용물에 관한 죄)은 형법상 방화죄와 실화의 죄(제13장), 폭발물에 관한 죄(제6장), 손괴의 죄(제42장), 절도와 강도의 죄(제38장), 사기와 공갈의 죄(제39조), 횡령과 배임의 죄(제40장), 장물에 관한 죄(제41장) 등의 규정이 있음에도 불구하고 군형법에서 특별히 규정하여 그 형을 가중하고 있는 것이다. 이는 군용물이 전투력과 밀접한 불가분의 관계에 있기 때문에 항상 그 보전·유지를 꾀하고자 하는 데에 그 입법취지가 있다.

Ⅱ 군용시설 등에 대한 방화죄

1. 의의

군형법상의 방화죄란 불을 놓아 군의 공장, 함선, 항공기 또는 전투용으로 공(供)하는 시설, 기차, 전차, 자동차, 교량을 소훼(燒燬)함으로써 성립하는 범죄이다. 이 죄는 군용물 자체의 재산적 가치가 아니라 군용물의 효율성, 즉 군의 물적 전쟁수행능력으로서의 군사적 가치를 그 보호법익으로 하고 있다.

2. 구성요건요소

(1) 주체

군형법상의 방화죄·실화죄의 주체는 제한이 없다. 즉, 군인, 준군인뿐만 아니라 내국인·외국인도 군인에 준하여 적용대상자가 된다(제1조 제4항 제4호 및 제12호).

(2) 객체

군형법 제66조 제1항의 객체는 군의 공장, 함선, 항공기 또는 전투용에 공(供)하는 시설, 기차, 전차, 자동차, 교량 등이고, 같은 조 제2항의 객체는 군용에 공(供)하는 물건을 저장하는 창고이다. 무선중계소 막사 내에 설치되어 있는 통신장비는 군용시설 등에 해당하지 않는다(고등군사법원 1967. 8. 4. 선고 육군 67고군형항347 판결).

(3) 행위

행위는 불을 놓아 군의 공장, 함선, 항공기 또는 전투용에 공(供)하는 시설, 기차, 전차, 자동차, 교량(제66조 제1항)과 군용에 공(供)하는 물건을 저장하는 창고(제2항)를 소훼(燒燬)하는 것이다.

여기서 "불을 놓아"란 목적물에 대하여 화재를 소훼하는 일체의 행위, 즉 방화를 말하고, 방화의 방법에는 제한이 없다. 목적물에 직접 방화하건 매개물을 이용하여 방화하건 불문한다. 작위에 의한 경우는 물론이고 부작위에 의한 방화도 가능하다. 소화(消火)할 의무 있는 자 또는 소훼의 원인을 제공한 자가 소화하지 않고 방치하는 경우가 이에 해당한다. 그리고 "소훼(燒燬)"란 화력으로 목적물을 훼손하는 것을 말하고, 방화죄와 실화죄의 구성요건적 결과가 소훼이다. 다만, 구체적으로 어느 정도의 훼손이 소훼로 되느냐에 대해서는 독립연소설, 효용상실설, 중요부분연소개시설, 일부손괴설 등이 있으나, 화력으로 목적물의 중요부분이 소실되어 그 효용이 상실된 때에 소훼가 있고 기수가 된다는 효용상실설이 종래의 우리나라와 일본의 다수설이다.

사례연구 103 ▸ 방화죄의 죄수(罪數)

제대 말년의 A병장은 상관에 대한 불만을 품고 군의 전투용에 공(供)하는 시설, 기차, 전차, 자동차를 한꺼번에 소훼하였는데, 죄수(罪數)는 어떻게 되는가?

▶ 범죄의 수가 1개인 것을 일죄라고 하며, 단순일죄와 처분상 일죄가 있다. 단순일죄에는 범죄사실은 하나인데 적용법조의 수가 여러 개인 법조경합(法條競合)과 수개의 행위가 포괄적으로 1개의 구성요건에 해당하여 단순히 일죄를 구성하는 포괄일죄가 있다. 처분상 일죄는 이론상 수죄(數罪)에 속하나 과형상 일죄로 처벌하는 경우를 말한다. 사례와 같이 1개의 방화행위로 수개의 객체를 소훼한 때에는 1개의 방화죄가 성립한다. 한편, 1개의 방화행위로 적용 법조를 달리하는 수개의 객체를 소훼한 때에는 가장 중한 처벌규정에 해당하는 방화죄로 처벌한다.

4. 범죄유형과 처벌

(1) 군용시설 등에 대한 방화죄(제66조 제1항)

【구성요건 · 법정형】 불을 놓아 군의 공장, 함선, 항공기 또는 전투용으로 공하는 시설, 기차, 전차, 자동차, 교량을 소훼(燒燬)한 사람은 사형, 무기 또는 10년 이상의 징역에 따라 처벌한다(제66조 제1항). 미수범은 처벌한다(제72조). 과실로 인하여 제66조부터 제71조까지의 죄를 범한 사람은 5년 이하의 징역 또는 300만원 이하의 벌금에 처하고(제73조 제1항), 업무상 과실 또는 중대한 과실로 인하여 제1항의 죄를 범한 사람은 7년 이하의 징역 또는 500만원 이하의 벌금에 따라 처벌한다(제73조 제2항). 제66조부터 제69조까지와 제71조의 죄를 범할 목적으로 예비 또는 음모를 한 사람은 7년 이하의 징역이나 금고에 따라 처벌한다. 다만, 그 목적한 죄의 실행에 이르기 전에 자수한 경우에는 그 형을 감경하거나 면제한다(제76조).

이 죄는 불을 놓아 군의 공장, 함선, 항공기 또는 전투용으로 공하는 시설, 기차, 전차, 자동차, 교량을 소훼(燒燬)함으로써 성립하는 범죄이다.

여기서 "군의 공장, 함선, 항공기"는 군의 소유인 이상 군용 또는 전투용에 공(供)하는지의 여부는 불문하고, 민간인에게 임대한 것도 이 죄의 객체가 된다. "전투용에 공(供)하는 시설, 기차, 전차, 자동차, 교량"은 실제 전투에 사용하는 것 그리고 이와 관련있는 용도로 사용되는 것뿐만 아니라 전투준비에 사용되는 것도 포함된다. 또한, "군용에 공(供)하는 물건을 저장하는 창고"는 저장된 물건이 군용에 공(供)하는 이상 창고가 군용에 공(供)하는가의 여부와 저장된 물건과 창고의 소유 여부도 불문한다.

군형법에서는 과실범(제73조)에 대해 처벌하도록 규정하고 있는데, 일반법인 형법에서는 과실범에 대해서 금고형 또는 벌금형에 처해지고 있으나, 군형법에서는 금고형은 없고 징역형 또는 벌금형이 있을 뿐이다. 군형법 제66조 제2항에서 "업무"란 성질상 화재의 위험성이 수반되는 일상업무 또는 일부업무뿐만 아니라 군용시설 등을 관리하는 업무도 포함되며, "중대한 과실"이란 조금만 주의를 기울였다면 결과발생을 예견할 수 있었음에도 불구하고 부주의로 이를 예견하지 못한 경우를 말한다.

또한, 예비 · 음모(제76조)에 대해서도 처벌하도록 규정하고 있는데, "예비"

란 군형법 제11장 각 조문의 범죄를 실행하기 위한 물적 준비행위로서 아직 실행의 착수에 이르지 아니한 일체의 행위를 말하고, "음모"란 2인 이상이 소훼를 실행하기 위한 공동의사를 형성하는 것을 말한다.

(2) 군용창고에서의 방화죄(제66조 제2항)

> **【구성요건 · 법정형】** 불을 놓아 군용에 공하는 물건을 저장하는 창고를 소훼한 사람은 군용에 공하는 물건이 현존하는 경우에는 사형, 무기 또는 7년 이상의 징역(제66조 제2항 제1호), 군용에 공하는 물건이 현존하지 아니하는 경우에는 무기 또는 5년 이상의 징역에 따라 처벌한다(제66조 제2항 제2호). 미수범은 처벌한다(제72조).

이 죄는 불을 놓아 군용에 공하는 물건을 저장하는 창고를 소훼(燒燬)함으로써 성립하는 범죄이다. 창고에 저장된 물건이 군용에 공(供)하는 이상 창고는 군용에 공(供)하는지의 여부를 묻지 않고, 저장된 물건과 창고의 소유도 상관없으며 물건이 저장된 원인도 불문한다.

사례연구 104 ▶ 군용창고의 실화와 직무유기의 성립 여부

A상병은 무기고 안에서 담배를 피우다가 선임병에게 발각되자 당황하여 꺼지지 않은 담배꽁초를 칼빈소총 진열대 위에 놓고 무기고 밖으로 나온 중대한 과실로 인하여 문을 닫는 충격으로 담배꽁초가 진열대 밑의 총기수입포 보관상자에 떨어져 훈소상태에 놓이게 되었다. 그런데 당직사관인 A소위는 내무반의 한쪽 구석의 상황실에서 근무 중 몸이 불편하여 감기약을 먹고 침상에 누어 잠을 잔 경우, A소위는 직무유기죄가 성립되는가?

▶ 대법원에서는 "형법 제122조에서 공무원이 정당한 이유없이 그 직무를 유기한 때라 함은 공무원이 정당한 사유없이 의식적으로 직무를 포기하거나 직무 또는 직장을 이탈하는 것을 말하며 공무원이 직무수행을 함에 있어서 태만, 착각 등으로 이를 성실하게 수행하지 아니한 경우까지 포함하는 것은 아니라 할 것이므로 피고인이 순찰 및 검사 등을 하지 아니하고 잠을 잔 것은 일직사관으로서의 직무를 성실하게 수행하지 아니하여 충근의무에 위반한 허물이 있다고 하겠으나 근무장소에서 유사시에 깨어 직무수행에 임할 수 있는

상황(상황실로부터 피고인이 누운 침상까지는 2미터 정도의 거리로서 판자칸막이가 있는데 불과함)에서 잠을 잔 것이므로 피고인이 고의로 일직사관으로서의 직무를 포기하거나 직장을 이탈한 것이라고는 볼 수 없다"고 판시하였다(대법원 1984. 3. 27. 선고 83도3260 판결).

(3) 노적군용물에 대한 방화죄(제67조)

【구성요건 · 법정형】 불을 놓아 노적(露積)한 병기, 탄약, 차량, 장구(裝具), 기재(器材), 식량, 피복 또는 그 밖에 군용에 공하는 물건을 소훼한 사람은 전시, 사변 시 또는 계엄지역인 경우에는 사형, 무기 또는 7년 이상의 징역, 그 밖의 경우에는 무기 또는 3년 이상의 징역에 따라 처벌한다(제67조). 미수범은 처벌한다(제72조).

이 죄는 불을 놓아 노적(露積)한 병기, 탄약, 차량, 장구(裝具), 기재(器材), 식량, 피복 또는 그 밖에 군용에 공하는 물건을 소훼(燒燬)함으로써 성립하는 범죄이고, 여기서 "노적"이란 무기고, 탄약창, 차량고 등과 같은 유체물인 영조물 이외의 장소에 쌓아 두는 것을 말한다.

Ⅲ 폭발물파열죄

【구성요건 · 법정형】 화약, 기관(汽罐) 또는 그 밖의 폭발성 있는 물건을 파열하게 하여 제66조(군용시설 등에 대한 방화죄)와 제67조(노적군용물에 대한 방화죄)에 규정된 물건을 손괴한 사람도 제66조 및 제67조의 예에 따른다(제68조). 미수범은 처벌한다(제72조).

1. 의의

폭발물파열죄란 화약, 기관(汽罐) 또는 그 밖의 폭발성 있는 물건을 파열하게 하여 제66조(군용시설 등에 대한 방화죄)와 제67조(노적군용물에 대한 방화죄)에 규정된 물건을 손괴함으로써 성립하는 범죄이다. 이 죄는 군용물의 보호와 생명·신체의 안전을 그 보호법익으로 하고 있다.

2. 구성요건요소

(1) 주체

주체는 제한이 없다. 즉, 군인, 준군인뿐만 아니라 내국인·외국인도 군인에 준하여 적용대상자가 된다(제1조 제4항 제4호 및 제12호).

(2) 객체

군형법 제66조 제1항에서 규정하고 있는 '군의 공장, 함선, 항공기 또는 전투용에 공(供)하는 시설, 기차, 전차, 자동차, 교량'이나 같은 조 제2항에 규정되어 있는 '군용에 공(供)하는 물건을 저장하는 창고' 그리고 제67조에서 규정하고 있는 '노적(露積)한 병기, 탄약, 차량, 장구(裝具), 기재(器材), 식량, 피복 또는 그 밖에 군용에 공하는 물건'이다.

(3) 행위

행위는 화약, 기관(汽罐) 또는 그 밖의 폭발성 있는 물건을 파열하게 하여 제66조(군용시설 등에 대한 방화죄)와 제67조(노적군용물에 대한 방화죄)에 규정된 물건을 손괴하는 것이다.

여기서 "폭발성 있는 물건"이란 점화 등 일정한 자극을 가하면 고체·액체 또는 가스 등의 급격한 팽창에 의하여 폭발작용을 하는 물체, 예컨대 다이너마이트·니트로글리세린 등 폭발물로 사용되는 화약과 수류탄·지뢰·시한 폭탄과 같은 폭발물이 이에 해당한다. 다만, 폭발물은 법적·규범적 개념이기 때문에 그 파괴력이 군용물을 침해할 정도여야 한다. 따라서 오락용 폭약, 화염병, 소총의 실탄발사는 여기의 폭발물이 아니다. 그리고 "손괴"란 폭발물의 파열에 의해 군용물을 훼손하거나 그 본래의 효용을 해치는 일체의 행위를 말한다. 반드시 중요부분에 대한 훼손의 필요는 없지만, 본래 용도대로 사용할 수 없는 본질적 훼손이어야 한다(대법원 1992. 7. 28. 선고 92도1345 판결).

Ⅳ 군용시설 등 손괴죄

【구성요건 · 법정형】 제66조(군용시설 등에 대한 방화죄)에 규정된 물건 또는 군용에 공하는 철도, 전선 또는 그 밖의 시설이나 물건을 손괴하거나 그 밖의 방법으로 그 효용을 해한 사람은 무기 또는 2년 이상의 징역에 따라 처벌한다(제69조). 미수범은 처벌한다(제72조).

1. 의의

군용시설 등 손괴죄란 화력이나 폭발물의 파열에 의한 방법 이외의 방법으로 군의 공장, 함선, 항공기 또는 전투용에 공(供)하는 시설, 기차, 전차, 자동차, 교량(제66조 제1항)이나 군용에 공(供)하는 물건을 저장하는 창고(같은 조 제2항) 등을 손괴하거나 그 밖의 방법으로 그 효용을 해함으로써 성립하는 범죄이다. 이 죄는 군용물의 효용과 이용가치를 그 보호법익으로 하고 있다.

2. 구성요건요소

(1) 주체와 객체

주체는 제한이 없다. 즉, 군인, 준군인뿐만 아니라 내국인·외국인도 군인에 준하여 적용대상자가 된다(제1조 제4항 제4호 및 제12호). 이 죄의 객체는 군의 공장, 함선, 항공기 또는 전투용에 공(供)하는 시설, 기차, 전차, 자동차, 교량(제66조 제1항)이나 군용에 공(供)하는 물건을 저장하는 창고(같은 조 제2항)이다.

(2) 행위

행위는 화력이나 폭발물의 파열에 의한 방법 이외의 방법으로 군의 공장, 함선, 항공기 또는 전투용에 공(供)하는 시설, 기차, 전차, 자동차, 교량(제66조 제1항)이나 군용에 공(供)하는 물건을 저장하는 창고(같은 조 제2항) 등을 손괴하거나 그 밖의 방법으로 그 효용을 해하는 것이다.

여기서 "군의 공장, 함선, 항공기", "전투용에 공(供)하는 시설, 기차, 전차, 자동차, 교량" 그리고 "군용에 공(供)하는 물건을 저장하는 창고"의 개념에 대하여는 앞의 「군용시설 등에 대한 방화죄」에서 설명한 그대로이다. "손괴"란 제66조(군용시설 등에 대한 방화)에서 규정된 물건 또는 군용에 공하는 철도, 전선 또는 그 밖의 시설이나 물건을 훼손하거나 그 본래의 효용을 해치는 일체의 행위를 말하고, 반드시 중요부분을 훼손할 필요가 없고, 간단히 수리할 수 있는 정도의 경미한 것이라도 상관없다. "그 밖의 방법으로"란 손괴 이외의 방법으로 이에 준하는 것을 말한다. 즉, 군용물 자체의 외형은 손상하지 않고 그 효용을 해치는 일체의 행위를 말한다.

사례연구 105 ▶ 군용물손괴죄

A중사는 평소 상관에 대한 불만이 있던 중 사적 울분을 발산하기 위해 탄환을 장전 발사하였다. 이러한 경우, '군용물의 효용을 해한 것'이 되어 군용물손

괴죄가 성립하는가?

▶ 대법원에서는 "군용에 공하는 기관단총의 실탄 및 공포탄을 사적인 울분의 발산책으로 기관단총에 장전발사한 소위는 군용물의 효용을 해한 경우에 해당하고 그 탄환들의 가격이 불과 금 384원이라 하여도 동 죄의 성립에 소장이 없다."고 판시하였다(대법원 1983. 5. 10. 선고 83도402 판결).

사례연구 106 ▶ 업무상 과실의 군용물손괴죄

군용 짚차의 A운전병은 B선임탑승자의 지시에 따라 철도선로를 무단횡단 중 운전부주의로 그 차량이 손괴된 경우, B선임탑승자도 군용물손괴의 공동과실이 인정되어 업무상 과실에 의한 군용물손괴죄가 성립하는가?

▶ 대법원에서는 "군용차량의 운전병이 선임탑승자의 지시에 따라 철도선로를 무단횡단 중 운전부주의로 그 차량이 손괴된 경우, 그 손괴의 결과가 선임탑승자가 사고지점을 횡단하도록 지시한 과실에 인한 것이라고 볼 수 없고 선임탑승자가 운전병을 지휘감독할 책임있는 자라 하여 그 점만으로 곧 손괴의 결과에 대한 공동과실이 있는 것이라고 단정할 수도 없다."고 판시하였다(대법원 1986. 5. 27. 선고 85도2483 판결).

V 노획물훼손죄

【구성요건 · 법정형】 적과 싸워서 얻은 물건을 횡령하거나 소훼 또는 손괴한 사람은 1년 이상 10년 이하의 징역에 따라 처벌한다(제70조). 미수범은 처벌한다(제72조).

1. 의의

노획물훼손죄란 적과 싸워서 얻은 물건을 횡령하거나 소훼 또는 손괴함으로써 성립하는 범죄이다. 이 죄는 국가의 재산을 그 보호법익으로 하고 있다. 즉, 전시에 적으로부터 취득한 물건은 국가의 재산이기 때문이다.

2. 구성요건요소

(1) 주체와 객체

주체는 제한이 없다. 즉, 적과 싸워 얻은 물건을 횡령하거나 소훼 또는 손괴한 군인, 준군인뿐만 아니라 내국인·외국인도 군인에 준하여 적용대상자가 된다(제1조 제4항 제4호 및 제12호). 이 죄의 객체는 적과 싸워서 얻은 물건이다.

(2) 행위

행위는 적과 싸워서 얻은 물건을 횡령하거나 소훼 또는 손괴하는 것이다. 여기서 "적과 싸워 얻은 물건"이란 전쟁을 통해서 적의 재물을 취득한 노획물을 말하고, "횡령"이란 자기가 점유하고 있는 국가의 재산(노획물)에 대한 불법영득의 의사를 객관적으로 표현하는 행위이다. 즉, 불법영득의 의사가 객관적으로 판단하여 표현되었다고 볼 수 있는 행위가 횡령행위이므로 단순한 내심의 의사만으로는 충분하지 않고, 노획물을 소비·착복·은닉 등 사실행위이건 매매·증여 등과 같은 법률행위이건 불문한다. 그리고, "소훼"의 개념에 대해서는 앞의 「군용시설 등에 대한 방화죄 및 실화죄」에서 설명한 그대로이다. "손괴"의 개념에 대해서는 앞에서 설명한 군용시설 등의 손괴와는 달리 폭발물에 의한 손괴행위 등 그 방법을 가리지 않는다.

사례연구 107 ▶ 노획물 절도

A중사는 전쟁을 통해서 얻은 적의 대검이 탐났고, 기념으로 절취하였다. A중사는 노획물훼손죄가 성립하는가?

▶ 노획물의 횡령·소훼·손괴가 아닌 노획물에 대한 절도·강도·사기·공갈 등에 대해서 단순히 형법상의 재산에 대한 죄가 적용되는지 아니면 군형

법 제75조(군용물 등 범죄에 대한 형의 가중)가 적용되는지에 대한 문제가 있지만, 노획물은 군용물이 아니므로 형법상의 재산에 대한 죄가 적용되어야 한다고 본다.

Ⅵ 함선 · 항공기의 복몰(覆沒) · 손괴죄

【구성요건 · 법정형】 ① 취역(就役) 중에 있는 함선을 충돌 또는 좌초시키거나 위험한 곳을 항행하게 하여 함선을 복몰(覆沒) 또는 손괴한 사람은 사형, 무기 또는 5년 이상의 징역에 따라 처벌한다(제71조 제1항). 취역 중에 있는 항공기를 추락시키거나 손괴한 사람도 제1항의 형에 따라 처벌한다(같은 조 제2항). 제1항 또는 제2항의 죄를 범하여 사람을 사망 또는 상해에 이르게 한 사람은 사형, 무기 또는 10년 이상의 징역에 따라 처벌한다(같은 조 제3항). 제1항과 제2항의 미수범은 처벌한다(제72조).

1. 의의

함선의 복몰 · 손괴죄란 취역(就役) 중에 있는 함선을 충돌 또는 좌초시키거나 위험한 곳을 항행하게 하여 함선을 복몰(覆沒) 또는 손괴함으로써 성립하는 범죄이고, 항공기의 복몰 · 손괴죄란 취역 중에 있는 항공기를 추락시키거나 손괴함으로써 성립하는 범죄이다. 이 죄는 국가의 재산(군용물의 효용 · 이용가치)과 군인의 생명 · 신체의 안전을 그 보호법익으로 하고 있다.

2. 구성요건요소

(1) 주체와 객체

주체는 제한이 없다. 즉, 적과 싸워 얻은 물건을 횡령하거나 소훼 또는 손괴한 군인, 준군인뿐만 아니라 내국인 · 외국인도 군인에 준하여 적용대상자가 된다(제1조 제4항 제4호 및 제12호). 이 죄의 객체는 취역(就役) 중에 있는 함선 또는 항공기이다.

(2) 행위

함선의 복몰·손괴죄의 행위는 취역(就役) 중에 있는 함선을 충돌 또는 좌초시키거나 위험한 곳을 항행하게 하여 함선을 복몰(覆沒) 또는 손괴하는 것이고, 항공기의 복몰·손괴죄의 행위는 취역 중에 있는 항공기를 추락시키거나 손괴하는 것이다. 여기서 "복몰(覆沒)"이란 전복(顚覆)과 매몰(埋沒)을 의미하고, "추락"이란 비행 중에 있는 항공기에 대하여 항공능력을 상실하게 하여 지상이나 해상에 떨어지는 것을 말한다.

함선의 복몰·손괴의 방법은 제71조 제1항에서 '함선을 충돌 또는 좌초시키거나 위험한 곳을 항행'함으로써 함선을 복몰·손괴의 결과를 발생시켜야 한다고 규정하고 있으나 이는 예시적 규정에 불과함으로 그 외의 방법도 불문한다. 그리고 항공기의 추락·손괴의 방법은 제71조 제2항에서 예시적 규정이 없지만, 이에는 제한이 없다.

사례연구 108 ▶ 함선의 손괴와 상해

A해군병장은 B선임병에 대한 불만으로 함선을 어선과 충돌하게 하고, B선임병을 대검으로 찔러 상해를 입혔는데, A병장은 어떤 처벌을 받게 되는가?

▶ 함선의 복몰·손괴죄나 항공기의 추락·손괴죄를 범하면 사형, 무기 또는 5년 이상의 징역에 처해지게 되어 법정형이 같고, 이와 같은 죄로 사람을 사망 또는 상해에 이르게 한 사람은 사형, 무기 또는 10년 이상의 징역의 징역에 처하도록 하여 군인 등의 생명·신체에 대한 보호의 정도가 더 높다.

Ⅶ 군용물분실죄

【구성요건 · 법정형】 총포, 탄약, 폭발물, 차량, 장구, 기재, 식량, 피복 또는 그 밖에 군용에 공하는 물건을 보관할 책임이 있는 사람으로서 이를 분실한 사람은 5년 이하의 징역 또는 300만원 이하의 벌금에 따라 처벌한다(제74조).

1. 의의

군용물분실죄란 총포, 탄약, 폭발물, 차량, 장구, 기재, 식량, 피복 또는 그 밖에 군용에 공하는 물건을 보관할 책임이 있는 사람으로서 이를 분실함으로써 성립하는 범죄이다. 이 죄는 국가의 재산(군용물의 효용 · 이용가치)을 그 보호법익으로 하고 있다.

물건을 보관하고 있던 자가 물건을 분실한 경우에는 민사상의 손해배상책임을 부담하는 것에 그치지만, 군형법에서는 군용물이 군의 전투력과 밀접한 관계가 있다는 점에서 보호의 정도를 더 높게 하려는 입법취지 하에서 범죄로 규정하고 있다.

2. 구성요건요소

(1) 주체와 객체

군용물분실죄의 주체는 군인, 준군인이고, 객체는 총포, 탄약, 폭발물, 차량, 장구, 기재, 식량, 피복 또는 그 밖에 군용에 공하는 물건이며, 여기서의 물건은 노적한 군용물에 한정되는 것은 아니다(대법원 1965. 11. 23. 선고 65도881 판결).

사례연구 109 ▶ 군용물분실죄의 객체

A운전병은 식량과 피복 등을 실고 부대로 복귀하던 중 피복이 떨어져서 분실하였다. 군형법 제74조(군용물분실되)의 객체는 노적(露積)한 군용물에 한하는가?

▶ 대법원에서는 "군형법 제74조에 규정된 군용물분실죄에는 노적군용물방화죄(제67조)와 같이 '노적'이라는 제한이 붙어있지 아니한 점과 노적하지 아니한 군용물을 분실한 경우에 노적한 군용물을 분실한 경우와 구별하여 처벌하여서는 안되는 특별한 이유를 발견할 수 없음에도 불구하고 노적하지 아니한 군용물을 분실한 경우에 처벌할 수 있는 규정이 따로이 없는 점에 비추어 군형법 제74조의 군용물분실죄의 대상이 되는 물건은 노적한 군용물에 한정한다고는 할 수 없을 것이다."고 판시하였다(대법원 1965. 11. 23. 선고 65도881 판결).

(2) 행위

행위는 총포, 탄약, 폭발물, 차량, 장구, 기재, 식량, 피복 또는 그 밖에 군용에 공하는 물건 등을 분실하는 것이다.

여기서 "분실"이란 군용에 공하는 물건을 보관할 책임이 있는 자가 선량한 보관자로서의 주의의무를 게을리하여 그의 '의사에 의하지 않고 물건의 소지를 상실'하는 소위 과실범을 말한다(대법원 1999. 7. 9. 선고 98도1719 판결). 예컨대, 경비소대장이 근무 후 권총과 실탄을 소대무기고에 보관함에 있어서 「총기 및 탄약관리규정」에 따르지 아니하고, 권총과 실탄을 탄띠에 함께 말아 그냥 무기고 선반 위에만 얹어 두어 소대 초병이 무기고에 들어가 위 권총과 실탄을 절취함으로써 이를 분실하였다면 군용물분실죄가 성립한다(대법원 1985. 4. 9. 선고 85도92 판결). 또한 실탄유출방지를 위한 탄피 및 잔여실탄의 회수 및 확인책임은 통제관 및 지휘관에 있고 탄약장교는 탄피 및 잔여실탄의 반납이 있을 때 그 수량이 불출량과 일치하는 여부를 확인하고 그때부터 보관할 책임이 있고(대법원 1983. 4. 12. 선고 82도3194 판결), 탄피, 실탄 등을 분실한 경우에도 군용물분실죄가 성립한다.

사례연구 110 ▸ 군용물분실죄

A소대장은 소속대 331호 전차에 탑승하여 제병협동훈련 중 Y시 소재 노상에서 일시 휴식을 하게 되었는데 마침 용변을 위하여 소속대대로부터 지급받아 휴대하던 군용물인 0.45구경 권총 1정과 탄띠를 전차 관물대 위에 풀어 놓았는데 휴식이 끝나고 집결지를 향하여 다시 출발한 때문에 진행하는 전차의 동요로 위 권총 등을 떨어트리고 지나가 버렸다. A소대장은 어떤 죄가 성립되는가?

▶ 대법원에서는 "군형법 제74조에 규정된 군용물분실죄는 같은 조 소정의 군용에 공하는 물건을 보관할 책임이 있는 자가 선량한 보관자로서의 주의의무를 해태하여 그의 의사에 의하지 않고 물건의 소지를 상실하는 소위 과실범을 말하는 것이므로 피고인(소대장)이 휴식시간 동안 권총과 탄띠를 전차관물대 위에 풀어 놓고는 휴식이 끝났는데도 그대로 방치한 채 전차를 출발시킨 때문에 전차의 진행, 동요로 위 권총 등을 땅에 떨어뜨리고 지나감으로써 군용물을 분실한 경우에는 동 죄가 성립한다"고 판시하였다(대법원 1999. 7. 9. 선고 98도1719 판결, 대법원 1984. 3. 27. 선고 84도249 판결 등 참고).

Ⅷ 군용물 등 범죄에 대한 형의 가중

1. 서설

【구성요건 · 법정형】 총포, 탄약, 폭발물, 차량, 장구, 기재, 식량, 피복 또는 그 밖에 군용에 공하는 물건 또는 군의 재산상 이익에 관하여 「형법」 제2편 제38장부터 제41장까지의 죄를 범한 경우에는 총포, 탄약 또는 폭발물의 경우에는 사형, 무기 또는 5년 이상의 징역(제75조 제1항 제1호), 그 밖의 경우에는 사형, 무기 또는 1년 이상의 징역에 따라 처벌한다(제75조 제1항 제2호). 제1항의 경우에는 「형법」에 정한 형과 비교하여 중한 형으로 처벌한다(제75조 제2항). 제1항의 죄에 대하여는 3천만원 이하의 벌금을 병과(併科)할 수 있다(제75조 제3항).

군형법 제75조(군용물 등 범죄에 대한 형의 가중)는 제11장 군용물에 관한 죄

중에서 독자적인 다른 범죄와는 달리 그 자체로서 특별한 범죄를 규정한 것이 아니다. 즉, 총포, 탄약, 폭발물, 차량, 장구, 기재, 식량, 피복 또는 그 밖에 군용에 공하는 물건 또는 군의 재산상 이익에 관하여 형법 제2편 제38장부터 제41장까지의 죄를 범한 경우에는 형법에서 규정하고 있는 법정형 보다 엄하게 처벌할 것을 규정하고 있다. 형법 제2편 제38장부터 제41장까지는 절도죄, 강도죄, 사기죄, 공갈죄, 횡령죄, 배임죄 및 장물에 관한 죄가 있다.

군형법 제75조가 인용한 "형법 제2편 제38장부터 제41조까지의 죄를 범한 경우"는 그 형법 해당부분의 각 범죄의 기수뿐만 아니라 그 미수범 처벌규정까지도 포함하여 가중처벌하는 것이다(고등군사법원 1965. 3. 10. 선고 해병대 65고군형항8 판결). 그리고 군형법 제75조(군용물 등 범죄에 대한 형의 가중)와 제77조(외국의 군용시설 또는 군용물에 대한 행위)의 객체의 구별은 군의 용도에 공(供)하기 위하여 군에서 관리하는 물건으로서 군의 필요에 의하여 사용될 가능성만 있으면 성립된다(고등군사법원 1974. 1. 22. 선고 육군 73고군형항159 판결).

사례연구 111 ▶ 군용물에 대한 가중 형량의 위헌성 여부

A병장은 전역을 2개월 앞두고 기념할 만한 군용물을 마련하여 두었다가 전역기념으로 가져가기로 마음먹었다. 어느 날 A병장은 부대 사격장에서 사격훈련을 나가 실탄 수불을 담당하게 되자 실탄을 분배하면서 실탄 2발을 주머니 속에 감추었다. 그런데 군형법에서는 군용물(탄약)에 대한 절도죄에 대해 사형, 무기 또는 5년 이상의 징역에 처하도록 규정하여 6년 이하의 징역 또는 1천만원 이하의 벌금에 처하도록 규정하고 있는 형법상의 절도죄 보다 형량이 대단히 높다. 이는 헌법을 위반하는 것인가?

▶ 군용물에 관한 범죄를 형법보다 가중하는 것에 대한 위헌성 문제가 있다. 그러나 군용물에 관한 범죄는 군의 물적 전쟁수행능력을 침해하고 위태롭게 하는 것이고, 그 보호법익도 단순한 재산권의 보호는 군용물 자체의 재산적 가치가 아니라 국가적 법익인 군용물의 효용성 즉 군용물이 지니고 있는 군의 물적 전쟁수행능력으로서의 군사적 가치인 것이다. 더구나 군용물 중에서도 가장 기본적이고도 중심적인 전쟁수행물자라고 할 수 있는 총포, 탄약,

폭발물로서 언제라도 인명의 살상에 이용될 수 있는 고도의 위험성을 지닌 것이므로 이러한 군용물이 절취된다는 것은 군이 전쟁에 대비하여 유지·강화하여야 할 전투력에 대한 치명적인 손실이 될뿐만 아니라, 나아가 이를 절취하는 사람에게는 어떤 형태로든 그것이 가지는 인명살상의 기능을 이용할 가능성이 있다고 보는 것이 상당하다는 점에 비추어 볼 때, 총포 등의 군용물 절도죄에 대하여 총포 등이 아닌 군용물의 절도죄나 일반 「형법」상의 절도죄에 비하여 특히 엄한 법정형을 규정하고 있는 것은 비례의 원칙이나 과잉금지의 원칙에 위배되지 않는다(헌법재판소 1995. 10. 6. 92헌바45 결정).

2. 군용물 등에 대한 절도죄

(1) 의의

군용물에 대한 절도죄란 행위자 이외의 타인이 점유하고 있는 군형법 제75조 제1항의 목적물인 총포, 탄약, 폭발물, 차량, 장구, 기재, 식량, 피복 또는 그 밖에 군용에 공(供)하는 물건을 절취함으로써 성립하는 범죄이다.

타인이 점유하고 있는 군용물에 대해서만 이 죄가 성립한다는 점에서 자기가 점유하고 있는 군용물에 관하여 성립하는 군용물에 관한 횡령죄와는 다르다.

(2) 구성요건요소

이 죄의 주체는 군인 또는 준군인이지만, 총포, 탄약 또는 폭발물의 경우에는 내국인·외국인도 적용대상자가 되고(제1조 제4항 제5호), 객체는 타인이 점유하고 있는 총포, 탄약, 폭발물, 차량, 장구, 기재, 식량, 피복 또는 그 밖에 군용에 공(供)하는 물건이다. 따라서 군용에 공(供)하지 않는 차량이나 금전 등은 형법상의 절도죄가 성립할 뿐 이 죄가 성립하지는 않으며, 군의 소유여부와 관계없이 군용에 공(供)하는 것으로도 충분하다. 군형법 제75조 제1항 제1호에 규정하는 '총포'에 있어서 M16, A1 소총의 총열은 총의 1개 부품에 지나지 아니하여 총포에 해당하지 않는다(대법원 1992. 5. 29. 선고 92초37 판결).

이 죄의 행위는 군용물 등(군형법 제75조 제1항의 목적물)을 절취하는 것이다. 여기서 "절취"란 타인이 점유하고 있는 군용물을 점유자의 의사에 반하여 그 점유를 배제하고 자기 또는 제3자의 점유로 옮기는 것을 말하고, 어떤 물건이 타인의 점유 하에 있는 여부는 객관적인 요소로서의 관리 범위 내지 사실적 관리 가능성 외에 주관적 요소로서의 지배의사를 참작하여 결정하되 궁극적으로는 당해 물건의 형상과 사회통념에 비추어 규범적 관점에서 판단할 수밖에 없다(대법원 1999. 11. 12. 선고 99도3801 판결). 예컨대 장갑차 지원소대장으로서 상황장갑차의 탑승원 중 가장 상급자라 하더라도 그 장갑차 내에 적재된 군용물이 지원소대장의 단독점유 하에 있다고는 볼 수 없으므로 지원소대장이 이를 불법영득하였다면 절도죄에 해당한다(대법원 1984. 2. 28. 선고 83도3271 판결).

사례연구 112 ▸ 군용물 절도죄의 착수시기와 기수시기

A상병은 대검을 분실하게 되자 타인의 대검을 절취할 목적으로 다른 내무반으로 들어갔는데, 이로써 절도죄가 성립하는가? 그리고 타인의 대검에 손을 접촉한 때에도 이 죄가 성립하는가?

▶ 군용물에 대한 절도죄의 착수시기는 타인의 점유를 배제하는 행위를 개시한 때이므로 타 내무반에 침입한 것만으로 절도죄의 착수를 인정할 수 없고, 절취할 재물에 접근하거나 이를 물색할 때에 실행의 착수를 인정해야 한다. 또한, 기수시기는 접촉설, 취득설, 이전설, 은닉설 등이 대립하고 있으나, 군용물(대검)을 자기의 지배하에 두면 충분하다고 보아야 하므로 군용물(대검)을 취득한 때에 기수가 된다는 취득설이 통설이며 타당하다고 본다. 다만, 취득설에 의한 경우에도 언제 점유의 이전이 있는가는 목적물의 성질·형상·장소 등을 감안하여 경험칙에 따라야 하므로 대검 또는 군복 등과 같이 쉽게 운반할 수 있는 군용물은 호주머니 또는 가방에 넣는 것만으로 재물의 취득이 있다고 보아야 하겠지만, 무거운 냉장고·가구·자동차 등 크기와 무게에 비추어 쉽게 운반할 없는 군용물인 경우에는 피해자의 지배범위를 벗어나야 군용물을 취득하였다고 보아야 한다(대법원 1994. 9. 9. 선고 94도1522 판결). 따라서 A상병의 행위는 군용물에 대한 절도죄가 성립되지 않는다.

사례연구 113 ▶ 군용물 절도죄에 있어서의 영득의사

(1) A소위는 타인을 살해하고 자살할 의도로 장갑차 내에 적재된 수류탄을 가져간 경우에 군용물절도죄가 성립하는가? (2) 또한, B상병은 훈련 중 총기를 분실하였는데, 이를 보충하기 위하여 불법영득의사 없이 타 부대의 총기를 무단으로 가지고 나간 경우에 군용물절도죄가 성립하는가?

▶ (1)의 사례에서 대법원은 "지원소대장으로서 상황장갑차의 탑승원 중 가장 상급자라 하더라도 그 장갑차 내에 적재된 군용물이 피고인의 단독점유 하에 있다고는 볼 수 없으므로 피고인이 이를 불법영득하였다면 절도죄에 해당한다."고 판시하였다. 그리고 (2)의 사례에서 절도죄의 성립에 필요한 불법영득의 의사란 권리자를 배제하고 타인의 물건을 자기의 소유물과 같이 그 경제적 용법에 따라 이용·처분할 의사를 말하는 것으로 영구적으로 그 물건의 경제적 이익을 보유할 의사가 필요한 것은 아니지만 단순한 점유의 침해만으로서는 절도죄를 구성할 수 없고 소유권 또는 이에 준하는 본권을 침해하는 의사 즉 목적물의 물질을 영득할 의사이거나 또는 그 물질의 가치만을 영득할 의사이든 적어도 그 재물에 대한 영득의 의사가 있어야 하여야 하는 바(대법원 1965. 2. 24. 선고 64도795 판결, 대법원 1977. 6. 7. 선고 77도1069 판결, 대법원 1992. 9. 8. 선고 91도3149 판결), B상병은 자신이 잃어버린 총기를 보충하기 위하여 총기 1정을 가지고 나온데 불과한 것이었고, 총기 1정을 본인의 소유물과 같이 이를 처분함으로써 소유자인 국가를 배제하려는 등의 불법영득의사가 있었다고 보기 어렵다는 점에서 군용물절도죄가 성립하지 않는다.

3. 군용물 등에 관한 강도죄

(1) 의의

군용물에 대한 강도죄란 폭행 또는 협박으로 군형법 제75조 제1항의 목적물을 강취하거나 기타 재산상의 이익을 취득하거나 제3자로 하여금 이를 취득하게 함으로써 성립하는 범죄이다.

범죄의 방법이 폭행·협박이라는 점에서 이러한 방법에 의하지 않는 군용물에 관한 절도죄와 다르고, 폭행·협박이 상대방의 저항을 불가능하게 하는 정도의 것이어야 한다는 점에서 그러한 정도를 요하지 않는 군용물에 관한 공갈죄와 구별된다.

(2) 구성요건요소

이 죄의 주체는 제한이 없다. 즉, 군인·준군인뿐만 아니라 내국인·외국인도 포함된다(제1조 제4항 제5호). 객체는 타인의 군용물 또는 재산상의 이득이다. 즉, 총포, 탄약, 폭발물, 차량, 장구, 기재, 식량, 피복 또는 그 밖에 군용에 공(供)하는 물건 또는 이와 같은 물건 이외의 재산상의 이득이다. "재산상의 이익"은 적극적·소극적·영구적·일시적 이익 여부와 종류·태양은 묻지 않는다.

이 죄의 행위는 폭행·협박으로 군용물 등(군형법 제75조 제1항의 목적물)을 강취하거나 기타 군의 재산상의 이익을 취득하거나 제3자로 하여금 취득하게 하는 것이다. 여기서 "강취"란 반항을 억압할 수 있는 정도의 폭행·협박에 의하여 피해자의 의사에 반하여 그의 군용물 또는 재산상의 이익을 자기 또는 제3자의 점유로 옮기는 것을 말한다.

이 죄의 착수시기는 군용물이나 재산상의 이익을 취득할 목적으로 폭행·협박을 개시한 때이고, 기수시기는 군용물이나 재산상의 이익을 취득한 때이다.

사례연구 114 ▶ 군용물 강도죄와 재판관할

A일병은 훈련기간 중, 휴식을 취하고 있었는데 술에 취한 일반인 B씨가 다가와 시비를 걸어오더니 폭행을 하고 A일병의 소총을 빼앗고, 또 B씨는 같은 날 일반인 C의 지갑을 폭행을 가하여 빼앗았다. 이 경우, 경합범인 일반인 B씨는 일반법원에서 재판을 받게 되는가 아니면 군사법원에서 재판을 받게 되는가?

▶ 경합범이란 판결이 확정되지 아니한 수개의 죄(형법 제37조 전단) 또는 금고 이상의 형에 처한 판결이 확정된 죄와 그 확정판결 전에 범한 죄(같은 조 후단)를 말한다. 총포, 탄약 또는 폭발물에 대한 강도죄는 내국인·외국인

도 적용대상자가 되는데(제1조 제4항 제5호 및 제75조 제1항), 군용물강도죄와 형법상의 강도죄가 경합범 관계에 있는 것으로 보아 하나의 사건으로 기소된 경우, 군형법상의 범죄는 군사법원에, 형법상의 범죄는 일반법원이 재판관할권을 갖게 된다. 대법원에서도 "일반 국민에 대해 군사법원 관할 범죄인 군용물절도죄와 일반 범죄가 경합범 관계에 있다고 보아 하나의 사건으로 기소된 경우, 군형법상의 범죄는 군사법원에, 일반 범죄는 일반법원에 재판권이 있다"고 판시한 바 있다(대법원 2016. 6. 16. 선고 2016초기318 판결).

4. 군용물 등에 관한 사기죄

(1) 의의

군용물에 대한 사기죄란 군인 등을 기망하여 피기망자에게 착오를 일으켜 군용물(군형법 제75조 제1항의 목적물)을 교부받거나 군의 재산상의 이익을 취득하거나 제3자로 하여금 취득하게 함으로써 성립하는 범죄이다.

사기죄는 피기망자의 하자있는 의사로 인하여 재산상의 처분행위를 요건으로 하는 점에서는 후술하는 공갈죄와 같지만, 사기죄가 기망을 수단으로 하고 있는 점에서 공갈을 수단으로 하는 공갈죄와 구별된다.

(2) 구성요건요소

이 죄의 주체와 객체는 앞에서 설명한 군용물 등에 대한 강도죄와 내용이 같다.

이 죄의 행위는 군인 등을 기망하여 피기망자에게 착오를 일으켜 군용물 등(군형법 제75조 제1항의 목적물)을 교부받거나 군의 재산상의 불법한 이익을 취득하거나 제3자로 하여금 취득하게 하는 것이다.

여기서 "기망"이란 허위의 의사표시에 의하여 군인 등을 착오에 빠지게 하는 일체의 행위로써, 군용물 취득의 수단으로 행하는 것을 말한다. 기망의 수단・방법에는 제한이 없다. 군인 등에게 착오를 일으키게 하는 것인 한, 작위・부작위, 명시적・묵시적이건 불문한다. 부작위에 의한 기망행위는 적어도 상대방이 행위자와 관계없이 스스로 착오에 빠져있어야 하고, 행위자는 상대방의 착오를 제거해야할 고지의무가 있어야 한다.

그리고 기망행위로 상대방(피기망자)이 착오에 빠져야 한다. 여기에서 "착오"란 사실에 관한 잘못된 관념(생각)과 현실이 일치하지 않는 것을 말하는데, 상대방에게 잘못된 관념을 갖게 하거나 이를 계속 유지하도록 해야 한다. 따라서 적극적 오인, 소극적 부지를 묻지 않는다.

한편, 군용물 등에 대한 사기죄가 성립하기 위해서는 기망행위와 군용물 취득 사이에 인과관계가 있어야 하고, 피기망자의 재산처분행위가 있어야 한다. 상대방의 착오에 의한 처분행위로 재산을 취득하는 것을 편취라 한다. 재산처분행위는 군형법 제75조 제1항에 명시된 것은 아니지만 착오와 재산처분 사이의 인과관계를 구체적으로 확정하고, 처분행위 없이 재물이 이전되는 절도죄와 구별되는 요소이므로 조문에 기술되지 아니한 구성요건요소이다.

사례연구 115 ▶ 군용물 사기죄

일반인 A는 B이병에게 국군방첩사령부 요원이라고 속이고, 수사에 필요하다며 대검을 교부받아 이를 편취하였는데, 이 경우 일반인 A는 무슨 죄가 성립되고, 어느 법원에서 어떤 처벌을 받게 되는가?

▶ 군용물사기죄는 군인 등을 기망하여 피기망자에게 착오를 일으켜 군용물을 교부받거나 군의 재산상의 불법한 이익을 취득하거나 제3자로 하여금 취득하게 함으로써 성립하는 범죄이다. 이 죄의 착수시기는 편취의사로 기망행위를 개시한 때이고, 기수시기는 기망자나 제3자가 군용물이나 재산상의 이익을 취득한 때이다. 그리고 재판관할권은 군사법원이며, 사형, 무기 또는 1년 이상의 징역에 처해지게 되고(제1조 제4항 제5호 및 제75조 제1항 제2호), 3천만원 이하의 벌금을 병과할 수 있다(제75조 제3항).

5. 군용물 등에 관한 공갈죄

(1) 의의

군용물 등에 대한 공갈죄란 군인 등을 공갈하여 군용물 등(군형법 제75조 제1항의 목적물)을 교부받거나 군의 재산상의 이득을 취득하거나 또는 제3자로 하여금 재물을 교부받게 하거나 재산상의 이익을 취득하게 함으로써 성립하는 범죄이다. 군용물사기죄와 마찬가지로 재물죄인 동시에 이익죄이다.

(2) 구성요건요소

이 죄의 주체와 객체는 앞에서 설명한 군용물 등에 대한 강도죄와 내용이 같다.

이 죄의 행위는 군인 등을 공갈하여 군용물 등(군형법 제75조 제1항의 목적물)을 교부받거나 군의 재산상의 이익을 취득하거나 제3자로 하여금 취득하게 하는 것이다.

여기서 "공갈"이란 폭행 또는 협박으로 상대방에게 공포심을 일으키게 하는 일체의 행위를 말한다. 강도죄는 폭행·협박이 피해자의 반항을 억압할 정도이어야 하지만, 공갈의 경우는 피해자의 임의의사를 제한하는 정도면 충분하다. 이러한 의미에서 공갈죄의 수단인 폭행·협박과 강도의 그것은 질적 차이가 있는 것이 아니라 양적 차이에 불과하다. 그리고 "폭행"은 군인 등에 대하여 유형력을 행사하는 것이고, 폭행은 강제적 폭력(심리적 폭력)에 한하며, 절대적 폭력은 제외된다. "협박"은 해악을 고지하여 상대방에게 공포심을 일으키게 하는 일체의 행위를 말하고, 자연발생적인 해악, 즉 "그런 짓하면 벼락 맞는다"고 한 것은 경고이지 협박이 아니다.

군용물공갈죄는 공갈의 방법인 협박을 통해 해악을 고지하여 상대방에게 공포심을 일으키는 일체의 행위를 말하는데, 공포행위를 하였으나 상대방이 공포에 의하지 아니하고 동정심 기타의 이유로 군용물 등을 처분하는 경우에는 군용물공갈죄가 성립하지 않고 군용물횡령죄만 성립한다.

사례연구 116 ▶ 군용물 공갈죄

기혼인 A남중위와 미혼인 B여하사는 부적절한 관계에 있다. 이를 눈치 챈 C중사는 군 수사기관에 신고하겠다고 A와 B에게 고지하여 그 입막음용으로 군화, 군복 등을 교부받았다. 이 경우, C중사는 어떤 죄가 성립하는가?

▶ 군용물공갈죄는 군인 등을 공갈하여 군용물 등(군형법 제75조 제1항의 목적물)을 교부받거나 군의 재산상의 이익을 취득하거나 제3자로 하여금 취득하게 하는 행위가 있어야 하는데, 여기서 공갈의 방법인 협박은 해악을 고지하여 상대방에게 공포심을 일으키는 일체의 행위를 말하고, 고지되는 해악은 현재 또는 장래의 사항도 무방하며 그 내용은 제한이 없다. 생명・신체・자유・명예・신용・재산뿐만 아니라 범죄사실을 수사기관에 신고하겠다고 고지하여 그 입막음용으로 군용물을 교부받았다면 이 죄가 성립되어, 위 사례인 경우에는 사형, 무기 또는 1년 이상의 징역에 처해지고(제75조 제1항 제2호), 3천만원 이하의 벌금을 병과할 수 있다(제75조 제3항).

6. 군용물 등에 관한 횡령죄

(1) 의의

군용물에 대한 횡령죄란 자기가 점유하고 있는 타인의 군용물 등(군형법 제75조 제1항의 목적물)을 횡령하거나 반환을 거부함으로써 성립하는 범죄이다. 이 죄는 자기가 점유하고 있는 군용물에 관하여 성립한다는 점에서 타인이 점유하고 있는 군용물에 대해서만 성립하는 군용물에 관한 절도죄와 구별된다.

형법에서는 단순횡령죄의 경우 5년 이하의 징역 또는 1천500만원 이하(제355조 제1항), 그리고 업무상 횡령죄의 경우에는 10년 이하의 징역 또는 3천만원에 처하도록 규정하고 있으나, 군형법상 횡령죄는 그 법정형이 동일하게 되어 양죄 사이에 형의 경중이 없게 되었으므로 법률적용에 있어서 "신분관계로 인하여 형의 경중이 있는 경우에는 중한 형으로 벌하지 아니한다"는 형법 제33조 단서의 적용을 받지 않는다(대법원 1965. 8. 24. 선고 65도493 판결).

(2) 구성요건요소

이 죄의 주체는 위탁관계에 의하여 타인의 군용물 등(군형법 제75조 제1항의 목적물)을 보관하고 있는 사람이다. 따라서 타인의 군용물은 타인의 소유물을 의미하므로 타인의 군용물 등을 보관하는 사람만이 주체가 된다. 여기에서 "보관"이란 위탁관계에 의하여 타인이 맡긴 군용물 등을 사실상 또는 법률상 지배·관리하는 것을 말한다. 객체는 자기가 보관하고 있는 타인의 군용물 등이고, 절도·강도·사기·공갈·횡령에 의해 범인이 소지하고 있던 군용물 등은 이 죄의 객체가 될 수 없고, 앞의 죄가 각각 성립할 뿐이다.

이 죄의 행위는 군용물 등(군형법 제75조 제1항의 목적물)을 횡령하거나 반환을 거부하는 것이다. 여기서 "횡령"이란 자기가 점유하는 타인의 군용물 등에 대한 불법영득의 의사를 객관적으로 표현하는 행위이다. 횡령행위는 소비·착복·은닉·휴대도주·점유부인 등과 같은 사실행위건, 매매·증여·대여 등과 같은 법률행위이건 불문한다. 예컨대 사병급식용 식량을 입출고하는 사병은 국가소유인 사병급식을 사실상 지배·보관하고 있다 할 것이므로 이를 처분할 경우에는 군용물횡령죄가 성립한다(대법원 1967. 10. 23. 선고 67도1133 판결). 그리고 "반환을 거부하는 것"이란 보관물에 대하여 정당한 사유 없이 소유자의 권리를 배제하는 의사표시이다. 따라서 반환물을 찾지 못한 경우나 유실·도난 등으로 반환할 수 없는 사정이 발생한 때에는 반환거부만으로 이 죄를 구성한다고 볼 수 없다.

사례연구 117 ▸ 군용물횡령죄

(1) A원사는 사병식당의 취사반장인데, 사병 급식용 고기를 부대 인근 정육점에 싸게 처분하여 이익을 취하였는데, A취사반장은 무슨 죄가 성립하는가? (2) A상병은 상사인 포대장이나 인사계 상사의 지시에 의해 휘발유 등 군용물을 불법 매각하였는데, A상병에게 군용물횡령죄가 성립되는가? (3) A중사와 B하사는 소속 부대의 차량지휘점검에 대비하여 연대장으로부터 소속 부대의 차량을 기필코 어떠한 방법으로든 수리하라는 엄명을 받고 군용유를 차량수리비로 처분하였는데, 이 경우에도 군용물횡령죄가 성립되는가?

▶ (1) A원사는 소속대 사병식당의 취사반장으로서 사병급식용 부식을 관리하는 직책을 맡고 있었으므로 국가 소유인 사병급식용 고기를 처분한 행위는 횡령죄를 구성한다(대법원 1982. 3. 23. 선고 81도2455 판결 및 대법원 1979. 6. 26. 선고 77도534 판결). (2) 휘발유 등 군용물의 불법매각이 상사인 포대장이나 인사계 상사의 지시에 의한 것이라 하여도 그 같은 지시가 저항할 수 없는 폭력이나 자기 또는 친족의 생명, 신체에 대한 위해를 방어할 방법이 없는 협박에 상당한 것이라고 인정되지 않은 이상 강요된 행위로서 책임성이 조각된다고 할 수 없다(대법원 1983. 12. 13. 선고 83도2543 판결). (3) 비록 연대장인 상관으로부터 부대검열에 대비하여 기필코 어떠한 방법으로든지 차량을 수리하라는 엄명이 있었고 또 이 사건 휘발유 등 매각대금을 대부분 부대 차량수리비로 사용하였다 하더라도 군부대의 장비로 보관중인 군용 휘발유와 석유를 차량수리비로 처분하는 행위는 군부대를 위한 행위라고 볼 수 없어 군용물횡령죄를 구성한다(대법원 1979. 6. 26. 선고 77도534 판결).

7. 군의 재산상 이익에 관한 배임죄

(1) 의의

군의 재산상 이익에 관한 배임죄란 군의 재산에 관한 사무를 처리하는 군인 등이 그 임무에 위배하는 행위로써 재산상의 이익을 취득하거나 제3자에게 취득하게 하여 군에 손해를 가함으로써 성립하는 범죄이다.

이 죄는 군용물에 관한 횡령죄와 유사하지만, 군용물에 관한 횡령죄는 군용에 공(供)하는 물건(재물)에 관해서만 성립하는데 반하여 군의 재산상 이익에 관한 배임죄는 군의 재산상의 이익에 관해서만 성립한다는 점에서 각각 다르다.

(2) 구성요건요소

이 죄의 주체는 군의 재산에 관한 사무를 처리하는 사람만이다. 여기서 "군의 사무를 처리하는 사람"이란 군과의 관계에서 신의성실에 따라 그 사무를 처리할 신뢰관계에 있는 사람을 말한다.

이 죄의 행위는 임무에 위배하는 행위(배임행위)로써 군의 재산상의 이익을 취득하거나 제3자로 하여금 취득하게 하여 군에 손해를 가하는 것이다. 여기서 "임무에 위배하는 행위(배임행위)"란 업무에 위배하는 행위로써 법률상 또는 사실상의 신뢰관계를 배반하는 행위를 말하고, "이익 취득"이란 배임행위로 인하여 자기 또는 제3자가 재산상의 이득을 취득하여야 한다. 즉, 군에게 재산상의 손해를 가하면 바로 배임죄가 성립하는 것이 아니라 배임행위로 인하여 재산상의 이익을 취득해야 배임죄가 성립한다. 그리고 "군의 재산상의 손해"란 배임행위로 인하여 군에 재산상의 손해가 발생하여야 하며, 배임행위와 재산상의 손해 사이에는 인과관계가 있어야 한다.

사례연구 118 ▶ 군의 재산상 이익에 관한 배임죄

A대위는 00부대 경리과장으로 근무하고 있고, B중사는 경리과에서 근무하고 있다. A대위는 군에서 지급해야 할 현금이 필요하여 B중사에게 군의 예금통장을 주고 100만원을 인출해 오라고 하였는데, 노름빚에 허덕이고 있었던 B중사는 A대위의 의사에 반하여 600만원을 인출하였다. 이 경우, B중사는 어떤 죄가 성립하는가?

▶ 군의 사무를 처리하는 사람만이 군의 재산상 이익에 관한 배임죄의 주체가 된다. 예금통장에서 돈의 인출을 의뢰받은 사람이 의뢰인의 의사에 반하여 의뢰받은 돈보다 많은 돈을 인출한 때에는 군의 재산상 이익에 관한 배임죄가 성립되어 사형, 무기 또는 1년 이상의 징역에 처해지게 되고(제75조 제1항 제2호), 3천만원 이하의 벌금을 병과할 수 있다(제75조 제3항).

8. 군용물에 관한 장물죄

(1) 의의

군용물에 관한 장물죄란 장물을 취득·양도·운반·보관하거나 이를 알선함으로써 성립하는 범죄이고, 재산죄(절도·강도·사기·공갈·횡령 등) 가운데 재물만을 객체로 하는 재물죄이다. 형법은 장물죄를 절도죄나 횡령죄보다 무겁게 처벌한다. 이는 절도범・횡령범이 장물범을 통하여 장물을 처분할 수 있으며, 장물범은 재산죄의 실행을 유발한다는 특수한 위험성 때문이다.

(2) 구성요건요소

이 죄의 객체는 장물인 총포, 탄약, 폭발물, 차량, 장구, 기재, 식량, 피복 또는 그 밖에 군용에 공(供)하는 물건이다. 여기서 "장물"이란 재산범죄(영득죄)에 의하여 불법하게 영득한 군용물이고, 장물은 재물(군용물)임을 요하므로 재산상의 이득은 제외된다. 장물의 원인이 된 범죄 또는 범인을 본범(本犯)이라 한다.

이 죄의 행위는 장물을 취득・양도・운반・보관하거나 이를 알선하는 것이다.

여기서 "취득"이란 점유를 이전함으로써 군용물에 대한 사실상의 처분권을 획득하는 것(영득)을 말하고, 이는 재물에 대한 점유의 이전(인도)과 사실상의 처분권의 획득이라는 두 가지 요소를 필요로 한다. 장물취득은 점유의 이전을 요하므로 단순한 약속이나 계약의 성립만으로는 취득이라 할 수 없다. 그러나 장물이 현실로 인도된 이상, 유상・무상을 불문하고, 반드시 현실의 인도를 요하는 것이 아니라 간접적인 점유의 취득으로도 이 죄가 성립한다. 다만, 군용장물의 취득이라도 나라의 적법한 소지 상태로 회복시켜줄 의도로써 취득한 경우에는 이 죄가 성립되지 않는다(고등군사법원 1975. 2. 28. 선고 육군74고군형항878 판결). "양도"란 장물을 제3자에게 수여하는 것을 말한다. 유상・무상인가를 불문하며 양도의 상대방(매수인)이 장물임을 알았는가도 문제가 되지 않는다. 이 죄의 성립도 단순한 양도의 계약만으로는 부족하고 점유의 이전을 요한다. "운반"이란 유상 또는 무상으로 장물을 장소적으로 이전하는 것을 말한다. 장물인 줄 모르고 취득하거나 보관한 사람이 그 정을 알면서 운반한 경우에도 장물운반죄가 성립한다. "보관"이란 위탁을 받아 장물을 자기의 점유 하에 두는 것을 말하고, 유상・무상을 불문하며 보관방법도 묻지 않는다. "알선"이란 장물의 취득・양도・운반・보관을 매개하거나 주선하는 것을 말한다. 자기의 이름으로 하건 본범의 이름으로 하건 대리인의 이름으로 하건 불문한다.

사례연구 119 ▶ 군용물의 장물운반죄

A중사가 취득한 장물을 B상병이 운반하다가 헌병의 불심검문으로 운반 목적지까지 가지 못한 경우, 장물운반죄가 성립하는가?

▶ "운반"이란 장물의 소재를 장소적으로 이전하는 것을 말하는데, 운반을 약속하거나 운반을 위한 인수계약만으로 부족하고 사실상 운반행위가 있는 때에는 장물운반죄가 성립된다. 이 죄는 계속범의 성질을 가지고 있으므로 계속되는 동안 법익 침해도 계속되므로 헌병의 불신검문으로 목적지까지 가지 못해도 이 죄의 기수가 된다. 한편, 장물의 정을 알지 못한 사람이 운반 도중에 그 정을 알고 계속하면 계속 이후의 운반행위만이 이 죄를 구성한다.

제6절 폭행, 협박, 상해 및 살인의 죄

I 서설

군형법 각칙 제9장(제48조~제63조)은 「폭행, 협박, 상해 및 살인의 죄」라는 제목 하에 ① 사람의 생명·신체를 침해하는 폭행·상해 및 살인의 죄, ② 사람의 자유로운 활동의 전제가 되는 정신적 의사의 자유, 즉 의사결정의 자유를 침해하는 협박의 죄, ③ 사회 공안을 침해하는 특수소요죄, ④ 직권남용으로 사람의 생명·신체의 위험을 가져오는 행위를 처벌하기 위한 가혹행위 등을 규정하고 있다. 이와 같이 생명·신체 대한 죄, 자유에 대한 죄, 사회 공안에 대한 죄 등을 1개의 장(章)에 규정한 것은 보호법익이 같아서가 아니라 단지 편의상에 의한 것이다.

형법에서 살인·상해·폭행의 죄는 개인적 법익을 침해하는 범죄, 소요죄는 사회적 법익을 침해하는 범죄인데, 군형법은 군 조직에 있어서의 신분과 직무의 특수성을 갖는 상관, 초병, 직무수행 중인 사람에 대해서 일반법인 형법보다 엄하게 다루는 가중적 구성요건요소이다. 군에서의 폭행, 협박, 상해, 살인 등의 범죄를 엄하게 처벌하는 이유는 하급자가 상급자를 존중하지 않는 분위기를 만들어 전투력을 약화시킬 수 있다는 점, 폭력 피해자의 군무이탈 및 자살 등 제2, 제3의 강력사고로 이어질 수 있다는 점, 계급사회라는 군의 특수성을 악용한 범죄이기 때문에 죄질이 매우 불량하다는 점 등에 있다.

Ⅱ 폭행·협박죄

1. 의의와 보호법익

폭행죄는 사람의 신체에 대하여 폭행함으로써 성립하는 범죄이고, 협박죄는 해악(害惡)을 고지함으로써 개인의 자유로운 활동의 전제가 되는 의사결정의 자유를 침해하는 범죄이고, 보호법익은 개인의 의사결정의 자유이며, 의사결정의 자유뿐만 아니라 의사활동의 자유까지 침해하는 강요죄와 구별된다.

폭행·협박죄는 그것 자체로 한 개의 고유한 범죄가 아니라 폭행죄와 협박죄를 합한 개념이다. 따라서 상관 또는 초병을 폭행하거나 협박한 경우에는 상관 또는 초병폭행·협박죄가 성립되는 것이 아니라 상관 또는 초병에 대한 폭행죄나 상관 또는 초병에 대한 협박죄가 성립될 뿐이다.

군형법 제48조, 제52조의2 등에서 규정한 상관에 대한 폭행, 협박, 상해 및 살인의 죄는 모든 상관의 생명, 신체 등의 개인적 법익뿐만 아니라 군 조직의 위계질서 및 통수체계 유지도 보호 법익으로 하고(대법원 2015. 9. 24. 선고 2015도11286 판결), 초병 또는 직무수행 중인 사람에 대한 폭행, 협박, 상해, 살인의 행위는 군의 정상적인 임무수행에 장애를 가져올 수 있으므로 상관에 대한 보호법익과 마찬가지로 단순히 군조직의 구성원인 군인의 생명, 신체 등을 보호하려는 법익뿐만 아니라 군 조직의 위계질서 및 통수체계를 유지하려는 데에 그 입법취지가 있다.

2. 구성요건요소

(1) 객체

형법상의 폭행죄의 객체는 사람의 신체이고 협박죄는 사람으로 자기 이외의 자연인을 말하지만, 군형법상의 폭행·협박죄의 객체는 ① 상관, ② 초병, ③ 상관 또는 초병을 제외한 직무수행 중인 자 등 세 가지이다.

상관은 명령복종관계에서 명령권을 가진 사람과 명령복종관계가 없는 경우의 상위 계급자와 상위 서열자는 상관에 준하도록 하고 있고(제2조 제1호), 초병은 경계를 그 고유의 임무로 하여, 지상, 해상, 공중에 책임 범위를 정하여 배치된 사람(제2조 제3호)이다. 따라서 상관은 직무수행 내외를 막론하고 상관인데 반하여 초병은 직무수행을 위해서 수소(守所)에 배치된 자에 한정되므로 직무수행을 전제로 하지 않는 초병이란 있을 수 없다. 이런 점에서 상관에 대한 폭행·협박은 시간과 장소를 불문하고 상관폭행·협박죄가 성립하는데 반하여 초병에 대한 폭행·협박은 수소임무(守所任務)를 떠난 경우에는 초병이 아니므로 이에 대하여 폭행·협박을 가하더라도 초병폭행·협박죄가 성립하지는 않는다.

그리고 군형법 제60조~제60조의5에는 “상관 또는 초병을 제외한 직무수행 중인 자”에 대해 규정하고 있는데, 여기서 “상관 또는 초병을 제외”라고 규정하여 초병을 제외하고 있는 이유는 초병은 당연히 직무수행 중인 자에 포함되므로 초병폭행·협박죄와 경합하지 않게 하기 위한 것이다. 또한, “직무”란 군인 또는 준군인의 권한에 따라 처리하는 고유한 임무에 국한하지 않고 군인 또는 준군인의 지위(자격)로서 행하는 모든 직무를 말하며, “직무수행 중”이란 직무를 수행하고 있는 경우는 물론이고, 직무를 시작하기 직전의 준비행위도 직무수행과 불가분의 관계에 있을 때에는 직무집행에 포함시켜야 한다. 예컨대, 직무시간 중에 정해진 자리에 앉아있는 경우는 직무집행에 포함되지만 직무집행을 위하여 출근하는 군인을 폭행한 경우에는 직무집행에 포함되지 않는다. 직무를 완전 종료한 경우는 직무집행에 해당하지 않지만, 직무집행의 직후는 착수직전과 마찬가지로 직무집행에 포함시키는 것이 타당하다고 본다.

사례연구 120 ▶ 상관폭행 · 협박 · 상해죄의 '상관'의 범위

X부대소속 육군 A · B중사와 Y부대소속 C · D중사 등은 영외의 한 주점에서 각각 술을 마신던 중 사소한 말다툼이 일어나고 급기야 감정을 억누르지 못한 A · B중사는 명령복종관계에 없는 C · D중사를 구타하였다. 그런데, A · B중사는 2014. 2. 22.에, 그리고 C · D중사는 2013. 9. 15.에 중사로 진급하였다. 이 경우, A · B와 C · D 등은 모두 중사인데, C · D중사는 A중사의 상관에 해당하여 상관폭행죄가 성립하는가?

▶ 대법원에서는 "군형법 제48조, 제52조의2에서 규정한 상관에 대한 폭행 · 협박 · 상해죄는 모든 상관의 생명 · 신체 등의 개인적 법익뿐만 아니라 군 조직의 위계질서 및 통수체계 유지도 보호 법익으로 하는 점 등에 비추어 보면, 이들 죄에서의 상관에는 명령복종 관계가 없는 경우의 상위 계급자와 상위 서열자도 포함되고, 상관이 반드시 직무수행 중일 것을 요하지 아니한다"고 판시하였다(대법원 2015. 9. 24. 선고 2015도11286 판결).

(2) 행위

군형법 제48조의 상관폭행 · 협박죄의 구성요건요소로서의 행위는 "폭행"과 "협박"이다

(가) 폭행

폭행이란 사람의 신체에 대한 유형력의 행사를 말한다. 그런데 형법상의 폭행은 여러 범죄가 있는데, 각 구성요건이 보호하는 대상에 따라 폭행의 개념 · 내용도 달리한다. 즉, ① 최광의의 폭행은 폭행의 대상이 사람이건 물건

이건 불문하고 유형력을 행사하는 모든 경우를 포함한다(내란죄·소요죄·다중불해산죄의 폭행), ② 광의의 폭행은 사람에 대한 직접적이거나 간접적인 유형력 행사를 말하고, 비록 물건에 대한 유형력의 행사라 할지라도 간접적으로 사람에 대한 것이라 볼 수 있으면 충분하다(공무집행방해죄·특수도주죄·강요죄의 폭행). ③ 협의의 폭행은 사람의 신체에 대한 유형력의 행사를 말한다(폭행죄·특수공무원폭행죄의 폭행). ④ 최협의의 폭행은 상대방의 반항을 불가능하게 하거나 현저히 곤란하게 할 정도의 가장 강력한 유형력의 행사를 말한다(예컨대, 강간죄·강도죄의 폭행).

군형법상의 폭행·협박의 죄에서 말하는 폭행이란 어떤 의미의 폭행인가가 문제가 되는데, 최광의 및 최협의의 폭행은 구성요건상 부족하거나 명백하게 폭행이 아니라 본다. 따라서 문제는 형법상의 폭행죄와 같이 협의의 폭행인 사람의 신체에 대한 유형력의 행사에 한 할 것인가 아니면 형법상 공무집행방해죄와 같이 광의의 폭행인 사람에 대한 직접적이거나 간접적인 유형력을 행사하는 것도 포함되느냐 하는 점이다.

군형법상의 폭행·협박의 죄는 일반적으로 폭행이라는 단어를 사용하고 있으나, 구체적으로 범죄유형에 따라 의미하는 바가 다르다. 즉, '초병 또는 직무수행 중인 사람에 대한 폭행'은 형법상 공무집행방해죄의 폭행과 같은 의미로 보아야 할 것이다. 그러나 '상관에 대한 폭행'은 공무집행 중의 상관의 폭행과 공무집행 중이 아닌 때의 상관의 폭행으로 나누어 각각 다른 의미로 해석되어야 할 것이다. 군형법상 폭행·협박죄의 객체인 상관은 직무집행 내외를 불문하고 상관이므로 먼저, '공무집행 중의 상관에 대한 폭행'은 형법상 공무집행방해죄(광의의 폭행)와 같이 사람에 대한 직접적이거나 간접적인 유형력의 행사와 동일하게 해석되고, '공무집행 중이 아닌 상관에 대한 폭행'은 형법상 폭행죄(협의의 폭행)와 같이 사람의 신체에 대한 유형력의 행사의 행사로 충분하다고 본다.

여기서 "유형력의 행사"란 넓은 의미의 물리력의 행사를 말한다. 즉, ① 구타행위, 발로 차거나 밀치는 행위, 침을 뱉거나 군복을 세차게 잡아당기는 행위, 몽둥이를 휘두르는 경우 등과 같은 역학적 작용뿐만 아니라, ② 심한 음향을 사용하여 청각을 자극하는 소음(확성기·발파음 등), 병균, 독물, 마취

약 등에 의한 공격인 화학적·생리적 작용, ③ 빛·열·전기 등에 의한 공격인 에너지 작용도 포함한다.

유형력의 행사방법에는 제한이 없다. 직접·간접적으로 유형력을 행사할 수 있고, 작위는 물론 부작위로도 가능하다. 예컨대, 군인에게 돌을 던졌으나 그 돌이 명중하지 않아도 폭행이 된다. 다만, 홧김에 위병소 문을 발로 찬다든지, 비닐봉지에 넣은 인분을 던져 불쾌감·혐오감을 준 경우와 같이 심리적 폭행은 이 죄의 폭행이 아니다.

사례연구 121 ▶ 상관폭행죄의 동기와 장소의 문제

육군 A하사는 같은 부대원과 영내가 아닌 외부장소에서의 회식 중에 있었는데, 몇 번 본적이 있는 육군 B중사가 술에 취해 시비를 걸자, B중사가 자기의 상관임을 알고 있었는데도 불구하고 격분한 나머지 폭행하게 되었다. 이 경우, 상관폭행죄가 성립하는가?

▶ 대법원에서는 "군형법 제48조의 상관에 대한 폭행죄는 범인이 폭행의 상대자가 자기의 상관인 점을 알고 이에 대하여 폭행을 가함으로써 성립되는 것이고, 그 폭행의 장소가 공무집행의 장소임을 필요로 하지 아니하며 또 폭행의 동기가 공무집행에 관련된 여부는 이를 문제로 삼을 필요가 없는 것이다"고 판시하였다(대법원 1970. 11. 30. 선고 70도2034 판결).

(나) 협박

협박이란 해악(害惡)을 고지함으로써 개인의 자유로운 활동의 전제가 되는 의사결정의 자유를 침해하는 것을 말한다. 그런데 형법상의 협박은 여러 범죄가 있는데, 각 구성요건이 보호하는 대상에 따라 협박의 개념·내용도 달리한다. 즉, ① 광의의 협박은 공포심을 일으킬 목적으로 상대방에게 해악을 고지하는 것이고(공무집행방해죄·직무강요죄·특수도주죄·소요죄·다중불해산죄·내란죄), ② 협의의 협박은 상대방이 현실적으로 공포심을 느낄 수 있는 정도의 해악을 고지하는 것이며(협박죄·공갈죄·강요죄), ③ 최협의의 협박은 상대방의 반항을 불가능하게 하거나 현저히 곤란할 정도의 해악을 고지하는 것이다(강도죄 · 강간죄).

군형법상의 폭행 · 협박죄에서 말하는 협박이란 어떤 의미의 협박인가가 문제가 되는데, 협의의 협박은 형법과는 달리 군형법에 미수범 처벌 규정이 없으므로 타당하지 않고, 최협의의 협박은 형법이 강도, 강간 등 다른 목적 달성을 수단으로 사용되기 때문에 협박 그 자체를 처벌하려는 목적을 가진 군형법과는 다르다.

그러므로 군형법은 협의의 협박을 통설로 하고 있는 형법과는 달리 공포심을 일으킬 목적으로 상대방에게 해악을 고지하는 것인 광의의 협박이 타당하다고 본다. 군형법상 협박은 폭행과는 달리 상관에 대한 협박은 '공무집행 중의 상관의 협박'과 '공무집행 중이 아닌 때의 상관의 협박', '초병에 대한 협박' 및 '직무수행 중인 자에 대한 협박' 등에 따라 각각 구별할 필요가 없다.

따라서 고지된 해악의 내용은 제한이 없다. 생명 · 신체 · 자유 · 명예 · 재산에 한하지 아니하고 정조 · 업무 · 신용 · 비밀에 대한 일체의 해악을 포함한다. 상대방 본인에 대한 해악은 물론이고 본인과 밀접한 관계가 있는 제3자에 대한 해악이라도 좋다. 해악의 고지방법도 제한이 없다. 언어에 의하건 문서에 의하건, 직접적이건 간접적이건, 명시적이건 묵시적이건 불문한다. 거동이나 태도에 의한 해악의 고지도 가능하다. 초병 및 직무수행 중인 자에 있어서는 협박의 결과, 그 직무수행이 현실적으로 방해가 되었는지의 여부도 불문한다.

그러나 협박은 경고와는 구별된다. 협박은 해악의 발생 여부가 행위자의 의사에 의해 좌우되거나 행위자가 제3자를 통하여 발생하게 할 수 있음을 내용으로 하지만, 경고는 행위자의 지배력이 미치지 않는 해악이 도래할 것을 고지하는 것이다. 따라서 자연발생적인 길흉화복(吉凶禍福)이나 천재지변의 도래를 알리는 것은 경고일 뿐 해악이 아니다. 예컨대, "그런 짓 하면 벼락 맞는다"고 하는 것이 그 예이다.

한편, 군형법상의 상관협박죄도 사회상규에 위배되지 아니하는 권리행사나 고소권 행사 등에 있어서 위법성 조각사유가 있으면 범죄 성립이 부정된다. 즉, 목적과 수단의 관계에 비추어 해악의 고지가 합법적인 권리의 행사로서 사회상규에 반하지 아니하는 때에는 위법성이 조각되지만, 외견상 권리행사로 보이는 경우에도 그것이 현실적으로 권리남용이 되어 사회상규에 위배되는 경우에는 협박죄가 성립한다(통설・판례).

해악의 고지가 있다 하더라도 그것이 사회의 관습이나 윤리관념 등에 비추어 볼 때 사회통념상 용인할 수 있을 정도의 것이라면 상관협박죄는 성립하지 않지만(대법원 2005. 3. 25. 선고 2005도329 판결), 어떠한 행위가 사회상규에 위배되지 아니하는 정당한 행위로서 위법성이 조각되는 것인지는 구체적인 사정 아래서 합목적적, 합리적으로 고찰하여 개별적으로 판단하여야 할 것이다.

사례연구 122 ▶ 정당행위와 상관협박죄

공군 A중사가 상관인 피해자에게 그의 비위 등을 기록한 내용을 제시하면서 자신에게 폭언한 사실을 인정하지 않으면 그 내용을 상부기관에 제출하겠다는 취지로 말하였다면 정당행위인가 아니면 상관협박죄가 성립될까?

▶ 정당행위를 인정하려면, 첫째 그 행위의 동기나 목적의 정당성, 둘째 행위의 수단이나 방법의 상당성, 셋째 보호이익과 침해이익과의 법익균형성, 넷째 긴급성, 다섯째 그 행위 외에 다른 수단이나 방법이 없다는 보충성 등의 요건을 갖추어야 한다(대법원 2008. 5. 29. 선고 2006도6347 판결). 군형법에 있어서 상관협박죄는 그 객체의 특수성으로 인하여 이런 엄격한 요건을 충족하는 경우는 거의 없을 것으로 보인다. 위의 사례에서 대법원은 "피고인(A중사)이 피해자의 비위 등을 기록한 내용을 피해자에게 제시하면서 피해자가 피고인에게 폭언한 사실을 인정하지 아니하면 그 내용을 상부기관에 제출하겠다고 한 행위는 객관적으로 보아 사람으로 하여금 공포심을 일으키게 하기에 충분한 정도의 해악의 고지에 해당한다고 할 것이므로, 피해자가 그 취지를 인식하였음이 명백한 이상 설령 피해자가 현실적으로 공포심을 느끼지 못하였다 하더라도 그와는 무관하게 상관협박죄의 기수에 이르렀다고 보아야 한다."고 판시하였다(대법원 2008. 12. 11. 선고 2008도8922 판결). 한편 고소권 행사 등을 다른 목적으로 남용하게 되면 위법성이 조각되지 않는다. 예컨대, 경리여군장교의 횡령과 관련하여 정교(情交)를 요구하면서 이에 응하지 않으면 고소하겠다고 하는 경우에는 협박죄가 성립된다.

사례연구 123 ▶ 상관협박죄에서의 '해악의 고지'

공군 A중사는 상관인 피해자 B에게 그의 비위 등을 기록한 비방록 수준의 내용을 제시하면서 자신에게 폭언한 사실을 인정하지 않으면 그 내용을 상부기관(수사관서)에 제출하겠다는 취지로 말하였다. 이를 해악의 고지로 볼 수 있는가?

▶ 대법원에서는 "피고인이 피해자 공소외 3의 비위 등을 기록한 내용을 피해자에게 제시하면서 피해자가 피고인에게 폭언한 사실을 인정하지 아니하면 그 내용을 상부기관에 제출하겠다고 한 행위는 객관적으로 보아 사람으로 하여금 공포심을 일으키게 하기에 충분한 정도의 해악의 고지에 해당한다고 할 것이므로, 피해자가 그 취지를 인식하였음이 명백한 이상 설령 피해자가 현실적으로 공포심을 느끼지 못하였다 하더라도 그와는 무관하게 상관협박죄의 기수에 이르렀다고 보아야 한다"고 판시하였다(대법원 2008. 5. 29. 선고 2006도6347 판결).

3. 반의사불벌죄의 적용 여부 문제

형법상의 폭행죄·존속폭행죄와 협박죄·존속협박죄는 피해자의 명시적 의사에 반하여 공소를 제기할 수 없는 반의사불벌죄이다. 개인의 의사에 반해서까지 처벌할 이유가 없기 때문이다. 그런데 군형법에서는 이런 규정이 없으므로 상관폭행·협박죄에 반의사불벌죄가 적용되느냐의 문제가 있다.

요컨대, 직무수행 중인 상관, 초병 및 기타의 직무수행 중인 자에 대한 폭행·협박은 형법상의 공무집행방해에 준하여 보아야 하므로 피해자의 의사와 관계없이 처벌되어야 하지만, 직무수행 중이 아닌 상관에 대한 폭행·협박은 존속에 대한 폭행·협박과 같이 피해자의 명시적인 의사에 반하여 공소를 제기할 수 없다고 본다.

한편 대법원은 외국군이 주둔하는 군사기지에서의 하급자 폭행사건에서 "비록 범행장소가 외국군이 주둔하는 외국의 군사기지라 하더라도 국군의 군사작전을 수행하기 위한 근거지로서 기능하고 있으므로 군행법 제60조의6 제1호에 적용되는 군사기지에 해당한다"고 판시하여 반의사불벌죄가 적용되지 않는다(대법원 2023. 6. 15. 선고 2020도927 판결).

4. 범죄유형과 법정형

(1) 상관에 대한 폭행·협박죄

> 【구성요건·법정형】 상관을 폭행하거나 협박한 사람은 적전인 경우에는 1년 이상 10년 이하의 징역, 그 밖의 경우에는 5년 이하의 징역에 처한다(제48조).

이 죄는 상관에 대하여 폭행 또는 협박함으로써 성립하는 범죄이다. 이 죄의 주체는 군인 또는 준군인이고 객체는 상관이며, 상관은 직무집행 내외를 불문한다.

사례연구 124 ▶ 상관폭행죄

A병장 등은 B소대장의 허락을 받고 전역축하 회식을 한 후, 일석점호를 마치고 대부분의 병력은 취침을 하고 있었고, 몇 명은 바둑 또는 TV시청을 하고 있던 중 B소대장이 내무반에 들어왔다. B소대장은 C상병이 만취상태에서 구토를 하자 취침 중인 병력을 모두 기상시켜 원산폭격(머리박기)을 시켰으나 병장 4명이 이에 불응하고 서 있자, 화가 난 B소대장은 C상병을 툭툭 치면서 "기상"하고 외치자, A병장은 B소대장에게 "술에 취한 사람을 왜 기상시킵니까?"라고 하면서 술김에 우쭐한 마음에 "전원 기상해"라고 소리를 질러 모두 일어나게 하였다. B소대장은 모욕감을 느낀 나머지 A병장의 얼굴을 한 대를 때렸는데, A병장이 소대장의 멱살을 잡고 "군대 ×같다"면서 B소대장의 가슴 부분을 1회 가격하고, 싸움을 말리던 D병장도 소대장으로부터 얼굴을 수차례 구타당하자 화가 난 나머지 주먹으로 B소대장의 얼굴을 2회 가격하였다. 이 경우, A·D병장은 어떤 죄가 되는가?

▶ 상관폭행죄는 상관에 대하여 폭행을 가함으로써 성립하는 범죄이다. 상관은 명령복종관계에서 명령권을 가진 사람이다. 상관인 B소대장에 대해 A병장은 가슴을 1회, D병장은 얼굴을 2회 가격하였으므로 상관폭행죄가 성립되어 5년 이하의 징역에 처해진다.

(2) 초병에 대한 폭행·협박죄

> **【구성요건·법정형】** 초병에게 폭행 또는 협박을 한 사람은 적전인 경우에는 7년 이하의 징역, 그 밖의 경우에는 5년 이하의 징역에 처한다(제54조).

이 죄는 초병에 대하여 폭행 또는 협박함으로써 성립하는 범죄이다. 이 죄의 주체는 군인·준군인에 한하지 않고 내국인·외국인에 대하여도 군인에 준하여 적용되고(제1조 제4항 제3호), 객체는 초병이다.

(3) 직무수행 중인 자에 대한 폭행·협박죄

> **【구성요건·법정형】** 상관 또는 초병 외의 직무수행 중인 사람에게 폭행 또는 협박을 한 사람은 적전인 경우에는 7년 이하의 징역, 그 밖의 경우에는 5년 이하의 징역 또는 1천만원 이하의 벌금에 처한다(제60조 제1항).

이 죄는 상관 또는 초병 이외의 직무수행 중인 자에 대하여 폭행 또는 협박함으로써 성립하는 범죄이다. 헌법 제5조 제2항에는 "국군은 국가의 안전보장과 국토방위의 신성한 의무를 수행함을 사명으로 한다."고 명시되어 있는 바, 군인은 국민 전체에 대한 봉사자로서 뿐만 아니라 국가의 안전보장과 국토방위라는 신성하고도 막중한 의무와 책임을 지고 있고, 이러한 기능의 원활한 작용을 최소한의 범위에서 보충적으로 보호하려는 데에 그 입법취지가 있다.

직무수행 중인 자에 대한 폭행·협박죄의 주체는 제한이 없다. 따라서 직무수행행위의 객체인 자에 한하지 않으며, 상관도 직무집행을 행하는 부하에 대하여 폭행·협박을 범하면 이 죄가 성립된다.

군형법에서는 "직무수행 중"이라고 규정하여 직무수행의 적법성을 명문으로 요구하고 있지는 않지만, 적법한 직무수행임을 필요로 하는 것은 당연하기 때문에 위법한 직무수행을 하는 자에 대한 폭행·협박인 경우에는 이 죄가 성립하지 않는다. 위법한 직무집행에 대해서는 복종할 의무가 없고, 위법한 직무수행까지 군형법이 보호할 필요는 없으며, 위법한 직무수행에 대하여는 정당방위도 가능하다는 것이 통설·판례의 입장이다.

직무수행의 적법성의 판단은 누구를 기준으로 하여야 할 것인가(적법성의 판단기준)에 관하여 ① 법원의 법령해석을 통해 객관적으로 정해야 한다는 객관설, ② 직무를 집행하는 행위자가 적법하다고 믿었느냐에 따라 결정해야 한다는 주관설 등이 있으나, 행위자의 주관에 따라 적법성을 판단하면 행위자의 전단(專斷)을 허용하는 결과를 초래할 수 있으므로 위법과 적법의 판단은 전문가에 의한 객관적 기준에 의하여야 하므로 통설인 객관설이 타당하다. 또한 적법성의 요건으로는 ① 행위자의 추상적·일반적 권한에 속할 것, ② 그 행위를 할 수 있는 구체적인 권한을 가질 것, ③ 법정의 절차와 방식을 따를 것 등을 들고 있다. 따라서 임의동행을 요구하였다가 거절당하자 강제로 데려가려 하여 헌병을 폭행한 경우에는 이 죄가 성립하지 않는다고 본다.

사례연구 125 ▸ 직무수행 중인 자에 대한 폭행

경기도 K시에 있는 모 부대의 A소위는 방위병 B 등에 대해 정신교육을 실시하고 있었고, 군인정신을 환기시키는 과정에서 수차례에 걸쳐 주의를 주었음에도 불구하고 방위병 B가 졸거나 딴 짓을 하는 등 불성실하게 교육에 임하였다. 화가 난 A소위는 내무반으로 끌고가 문을 감구고 방위병 B의 빰을 수차례 때렸다. 이 경우, 어떤 처벌을 받게 되는가?

▶ 상관이 부하인 방위병을 훈련 도중 감금, 구타한 경우 폭행죄가 성립하는지의 여부에 대해 대법원은 "피고인 소위가 군내부에서 부하인 방위병들의 훈련 중에 그들에게 군인정신을 환기시키기 위하여 한 일이라 하더라도 감금과 구타행위는 징계권·훈계권의 범위를 넘어선 위법한 감금, 폭행행위가 된다"고 판시하였다(대법원 1984. 6. 12. 선고 84도799 판결).

(4) 상관에 대한 집단폭행 · 협박죄

> **【구성요건 · 법정형】** 집단을 이루어 제48조(상관에 대한 폭행 · 협박죄)의 죄를 범한 사람은 적전인 경우에 수괴는 무기 또는 10년 이상의 징역, 그 밖의 사람은 3년 이상의 유기징역, 그 밖의 경우에 수괴는 무기 또는 5년 이상의 징역, 그 밖의 사람은 1년 이상의 유기징역에 처한다(제49조 제1항). 집단을 이루지 아니하고 2명 이상이 공동하여 제48조(상관에 대한 폭행 · 협박죄)의 죄를 범한 경우에는 제48조에서 정한 형의 2분의 1까지 가중한다(제49조 제2항).

이 죄는 집단을 이루어 상관에 대하여 폭행 또는 협박함으로써 성립하는 범죄이다. 이 죄의 객체는 상관이고, 상관은 직무집행 내외를 불문한다.

집단을 이루는 사람의 수에 대한 제한은 없으나, 형법상의 규정과 마찬가지로 단체 또는 다중의 위력을 보인다는 개념과 동일한 것으로 본다. 따라서 "단체"란 공동목적을 가진 다수인의 계속적 · 조직적 결합체로, 결합된 조직체를 말하고, 일정한 조직 하에 어느 정도 계속성을 가져야 하므로 조직이 없는 조직체나 조직이 있어도 일시적 결합체는 단체가 아니다. 또한, "다중"이란 단체를 이루지 못한 다수인의 단순한 집합을 말하고, 다중은 조직적 구성을 갖지 않는 일시적 결합이며, 동일한 장소에 있거나 없거나, 또 같이 있을 때에는 그것이 적법 · 불법을 묻지 않는다. 단체와는 비조직적인 점, 일시적인 점, 공동목적이 필요없다는 점에서 구별된다.

사례연구 126 ▶ 상관에 대한 집단폭행 · 협박죄

X부대에서 A중사가 소대원들을 대상으로 군기확립 교육을 실시하고 있었는데, 일부 교육내용에 불만을 품은 B병장 등 다수인이 항의하고 급기야 여러 사람이 A중사를 폭행하고, 주변에 있던 병사들은 "저 놈, 죽여라!"고 외쳤다 이 경우, 어떤 처벌을 받게 되는가?

▶ 상관에 대한 집단폭행 · 협박죄가 성립된다. "저 놈, 죽여라"고 집단폭행 현장에서 고함을 치는 경우도 폭행이므로, 집단폭행에 해당하고(고등군사법원 1965. 12. 15. 선고 육군 65고군형항741 판결), 이 죄의 '집단'이란 공동목적으

로 결합하여 있는 다수인의 집합체로서 상하관계의 조직이 있어야 한다(고등 군사법원 1973. 1. 16. 선고 육군 72고군형항53 판결).

(5) 초병에 대한 집단폭행 · 협박죄

【구성요건 · 법정형】 집단을 이루어 제54조(초병에 대한 폭행 · 협박죄)의 죄를 범한 사람은 적전인 경우에 수괴는 5년 이상의 유기징역, 그 밖의 사람은 3년 이상의 유기징역, 그 밖의 경우에 수괴는 2년 이상의 유기징역, 그 밖의 사람은 1년 이상의 유기징역에 처한다(제55조 제1항). 집단을 이루지 아니하고 2명 이상이 공동하여 제54조(초병에 대한 폭행 · 협박죄)의 죄를 범한 경우에는 제54조(초병에 대한 폭행 · 협박죄)에서 정한 형의 2분의 1까지 가중한다(제55조 제2항).

이 죄는 집단을 이루어 초병에 대하여 폭행 또는 협박을 가하는 범죄이고, 이 죄의 주체는 군인 · 준군인에 한하지 않고 내국인 · 외국인에 대하여도 군인에 준하여 적용된다(제1조 제4항 제3호).

(6) 상관에 대한 특수폭행 · 협박죄

【구성요건 · 법정형】 흉기나 그 밖의 위험한 물건을 휴대하고 제48조(상관에 대한 폭행 · 협박죄)의 죄를 범한 사람은 적전인 경우는 사형, 무기 또는 5년 이상의 징역, 그 밖의 경우는 무기 또는 2년 이상의 징역에 처한다(제50조).

이 죄는 흉기나 그 밖의 위험한 물건을 휴대하고 상관에 대하여 폭행 · 협박하는 것이고 휴대방법 때문에 불법이 가중되는 구성요건이다.

군형법에서는 "흉기나 그 밖의 위험한 물건"이라고 규정하여 양자를 구별하여 사용하고 있는데, 여기서 "흉기"란 대검과 같이 원래 살상(殺傷)이나 손괴의 목적으로 제작되고 그 목적 달성에 적합한 것을 말하고, "위험한 물건"이란 제조목적을 불문하고 그 물건의 객관적 성질이나 사용방법에 따라서는 사람의 생명 · 신체에 해를 가하는 데에 사용될 수 있는 일체의 물건을 말한다. 대법원은 "위험한 물건이란 무기나 폭발물과 같은 강력한 파괴력을 지닌 물건만을 의미하는 것이 아니라(대법원 1978. 10. 31. 선고 78도2332 판결), 면도칼·파리약유리·병·마요네즈병·깨진 맥주병이나 항아리 조각·빈양주병·드라이버·쪽가위·곡갱이자루·세멘벽돌·의자와 당구 큐대·자동차(대법원 2001. 2. 23. 선고 2001도271 판결) 등도 해당한다."고 판시한 바 있다.

또한, "휴대"란 소지, 즉 보통 몸에 지니는 것을 말한다. 반드시 범행 이전부터 몸에 지니고 있어야 함을 요하지 않고, 범행 장소에서 범행에 사용할 의사로 위험한 물건을 집어 들거나 던진 경우도 휴대한 것이 된다(대법원 1984. 1. 31. 선고 83도2959 판결). 따라서 깨어진 맥주병을 들고 있거나 피해자의 얼굴에 던지는 경우도 위험한 물건을 휴대한 것이 된다.

(7) 초병에 대한 특수폭행·협박죄

> **【구성요건·법정형】** 흉기나 그 밖의 위험한 물건을 휴대하고 제54조(초병에 대한 폭행·협박죄)의 죄를 범한 사람은 적전인 경우는 사형, 무기 또는 3년 이상의 징역, 그 밖의 경우는 1년 이상의 유기징역에 처한다(제56조).

이 죄는 흉기 기타 위험한 물건을 휴대하고 초병에 대하여 폭행 또는 협박함으로써 성립하는 범죄이고, 휴대방법 때문에 불법이 가중되는 구성요건이다. 이 죄의 주체는 군인·준군인에 한하지 않고 내국인·외국인에 대하여도 군인에 준하여 적용된다(제1조 제4항 제3호).

사례연구 127 ▸ 민간인의 초병특수폭행에 대한 재판관할권

> 강원도 Y군에 거주하고 있는 전역한 민간인 A는 평소 집 근처에 위치한 모 부대의 B병장과 가끔 만나는 사이이다. 그런데, A는 농사일을 하다가 술을 마시고 집으로 가던 중, 부대 정문에서 초병으로서 직무수행 중에 있었던 B병장과 마주치게 되었다. A는 술이 조금 과한 탓에 B병장에게 욕설을 퍼부었고, 서로 다투던 중 A는 농약병을 던지고, 곡갱이자루로 B병장을 때렸다. 이런 경우, 전역한 민간인 A에 대한 재판관할권은 일반법원인가, 아니면 군사법원인가?

▶ 초병에 대한 특수폭행죄는 흉기 기타 위험한 물건을 휴대하고 초병에 대하여 폭행하는 범죄이다. 군형법 제1조 제4항 제3호(초병폭행죄 등)에서 정한 군형법상의 죄에 대하여는 그 죄를 범한 사람에 대해 군인이었다가 전역한 사람인 경우에 군사법원에 재판권이 있는지 여부에 대하여 대법원은 "군사법원법 제2조 제1항 제1호에는 군형법 제1조 제4항에 규정된 사람이 범한 죄에 대하여 재판권을 가진다고 규정되어 있고, 군형법 제1조 제4항 제3호에는 군형법 제54조부터 제56조까지, 제58조, 제58조의2부터 제58조의6까지 및 제59조의 죄에 해당하는 죄를 범한 내국인과 외국인에 대하여도 군인에 준하여 군형법을 적용한다고 규정되어 있다. 따라서 군형법 제1조 제4항 제3호에서 정한 군형법상의 죄에 대하여는 그 죄를 범한 사람이 군인이든 군인이었다가 전역한 사람이든 그 신분에 관계없이 군사법원에 재판권이 있다."고 판시하였다(대법원 2016. 10. 13. 선고 2016도11317 판결).

(8) 직무수행 중인 자에 대한 특수폭행·협박죄

【구성요건·법정형】 집단을 이루거나 그 밖의 위험한 물건을 휴대하고 제1항(직무수행 중인 군인등에 대한 폭행·협박 등)의 죄를 범한 사람은 적전인 경우는 3년 이상의 유기징역, 그 밖의 경우는 1년 이상의 유기징역에 처한다(제60조 제2항).

이 죄는 흉기 기타 위험한 물건을 휴대하고 직무수행 중인 군인등에 대하여 폭행 또는 협박을 가하는 범죄이다. 이 죄의 주체는 군인·준군인이다.

(9) 상관에 대한 폭행치사상죄

【구성요건·법정형】
(상관폭행치사죄) 상관폭행·협박죄(제48조)·상관집단폭행·협박죄(제49조)·상관특수폭행·협박죄(제50조)의 죄를 범하여 상관을 사망에 이르게 한 사람은 적전인 경우는 사형, 무기 또는 10년 이상의 징역, 전시, 사변 시 또는 계엄지역인 경우는 사형, 무기 또는 5년 이상의 징역, 그 밖의 경우에는 무기 또는 5년 이상의 징역에 따라 처벌한다(제52조 제1항).

> **(상관폭행치상죄)** 상관폭행·협박죄(제48조)·상관집단폭행·협박죄(제49조)의 죄를 범하여 상관을 상해에 이르게 한 사람(제49조 제1항 각 호의 죄를 범한 사람 중 수괴는 제외한다)은 적전인 경우는 무기 또는 3년 이상의 징역, 그 밖의 경우에는 1년 이상의 유기징역에 따라 처벌한다(제52조 제2항).

이 죄는 상관폭행·협박죄(제48조)·상관집단폭행·협박죄(제49조)·상관특수폭행·협박죄(제50조)를 범하여 상관을 사상(死傷)에 이르게 하는 것으로, 상관에 대한 폭행치사죄와 폭행치상죄를 합한 개념이다.

이 죄는 소위 결과적 가중범, 즉 기본범죄(상관에 대한 폭행·협박, 특수폭행·협박, 집단폭행·협박) 실행에 의하여 그보다 중한 결과(사망 또는 상해)가 발생한 경우에 기본범죄와 중한 결과를 하나의 범죄로 하여 기본범죄보다 형을 가중하는 범죄이다. 따라서 이 죄는 폭행·협박, 집단폭행·협박, 특수폭행·협박에 대한 고의가 있어야 하고, 치사상의 결과에 대한 예견가능성이 있어야 하며, 폭행·협박 등과 사상의 결과 사이에는 인과관계가 있어야 한다. 예컨대, 뺨을 강타하여 사망시킨 경우, 폭행으로 인하여 피해자가 뒤로 넘어지면서 돌에 부딪쳐서 사망한 경우, 폭행당한 자가 다시 폭행을 당하지 않으려고 숨다가 실족사한 경우 등은 인과관계가 있다하여 이 죄가 성립한다. 다만, 사망 또는 상해의 결과에 대해 고의가 있는 경우에는 이 죄가 성립하지 않고, 상관살해죄(제53조) 또는 상관상해죄(제52조의2)가 성립한다.

사례연구 128 ▶ 상관에 대한 폭행치상죄

A일병은 소대원 33명 중 16번째 서열인 자로서, 막사 난간에서 식사 전 휴식을 취하며 담배를 피우려고 할 때, 불이 없자 마침 옆에서 하위 서열자인 B일병에게 '불 좀 빌려달라'고 하자, B일병이 한 손으로 라이터를 한 손으로 전해주자, '하급자가 한손으로 줄 수 있느냐'며 심한 욕설을 퍼붙자 B일병은 모욕감을 느껴 순간적으로 A일병의 좌측 뺨을 1회 때리고, 우측 군화발로 좌측 턱 부분을 1회 때려 전치 5주를 요하는 상해를 입혔다, 이 경우, B일병은 어떤 죄가 성립되는가?

▶ 가슴을 세차게 밀치는 행위도 폭행죄가 성립하지만, 이 사례는 폭행치상죄가 성립된다. 즉, B일병은 상위 서열자인 A일병을 좌측 빰을 1회 때리고, 우측 구두발로 좌측 턱 부분을 1회 때린 경우, 상관폭행죄가 성립되지만, 폭행이라고 하는 기본범죄(폭행죄) 실행에 의하여 그보다 중한 결과인 상해(전치 5주 상해)가 발생한 경우에 기본범죄와 중한 결과를 하나의 범죄로 하여 기본범죄보다 형을 가중하는 범죄인 결과적 가중범인 폭행치상죄가 성립되어 적전이 아닌 경우, 1년 이상의 유기징역에 처한다(제52조 제2항).

(10) 초병에 대한 폭행치사상죄

【구성요건 · 법정형】
(초병폭행치사죄) 초병폭행 · 협박죄(제54조) · 초병집단폭행 · 협박죄(제55조) · 초병특수폭행 · 협박죄(제56조)의 죄를 범하여 초병을 사망에 이르게 한 사람은 적전인 경우는 사형, 무기 또는 5년 이상의 징역, 전시, 사변 시 또는 계엄지역인 경우는 초병폭행 · 협박죄(제54조)를 범한 사람은 사형, 무기징역 또는 3년 이상의 징역, 초병집단폭행 · 협박죄(제55조) · 초병특수폭행 · 협박죄(제56조)를 범한 사람은 사형, 무기 또는 5년 이상의 징역, 그 밖의 경우는 초병폭행 · 협박죄(제54조)를 범한 사람은 무기징역 또는 3년 이상의 징역, 초병집단폭행 · 협박죄(제55조) · 초병특수폭행 · 협박죄(제56조)를 범한 사람은 무기 또는 5년 이상의 징역에 처한다(제58조 제1항).
(초병폭행치상죄) 초병폭행 · 협박죄(제54조) 또는 초병집단폭행 · 협박죄(제55조)의 죄를 범하여 초병을 상해에 이르게 한 사람은 적전인 경우는 무기 또는 3년 이상의 징역. 다만, 초병집단폭행 · 협박죄(제55조 제1항 제1호)의 죄를 범한 사람 중 수괴는 무기 또는 5년 이상의 징역, 그 밖의 경우(제55조 제1항 제2호의 죄를 범한 사람 중 수괴는 제외한다)는 1년 이상의 유기징역에 따라 처벌한다(제58조 제2항).

이 죄는 초병폭행 · 협박죄(제54조) · 초병집단폭행 · 협박죄(제55조) · 초병특수폭행 · 협박죄(제56조) 등을 범하여 초병을 사상(死傷)에 이르게 하는 결과적 가중범이다. 이 죄의 주체는 군인, 준군인에 한하지 않고, 내국인 · 외국인에 대하여도 군인에 준하여 적용된다(제1조 제4항 제3호). 그 외에는 위에서 설명한 상관폭행치사상죄의 설명과 내용이 같다.

(11) 직무수행 중인 자에 대한 폭행치사상죄

【구성요건 · 법정형】
(직무수행 중인 자에 대한 폭행치사죄) 제60조(직무수행 중인 자에 대한 폭행 · 협박죄) 제1항부터 제3항까지의 죄를 범하여 상관 또는 초병 외의 직무수행 중인 군인 등을 사망에 이르게 한 사람은 적전인 경우는 사형, 무기 또는 5년 이상의 징역, 전시, 사변시 또는 계엄지역인 경우는 제1항의 죄를 범한 사람은 사형, 무기 또는 3년 이상의 징역, 제2항 또는 제3항의 죄를 범한 사람은 사형, 무기 또는 5년 이상의 징역, 그 밖의 경우는 제1항의 죄를 범한 사람은 무기 또는 3년 이상의 징역, 제2항 또는 제3항의 죄를 범한 사람은 무기 또는 5년 이상의 징역에 따라 처벌한다(제60조 제4항).
(직무수행 중인 자에 대한 폭행치상죄) 제60조(직무수행 중인 자에 대한 폭행 · 협박죄) 제1항부터 제3항까지의 죄를 범하여 상관 또는 초병 외의 직무수행 중인 군인 등을 상해에 이르게 한 사람은 적전인 경우는 무기 또는 3년 이상의 징역, 그 밖의 경우는 1년 이상의 유기징역에 처한다(제60조 제5항).

이 죄는 직무수행 중인 자에 대한 폭행 · 협박죄, 집단폭행 · 협박죄, 특수폭행 · 협박죄 등을 범하여 직무수행 중인 자를 사상(死傷)에 이르게 하는 결과적 가중범이다. 이 죄는 위에서 설명한 상관폭행치사상죄의 설명과 내용이 같다.

한편, 집단을 이루지 아니하고 2명 이상이 공동하여 직무수행 중인 자에 대한 폭행 · 협박죄(제60조 제1항)를 범한 경우에는 제1항에서 정한 형의 2분의 1까지 가중한다(제60조 제3항).

사례연구 129 ▸ 직무수행 중인 자에 대한 폭행치상죄

A상병은 B이병이 평소 복장이 불량하다는 이유로 주의를 주었음에도 불구하고, B이병은 여전히 불량하다. A상병은 직무수행 중이었던 B이병의 가슴을 손으로 세차게 밀었는데 공교롭게도 넘어지면서 손에 실금이 가게 되었다. 이 경우, 어떤 죄가 성립하는가?

▶ 위 사례와 마찬가지로 가슴을 세차게 미는 행위도 폭행죄가 성립하지만, 이 사례는 폭행치상죄가 성립된다. 즉, 폭행이라는 기본범죄의 실행으로 중한

결과(손의 실금 상해)가 발생하였으므로 폭행치상죄가 성립되어 적전의 경우가 아닌 경우, 1년 이상의 유기징역에 처해지게 된다.

Ⅲ 상해죄

1. 의의와 보호법익

상해죄는 고의로 사람의 신체를 상해함으로써 성립하는 범죄이다. 상해죄는 폭행죄와 함께 신체의 불가침성 내지 신체의 완전성을 보호하는 범죄에 속하고, 구체적으로는 신체의 건강을 보호법익으로 한다. 다만 군형법상의 상해죄의 주된 보호법익은 형법과는 달리 군 조직의 위계질서 및 통수체계 유지이고 부수적인 법익은 신체의 건재성이다. 이 죄는 군기확립이라는 미명하에 폭행하여 상해에 이르게 하거나, 총기관리 부주의로 인한 동료병사의 상해 등의 형태로 발생하고 있다.

그런데 상해죄의 보호법익은 폭행죄와의 구별과 관련하여 신체적 완전성 침해설과 생리적 기능훼손설로 견해가 대립하고 있다. 즉, ① 신체적 완전성 침해설은 신체의 완전성을 보호법익으로 보는 견해로, 이에 의하면 신체의 생리적 기능 훼손은 물론이고 신체의 외관을 변경시키는 경우, 예컨대, 소량의 모발이나 수염을 자르는 행위 등도 상해로 보는 견해이다. 반면에 생리적 기능훼손설은 신체의 생리적 기능을 보호법익으로 보는 견해이며(통설), 이에 의하면 상해는 신체의 육체적·정신적·병적 상태의 야기나 증가와 같은 생리적 기능의 훼손으로 보는 견해이다. 따라서 육체적·정신적 건강악화, 피하출혈·치아탈락·처녀막 파열과 같은 신체의 상처·일부 박리는 물론이고, 성병감염과 같은 질병감염이나 보행불능·수면장애와 같은 기능장애의 경우에도 생리적 기능훼손으로서 상해가 된다.

사례연구 130 ▶ 상해죄의 보호법익

A남자중사는 B여자중사를 죽자 살자 따라 다녔지만, B중사는 A중사가 징그럽기만 하였다. "제발 징그럽게 따라다니지 말라"고 매몰찬 소리를 듣게 된 A중사는 "그럼 정말 징그러운 것이 무엇인지 보여 주겠다."면서 B중사의 배낭 속에 뱀을 몰래 넣어 두었다. 배낭을 열어본 B중사는 기절하였고, 며칠 동안 식욕부진과 불면증에 시달려야만 했다. 외상이 전혀 없는 B중사에 대해 A중사는 무슨 죄를 범한 것인가?

▶ 상해죄는 사람의 신체에 고의로 상해를 입히는 범죄, 즉 신체의 생리적 기능에 장해를 발생하게 하는 행동을 함으로써 발생하는 범죄이다. 예컨대, 폭행으로 인해 팔·다리가 부러지는 등 부상을 입히거나, 여자의 머리카락을 자르거나, 남자들의 수염을 자르는 것과 같이 신체에 상처를 내는 경우(외상)가 대부분이지만, 외상이 없더라도 상해죄는 성립할 수 있다. 즉, 인사불성(기절상태)에 빠뜨리는 것, 보행불능에 빠뜨리는 것, 피부의 표피를 하는 것, 중독증상을 일으켜 현기·구토를 하게 하는 것, 치아의 탈락, 피로·권태를 일으키게 하는 것, 수면장애를 일으키는 것, 식욕을 감퇴시키는 것 등도 상해에 해당한다(생리적 기능훼손설의 입장).

2. 구성요건요소

(1) 객체

형법상의 상해죄의 객체는 사람의 신체이고, 사람이란 자기 이외의 자연인을 말하지만, 군형법상의 상해죄의 객체는 ① 상관, ② 초병, ③ 상관 또는 초병을 제외한 직무수행 중인 자 등 세 가지인데, 이에 대해서는 앞에서 설명한 폭행·협박죄의 객체와 같다.

(2) 행위

군형법 상해죄의 '행위'는 군인 등에 대한 '상해행위'이다. '상해행위'는 신체적·정신적인 병리학적 상태를 야기하거나 약화시키는 생리적 기능의 장애를 초래하는 일체의 행위를 말한다. 상해의 수단·방법에는 제한이 없다. 따라서 폭행과 같은 유형적 방법이 보통이지만 의사표시에 의하여 사람을 공포·경악케 하거나 음향 등에 의한 위협으로 정신장애를 일으키는 무형적 방법으로도 가능하다.

(3) 고의

상해죄는 주관적 구성요건요소로 '고의', 즉 사람의 신체의 생리적 기능을 훼손하는 데에 대한 인식·의사가 있어야 한다. 확정적 고의는 물론이고 미필적 고의로도 충분하다.

3. 범죄유형과 법정형

(1) 상관에 대한 상해죄

> **【구성요건·법정형】** 상관의 신체를 상해한 사람은 적전인 경우에는 무기 또는 3년 이상의 징역, 그 밖의 경우에는 1년 이상의 유기징역에 처한다(제52조의2). 미수범은 처벌한다(제63조).

이 죄는 상관에 대하여 신체를 상해하는 범죄이고, 이 죄의 객체는 상관이고, 상관은 직무집행 내외를 불문한다.

사례연구 131 ▶ 상관상해죄

> 육군 A중사와 B중사 등은 각각 타 부대 소속으로 가끔 훈련 중에 만난 적이 있다. 어느 날 영외의 한 중국집에서 반주를 겸한 식사 중, 사소한 말다툼이 일어나고 A중사는 명령복종관계에 없는 B중사를 구타하여 다리 골절상을 입혔다. 그런데, A중사는 2015. 2. 22.에, 그리고 B중사는 2014. 9. 15.에 중사로 진급하였다. 이 경우, 군형법상 '상관'에 명령복종관계가 없는 경우의 상위 계급자

와 상위 서열자도 포함되는지, 그리고 상관이 반드시 직무수행 중일 것을 요하는가?

▶ 대법원에서는 "군형법 제52조의2에서 규정한 상관에 대한 죄 … 는 모두 상관의 신체, 명예 등의 개인적 법익뿐만 아니라 군 조직의 위계질서 및 통수체계 유지도 보호법익으로 하는 점 등에 비추어 보면, 이들 죄에서의 상관에는 명령복종 관계가 없는 경우의 상위 계급자와 상위 서열자도 포함되고, 상관이 반드시 직무수행 중일 것을 요하지 아니한다."고 판시한 바 있다(대법원 2015. 9. 24. 선고 2015도11286 판결).

(2) 초병에 대한 상해죄

【구성요건 · 법정형】 초병의 신체를 상해한 사람은 적전인 경우에는 무기 또는 3년 이상의 징역. 그 밖의 경우에는 1년 이상의 유기징역에 처한다(제58조의2). 미수범은 처벌한다(제63조).

이 죄는 초병의 신체에 상해를 가하는 범죄이고, 이 죄의 주체는 군인 · 준군인에 한하지 않고 내국인 · 외국인에 대하여도 군인에 준하여 적용된다(제1조 제4항 제3호).

사례연구 132 ▸ 민간인의 초병상해죄

A병장은 강원도 모 부대의 훈련기간 경계근무 중 이 지역에 사는 민간인 B와 사소한 말다툼 끝에 B가 A의 군복을 세차게 잡아 당겼는데, 공교롭게 A병장이 넘어지면서 손가락에 실금이 나는 부상을 입었다. B는 어떤 죄가 성립되는가?

▶ 민간인인 B는 일반법인 형법 제257조에 따라 7년 이하의 징역에 처해지는 것이 아니라, 특별법인 군형법 제1조 제4항 제3호(초병상해죄 등)에 따라 군사법원이 재판관할권을 갖게 되고, 같은 법 제58조의2에 따라 적전이 아닌 경우 1년 이상의 유기징역에 처해지게 된다(대법원 2016. 10. 13. 선고 2016도11317 판결). 폭행죄와 상해죄는 큰 차이가 없어 혼동하는 경우가 많다. 폭행이란 예를 들어 강제로 멱살을 잡는다거나 밀친다거나 의사에 상관없이 상

대방에 몸에 손을 대는 행위는 폭행이라고 볼 수 있고, 이러한 행위들로 인해서 손에 금이 가거나 팔이 부러지는 등 부상을 입게 되면 상해가 된다.

(3) 직무수행 중인 자에 대한 상해죄

【구성요건 · 법정형】 상관 또는 초병 외의 직무수행 중인 군인 등의 신체를 상해한 사람은 적전인 경우에는 무기 또는 3년 이상의 징역, 그 밖의 경우에는 1년 이상의 유기징역에 처한다(제60조의2). 미수범은 처벌한다(제63조).

이 죄는 상관 또는 초병 외의 직무수행 중인 자의 신체에 상해를 가하는 범죄이다. 직무수행 중인 자에 대한 상해죄의 주체는 제한이 없다. 따라서 직무수행행위의 객체인 자에 한하지 않으며, 상관도 직무집행을 행하는 부하에 대하여 신체를 상해하면 이 죄가 성립된다. 군형법 제60조의2의 "직무수행 중"에 대한 해석은 앞에서 설명한 직무수행 중인 자에 대한 폭행 · 협박죄(제60조 제1항)와 같다.

(4) 상관 · 초병 · 직무수행 중인 군인 등에 대한 집단상해죄

【구성요건 · 법정형】
(상관에 대한 집단상해죄) 집단을 이루어 제52조의2(상관에 대한 상해죄)의 죄를 범한 사람은 적전인 경우에 수괴는 무기 또는 10년 이상의 징역, 그 밖의 사람은 무기 또는 5년 이상의 징역, 그 밖의 경우에는 수괴는 무기 또는 7년 이상의 징역, 그 밖의 사람은 3년 이상의 유기징역에 따라 처벌한다(제52조의3 제1항). 집단을 이루지 아니하고 2명 이상이 공동하여 제52조의2(상관에 대한 상해죄)의 죄를 범한 경우에는 제52조의2에서 정한 형의 2분의 1까지 가중한다(제52조의3 제2항). 미수범은 처벌한다(제63조).
(초병에 대한 집단상해죄) 집단을 이루어 제58조의2(초병에 대한 상해죄)의 죄를 범한 사람은 적전인 경우에 수괴는 무기 또는 7년 이상의 징역, 그 밖의 사람은 무기 또는 5년 이상의 징역, 그 밖의 경우에 수괴는 5년 이상의 유기징역, 그 밖의 사람은 3년 이상의 유기징역에 따라 처벌한다(제58조의3 제1항). 집단을 이루지 아니하고 2명 이상이 공동하여 제58조의2의 죄를 범한 경우에는 제58조의2에서 정한 형의 2분의 1까지 가

중한다(제58조의3 제2항). 미수범은 처벌한다(제63조).
(직무수행 중인 군인 등에 대한 집단상해죄) 상관 또는 초병 외의 직무수행 중인 군인 등의 신체를 상해한 사람은 적전인 경우에는 무기 또는 3년 이상의 징역, 그 밖의 경우에는 1년 이상의 유기징역에 처한다(제60조의2). 미수범은 처벌한다(제63조).

이 죄는 집단을 이루어 상관·초병·직무수행 중인 군인 등의 신체를 상해하는 범죄이다. 집단을 이루는 사람의 수에 대한 규정은 없으나, 형법상의 규정과 마찬가지로 단체 또는 다중의 위력을 보인다는 개념과 동일한 것으로 본다. "단체" 및 "다중"의 개념에 대해서는 앞에서 설명한 상관에 대한 집단폭행·협박죄와 같다.

상관에 대한 집단상해죄는 집단을 이루어 상관의 신체를 상해하는 범죄로 이 죄의 객체는 상관이고, 상관은 직무집행 내외를 불문한다. 초병에 대한 집단상해죄는 집단을 이루어 초병의 신체를 상해하는 범죄이며, 이 죄의 주체는 군인·준군인에 한하지 않고 내국인·외국인에 대하여도 군인에 준하여 적용된다(제1조 제4항 제3호). 직무수행 중인 군인 등의 집단상해죄는 상관 또는 초병 외의 직무수행 중인 자의 신체에 상해를 가하는 범죄이고, 직무수행 중인 자에 대한 상해죄의 주체는 제한이 없다. 군형법 제60조의3의 "직무수행 중"에 대한 해석은 앞에서 설명한 직무수행 중인 자에 대한 폭행·협박죄(제60조 제1항)와 같다.

(5) 상관·초병·직무수행 중인 군인 등에 대한 특수상해죄

【구성요건·법정형】
(상관에 대한 특수상해죄) 흉기나 그 밖의 위험한 물건을 휴대하고 제52조의2(상관에 대한 상해죄)의 죄를 범한 사람은 적전인 경우에는 사형, 무기 또는 10년 이상의 징역, 그 밖의 경우에는 무기 또는 3년 이상의 징역에 처한다(제52조의4).
(초병에 대한 특수상해죄) 흉기나 그 밖의 위험한 물건을 휴대하고 제58조의2(초병에 대한 상해죄)의 죄를 범한 사람은 적전인 경우에는 사형, 무기 또는 5년 이상의 징역, 그 밖의 경우에는 3년 이상의 유기징역에 따라 처벌한다(58조의4).
(직무수행 중인 군인 등에 대한 특수상해죄) 제60조(직무수행 중인 군인 등에 대한 폭행·협박죄) 제1항부터 제3항까지의 죄를 범하여 상관 또는 초병 외의 직무수행 중인

> 군인 등을 상해에 이르게 한 사람은 적전인 경우에는 무기 또는 3년 이상의 징역, 그 밖의 경우에는 1년 이상의 유기징역에 처한다(제60조 제5항).

이 죄는 흉기나 그 밖의 위험한 물건을 휴대하고 상관·초병·직무수행 중인 군인 등의 신체에 상해를 가하는 것이고 휴대방법 때문에 불법이 가중되는 구성요건이다. "흉기나 그 밖의 위험한 물건"에 대하여는 상관에 대한 특수폭행·협박죄의 내용과 같다.

사례연구 133 ▶ 상관에 대한 특수상해죄

경기도 X군에 소재한 모 부대 A상병은 B이병과 경계근무를 하는 중 B이병이 보초수칙을 모른다는 이유로 철모로 B이병의 머리를 3회, M16소총의 개머리판으로 가슴을 4회 정도 때려 폭행을 하자. B이병은 화가 난 나머지 허리에 차고 있는 대검으로 A상병의 가슴을 찔렀다. 이 경우, B이병은 어떤 죄가 성립하는가?

▶ 상관에 대한 특수상해죄는 흉기나 그 밖의 위험한 물건을 휴대하고 상관의 신체를 상해에 이르게 하는 범죄이고, 상해죄의 가중적 구성요건이다. 여기서 "흉기"란 대검과 같이 원래 살상(殺傷)이나 손괴의 목적으로 제작되고 그 목적 달성에 적합한 것이고, "위험한 물건"이란 제조목적을 불문하고 그 물건의 객관적 성질이나 사용방법에 따라서는 사람의 생명·신체에 해를 가하는 데에 사용될 수 있는 일체의 물건을 말한다. 따라서 B이병은 상관특수상해죄가 성립되어 적전의 경우가 아닌 경우, 무기 또는 3년 이상의 징역에 처해지게 된다(제52조의4).

(6) 상관·초병·직무수행 중인 군인 등에 대한 중상해죄

> 【구성요건·법정형】
> **(상관에 대한 중상해죄)** 제52조 제2항(상관폭행치상) 및 제52조의2(상관에 대한 상해), 제52조의3(상관에 대한 집단상해 등), 제52조의4(상관에 대한 특수상해)의 죄를 범하여 상관의 생명에 위험을 발생하게 하거나 불구 또는 불치나 난치의 질병에 이르게 한 사

람은 적전인 경우에는 사형, 무기 또는 10년 이상의 징역, 전시, 사변 시 또는 계엄지역인 경우에는 사형, 무기 또는 3년 이상의 징역(다만, 제52조의3 제1항 제2호의 죄를 범한 사람 중 수괴는 사형, 무기 또는 7년 이상의 징역), 그 밖의 경우(제52조의3 제1항 제2호의 죄를 범한 사람 중 수괴는 제외한다)에는 무기 또는 3년 이상의 징역에 처한다(제52조의5).

(초병에 대한 중상해죄) 제58조 제2항(초병폭행치상), 제58조의2(초병에 대한 상해) 및 제58조의3(초병에 대한 집단상해 등) 제2항의 죄를 범하여 초병의 생명에 대한 위험을 발생하게 하거나 불구 또는 불치나 난치의 질병에 이르게 한 사람은 적전인 경우에는 무기 또는 5년 이상의 징역, 그 밖의 경우에는 2년 이상의 유기징역에 처한다(제58조의5).

(직무수행 중인 군인 등에 대한 중상해죄) 제60조(직무수행 중인 군인 등에 대한 폭행·협박죄) 제5항, 제60조의2(직무수행 중인 군인 등에 대한 상해) 및 제60조의3(직무수행 중인 군인 등에 대한 집단상해 등) 제2항의 죄를 범하여 상관 또는 초병 외의 직무수행 중인 군인 등의 생명에 대한 위험을 발생하게 하거나 불구 또는 불치나 난치의 질병에 이르게 한 사람은 적전인 경우에는 무기 또는 5년 이상의 징역, 그 밖의 경우에는 2년 이상의 유기징역에 처한다(제60조의4).

중상해죄는 사람의 신체를 상해하여 생명에 대한 위험을 발생하게 하거나 불구 또는 불치나 난치의 질병에 이르게 한 범죄이다. 따라서 이 죄가 성립하기 위해서는 단순상해, 집단상해, 특수상해 등으로 인하여 생명에 대한 위험발생, 불구, 불치나 난치의 질병 등 중대한 결과가 발생하여야 한다.

여기서 "중대한 결과"란 ① 생명에 대한 위험발생, ② 불구, ③ 불치나 난치의 질병을 말한다. 그리고 ① "생명에 대한 위험발생"이란 생명에 대한 구체적인 위험발생을 말하고, 치명상이 여기에 해당한다. ② "불구"란 신체의 중요 부분, 예컨대 사지·생식기·눈·코·귀 등을 상실하는 것을 의미하지만, 신체 내부의 시각장애·언어장애·생식기능장애를 일으킨 경우도 포함된다. ③ "불치나 난치의 질병"이란 치료 가능성이 없거나 희박한 질병을 말하는 것으로 예컨대, 사람의 심장을 발로 차서 심폐 기능이나 장기의 현저한 손상은 물론이고, AIDS 감염·척추장애·기억상실·정신병 유발 등을 초래한 경우가 이에 해당한다.

사례연구 134 ▶ 초병에 대한 중상해죄

A병장은 B상병과 위병소 근무 중에 B상병이 면회 온 사람의 차량에 대한 블랙박스를 제거하지 않았고, 신분증을 보관하지 않고 영내 출입시켰다는 이유로 훈육 명목으로 가슴을 한 대 치려는데, B상병이 이를 피하다가 눈을 맞아 결국 실명하게 되었다. A병장은 어떤 죄가 성립하는가?

▶ "불구"란 신체의 중요 부분을 상실하는 것을 말하고, 신체 내부의 시각장애・언어장애・생식기능장애를 일으킨 경우도 포함된다. 불구를 긍정한 판례로는 ① 실명케 한 경우(대법원 1960. 4. 6. 선고 4292형상395 판결), ② 1.5㎝ 정도의 혀를 깨물어 절단하여 발음을 현저히 곤란케 한 경우(부산지방법원 1966. 1. 12. 선고 64고6813 판결), ③ 콧등을 길이 2.5㎝・깊이 0.56㎝ 절단시킨 경우(대법원 1970. 9. 22. 선고 70도1688 판결) 등이 있고, 불구를 부정한 판례로는 ① 아래 이빨 2개가 빠진 경우(대법원 1960. 2. 29. 선고 60형상413 판결), ② 앞 이빨 2개가 떨어져 나간 경우(대법원 1957. 7. 5. 선고 57형상166 판결) 등이 있다.

(6) 상관・초병・직무수행 중인 군인 등에 대한 상해치사죄

【구성요건・법정형】

(상관에 대한 상해치사죄) 제52조의2(상관에 대한 상해), 제52조의3(상관에 대한 집단상해 등), 제52조의4(상관에 대한 특수상해), 제52조의5(상관에 대한 중상해)의 죄를 범하여 상관을 사망에 이르게 한 사람은 적전인 경우에는 사형, 무기 또는 10년 이상의 징역, 전시, 사변 시 또는 계엄지역인 경우에는 사형, 무기 또는 5년 이상의 징역, 그 밖의 경우(제52조의3 제1항 제2호의 죄를 범한 사람 중 수괴는 제외한다)에는 무기 또는 5년 이상의 징역에 처한다(제52조의6).

(초병에 대한 상해치사죄) 제58조의2(초병에 대한 상해), 제58조의3(초병에 대한 집단상해 등), 제58조의4(초병에 대한 특수상해), 제58조의5(초병에 대한 중상해)의 죄를 범하여 초병을 사망에 이르게 한 사람은 적전인 경우에는 사형, 무기 또는 5년 이상의 징역, 전시, 사변 시 또는 계엄지역인 경우에는 제52조의2의 죄를 범한 사람은 사형, 무기 또는 3년 이상의 징역, 제58조3부터 제58조5까지의 죄를 범한 사람은 사형, 무기 또는 5년 이상의 징역, 그 밖의 경우에는 제52조의2의 죄를 범한 사람은 무기 또는 3

년 이상의 징역, 제58조3부터 제58조5까지의 죄를 범한 사람은 무기 또는 5년 이상의 징역에 처한다(제58조의6).
(직무수행 중인 군인 등에 대한 상해치사죄) 제60조의2(직무수행 중인 군인 등에 대한 상해), 제60조의3(직무수행 중인 군인 등에 대한 집단상해 등), 제60조의4(직무수행 중인 군인 등에 대한 중상해)까지의 죄를 범하여 상관 또는 초병 외의 직무수행 중인 군인 등을 사망에 이르게 한 사람은 적전인 경우에는 사형, 무기 또는 5년 이상의 징역(제60조의5 제1호), 전시, 사변 시 또는 계엄지역인 경우에는 제60조의2의 죄를 범한 사람은 사형, 무기 또는 3년 이상의 징역, 제60조의3 또는 제60조의4의 죄를 범한 사람은 사형, 무기 또는 5년 이상의 징역, 그 밖의 경우에는 제60조의2의 죄를 범한 사람은 무기 또는 3년 이상의 징역, 제60조의3 또는 제60조의4의 죄를 범한 사람은 무기 또는 5년 이상의 징역에 처한다(제60조의5).

상해치사죄는 사람의 신체를 상해하여 사망에 이르게 함으로써 성립하는 범죄이다. 상해의 고의로 중한 사망의 결과를 발생시킨 것이므로 상해죄의 결과적 가중범이다. 즉, 기본범죄(상관에 대한 상해, 특수상해, 집단상해, 중상해 등) 실행에 의하여 그보다 중한 결과(사망)가 발생한 경우에 기본범죄와 중한 결과를 하나의 범죄로 하여 기본범죄보다 형을 가중하는 범죄이다. 따라서 결과적 가중범의 일반원리에 따라 첫째, 고의의 기본원리로 인하여 중한 결과가 발생하여야 하고, 둘째, 기본행위와 중대한 결과발생 사이에는 인과관계가 있어야 하며, 셋째, 중한 결과발생에 대한 예견가능성이 있어야 한다. 이 죄의 구성요건요소에 대해서는 위에서 설명한 상관에 대한 폭행치사상죄의 설명과 내용이 같다.

사례연구 135 ▸ 직무수행 중인 자에 대한 상해치사죄

A여하사는 지난해 결혼을 하고 현재 임신 8개월이다. 어느 날 B여중사는 근무를 태만히 한다는 이유로 훈계를 하던 중 구두발로 A여하사의 다리를 한 대 쳤는데, A여하사가 넘어지면서 낙태를 하고 이로 인하여 심근경색으로 사망하였다. 이 경우, 상해치사죄의 구성요건요소인 인과관계가 인정되는가?

▶ 인과관계란 결과의 발생을 요하는 범죄에 있어서 그 행위가 없었다고 하면 그런 결과가 발생하지 않았을 것이라는 관계를 말한다. 판례에서는 피해자

가 지병이 있거나 피해자가 충분한 치료를 하지 않았기 때문에 사망한 경우(대법원 1970. 10. 10. 선고 79도2040 판결 및 1961. 9. 21. 선고 61형상447 판결), 임신 8개월의 여자를 걷어차 낙태와 심근경색으로 사망한 경우(대법원 1972. 3. 28. 선고 72도296 판결)에도 인과관계를 인정하였다.

Ⅳ 살해죄

1. 의의와 보호법익

살해의 죄는 고의로 사람을 살해하여 그 생명을 침해하는 범죄이다. 사람의 생명은 이 세상의 무엇과도 바꿀 수 없는 가장 존귀한 것이며 인간 생존의 기본적 전제의 기초가 되는 것이다. 헌법에는 생명권에 대한 명문의 규정은 없지만, 제10조에서 "모든 국민은 인간으로서의 존엄과 가치를 가지며 …"라고 규정하고 있어 인간의 존엄과 가치를 기본권의 핵심으로 이해할 때 생명권은 형법으로써 당연히 보호되어야 한다.

형법상 살해의 죄의 보호법익은 사람의 생명이고, 보호받는 정도는 생명이 침해됨을 요하는 침해범으로서의 보호이다. 따라서 태아와 죽은 사람은 사람이 아니므로 낙태죄(제269조) 또는 사체모욕죄(제159조), 사체손괴죄(제161조)에 의하여 보호될 뿐이다. 다만, 군형법상 살해죄는 사람의 생명뿐만 아니라 군 조직의 위계질서 및 통수체계를 유지하려는 데에 그 주된 입법취지가 있다.

사례연구 136 ▶ 상관살해 · 상관살해미수 등과 사형

A이병은 소속 부대의 간부나 동료 병사들의 A이병에 대한 태도를 따돌림 · 괴롭힘이라고 생각하던 중 초소 순찰일지에서 자신의 외모를 희화화하고 모욕하는 표현이 들어 있는 그림과 낙서를 보고 충격을 받아 소초원들을 모두 살해할 의도로 수류탄을 폭발시키거나 소총을 발사하여 상관 및 동료 병사 5명을 살해하

고 7명에게 중상을 가하였다. A이병은 어떤 죄가 성립되는가?

▶ A이병에 대해서는 상관살해죄, 상관상해미수죄, 살인·살인미수죄 등이 성립한다. 대법원에서는 "범행 동기와 경위, 범행 계획의 내용과 대상, 범행의 준비 정도와 수단, 범행의 잔혹성, 피고인이 내보인 극단적인 인명 경시 태도, 피해자들과의 관계, 피해자의 수와 피해결과의 중대함, 전방에서 생사고락을 함께하던 부하 혹은 동료 병사였던 피해자들과 유족 및 가족들이 입은 고통과 슬픔, 국토를 방위하고 국민의 생명과 재산을 보호함을 사명으로 하는 군대에서 발생한 범행으로 성실하게 병역의무를 수행하고 있는 장병들과 가족들, 일반 국민이 입은 불안과 충격 등을 종합적으로 고려하면, 비록 피고인에게 일부 참작할 정상이 있고 예외적이고도 신중하게 사형 선고가 이루어져야 한다는 전제에서 보더라도, 범행에 상응하는 책임의 정도, 범죄와 형벌 사이의 균형, 유사한 유형의 범죄 발생을 예방하여 잠재적 피해자를 보호하고 사회를 방위할 필요성 등 제반 견지에서 법정 최고형의 선고가 불가피하다"고 판시하였다(대법원 2016. 2. 19. 선고 2015도12980 판결).

2. 구성요건요소

(1) 주체

형법에서는 자연인이면 누구든지 주체가 될 수 있고, 군형법에서는 군인, 준군인은 물론 군인에 준하는 내국인·외국인도 주체가 될 수 있다(제1조 제4항 제3호).

(2) 객체

형법상의 살해죄(살인죄)의 객체는 행위자 이외의 생명이 있는 사람(자연인)이다. 여기서 "사람"은 범행 당시 생존가능성이 있으면 충분하고 생존능력의 유무는 묻지 않는다. 따라서 조산으로 생육의 가망이 없는 영아·기형아, 불구자, 불치의 병자, 자살 중인 자, 생명유지 장치로 연명하고 있는 말기암환자도 이 죄의 객체가 된다.

그리고 태아는 분만으로 출생하면서 생명 있는 사람이 되는데, 사람의 시기(始期)에 대해서는 진통설, 일부노출설, 완전노출설, 독립호흡설 등이 있고, 민법은 완전노출설이 통설・판례의 입장인 반면, 형법은 분만을 위한 진통이 시작된 때로 보는 진통설이 통설・판례의 입장이다. 사람의 종기(終期)는 호흡종지설(심폐사설), 맥박중지설, 심징후설, 뇌사설 등이 있으나 심장의 고동이 영구적으로 멈춘 때로 보는 호흡종지설이 통설이다.

군형법에는 살해죄에 대해 상관살해죄(제53조)와 초병살해죄(제59조)를 규정하고 있으므로 결국 상관과 초병이 이 죄의 객체가 된다. 군형법도 범행 당시 생존가능성이 있으면 충분하고 생존능력의 유무는 묻지 않기 때문에 중상・불치병・자살 중・생명유지 장치로 연명하고 있는 말기암의 상관도 이 죄의 객체가 된다.

(3) 행위

살해죄는 행위는 '사람을 살해하는 것'이다. 여기서 "살해"란 사람의 생명을 자연적 사기(死期)에 앞서서 단절시키는 일체의 행위를 말한다.

살해의 수단과 방법은 제한이 없다. 따라서 살해의 수단은 작위는 물론이고 탈진상태에 있는 사람을 감금자가 구조하지 않아 사망케 한 경우처럼 부작위로도 가능하다(대법원 1982. 11. 23. 선고 82도2024 판결). 또한 살해의 방법으로 타살・독살・사살・교살(絞殺)・참살(斬殺)・추락살 등 유형적 방법에 의하건, 피해자에게 큰 정신적 충격을 주어 사망에 이르게 한 경우처럼 무형의 방법에 의하건 불문한다. 살해는 직접적 방법이든 간접적 방법이든 묻지 않는다. 따라서 독약이 들어 있는 음식물을 배달시켜 살해하거나 정신병자를 이용하여 타인을 살해하는 간접정범도 가능하다.

상관 또는 초병에 대한 촉탁(囑託) 또는 승낙(承諾)에 의하여 상관 또는 초병을 살해한 경우에는 군형법상 상관살해죄 또는 초병살해죄가 성립하지 않고 형법상의 촉탁・승낙살인죄(제252조 제1항)가 성립하는 것으로 본다. 즉, 촉탁・승낙에 의해 사람을 살해한 이상 살해행위임에는 틀림없으나 형법 제250조 제1항의 보통살인죄 규정에는 촉탁・승낙에 의한 살해행위를 포함하지 않고 있음으로 군형법도 보통살인죄와 촉탁·승낙살인죄의 구별을 전제로 한다고 보는 것이 타당하기 때문이다.

"촉탁"이란 이미 죽음을 결의한 피살자의 요구에 따라 살해의 결의를 하는 것, 즉 피해자의 명백하고도 진지한 살해의 부탁을 의미하고, "승낙"이란 이미 살해의 결의를 하고 있는 자가 피살자로부터 살해의 동의를 받는 것을 말한다. 촉탁·승낙의 요건으로는 ① 촉탁·승낙은 피살자 자신의 촉탁·승낙에 의한 것임을 필요로 한다. 따라서, 피살자를 대신한 타인의 촉탁으로 살해한 때에는 상관 또는 초병살해죄가 성립하고, 타인을 대신한 승낙의 경우는 무효가 되어 이 죄가 성립되지 않는다. ② 사물변별력을 가진 피살자의 자유롭고 진의에 의한 촉탁이어야 한다. 따라서 흥분상태나 취중의 촉탁·승낙에 의한 살해행위는 상관 또는 초병살해죄가 성립할 뿐이다. ③ 촉탁은 언어·문장·동작에 의하여도 무방하고 반드시 명시적이어야 하지만, 승낙은 명시적이나 묵시적이나 불문한다. 그러나 상관 또는 초병이 음독시키는 것을 알면서 행위자에게 원망하는 말을 하지 않았다고 해서 승낙살인이 되는 것은 아니다. ④ 촉탁·승낙의 착수시기는 행위자가 피해자의 살해에 착수한 때이다. 따라서 살인행위가 미수에 그친 후 사후적 촉탁·승낙은 상관 또는 초병살해미수죄(제63조)가 될 뿐이다.

상관 또는 초병에 대하여 자살의사가 없음에도 불구하고 자살을 결의하여 실행에 나가도록 하는 자살교사나 이미 자살을 결의한 자에게 그의 자살을 용이하도록 도와주는 자살방조의 경우에는 형법 제252조 제2항의 자살교사·방조죄(자살관여죄)가 성립한다. 이 죄의 객체는 상관 또는 초병이지만 자살의 의미를 이해하고 자유로운 의사결정을 할 수 있는 자이어야 한다. 따라서 치사량의 독약을 독약이 아니라고 믿게 하여 마시게 하거나 위력으로 의사결정의 자유를 잃게 하여 자살하게 하면 위계·위력에 의한 살인죄(형법 제253조)가 성립한다. 자살교사의 수단과 방법에는 제한이 없다. 따라서 권유·종용·명령·지휘·지시·애원·간청·이익제공 등의 방법이라도 무방하며 명시적·암시적 방법에 의해서도 가능하다. 또한, 자살방조도 수단과 방법에는 제한이 없다. 따라서 자살도구를 빌려주거나 독약을 만들어 주거나 조언·격려하는 것은 물론이고, 적극적·소극적·물질적·정신적 방법이 모두 포함된다.

상관 또는 초병에 대하여 위계·위력으로써 사람의 촉탁·승낙을 받아 사람을 살해하거나 자살하게 하는 경우에는 앞에서 설명한 바와 같이 위계·위력에 의한 살인죄(형법 제253조)가 성립한다. 여기서 "위계"란 상대방의 부지(不知)나 착오를 이용하여 살해의 목적을 달성하는 것을 말하고 예컨대, 동반자살할 의사가 없으면서 이를 오신하게 하여 자살하게 하는 경우이고, "위력"이란 사람의 의사를 제압하여 저항할 수 없는 유형·무형의 힘을 말하며, 물리적 폭행이나 협박 또는 군 내부의 상하관계의 지위를 이용하는 경우도 포함된다.

사례연구 137 ▶ 자살방조죄

금술 좋았던 부부인 A남자중사와 B여자중사에게 불행이 닫쳤다. 남편 A중사에게 치명적 위암선고가 내려졌기 때문이다. A중사의 아내 B중사는 향후 벌어지게 될 남편의 고통, 그리고 남편이 죽으면 자기도 삶의 의미를 잃게 된다고 생각하여 "우리 같이 죽자"면서 각자 다량의 수면제를 먹었다. 그러나 남편 A중사는 죽고 아내 B중사는 살았을 경우, 어떻게 되는가?

▶ 합의동사(合意同死)는 자살의 공동정범에 불과하기 때문에 자살이 처벌되지 않는 것처럼 처벌할 수 없다는 견해도 있지만, 위의 사례와 같이 진정으로 같이 죽을 것을 약속하고 정사를 기도하였으나 아내 B중사만 살아났으면 타인의 자살을 방조 또는 교사한 사실이 인정되어 자살방조죄 또는 교사죄로 1년 이상 10년 이하의 징역에 처해지게 된다(형법 제252조 제2항).

(3) 고의

상관 또는 초병에 대한 살해죄의 주관적 구성요건요소로서 사람을 살해한다는 고의가 있어야 한다. 살해의 고의없이 상관 또는 초병을 사망에 이르게 한 때에는 상관에 대한 폭행치사죄(군형법 제52조 제1항)·상해치사죄(제52조의6)와 초병에 대한 폭행치사죄(제58조)·상해치사죄(제58조6)가 성립할 뿐이다.

또한, 파도가 치는 바닷가 바위 위에서 곧 전역할 병사를 헹가레 쳐서 장난삼아 바다에 빠뜨리려고 하다가 그가 발버둥치는 바람에 그의 발을 붙잡고 있던 피해자가 미끄러져 익사한 경우에는 과실치사죄가 성립한다(대법원 1990. 11. 13, 선고 90도2106 판결).

사례연구 138 ▸ 상관·초병살해죄의 주관적 구성요소요건

해군 A이병은 해상에서의 생활이 고단하여 극심한 스트레스에 쌓여 있고, 업무 및 병영생활의 미숙함에 대한 징벌 수단으로 폭력을 당하는 경우도 종종 있었다. A이병은 이를 극복하지 못하고 경계근무 중에 누구를 특별히 겨냥하여 총을 발사한 것이 아니라 누구라도 총에 맞아 죽어도 좋다고 생각하여 총을 발사하였고, 결국 선임병이 총에 맞아 사망하였다. 이 경우, A이병은 상관살해죄가 성립되는가?

▶ 상관·초병살해죄는 사람을 살해한다는 고의가 있어야 된다. 여기서 고의는 구성요건적 결과의 실현을 행위자가 인식하였거나 확실히 예견하는 확정적 고의뿐만 아니라 결과의 예견을 인용한 경우인 미필적 고의로도 충분하다. 즉, 특정인을 살해하겠다는 확정적 고의는 없지만, 자기의 행위로 누군가가 죽을 것이라고 예상하고 있으며, 누가 죽더라도 할 수 없다는 의사가 있으면 미필적 고의에 의한 살인죄가 성립한다. 예컨대, 피해자가 맞아 죽어도 무방하다고 생각하고 총을 발사한 경우(대법원 1975. 3. 11. 선고 75도217 판결), 칼로 사람의 복부(대법원 1986. 9. 9. 선고 86도1313 판결)나 목을 찌른 경우(대법원 1966. 3. 15. 선고 65도96 판결), 사람의 목을 조른 경우(대법원 1984. 4. 10. 선고 84도331 판결)에도 살해의 고의는 인정된다.

3. 범죄유형과 법정형

(1) 상관살해죄

【구성요건·법정형】 상관을 살해한 사람은 사형 또는 무기징역에 처한다(제53조 제1항). 미수범은 처벌한다(제63조).

이 죄는 상관을 고의로 살해함으로써 성립하는 범죄이다. 그런데 상관을 향하여 총을 발사하였으나 빗나가서 타인을 살해한 경우와 상관으로 오인하고 총을 발사하였으나 타인을 살해하는 경우에는 법정적 부합설과 추상적 부합설 등의 학설이 대립하고 있는 바, ① 법정적 부합설이란 행위자가 인식·예견한 범죄사실과 현실로 발생한 범죄사실이 동일한 구성요건·동일한 죄질에 속하면 고의를 인정하는 견해로, 사례의 경우는 보통살인죄의 기수가 되는 것에 불과하게 된다는 견해이다. 반면에 ② 추상적 부합설은 행위자에게 범죄를 범할 의사가 있고, 그 의사에 의하여 범죄가 발생한 이상 인식한 사실과 발생한 사실이 추상적으로 일치하는 한도 내에서 고의로 처벌해야 한다는 견해로, 사례의 경우는 상관살해죄의 미수와 보통살인죄의 기수(既遂)를 논하고 합일해서 중한 형에 따라 처벌한다는 견해이다. 이에 대해 우리나라는 법정부합설이 통설과 판례(대법원 1984. 1. 24. 선고 83도2813 판결)의 입장이다.

또한, 위의 사례와는 반대로 타인을 향하여 총을 발사하였으나 빗나가서 상관을 살해한 경우와 타인으로 오인하고 총을 발사하였으나 상관을 살해하는 경우에는 법정적 부합설에 따르면 단순히 보통살인죄의 기수가 되는 것에 불과하다고 하고, 추상적 부합설에 따르면 보통살인죄의 기수와 과실에 의한 상관살해죄의 상상적 결합, 즉 1개의 행위가 수개의 죄에 해당하는 것으로 다루어야 한다는 견해도 있다.

사례연구 139 ▶ 상관살해미수죄

육군 A중사는 평소 자신을 무시한다는 이유로 그 소속 중대장인 B대위를 살해·보복할 목적으로 수류탄의 안전핀을 빼고 그 사무실에 들어갔다. 이 경우, A중사는 무슨 죄가 성립되는가?

▶ A중사에 대해서는 상관살해미수죄가 성립된다(제63조). 대법원에서는 "피고인이 그 소속 중대장인 B대위를 살해 보복할 목적으로 수류탄의 안전핀을 빼고 그 사무실로 들어갔다고 하는 이상 이를 살인미수죄로 다스린 원심의 조처는 정당하고, 그 행위를 단순히 상관에 대한 협박·모욕 정도 밖에 않된다고는 할 수 없다"고 판시하였다(대법원 1970. 6. 30. 선고 70도861 판결).

(2) 상관살해예비 · 음모죄

> **【구성요건 · 법정형】** 제1항(상관살해죄)의 죄를 범할 목적으로 예비 또는 음모를 한 사람은 1년 이상의 유기징역에 처한다(제53조 제2항).

이 죄는 상관을 살해할 목적으로 예비 또는 음모함으로써 성립하는 범죄이다. 예비 · 음모는 실행의 착수에 이르지 않는 한 원칙적으로 벌하지 않지만(형법 제28조), 형법상의 보통살인죄, 존속살인죄, 위계 · 위력에 의한 살인죄나 군형법상의 상관 · 초병살인죄의 법익침해의 중대성과 행위의 위험성을 고려하여 이러한 죄에 대한 사전준비행위인 예비나 2인 이상이 모의하는 음모도 처벌하도록 특별히 규정한 것이다. 다만, 예비음모의 단계를 넘어서 착수가 있으면 결과발생의 유무와 관계없이 상관살해의 기수 또는 미수에 해당하여 이 죄가 인정되지 않는다.

살인예비 · 음모죄에서 살인예비란 살인을 실현하기 위한 준비행위로서 실행의 착수에 이르지 않은 행위를 말하고 수단 · 방법은 불문하며, 살인음모란 2인 이상 사이에 살인을 실행하기 위한 공동의사의 형성, 즉 살인의 공동모의를 말한다.

사례연구 140 ▸ 상관살해예비 · 음모죄

육군 A이병은 군 생활에서 구타, 가혹행위 등을 당하고 있었다. 이에 앙심을 품은 A이병은 아무나 상관이라면 죽이겠다고 마음먹고 살해용으로 흉기를 준비하였다. 이 경우, 상관살해예비 · 음모죄가 성립하는가?

▶ 상관살해예비죄는 주관적 구성요건요소로서 준비행위에 대한 인식 · 의사가 있어야 하며, 나아가서 이 죄를 범할 목적이 있어야 한다. 여기에서의 목적은 확정적일 필요는 없지만, 살해의 대상은 구체적으로 특정되어야 한다. 조건부 목적이라도 무방하지만, 미필적 목적으로는 부족하다. 따라서 살해용으로 흉기를 준비했다 하더라도 그 흉기로써 살해할 대상자가 확정되지 않으면 이 죄는 성립하지 않는다(대법원 1959. 7. 31. 선고 59형상308 판결).

(3) 초병살해죄

> **【구성요건 · 법정형】** 초병을 살해한 사람은 사형 또는 무기징역에 처한다(제59조 제1항). 미수범은 처벌한다(제63조).

이 죄는 초병을 고의로 살해함으로써 성립하는 범죄이다. 그런데 초병을 향하여 총을 발사하였으나 빗나가서 타인을 살해한 경우와 초병으로 오인하고 총을 발사하였으나 타인을 살해하는 경우, 그리고 타인을 향하여 총을 발사하였으나 빗나가서 초병을 살해한 경우와 타인으로 오인하고 총을 발사하였으나 초병을 살해하는 경우 등에 대해서는 법정적 부합설과 추상적 부합설 등의 학설이 대립하고 있는 바, 위에서 설명한 상관살해죄의 내용과 같다.

이 죄의 주체는 군인 · 준군인에 한하지 않고 내국인 · 외국인에 대하여도 군인에 준하여 적용된다(제1조 제4항 제3호).

(4) 초병살해예비 · 음모죄

> **【구성요건 · 법정형】** 제1항의 죄를 범할 목적으로 예비 또는 음모를 한 사람은 1년 이상 10년 이하의 징역에 처한다(제59조 제2항).

이 죄는 초병을 살해할 목적으로 예비 또는 음모함으로써 성립하는 범죄이다. 예비 · 음모에 대해서는 위에서 설명한 상관살해예비 · 음모죄의 내용과 같으며, 이 죄의 주체는 위에서 설명한 초병살해죄의 내용과 같다.

V 특수소요죄

1. 의의와 보호법익

특수소요죄는 군인 또는 준군인이 집단을 이루어 흉기나 그 밖의 위험한 물건을 휴대하고 폭행, 협박 또는 손괴의 행위를 함으로써 성립하는 범죄이다(제61조). 이 죄는 형법상의 소요죄(제115조)에 대한 특별규정으로 사회공공의 평화를 위태롭게 하는 범죄이다. 그러나 주된 보호법익은 군 조직의 위계질서 및 통수체계의 유지이다.

특수소요죄는 다중의 집합을 필요로 하는 공범이며 집합범이란 점에서는 내란죄와 성질을 같이 하지만 목적범이 아닌 점과 조직적 결합을 전제로 하는 범죄가 아닌 점에서 다르다. 또한, 특수소요죄는 사회공공의 안녕·평화를 침해한다는 점에서 국가의 존립을 위태롭게 하는 반란죄(제5조)와는 그 성질을 달리한다. 형법상의 소요죄와 군형법상의 특수소요죄의 보호법익은 사회공공의 안녕·평화이므로 국가의 안녕 또는 개인의 안전과는 별개의 것이다. 즉, 사회공공의 안녕·평화가 침해되어도 국가의 안녕에는 영향을 미치지 않는 것이 보통이고, 개인의 안전이 침해되어도 사회공공의 안녕·평화는 유지되는 것이 보통이다.

2. 구성요건요소

(1) 주체

주체는 집단을 이루는 군인, 준군인이다. 따라서 다수인이 집합하면 이 죄의 주체가 될 수 있다. 다만, 반란죄(제5조)와 달리 집단에 조직적인 것을 요하지 아니하며 반드시 주모자가 있어야 할 필요가 없고, 폭행·협박·손괴할 목적으로 집합할 필요도 없으며, 공동의 목적 유무나 집합의 동기·목적 여하도 불문한다.

(2) 행위

행위는 집단을 이루어 흉기나 그 밖의 위험한 물건을 휴대하고 폭행·협박·손괴하는 것이다.

여기에서 "집단"이란 집합한 다중, 즉 다수인의 집합을 말하고, "흉기나 그 밖의 위험한 물건을 휴대하고"는 상관에 대한 특수폭행·협박죄의 내용과 같으며, 형법상의 소요죄는 "흉기나 그 밖의 위험한 물건을 휴대하고"라는 규정이 없다는 점에서 군형법상의 특수소요죄는 형법상의 소요죄와는 구성요건요소가 다르다. 또한 "폭행"이란 사람 또는 물건에 대한 일체의 유형력의 행사를 의미하며, "협박"이란 공포심을 일으키기 위하여 해악을 고지하는 일체의 행위를 말하고(최광의의 폭행·협박), 해악의 성질과 내용은 문제가 되지 않으며, 상대방이 특정되지 않아도 된다. "손괴"란 타인의 재물의 효용가치를 해하는 일체의 행위를 의미한다.

이 죄의 폭행·협박·손괴는 사람과 물건에 대한 집단의 적극적 행위여야 하므로 단순한 소극적인 저항이나 연좌농성은 이에 해당하지 않고, 그 성질상 현실적으로 공공의 안전을 침해하는 결과를 요하지 않는다.

폭행·협박·손괴는 집합한 다중의 합동력에 의한 것이어야 한다. 즉, 다중의 구성원에 의하여 행하여져야 하고, 다중의 의사에 따른 공동행위임을 요한다. 따라서 다중에 지배되는 의사를 표현한 것이라 볼 수 없는 단순한 다중 속의 구성원 개인의 행위는 이 죄의 행위가 아니다.

사례연구 141 ▶ 특수소요죄

군인의 교양, 선전, 보도 등의 일을 담당하는 A중위는 부대원들에 대한 정훈교육 실시 중에 있었는데, 일부 교육내용에 불만을 품고 있던 B중사는 교육받았던 부대원 중 하급자 일부를 지휘하여 집단적으로 야전삽 등을 휴대하여 "사과하지 않으면 죽여 버리겠다"면서 협박하기에 이르렀다. 이 경우, 어떤 죄가 성립하는가?

▶ 집단을 이루어 흉기나 그 밖의 위험한 물건을 휴대하고 폭행, 협박 또는 손괴의 행위를 한 사람에 대해서는 특수소요죄가 성립한다. 이때에 집합한 다중의 전부 또는 일부가 합동력을 이용하면 충분하므로 다중의 일부가 흉기나 그 밖의 위험한 물건을 휴대하고 폭행·협박·손괴하였다 하더라도 이 죄가 성립한다. 특수소요죄의 수괴는 3년 이상의 유기징역에 따라 처벌한다(제61조 제1호).

(3) 고의

특수소요죄의 주관적 구성요건요소로써 다중이 집단을 이루어 폭행·협박·손괴한다는 인식·의사인 고의를 요한다. 즉, 다중의 합동력으로 폭행·협박·손괴한다는 의사가 있어야 한다.

3. 다른 죄와의 관계

특수소요죄에서 문제가 되는 것은 이 죄와 다른 죄와의 관계이다. 즉, 특수소요죄의 구성요건요소인 폭행, 협박 또는 손괴행위가 동시에 다른 죄명에 저촉하였을 때에는 어느 범위까지 특수소요죄에 흡수되는가 하는 문제가 있다.

이에 대해 폭행, 협박 또는 손괴행위가 특수소요죄보다 법정형이 중한 살해죄, 폭행치사상죄 등에 저촉될 경우에는 특수소요죄와 상상적 경합관계에 있지만, 법정형이 경한 다른 죄는 특수소요죄에 흡수된다는 것이 다수설이다. 형법에서는 1개의 행위가 수개의 죄에 해당하는 상상적 경합의 경우에는 가장 중한 죄에 정한 형으로 처벌하도록 규정하고 있다(형법 제40조).

사례연구 142 ▶ 상상적 경합

육군 A소위, B중사 등은 집단을 이루어 군용칼, 야전삽 등을 휴대하고 이를 사용하여 고의로 C중대장을 살해하고 D중위에게는 상해를 입혔으며 재물도 손괴하였다. 이 경우, A소위, B중사는 어떤 죄로 처벌받게 되는가?

▶ 1개의 행위로 수 개의 죄(살인죄, 상해죄, 손괴죄)에 해당하는 경우를 상상적 경합이라 한다. 예컨대, 1개의 수류탄을 던져 여러 명을 살해하거나, 1발의 탄환을 발사하여 한 사람을 살해하고 다른 사람에게 상해를 가하고 재물을 손괴한 경우가 이에 해당한다. 형법 제40조에서는 이에 관하여 "1개의 행위가 수개의 죄에 해당하는 경우에는 가장 중한 죄에 정한 형으로 처벌한다"고 규정하고 있다. 따라서 A소위, B중사는 상관살해죄(제53조)로 처벌받게 된다.

4. 범죄유형과 법정형

(1) 수괴(首魁)

【구성요건 · 법정형】 집단을 이루어 흉기나 그 밖의 위험한 물건을 휴대하고 폭행, 협박 또는 손괴의 행위를 한 사람은 수괴는 3년 이상의 유기징역에 처한다(제61조 제1호).

"수괴"란 특수소요죄의 전체에 걸쳐서 다수인의 집합인 집단을 조직 · 지휘 · 통솔하는 자로서 반드시 1인 임을 요하지 않는다. 스스로 집단과 같이 폭행, 협박 또는 손괴를 하거나 소요의 현장 내에 있을 필요도 없고, 현장에서 지휘 · 통솔하고 있어야 하는 것도 아니다.

(2) 지휘자 또는 솔선자

【구성요건 · 법정형】 집단을 이루어 흉기나 그 밖의 위험한 물건을 휴대하고 폭행, 협박 또는 손괴의 행위를 한 사람 … 다른 사람을 지휘하거나, 세력을 확장 또는 유지하는 데 솔선한 사람은 1년 이상 10년 이하의 징역에 처한다(제61조 제2호).

"지휘자"란 집단을 이루어 폭행, 협박 또는 손괴를 할 때에 집단의 전부 또는 일부의 다수인을 지휘하는 자를 말한다. 현장에서 집단에 대하여 구체적 행동방법을 지시하는 것을 요하지 않고, 지휘방법에는 언어 · 거동 등에 있어서 제한이 없다. "솔선자"란 집단을 이루어 폭행, 협박 또는 손괴를 할 때에 집단과 어울려 소요세력을 확장 · 증대시킨 자를 말한다. 시간적으로 집단보다 먼저 행위를 할 것을 필요로 하지 않고, 장소적으로도 집단보다 앞장설 것을 요하지도 않으며, 솔선방법에는 언어 · 거동 등에 있어서 제한이 없다.

(3) 부화뇌동자(附和雷同者)

【구성요건 · 법정형】 집단을 이루어 흉기나 그 밖의 위험한 물건을 휴대하고 폭행,

> 협박 또는 손괴의 행위를 한 … 부화뇌동한 사람은 2년 이하의 징역에 처한다(제61조 제3호).

"부화뇌동자"란 확고한 주관없이 군중심리로 막연히 폭행, 협박 또는 손괴행위에 참가하여 소요세력을 확장·증대시킨 자를 말한다. 스스로 폭행, 협박 또는 손괴행위를 하는 것을 요하지 않는다.

Ⅵ 가혹행위죄

1. 의의와 보호법익

가혹행위죄는 직권의 남용 또는 위력을 행사하여 학대 또는 가혹한 행위를 함으로써 성립하는 범죄이다(제62조). 이 죄는 직권 남용 또는 위력의 행사로서 군인, 준군인 등에게 정신적·육체적 고통을 줌으로써 군의 사기를 저하시키고, 군기를 문란하게 하는 것을 방지하려는 것이다. 이 죄는 형법상의 제125조(폭행, 가혹행위) 또는 제273조(학대, 존속학대)에 대한 특별법적 범죄이고, 주된 보호법익은 군 기능의 공정한 행사이며, 부차적인 보호법익은 개인의 신체의 건재성이다.

가혹행위는 군기 확립을 이유로 한 영내폭행이 대표적이다. 구타와 같은 폭행은 결코 군기확립의 수단이 될 수 없고 법규에 따라 엄정한 신상필벌(信賞必罰)의 원칙이 지켜질 때 군 기강이 바로 설 수 있는 것이며, 군기확립을 위한 어떠한 폭력행위도 정당화될 수 없다.

2. 구성요건요소

(1) 주체

이 죄의 주체는 군무수행상의 권한 등 일정한 권한을 가진 자이고, 그 권한의 내용과 성질 등을 묻지 않는다. 즉, 형법상 학대죄의 주체는 사람을 보호 또는 감독하는 자이고, 가혹행위죄의 주체는 재판·검찰·경찰 기타 인신구속에 관한 직무를 수행하는 자 또는 이를 보조하는 자에 한정되지만, 군형법상 가혹행위죄는 명령과 복종관계 등에 있어서 군무수행의 권한을 가진 자라면 그 권한의 내용과 성질 등은 불문하고 이 죄의 주체가 된다.

(2) 객체

이 죄의 객체는 군형법의 적용대상자로서 행위 주체의 일정한 군무수행상의 권한 하에 있는 자이다. 즉, 형법상 학대죄의 객체는 자기 또는 감독을 받는 자와 보호 또는 감독을 받는 자기 또는 배우자의 직계존속이고, 가혹행위죄의 객체는 형사피의자 또는 기타의 사람(형사피고인·증인·참고인 등 재판이나 수사에 있어서 조사의 대상이 된 사람)에 한정되지만, 군형법의 적용대상자(제1조)인 군인, 준군인이라 하면 모두 이 죄의 객체가 된다.

(3) 행위

행위는 직권의 남용 또는 위력을 행사하여 학대 또는 가혹한 행위를 하는 것이다.

여기에서 "직권 남용"이란 일반적 직무수행에 속하는 사항에 대하여 본래의 취지와 달리 부당한 목적·방법으로 행사하거나, 직권을 적정하게 행사하지 않는 것을 말한다. 따라서 행위 주체의 일반적 직무수행상의 권한에 속하지 않거나 직무수행과 관련이 없는 행위는 이 죄에 해당하지 않는다. 그러나 직권을 적정하게 행사하지 않는 것에 대해서 형법과 군형법에서는 직무유기 즉, 직무에 관한 의식적인 방기, 포기나 직장이탈·군무이탈 등 정당한 사유 없이 직무를 수행하지 아니한 경우에 대해서만 처벌하고, 직무 유기에 이르지 않는 정도의 직무상 의무를 위배 또는 게을리 한 경우에는 징계사유가 될 뿐이다.

사례연구 143 ▶ 직권남용

내무반장의 직책을 가지고 있지 아니한 공군 병장 A당직조장은 당직근무를 마치고 내무반에 들어와서 책을 보고 있다가 하급자 B가 내무반에 들어오면서 필승구호가 작다는 이유로 '엎드려 뻗쳐'의 기합을 주고, 또 기동타격대에 소속되어 있는 하급자 C가 신병으로서 평소 아침에 늦게 일어난다는 이유로 같은 기합을 주었다 이 경우, A당직조장은 군형법 제62조의 직권남용이 되는가?

▶ 대법원에서는 "소정의 직권남용이란 일반적 직무권한에 속하는 사항에 관하여 그 정당한 한도를 넘어 그 권한을 위법하게 행사하는 것을 말하는 것이므로 아무런 직권을 가지지 않는 자의 행위 또는 자기의 직권과 관계 없는 행위는 이에 해당하지 않는다고 할 것인바, 당직대의 조장이 당직근무를 마치고 내무반에 들어와 하급자에게 다른 이유로 기합을 준 행위는 당직조장으로서의 어떤 직권을 남용한 것이 아니라 사적 제재에 불과하다"고 판시하였다(대법원 1985. 5. 14. 선고 84도1045 판결). 따라서 군형법 제62조가 적용되지 않고, 경우에 따라서 징계사유가 될 뿐이다.

"학대"란 육체적·정신적 고통을 가하는 행위를 말한다. "가혹행위"란 폭행 이외의 방법으로 사람으로서는 견디기 어려운 육체적·정신적 고통을 가하는 일체의 행위를 말하는데(고등군사법원 1974. 9. 27. 선고 육군 74고군형항385 판결), 이 경우 가혹행위에 해당하는지 여부는 행위자 및 그 피해자의 지위, 처한 상황, 그 행위의 목적, 그 행위에 이르게 된 경위와 결과 등 구체적 사정을 검토하여 판단하여야 하고, 나아가 그 행위가 교육목적의 행위라고 하더라도 교육을 위해 필요한 행위로서 정당한 한도를 초과하였는지 여부를 함께 고려하여야 한다(대법원 2009. 12. 10. 선고 2009도1166 판결 및 대법원 2008. 5. 29. 선고 2008도2222 판결 등). 예컨대 군복을 벗고 서있게 하여 수치심·모멸감을 느끼게 하는 행위, 코로 담배를 피우게 하는 행위, 필요한 음식물을 주지 않는 행위, 필요한 정도의 휴식·수면을 허용하지 않는 경우 등이 이에 해당한다. 형법에서는 제125조에서 가혹행위를 국가적 법익에 대한 죄(공무원의 직무에 관한 죄)로, 제273조에서 학대를 개인적 법익에 대한 죄(생명·신체에 대한 죄)로 구분하여 규정하고 있지만, 가혹행위는 학대보다 넓은 개념이므로 학대는 가혹행위 범주에 포함되는 것으로 본다.

사례연구 144 ▸ 가혹행위의 판단기준

육군 상사 A행정보급관은 담배를 피운다는 이유로 B상병으로 하여금 강제로 코로 담배를 피우게 하고, C이병에게는 강제로 금연에 도움이 된다는 약초를 씹어 먹게 하였으며, D·E일병에게는 뜨거운 물이 담긴 스테인레스컵을 이마 사이에 놓았다. 이 경우, A행정보급관은 어떤 죄가 성립되는가?

▶ 군형법 제62조의 가혹행위죄가 성립한다. 대법원에서는 "피고인이 비록 금연을 강조하거나 훈계를 할 목적으로 위와 같은 행위를 하였다고 하더라도, 위와 같은 행위가 그 훈계의 목적달성에 필요하고 정당한 범위 내의 행위라고 볼 수 없는 점, 코로 담배를 피우게 하는 행위와 약초를 강제로 먹게 한 행위는 피해자들의 인격권을 무시하고 비하하는 행위라고 평가되기에 충분한 점, 뜨거운 물이 담긴 컵을 이마 사이에 올려놓는 등의 행위로 인해 화상 등 상해의 결과가 발생하지는 않았으나, 피해자들이 느끼는 정신적인 압박은 그 위험성이 현실화된 것에 비해 결코 작지 않다고 보여 위와 같은 행위 자체가 견디기 어려운 정신적인 고통을 가하는 행위라고 볼 수 있는 점 등을 고려하면, 피고인의 위와 같은 행위는 군형법상의 가혹행위로 보아야 할 것이다."고 판시하였다(대법원 2009. 12. 10. 선고 2009도1166 판결).

4. 범죄유형과 법정형

(1) 직권남용에 의한 학대·가혹행위죄

【구성요건·법정형】 직권을 남용하여 학대 또는 가혹한 행위를 한 사람은 5년 이하의 징역에 처한다(제62조 제1항).

이 죄는 일반적 직무수행사항을 부당한 목적·방법으로 행사하는 것인데, 일반적 직무수행사항이란 군법에 근거하여 행위 주체의 군무수행사항에 속하는 것을 말하고, 남용행위는 작위·부작위를 불문한다.

다만, 이 죄의 주체가 공무원인 경우에 직권을 이용하여 공무원의 직무에 관한 죄(제7장) 이외의 죄를 범한 때에는 그 죄에서 정한 형의 2분의 1까지 가중하도록 규정(형법 제135조)하고 있으므로, 군형법상 직권남용에 의한 학대·가혹행위죄와 형법상 제135조간에는 상상적 경합이 되어 무거운 형으로 엄단해야 할 것이다.

사례연구 145 ▸ 직권남용에 의한 가혹행위 여부

육군 중대장 A대위는 B상병이 사격장에서 빈탄알집을 옆으로 옮기는 과정에서 총구를 옆으로 돌리자 이를 제지하고 총구를 전방으로 향하라고 경고하였음에도, B상병이 재차 총구를 옆으로 돌리자 피해자가 사격통제에 따르지 않는다고 판단하여 B상병에게 약 30분간 "엎드려 뻗쳐"를 시킨 사실이 있다. 이 경우, A대위는 군형법 제62조의 직권남용에 의한 가혹행위에 해당하는가?

▶ 고등군사법원에서는 "가혹한 행위란 사람의 생명, 신체의 안전을 위태롭게 하고, 폭행 이외의 방법으로 사람으로서는 견디기 어려운 정신적, 육체적 고통을 주는 일체의 행위를 말하고, 이 경우 가혹행위에 해당하는가 여부는 행위자 및 그 피해자의 지위, 처한 상황, 그 행위의 목적, 그 행위에 이르게 된 경위, 그 행위로 인한 결과 등 구체적 사정을 고려하여 판단하여야 한다. … 육군 얼차려 규정 시행지침은 '엎드려 뻗쳐'를 얼차려 항목으로 규정하고 있지 않으나, '엎드려 뻗쳐'보다 더 어려운 '팔굽혀 펴기'를 얼차려 항목으로 규정하고 있는 점으로 보아 '엎드려 뻗쳐'도 얼차려의 방법으로 가능하다고 판단되고 … 전투력 보존 및 안전사고 예방을 주된 목적으로 하는 사격훈련 및 사격장의 특성을 고려할 때 그 동기를 전혀 수긍 못할 바도 아니다"면서 직권남용에 의한 가혹행위에 해당한다고 볼 수 없어 범죄가 되지 않는다고 판시하였다(고등군사법원 2008. 2. 19. 선고 육군 2007노249 판결).

(2) 위력에 의한 학대·가혹행위죄

> **【구성요건·법정형】** 위력을 행사하여 학대 또는 가혹한 행위를 한 사람은 3년 이하의 징역 또는 700만원 이하의 벌금에 따라 처벌한다(제62조 제2항).

이 죄에서 "위력을 행사하여"란 사람의 의사를 제압할 수 있는 힘을 상대방에게 인식시키는 것을 말하는데, 여기에서 위력을 행사하는 방법으로는 시각적·청각적 또는 촉각적이든 상관없고, 위력을 인식시킴으로써 충분하고, 현실적인 제압 여부도 문제가 되지 않는다.

제7절 강간과 추행의 죄

I 서설

군형법 각칙 제15장(제92조~제92조의8)은 「강간과 추행의 죄」라는 제목 하에 강간죄(제92조), 유사강간죄(제92조의2), 강제추행죄(제92조의3조), 준강간·준강간추행죄(제92조4), 미수범(제92조의5), 추행죄(제92조의6), 강간 등 상해·치상죄(제92조의7), 강간 등 살인·치사죄(제92조의8) 등에 대해 규정하고 있다. 2009. 11. 2. 법률 제9820호로 개정된 군형법은 군대 내 여군의 비율이 확대되고 군대 내 성폭력 문제가 심각해지자 여군을 성폭력범죄로부터 보호하고 군대 내 군기확립을 위하여 「강간과 추행의 죄」라는 제목 하에 제15장을 신설한 것이다.

「강간과 추행의 죄」란 개인의 인격적 자유 중에서 성적 자기결정의 자유를 침해하는 범죄이다. 다만, 형법상의 「강간과 추행의 죄」(제297조~제305조의2)는 개인의 성적 자기결정권의 자유를 그 보호법익으로 하고 있으나, 군형법의 「강간과 추행의 죄」에서 추행죄(제92조의6)의 주요 보호법익은 군이라는 공동사회의 건전한 생활과 군기라는 사회적 법익으로 보아야 한다(대법원 2008. 5. 29. 선고 2008도2222 판결).

군조직 내에서 벌어지는 성범죄의 종류는 병사 상호간 또는 상관과 후임(부하) 사이에 일어나는 강간과 성추행, 군부대 주변에서 외출, 외박 시에 자주 발생하는 성매매, 어느 정도 민간인과 격리된 채 통제된 조직 내에서 생활함으로써 쌓인 억압된 욕구 불만이 폭발하여 생기는 휴가 중 성범죄 등이 있다. 특히, 군대는 어느 정도 사회와 동떨어져 있는 공간과 폐쇄적인 분위기 때문에 군인성범죄 피해가 장기화, 고착화되는 경향이 짙다.

군형법의 「강간과 추행의 죄」는 군대라는 집단의 특수성을 반영해 일반 형사사건보다 법정형이 훨씬 중하게 처벌하도록 규정되어 있다. 예를 들면, 형법상 강간죄의 법정형은 3년 이상의 유기징역이지만(제297조), 군형법상 강간죄의 법정형은 5년 이상의 유기징역이다(제92조). 강제추행의 경우에도 형법은 10년 이하 징역 또는 1,500만원 이하의 벌금형(제298조)에 처해지는 반면, 군형법상에는 별도의 벌금형 없이 1년 이상의 유기징역으로 처벌된다(제92조의3). 또한, 강간 등 상해·치상죄 역시 형법상 법정형이 무기 또는 5년 이상의 징역이지만(제301조), 군형법상 법정형은 무기 또는 7년 이상의 징역이다(제92조의7). 이상과 같이 군형법에서 「강간과 추행의 죄」를 엄하게 처벌하는 것은 성범죄 피해자는 심한 경우 자살 또는 정신질환 등의 휴유증을 보인다는 점뿐만 아니라 군기 확립을 통해 전투력을 보존·발휘하는 데에 그 이유가 있다.

한편 이상과 같이 군형법이 형법보다 중하게 처벌하도록 규정하고 있지만, 군형법 강간죄(제92조), 유사강간죄(제92조의2), 강제추행죄(제92조의3), 준강간·준강제추행죄(제92조의4), 미수범(제92조의5), 강간 등 상해·치상죄(제92조의7), 강간 등 살인·치사죄(제92조의8)를 범한 경우에는 성폭력범죄의 처벌 등에 관한 특례법에 의한 성폭력범죄에 해당하여 엄하게 처벌되고(제2조 제1항 제3호 및 같은 조 제2항), 2021. 9. 24. 군사법원법 개정에 따라 사건의 수사, 기소, 재판을 모두 민간기관과 민간법원에서 담당하게 되었다.

Ⅱ 강간죄

> 【구성요건 · 법정형】 폭행이나 협박으로 제1조 제1항부터 제3항까지에 규정된 사람(군인 · 준군인)을 강간한 사람은 5년 이상의 유기징역에 처한다(제92조).

1. 의의

군형법상의 강간죄란 폭행이나 협박으로 군인 · 준군인 등을 강간함으로써 성립하는 범죄이다. 이 죄는 행위가 강간이기 때문에 강제추행죄(제92조의3)에 비하여 사람의 성적자기결정권의 자유가 현저하게 침해되어 불법이 가중되는 가중적 구성요건이다.

2. 구성요건요소

(1) 객체

강간죄의 객체는 군인과 준군인이며(제1조 제1항~제3항), 남성 · 여성 또는 기혼 · 미혼을 가리지 않는다. 군형법은 형법과 마찬가지로 강간죄의 객체를 부녀에 한정하였던 적이 있었으나, 2013년 4월 5일 군형법 개정에 따라 "부녀"에서 "사람"으로 규정하고 있다.

(2) 행위

행위는 폭행이나 협박으로 군인 · 준군인을 강간하는 것이다.

여기에서 "폭행"은 사람에 대한 유형력의 행사이고, "협박"은 해악을 고지하는 것이며, 제3자에 대한 해악의 고지도 무방하다. 폭행 · 협박의 정도는 상대방의 반항을 불가능하게 하는 경우뿐만 아니라 반항을 현저하게 곤란하게 할 정도라는 것이 통설과 판례의 태도이다(대법원 2000. 8. 13. 선고 2000도1914 판결, 대법원 2001. 4. 21. 선고 2001도230 판결 등).

또한 "강간"이란 폭행・협박에 의하여 상대방의 반항을 곤란하게 하고 군인・준군인을 간음하는 것을 말하고, "간음"이란 사람과의 성교관계를 말한다. 폭행・협박은 간음의 종료 이전에 있으면 충분하며, 폭행・협박과 간음 사이에는 인과관계가 있어야 한다.

사례연구 146 ▶ 강간죄

A남자상사는 동료군인과 함께 술을 마시고 욕정이 발동하여 영외에서 거주하고 있는 B여자중사를 강간할 것을 마음먹고 B여자중사의 원룸에 침입하였다. B여자중사는 잠을 자다가 인기척에 놀라 일어나면서 "누구냐"며 소리치자 B여자중사가 자신을 알아본 것으로 착각하여 B여자중사의 입을 막고 주먹으로 머리부분을 5~6회 폭행하고 "소리치면 죽인다"고 협박한 후, 자신의 성기를 꺼내 B여자중사의 음부에 삽입하였다. A남자상사는 어떤 처벌을 받게 되는가?

▶ 폭행이나 협박에 의하여 상대방의 반항을 곤란하게 하여 군인・준군인을 간음(성교관계)하면 강간죄가 성립되고, 군대라는 집단의 특수성을 반영해 일반 형사사건보다 법정형이 훨씬 중하게 처벌하도록 규정되어 있다. 즉, 형법상 강간죄의 법정형은 3년 이상의 유기징역(제297조), 군형법상 강간죄의 법정형은 5년 이상의 유기징역이지만, 위 사례는 주거에 침입하여 강간한 행위이므로 성폭력범죄의 처벌 등에 관한 특례법이 적용되어 무기징역 또는 7년 이상의 징역에 처해지게 된다(제3조 제1항).

Ⅲ 유사강간죄

【구성요건・법정형】 폭행이나 협박으로 제1조 제1항부터 제3항까지에 규정된 사람(군인・준군인)에 대하여 구강, 항문 등 신체(성기는 제외한다)의 내부에 성기를 넣거나 성기, 항문에 손가락 등 신체(성기는 제외한다)의 일부 또는 도구를 넣는 행위를 한 사람은 3년 이상의 유기징역에 처한다(제92조의2). 미수범은 처벌한다(제92조의5).

1. 의의

군형법상의 유사강간죄란 폭행이나 협박으로 군인·준군인 등에 대하여 구강, 항문 등 신체(성기는 제외한다)의 내부에 성기를 넣거나 성기, 항문에 손가락 등 신체(성기는 제외한다)의 일부 또는 도구를 넣는 행위를 함으로써 성립하는 범죄이다.

종전에는 강제적인 성기의 삽입만을 강간죄의 대상으로 삼고 있었기 때문에 구강성교, 항문성교, 도구 등을 성기 등에 삽입하는 행위 등 강제적인 성접촉은 강제추행으로 분류되어 형량이 가벼운 추행죄만 적용되었다. 그러나 성기 삽입 이외 피해자 의사에 반한 성적 행위로 인하여 피해자가 느끼는 성적 수치심이나 성적 자기결정권의 침해는 강간죄와 다를 바가 없다는 이유에서 2012. 12. 18. 법률 제11574호로 형법이 개정되면서 제297조의2(유사강간)죄가 신설되자, 2013. 4. 5. 법률 제11734호로 군형법도 개정되면서 제92조의2에 유사강간죄가 신설되었다.

2. 구성요건요소

(1) 주체와 객체

유사강간죄의 주체와 객체는 앞에서 설명한 강간죄와 같다.

(2) 행위

행위는 폭행이나 협박으로 군인·준군인 등에 대하여 구강, 항문 등 신체(성기는 제외한다)의 내부에 성기를 넣거나 성기, 항문에 손가락 등 신체(성기는 제외한다)의 일부 또는 도구를 넣는 것이다. 여기서 "폭행·협박"은 강간죄에서 설명한 그대로이다. 폭행·협박은 행위의 종료 이전에 있으면 충분하며, 폭행·협박과 행위사이에는 인과관계가 있어야 한다는 점도 동일하다.

다만, 이 죄는 강간죄와 유사하지만, 군인·준군인 등에 대하여 성기에 삽입하지 않고, 구강, 항문의 내부에 성기를 넣거나, 손가락 등의 신체 일부 또는 도구를 성기, 항문에 넣는다는 점에서 차이가 있다.

사례연구 147 ▸ 유사강간죄

A남자중사는 B여자하사와 애인관계인데, B여자하사는 A남자중사으로부터 지속적으로 데이트폭력을 당해 왔다. 어느 날 A남자중사는 자신의 집에서 B여자하사를 뜨겁게 해주겠다며 스팀다리미 모서리로 배를 찌르고, 겁에 질린 B여자하사의 음부에 지압 훌라후프 일부를 넣었다. 이 경우, 어떤 처벌을 받게 되는가? (이 사건은 실제 일반인 사이에서 발생한 것을 각색한 것임)

▶ 연인 관계나 호감을 가지고 만나는 관계에서 한 사람이 일방적으로 상대방에게 행하는 신체적, 정서적, 언어적 등의 폭력을 행사하는 데이트폭력이 사회적 물의를 일으키고 있고, 술기운, 상대방의 의사에 대한 오해, 비뚤어진 욕망을 채우고자 하는 마음에 유사강간죄가 끊임없이 발생하고 있다. 폭행이나 협박으로 군인·준군인 등에 대하여 구강, 항문 등 신체(성기는 제외한다)의 내부에 성기를 넣거나 성기, 항문에 손가락 등 신체(성기는 제외한다)의 일부 또는 도구를 넣는 행위를 하게 되면 유사강간죄로 처벌받게 된다. A남자중사는 스팀다리미 모서리로 배를 찌르고, 음부에 지압 훌라후프 일부를 넣었으므로 군형법상 유사강간죄가 성립되어 3년 이상의 유기징역에 처해지고(제92조), 성폭력범죄의 처벌 등에 관한 특례법상 성폭력범죄에 해당한다(제2조 제1항 제3호).

Ⅳ 강제추행죄

【구성요건·법정형】 폭행이나 협박으로 제1조 제1항부터 제3항까지에 규정된 사람(군인·준군인)에 대하여 추행을 한 사람은 1년 이상의 유기징역에 처한다(제92조의3). 미수범은 처벌한다(제92조의5).

1. 의의

군형법상의 강제추행죄란 폭행이나 협박으로 군인·준군인 등에 대하여 추행함으로써 성립하는 범죄이다. 이 죄는 2009. 11. 2. 법률 제9820호로 군형법이 개정되면서 신설되었고, 이 죄는 고급장교가 초급장교나 부사관에 대한 강제추행, 부사관의 병사에 대한 강제추행, 선임병이 후임병에 대한 강제추행 등의 형태로 나타나고 있다.

2. 구성요건요소

(1) 주체와 객체

강제추행죄의 주체와 객체는 앞에서 설명한 강간죄와 같다.

(2) 행위

행위는 폭행이나 협박으로 군인·준군인 등을 추행하는 것이다. 여기서 "폭행·협박"은 상대방에 대하여 폭행 또는 협박을 가하여 항거를 곤란하게 한 뒤에 추행행위를 하는 경우뿐만 아니라 폭행행위 자체가 추행행위라고 인정되는 경우도 포함되는 것이며, 이 경우에 폭행은 반드시 상대방의 의사를 억압할 정도의 것일 필요는 없고 상대방의 의사에 반하는 유형력의 행사가 있는 이상 폭행에 해당한다(대법원 2014. 12. 24. 선고 2014도731 판결).

"추행"이란 성욕의 흥분 또는 만족을 얻을 동기로 행해진 정상의 성적인 수치감정을 심히 해치는 성질을 가진 행위를 말하며, 이 행위는 남녀·연령 여하를 불문하고 그 행위가 범인의 성욕을 자극·흥분시키거나 만족시킨다는 성적 의도 하에 행해짐이 필요하다. 예컨대, 상대방의 옷을 벗기거나 젖가슴을 만지거나 강제로 키스 또는 포옹하는 것 등이 있다.

사례연구 148 ▸ 강제추행죄와 수강명령

A연대장은 연대회식 자리에서 헤어지며 여군에게 포옹하듯이 어깨를 두드리고 손등에 입을 맞추었다. 이와 같은 행위가 형법상 강제추행죄에 대해 가중처벌되는 죄로서 성폭력범죄의 처벌 등에 관한 특례법 제2조 제2항에서 정한 '성폭력범죄'에 포함되어 형벌 이외에 수강명령도 병과할 수 있는가?

▶ 대법원에서는 "군형법은 제92조의3에서 강제추행죄, 제92조의4에서 준강간죄와 준강제추행죄, 제92조의5에서 위 각 죄의 미수범에 관하여 규정하고 있는데, … 군인을 상대로 한 성폭력범죄를 가중처벌하기 위한 것으로서 형법의 강제추행죄와 준강간미수죄와 본질적인 차이가 없어 이를 성폭력특례법의 '성폭력범죄'에서 제외할 합리적인 이유가 없는 점 등을 종합하여 보면, 군형법의 강제추행죄와 준강간미수죄는 형법의 강제추행죄와 준강간미수죄에 대하여 가중처벌하는 죄로서 성폭력처벌법 제2조 제2항 소정의 '성폭력범죄'에 포함된다고 해석함이 타당하다."고 판시하였다(대법원 2014. 12. 24. 선고 2014도2585 판결). 따라서 행정상 제재인 징계처분은 별론으로 하고 법원은 A연대장에게 형벌 이외에 500시간의 범위에서 재범예방에 필요한 수강명령 또는 성폭력 치료프로그램의 이수명령을 병과할 수 있다(제16조 제2항).

사례연구 149 ▸ 강제추행죄의 성립 여부

A중사(피고인)는 ○○중대 간부연구실에 있는 소파에서, 자신의 손을 잡는 등 신체적 접촉을 해왔던 B하사에 대해 다리로 피해자(B하사)의 양다리를 겹쳐서 잡고, 피해자의 손목을 잡아 피고인 쪽으로 끌어당기고, 오른팔로 피해자의 목과 어깨를 감싸 안았다. 강제추행죄가 성립되는가?

▶ 대법원에서는 "'추행'이란 일반인을 기준으로 객관적으로 성적 수치심이나 혐오감을 일으키게 하고 선량한 성적 도덕관념에 반하는 행위로서 피해자의 성적 자기결정권을 침해하는 것을 말한다 ... 피고인의 행위는 피해자의 의사에 반하여 이루어진 것일 뿐만 아니라 피해자의 성적 자유를 침해하는 유형력의 행사에 해당하고, 일반인에게도 성적 수치심을 일으키게 할 수 있는 추행으로 볼 수 있다. 그리고 피해자가 군대조직에서 일하는 여군으로서 공개된 장소에서 상관과 동료들에게 활달하고 적극적인 모습을 보여주는 과정에서 피

고인과 손을 잡는 등의 신체접촉을 하였다는 사정은, 피고인이 피해자와 두 사람만 있는 폐쇄된 장소에서 피해자의 손목을 잡고 피해자의 다리와 어깨에 접촉한 행위를 추행으로 판단함에 지장이 되지 않는다."고 판시하여 강제추행죄를 이정하였다(대법원 2020. 12. 10. 선고 2019도12282 판결).

V 준강간 · 준강제추행죄

【구성요건 · 법정형】 제1조 제1항부터 제3항까지에 규정된 사람(군인 · 준군인)의 심신상실 또는 항거불능 상태를 이용하여 간음 또는 추행을 한 사람은 제92조(강간), 제92조의2(유사강간) 및 제92조의3(강제추행)의 예에 따른다(제92조의4). 미수범은 처벌한다(제92조의5).

1. 의의

군형법상의 준강간 · 준강제추행죄란 군인 · 준군인 등의 심신상실 또는 항거불능 상태를 이용하여 간음 또는 추행함으로써 성립하는 범죄이다. 폭행 또는 협박의 방법으로 간음 또는 추행한 것은 아니지만, 심신상실 또는 항거불능의 상태를 이용하여 같은 결과를 초래한 것이므로 강간죄 또는 강제추행죄와 같이 처벌하는 데에 입법취지가 있다. 이 죄도 강제추행죄와 마찬가지로 2009. 11. 2. 법률 제9820호로 군형법이 개정되면서 신설되었다.

2. 구성요건요소

(1) 객체

준강간죄 · 준강제추행죄의 객체는 심신상실 또는 항거불능의 상태에 있는 군인과 준군인이고, 남성 · 여성 또는 기혼 · 미혼을 가리지 않는다. 여기서

"심신상실"이란 정신기능의 장애로 인하여 정상적인 판단능력을 잃고 있는 상태를 말한다. 또한, "항거불능"이란 심신상실 이외의 사유로 심리적 또는 육체적으로 거부 또는 반항이 불가능한 상태를 말한다. 예컨대 군의관을 신뢰한 암환자에 대하여 치료를 가장하여 간음하는 경우는 심리적으로 반항이 불가능한 상태이고, 수면 중 또는 만취상태나 탈진 상태에 있는 군인·준군인을 간음하거나 포박되어 있는 군인·준군인을 추행하는 경우는 육체적으로 반항이 불가능한 상태를 이용한 것이다.

(2) 행위

행위는 심신상실 또는 항거불능 상태를 이용하여 군인·준군인을 간음 또는 추행하는 것이다. 여기서 심신상실 또는 항거불능 상태를 "이용하여"란 행위자가 이러한 상태를 인식하고, 또 그 상태 때문에 간음 또는 추행이 가능하였거나 용이하게 된다는 것을 계산에 넣는 것을 의미한다.

사례연구 150 ▶ 준강간죄

강원도 X시에 있는 Y부대 소속의 A대위(남)와 B소위(여)는 국방부로 출장을 가게 되었고, 밤에는 식사와 함께 술을 마셨다. 술을 잘하지 못하는 B소위는 결국 정신을 잃고 쓰러지게 되었고, A대위는 B소위를 모텔로 데려가 강간하였다. 이 경우, 어떤 죄가 성립하는가?

▶ A대위는 육체적으로 거부 또는 반항이 불가능한 상태에 있던 B소위를 강간한 것이므로 준강간죄가 성립되어 5년 이상의 유기징역에 처해지게 되고, 성폭력범죄의 처벌 등에 관한 특례법상 성폭력범죄에 해당한다(제2조 제1항 제3호).

Ⅵ 추행죄

【구성요건 · 법정형】 제1조 제1항부터 제3항까지에 규정된 사람(군인 · 준군인)에 대하여 항문성교나 그 밖의 추행을 한 사람은 2년 이하의 징역에 처한다(제92조의6).

1. 의의

군형법상의 추행죄란 군인 · 준군인 등에 대하여 항문성교나 그 밖의 추행을 함으로써 성립하는 범죄이다. 군형법상 추행죄의 연혁을 살펴보면 1962. 1. 20. 제정 당시에는 제15장 제92조(추행)에서 "계간(鷄姦) 기타 추행을 한 자는 1년 이하의 징역에 따라 처벌한다 … "고 규정되어 있었고, 2009. 11. 2. 법률 제9820호로 개정된 군형법은 군대 내 여군의 비율이 확대되고 군대 내 성폭력 문제가 심각해지자 여군을 성폭력범죄로부터 보호하고 군대 내 군기 확립을 위하여 「강간과 추행의 죄」라는 제목 하에 제15장을 신설하여 제92조에는 강간죄를, 제95조의5에서는 "계간(鷄姦)이나 그 밖의 추행을 한 사람은 2년 이하의 징역에 따라 처벌한다 … "고 규정하여 강간죄와 추행죄를 구별하여 규정하였으며, 2013. 4. 5. 법률 제11734호로 개정된 군형법 제92조의6(추행)에서는 " … 항문성교나 그 밖의 추행을 한 사람은 2년 이하의 징역에 따라 처벌한다."고 개정되었다. 그리고 추행죄는 성폭력범죄의 처벌 등에 관한 특례법상 성폭력범죄에 해당한다(제2조 제1항 제3호).

2. 구성요건요소

(1) 주체와 객체

추행죄의 주체와 객체는 군인과 준군인이다(제1조 제1항~제3항). 다만 제92조의6에는 "그 밖의 추행을 한 사람"으로 규정하고 있어 모호한 면이 있지만 남성간, 여성간, 이성간 또는 기혼 · 미혼을 불문하는 것이 타당하다고 본다.

사례연구 151 ▸ 추행죄(제92조의6)의 객체

A상사는 민간인 B와 항문성교를 하였다. 이 경우 A상사는 군형법상 추행죄(제92조의6)가 성립되는가?

▶ 대법원에서는 "군내부의 건전한 공적생활을 영위하기 위한 이른바 군대가정의 성적건강을 유지하기 위한 것이므로 민간인과의 사적생활관계에서의 변태성 성적만족행위에는 적용되지 않는 것으로 해석함이 타당하다"고 판시하였다(대법원 1973. 9. 25. 선고 73도1915 판결).

(2) 행위

행위는 군인·준군인 등에 대하여 항문성교나 그 밖의 추행하는 것이다. "추행"에 대해서 강제추행죄에서 설명한 그대로이다.

사례연구 152 ▸ 추행죄(92조의6)의 위헌성 문제

대학에서 법학을 전공한 ROTC출신 A중위는 군형법 추행죄(제92조의6)는 '강제성' 여부가 명확히 규정되어 있지 않고, 행위의 정도에 대해서도 '항교행위'를 예시하고 있을 뿐 '그 밖의 추행'에 대해 기준을 제한을 제시하지 못하고 있으며, 강제성 없는 동성 간의 성적 행위를 징역형으로만 처벌하는 것은 과잉금지원칙을 반하는 것이라 확신하고 있다. 이에 A중위는 군형법 제92조의6이 헌법상 평등권, 죄형법정주의 등을 위반한다고 생각하는데, 이는 정당한가? 실제 영외에서 위관급 장교와 병간의 합의에 의한 동성애는 어떻게 되었는가?

▶ 군형법의 추행죄는 1962년 이 법 제정 이후 위헌 논란이 끊이지 않았고, 특히 동성애를 추행으로 성범죄화하는 것은 헌법상 평등원칙에 어긋난다는 지적을 받아 왔다.

헌법재판소에서는 2002년 해당 조항에 대한 위헌소원 심리를 진행하여 "이 사건 법률조항은 군 내부의 건전한 공적 생활을 영위하고, 이른바 군대가정의 성적 건강을 유지하기 위하여 제정된 것으로서, 주된 보호법익은 '개인의 성적 자유'가 아니라 '군이라는 공동사회의 건전한 생활과 군기'라는 사회적 법익이다."며 합헌 결정을 내렸고, 2011년에는 사적인 성행위에 대한 언급은 피했고, 동성간 성행위를 '비정상적인 것'으로 결정하였다. 그리고 2016년에는 4명의 재판관이 "기타 추행"부분이 죄형법정주의의 명확성 원칙에 위배되고, 입법 목적은 군영 내에 성행위만 규제하여도 달성할 수 있으며, 영외 성행위를 처벌하는 부분이 위헌소지가 있다는 취지의 반대의견을 냈지만, 군형법 제92조의6는 합헌이라고 결정했다.

그러나 2022년, 대법원에서는 "군형법 제92조의6의 문언, 개정 연혁, 보호법익과 헌법 규정을 비롯한 전체 법질서의 변화를 종합적으로 고려하면, 위 규정은 동성인 군인 사이의 항문성교나 그 밖에 이와 유사한 행위가 사적 공간에서 자발적 의사 합치에 따라 이루어지는 등 군이라는 공동사회의 건전한 생활과 군기를 직접적, 구체적으로 침해한 것으로 보기 어려운 경우에는 적용되지 않는다고 봄이 타당하다(대법원 2022. 4. 21. 선고 2019도3047 전원합의체 판결 참조)"고 판시하였다(대법원 2022. 5. 13. 선고 2018도11276 판결).

Ⅶ 강간 등 상해 · 치상죄

【구성요건 · 법정형】 강간죄(제92조), 유사강간죄(제92조의2), 강제추행죄(제92조의3조), 준강간 · 준강간추행죄(제92조4), 미수범(제92조의5)의 죄를 범한 사람이 제1조 제1항부터 제3항까지에 규정된 사람(군인 · 준군인)을 상해하거나 상해에 이르게 한 때에는 무기 또는 7년 이상의 징역에 처한다(제92조의7).

1. 의의

군형법상의 강간 등 상해 · 치상죄란 강간죄, 유사강간죄, 강제추행죄, 준강간 · 준강간추행죄 및 그 미수를 범한 사람이 군인 · 준군인 등을 상해하거나 상해에 이르게 함으로써 성립하는 범죄이다. 강간 등 상해죄는 강간죄와 상해죄의 경합범이고, 강간치상죄는 강간죄에 대한 결과적 가중범이다.

2. 구성요건요소

(1) 주체

강간 등 상해·치상죄의 주체는 강간죄, 유사강간죄, 강제추행죄, 준강간·준강간추행죄 및 그 미수범으로 군인·준군인이다.

(2) 행위

행위는 상해하거나 상해에 이르게 하는 것으로, 앞에서 설명한 「상해 및 살인의 죄」에서 설명한 그대로이다.

사례연구 153 ▸ 강간치상죄

A남자중위는 B여자하사와 데이트 중에 B여자하사의 완강한 거부에도 불구하고 뺨을 때리는 등 폭행을 저지르면서 자신의 집으로 끌고가 강간하였고, B여자하사는 실신하고 처녀막이 파열되었다. 이 경우, 어떤 처벌을 받게 되는가?

▶ 군형법상 강간치상죄는 강간을 범하여 성병감염과 같은 질병감염이나 보행불능·수면장애와 같은 기능장애의 경우뿐만 아니라 처녀막 파열과 같은 신체의 상처를 야기하는 것도 생리적 기능훼손으로서 상해가 된다(통설인 생리적 기능훼손설의 입장). 한편, 대법원에서는 "오랜 기간 협박과 폭행을 이기지 못하고 실신하여 범인들이 불러온 구급차 안에서 정신을 차리게 되었다면, 외부적으로 상처를 입지 않았다 하더라도 생리적 기능에 훼손을 입어 신체에 대한 상해가 있었다고 봄이 상당하다"고 판시하였다(대법원 1996. 12. 10. 선고 96도2529 판결).

Ⅷ 강간 등 살인 · 치사죄

【구성요건 · 법정형】 강간죄(제92조), 유사강간죄(제92조의2), 강제추행죄(제92조의3조), 준강간 · 준강간추행죄(제92조4), 미수범(제92조의5)의 죄를 범한 사람이 제1조 제1항부터 제3항까지에 규정된 사람(군인 · 준군인)을 살해한 때에는 사형 또는 무기징역에 처하고, 사망에 이르게 한 때에는 사형, 무기 또는 10년 이상의 징역에 처한다(제92조의8).

1. 의의

군형법상의 강간 등 살인 · 치사죄란 강간죄, 유사강간죄, 강제추행죄, 준강간 · 준강간추행죄 및 그 미수를 범한 사람이 군인 · 준군인 등을 살해함으로써 성립하는 범죄이다. 강간살해죄는 강간죄와 살인죄의 경합범이고, 강간치사죄는 강간죄에 대한 결과적 가중범이다.

2. 구성요건요소

(1) 객체

강간 등 살인 · 치사죄의 객체는 강간죄, 유사강간죄, 강제추행죄, 준강간 · 준강간추행죄 및 그 미수범으로 군인 · 준군인이다.

(2) 행위

행위는 강간죄, 유사강간죄, 강제추행죄, 준강간 · 준강간추행죄 및 그 미수범으로써 군인 · 준군인을 사망에 이르게 하는 것으로, 사망의 결과는 강간행위 등으로 인한 것이어야 한다. 즉, 사망과 강간행위 사이에는 인과관계가 있어야 한다. 그 밖에는 「상해 및 살인의 죄」에서 설명한 그대로이다.

사례연구 154 ▸ 강간치사죄

A남자중사는 B여자이병을 강간하기 위해 강제로 모텔로 끌고 갔는데, B여자이병은 화장실 창문을 통해 아래로 뛰어 내렸으나 불행하게도 사망하게 되었다. A남자중사가 B여자이병을 밀어 떨어진 것도 아닌데, 강간치사죄가 성립되는가?

▶ 군형법상 강간치사죄의 구성요건요소의 행위는 강간죄, 유사강간죄, 강제추행죄, 준강간·준강간추행죄 및 그 미수범으로써 군인·준군인을 사망에 이르게 하는 것으로, 사망한 결과는 강간의 수단인 폭행·협박에 의해 발생한 경우뿐만 아니라 강간행위에 수반되어 발생한 경우에도 인과관계가 인정된다면 상관없다. 따라서 폭행·협박에 의한 강간을 피하려다가 사망의 결과가 발생한 경우에도 이 죄가 성립한다(대법원 1995. 5. 12. 선고 95도425 판결).

제8절 군무 태만의 죄

I 서설

군형법 각칙 제7장(제35조~제43조)은 「군무 태만의 죄」라는 제목 하에 근무태만죄(제35조), 비행군기문란죄(제36조), 위계로 인한 항행위험죄(제37조), 거짓 명령·통보·보고죄(제38조), 명령 등의 거짓전달죄(제39조), 초령위반죄(제40조), 군무기피 목적의 사술죄(제41조), 유해음식물공급죄(제42조), 출병거부죄(제43조) 등에 대해 규정하고 있다.

군무 태만의 죄란 군인이 직무상 의무를 위반하거나 직무를 태만히 하는 것을 내용으로 하는 범죄이다. 군형법 각칙 제7장은 위와 같이 근무태만죄(제35조) 등 9가지를 규정하고 있는데, 유해음식물공급죄(제42조)를 제외한 다른 각각의 죄는 군인·준군인 등이 직무상 의무위반 또는 직무태만으로 인해서 직무에 위배하는 행위를 하는 점에서 공통점을 가지고 있다.

그러나 제7장의 각 규정들은 근무태만죄(제35조)와 같이 단순히 소극적인 근무태만만을 처벌하는 것이 아니고, 비행군기(飛行軍記)를 문란하게 하거나(제36조), 위계로 인한 항행(航行)의 위험을 발생시키거나(제37조), 거짓 명령·통보·보고를 하거나(제38조), 초령(哨令)을 위반하거나(제40조), 근무기피목적으로 신체를 상해하거나(제41조), 유해음식을 공급(제42조)하는 등 군무태만을 직접·간접적인 원인으로 하여 특정한 행위의무를 적극적으로 위배한 경우를 처벌대상으로 한다는 점에서 제7장에서 규정하고 있는 근무태만죄(제35조)와 기타 범죄(제36조~제43조)는 상호 동일성이 있어서 제7장에 규정한 것이 아니라 단지 편의상에 의한 것일 뿐이다.

Ⅱ 근무태만죄

1. 의의

근무태만죄란 군인 및 준군인 등 군형법 적용대상자가 직무상 의무를 다하지 않고 직무수행을 게을리함으로써 성립하는 범죄이다.

국가공무원법상 공무원의 직무에 관하여 성실의무(제56조), 복종의무(제57조), 직장이탈금지의무(제58조) 등이 있고, 이러한 의무를 위반하여 직무를 게을리 하면 국가공무원법상 징계대상이 된다. 형법은 이러한 징계의 대상이 되는 모든 직무의무위반을 처벌하는 것이 아니라 직무를 유기한 때와 같이 그것이 형벌을 과할 필요가 있는 때에 한하고, 유기행위에 이르지 않고 단지 직무를 게을리 한 행위에 대해서는 형벌의 대상이 되지 않는다. 이와 마찬가지로 군형법도 직무를 게을리 한 모든 행위를 형벌의 대상으로 하지 않고, 군형법 제35조에 규정된 5가지의 경우에 한하여 범죄로 규정하고 있다.

2. 전투준비태만죄

> **【구성요건 · 법정형】** 지휘관 또는 이에 준하는 장교로서 그 임무를 수행하면서 적과의 교전이 예측되는 경우에 전투준비를 게을리한 사람은 무기 또는 1년 이상의 징역에 처한다(제35조 제1호).

(1) 의의

전투준비태만죄는 지휘관 또는 이에 준하는 장교로서 그 임무를 수행하면서 적과의 교전이 예측되는 경우에 전투준비를 게을리함으로써 성립하는 범죄이다.

(2) 구성요건요소

이 죄의 주체는 임무를 수행하면서 적과의 교전이 예측되는 경우에 전투준비를 게을리한 지휘관 또는 이에 준하는 장교이다. 따라서 부사관이나 병(兵)은 이 죄의 주체가 되지 않는다. "지휘관"이란 앞에서 설명한 그대로 이고, "지휘관에 준하는 장교"란 군형법 제2조 제2호의 고유한 의미의 지휘관 이외에 지휘관의 지휘권 중 일부를 양도받아 하위 제대를 통솔하는 경우와 같이 지휘관을 대리하여 사실상 군대를 지휘하는 장교라는 의미이고, 소대장도 이에 포함될 수 있다.

행위는 임무를 수행하면서 적과의 교전이 예측되는 경우에 전투준비를 게을리 하는 것이다.

여기서 "임무를 수행하면서"란 지휘관 또는 이에 준하는 장교가 그 지위에 따라 현실적 · 구체적인 임무를 수행하는 도중을 의미한다. 따라서 지휘관이라도 현실적 · 구체적으로 지휘관으로서의 임무를 수행하는 경우가 아니라 단순히 전투준비를 게을리한 경우라면 이 죄는 성립하지 않는다. 임무의 내용은 성문에 의한 법령에 근거가 있거나 특별한 지시 · 명령이 있어야 한다.

"적과의 교전이 예측되는 경우"란 교전에 대한 객관적 가능성은 물론 주관적 가능성에 대한 인식의 경우도 포함된다. 지휘관 또는 이에 준하는 장교가 근무시간 중에 분대장에게 병력을 배치케 하고 수면을 취하거나 음주를 한 경우와 같이 객관적으로 적과의 교전이 예측됨에도 불구하고 근무를 게을리 함으로써 이를 예측하지 못한 경우에도 이 죄가 성립된다. 대법원에서는 "군형법 제35조 제1항에서 말하는 적과의 교전이 예측되는 경우란 반드시 적과 대치하여 교전할 수 있는 상태만을 가리키는 것이 아니고, 무장공비의 침투를 막기 위하여 병력을 배치하고, 공비가 나타나면 언제든지 교전할 수 있는 태세로서 경비를 하고 있는 경우도 포함된다"고 판시하였다(대법원 1970. 4. 14. 선고 69도1788 판결).

그리고 "전투준비를 게을리 한다"는 것은 지휘관 또는 이에 준하는 장교가 전투준비에 관하여 그에게 부여된 본래의 임무 또는 고유한 임무로써 맡은 바 임무를 그때에 수행하지 않으면 실효를 거둘 수 없는 현실적·구체적인 임무를 게을리 하는 것이다.

사례연구 155 ▶ 전투준비태만죄

A소위는 적과 교전이 예측되는 휴전선 남방한계선 방책선 경계근무를 임무로 하는 소속대의 소대장으로서 평소 소속대원에 대한 정신교육을 실시한 바 있고, 1982. 1. 29. 18:00부터 그 다음날 01:00까지 방책선 경계근무를 하게 되었으나, 근무자 중 선임분대장인 B하사에게 근무병력을 배치하도록 하고 동일 18:00경부터 19:15경까지 사이에 소속대 선임하사실에서 술을 마셨다. A소대장은 어떤 처벌을 받게 되는가?

▶ 대법원에서는 "휴전선 남방한계선 방책선 경계근무를 임무로 하는 소대장이 방책선 경계근무시간 중에 선임분대장에게 근무병력을 배치하도록 하고 소속 선임하사실에서 술을 마신 소위는 전투준비태만죄에 해당하고 평소 소속대원에 대한 정신교육을 실시한 사실만으로 위 죄의 성부에 영향이 없다"고 판시하였다(대법원 1983. 10. 11. 선고 82도2108 판결).

사례연구 **156** ▶ **전투준비태만죄**

1978년 11월 3일, 충남 보령군 천북면 사호리 해안으로 북한 인민무력부 소속 무장공비 3명이 침투하여 31일 동안 민간인 5명을 살해하고, 5·6공수특전여단에 대한 사진촬영, 관악산 정찰 등의 활동을 한 후 한강어귀에서 북으로 복귀하였다(일명, 충남 광천지구 무장공비사건). 이 과정에서 봉쇄·수색 및 매복작전을 전개하고 있었는데, A지휘관은 첫째, 보급받은 크레모아 2발 자체준비가 가능한 견인줄, 배수로 차단시설 등의 장애물을 설치 운용하지 아니하였고, 둘째, 비 때문에 무너진 사주경계(四周警戒)가 불가능한 1번 초소 유개호(有蓋壕)를 방치하였다. 이 경우, 전투준비태만죄가 성립하는가?

▶ 대법원에서는 "1번 초소는 원래 무개호(無蓋壕)로 구축되었던 것이나 비 때문에 붕괴되자 피고인 2, 3이 당일 18:30경 재구축한 것으로서 당시 작전지역내에 일몰시인 18:00이후부터 모든 이동물체에 대한 사격명령이 하달되어 있어 피고인으로서는 1번 초소의 구축상황에 대한 확인순찰이 불가능하였던 사실이 인정되고 사실이 위와 같다면 특단의 사정이 없는 한 이 부분 전투준비는 불가능한 경우에 해당한다"면서 "전투준비태만죄는 작전에 실패하였다는 결과에 의하여 성립하는 것이 아니고 통상적인 능력을 갖춘 지휘관으로서 마땅히 하여야 할 전투준비를 태만히 한 경우에 성립하는 것이므로 불가능한 전투준비 또는 부적당한 전투준비를 태만히 한 경우는 성립되지 아니한다."고 판시하였다(대법원 1980. 3. 11. 선고 80도141 판결).

3. 부대 등 유기죄

【구성요건·법정형】 장교로서 부대 또는 병원(兵員)을 인솔하여 그 임무를 수행하면서 적을 만나거나 그 밖의 위난(危難)에 처하여 정당한 사유 없이 부대 또는 병원을 유기한 사람은 무기 또는 1년 이상의 징역에 처한다(제35조 제2호).

(1) 의의

부대 등 유기죄는 장교로서 부대 또는 병원(兵員)을 인솔하여 그 임무를 수행하면서 적을 만나거나 그 밖의 위난(危難)에 처하여 정당한 사유 없이 부대 또는 병원을 유기함으로써 성립하는 범죄이다.

(2) 구성요건요소

이 죄의 주체는 장교로서 부대 또는 병원을 인솔하여 그 임무를 수행하면서 적을 만나거나 그 밖의 위난에 처하여 정당한 사유 없이 부대 또는 병원을 유기한 장교이고, 지휘고하를 막론하고 부대를 인솔하는 장교는 모두 이 죄의 주체가 되지만, 부대 또는 병원을 인솔하지 않는 장교는 이 죄의 주체가 될 수 없다.

행위는 '장교로서 부대 또는 병원(兵員)을 인솔하여 그 임무를 수행하면서 적을 만나거나 그 밖의 위난(危難)에 처하여 정당한 사유 없이 부대 또는 병원을 유기하는 것'이다.

여기서 "임무를 수행함에 있어서"란 부대 또는 병원을 인솔하고 있는 도중을 말한다. "적을 만나거나 그 밖의 위난(危難)에 처했다"는 것은 현실적·구체적으로 그런 상황에 놓인 것을 말하고, 그러한 인식이 없거나 착오를 한 경우에는 이 죄가 성립하지 않지만, 그것이 행위자의 근무태만에 의한 경우에는 이 죄가 성립한다고 본다. "정당한 사유없이"란 위법성 또는 책임성이 조각되는 사유가 없이 라는 의미이다. 그리고 "부대 또는 병원을 유기하는 것"이란 군의 물적 요소인 군용물을 버림으로써 군의 물적 전쟁수행능력을 침해·위태롭게 하는 행위 또는 인적요소인 병원을 보호없는 상태에 둠으로써 그 생명·신체에 위험을 가져와 군병력의 유지·확보를 침해하는 행위를 말한다. 여기서 유기는 현재의 보호상태에서 다른 상태로 장소적 이전을 하는 적극적 유기뿐만 아니라 원래 상태 그대로 두고 떠나거나 생존에 필요한 보호를 하지 않는 소극적 유기도 포함된다. 이 죄는 추상적 위험범이므로 병원의 생명·신체에 위험이 발생할 필요가 없고 반드시 보호 가능성이 전혀 없을 필요도 없다. 따라서 타인의 구조를 확실히 기대할 수 있을 때, 타인의 구조가 없으면 스스로 구조할 의사로 부근에 머물고 있는 때에도 유기가 된다.

사례연구 157 ▶ 부대 등 유기죄

A중사는 전방 철책선을 순찰하던 중 순찰 나온 중대장 B대위를 만났다. 이때 B대위가 머리가 아프다면서 소대 본부로 향하던 중 전방 철책선 제X철문으로부터 남방 약 200m 떨어진 지점에서 B대위가 갑자기 소총으로 A중사를 위협하여 총기를 빼앗은 다음 "월북하려 하니 철문을 열라"고 소총으로 위협, 강요하였다. A중사는 남방 7m 쯤에 이르러 B대위와 거리가 떨어지자 이때를 이용하여 A중사가 도망하면서 중대장이 월북하니 중대장을 사살하라는 취지의 공격지휘를 할 수 있었음에도 불구하고, 다만 "연락하라"고만 두 세번 소리치고 약 400m 떨어진 수색중대로 도주하였다. 이 경우, A중사는 부대 등 유기죄가 성립되는가?

▶ 대법원에서는 "피고인(A중사)의 직속 중대장이 갑자기 월북을 기도한 것처럼 전혀 예상하지 아니하였던 적(B중대장)을 만나서 총기를 빼앗기고 월북에 협조하도록 총기로서 강요당한 상태에 있었고, 피고인(A중사)이 이러한 긴박상태에서 위난을 벗어나기 위하여 위난 장소 주변의 병원에게 연락하라고만 지시하게 된 것 이였으며, 피고인은 당시 의사결정이 전적으로 박탈당한 포로의 상태 하에서 탈출하게 된 사정(수색중대로 도주한 점)이 있었다손 치더라도 피고인(A중사)의 이 사건 행위가 병원의 유기행위로 해석할 수 없다는 논지는 이유 없다. 또 피고인이 월북하려는 소속 중대장의 의사에 따라 기계적으로 움직이는 포로의 상태 하에 있었고 이러한 포로의 상태 하에서의 탈출행위이었다 할지언정 피고인의 행위는 적에 대한 공격을 하지 아니하고 당면하여야 할 위난으로부터 이탈한 행위가 될 수 있다고 보는 것이 상당하다."고 판시하였다(대법원 1970. 11. 24. 선고 70도1984 판결).

4. 공격불이행죄

【구성요건·법정형】 직무상 공격하여야 할 적을 정당한 사유 없이 공격하지 아니하거나 직무상 당연히 감당하여야 할 위난으로부터 이탈한 사람은 무기 또는 1년 이상의 징역에 처한다(제35조 제3호).

(1) 의의

공격불이행죄는 직무상 공격하여야 할 적을 정당한 사유 없이 공격하지 아니하거나 직무상 당연히 감당하여야 할 위난으로부터 이탈함으로써 성립하는 범죄이다. 따라서 이 죄는 공격하지 아니하는 부작위와 위난으로부터 이탈하는 작위의 경우가 있다.

(2) 구성요건요소

이 죄의 주체는 직무상 공격하여야 할 군인 또는 준군인 그리고 직무상 감당하여야 할 군인 또는 준군인이다. 따라서 지휘관과 지휘관이 아닌 사람을 불문하고 이 죄의 주체가 되지만, 비전투원으로서 적을 공격하지 않거나, 직무수행을 하고 있지 않던 상태에서 위난에 당면하여 이를 피하는 사람은 이 죄의 주체가 되지 않는다.

행위는 직무상 공격하여야 할 적을 정당한 사유 없이 공격하지 아니하거나 직무상 당연히 감당하여야 할 위난으로부터 이탈하는 것이다. 여기서 "직무"란 군인 또는 준군인 등이 그 지위에 따라 수행해야 할 본래의 직무 또는 고유한 직무이고 "공격할 적"의 판단에 있어서는 적의 인식이 있어야 하며, "공격하지 않는다"는 것에는 공격을 게을리 한 경우도 포함된다. 다만, 직무상 당연히 감당하여야 할 위난으로부터 이탈한 경우에는 위험하거나 중요한 임무를 회피할 목적으로 배치지 또는 직무를 이탈함으로써 성립하는 특수군무이탈죄(제31조)와 상상적 경합관계가 된다.

사례연구 158 ▶ 공격불이행죄

A소대장은 B상병과 면담 중에 있었는데, A소대장 옆에 있었던 C하사는 B상병의 면담태도가 불손하다는 이유로 주먹과 발로 구타를 당하였다. 이에 B상병은 순간적으로 흥분하여 내무반을 뛰쳐나와 D하사의 총을 탈취하여 난사하기 시작하자, A소위가 쫓아가면서 이를 만류하였으나 오히려 A소대장을 향해 1발 발사하여 좌전박부 관통상을 입힌 다음 월북할 목적으로 비무장지대에 총기를 버린 후 취사장에 들어와 숨어 있다가 증가초소에서 무기를 탈취하려다가 사살

되었다. A소대장은 B상병이 월북하려는 것을 인식하지 못하였는데, 공격불이행죄가 성립되는가?

▶ 대법원에서는 "피고인(소대장)의 소속대원인 소외 B상병이 같은 소속대원을 사살하고 월북하기 위해서 총기를 비무장지대로 던졌다 하더라도 피고인(A소대장)이 위 소외인에 의해 총상을 입은 직후부터 중대장에 의해 후송될 때까지는 월북하려는 사실을 모르고 있었고 다만 위 소외인이 순간적인 흥분상태에서 총기난사사고를 일으킨 단순한 범법자로 판단할 수 밖에 없었다면 군형법 소정의 직무상 공격하여야 할 적에 해당한다고 인식할 수는 없었다 할 것이니 피고인이 소외인에 대해 공격치 않고 설득키 위해 그를 찾아 다녔다 하여 직무상 공격할 적에 대한 공격기피죄에 해당된다고 할 수 없다."고 판시하였다(대법원 1983. 10. 11. 선고 82도2108 판결).

5. 기밀문서 등 방임죄

【구성요건 · 법정형】 군사기밀인 문서 또는 물건을 보관하는 사람으로서 위급한 경우에 있어서 부득이한 사유 없이 적에게 이를 방임한 사람은 무기 또는 1년 이상의 징역에 처한다(제35조 제4호).

(1) 의의

기밀문서 등 방임죄는 군사기밀인 문서 또는 물건을 보관하는 사람으로서 위급한 경우에 있어서 부득이한 사유 없이 적에게 이를 방임함으로써 성립하는 범죄이다. 이 죄는 군사기밀의 방임에 의하여 위협받는 군의 기능을 보호하려는 데에 그 입법취지가 있다.

(2) 구성요건요소

이 죄의 주체는 군사기밀인 문서 또는 물건을 보관하는 군인 또는 준군인이다.

행위는 군사기밀인 문서 또는 물건을 보관하는 사람으로서 위급한 경우에 있어서 부득이한 사유 없이 적에게 이를 방임하는 것이다.

여기서 "군사기밀"이란 일반적으로 알려져 있지 않은 사항으로서 그것을 알리지 아니하는 것이 특히 군의 이익이 되는 것을 말하고, 법령에 의하여 특별히 비밀로 할 것이 요구되는 사항뿐만 아니라 객관적·일반적으로 외부에 알리지 않음으로써 국가에 상당한 이익이 되는 것도 포함된다고 본다. "문서"란 문자 또는 이를 대신하는 일정한 부호를 사용하여 사람의 관념 또는 의사가 표현된 물체를 말한다. 따라서 문자, 암호, 기타 발음적 부호로써 기재한 것은 물론 상형적 부호로 표현된 도화(圖畫)도 포함된다. "보관하는 사람"이란 법률, 명령 기타 적법한 근거에 의하여 현실로 점유하고 있는 자이고, 여기에는 책임자이건 위임받은 자이건 불문하지만, 적법이 아닌 불법적 원인에 의해 보관되었을 때에는 선행행위인 그 불법행위에 해당하는 죄가 성립할 뿐이다.

이 죄에서 "위급한 경우"는 근무를 게을리하여 적의 공격에 의한 경우든 천재지변인 경우든 불문한다. 그리고 "정당한 사유"를 구성요건으로 하고 있는 불법전투개시죄(제18조) 및 불법전투계속죄(제19조)와 달리 불법진퇴죄(不法進退罪)(제20조)와 같이 "부득이한 사유"라고 규정하고 있으나 각각의 죄에 있어서의 실질적 의미는 동일한 것으로 이는 위법성 또는 책임성을 조각할 사유를 말하고 "부득이한 사유 없이"란 법률의 규정에 의하지 않거나 일반적 각종 업무규칙·예규·관행을 벗어나 자의적으로 위법·부당하게 행한 것을 의미한다. 또한, "방임한다"는 것은 사실상의 지배력을 포기하는 것으로, 사실상의 지배력을 포기하면 적이 문서를 점유·취득하게 된다는 것을 인식하고 하는 행위를 말한다. 따라서 문서 또는 물건을 적에게 방임하지 않고 제공한 경우에는 이 죄가 성립되지 않고, 문서인 경우는 군사기밀누설죄(제13조 제2항), 물건인 경우는 그 성질 여하에 따라 군대 및 군용시설 제공죄(제11조) 또는 비군용병기 등 제공죄(제14조 제7호) 등이 성립된다.

6. 병기 등 결핍죄

【구성요건 · 법정형】 전시, 사변 시 또는 계엄지역에서 병기, 탄약, 식량, 피복 또는 그 밖에 군용에 공하는 물건을 운반 또는 공급하는 사람으로서 부득이한 사유 없이 이를 없애거나 모자라게 한 사람은 무기 또는 1년 이상의 징역에 처한다(제35조 제5호).

(1) 의의

병기 등 결핍죄는 전시, 사변 시 또는 계엄지역에서 병기, 탄약, 식량, 피복 또는 그 밖에 군용에 공하는 물건을 운반 또는 공급하는 사람으로서 부득이한 사유 없이 이를 없애거나 모자라게 함으로써 성립하는 범죄이다. 이 죄는 병기 등 군용물이 지니고 있는 군의 물적 전쟁수행능력을 보전 · 유지하려는 데에 그 입법취지가 있다.

(2) 구성요건요소

이 죄의 주체는 전시, 사변 시 또는 계엄지역에서 병기, 탄약, 식량, 피복 또는 그 밖에 군용에 공하는 물건을 운반 또는 공급하는 군인 또는 준군인이다.

행위는 근무를 게을리하여 전시, 사변 시 또는 계엄지역에서 병기, 탄약, 식량, 피복 또는 그 밖에 군용에 공하는 물건을 운반 또는 공급하는 사람으로서 부득이한 사유 없이 이를 없애거나 모자라게 하는 것이다. 여기서 "전시, 사변 시 또는 계엄지역"이란 앞의 불법진퇴죄(제20조)에서 설명한 그대로이고, "없애거나 부족하게 하는 것"이 절도, 횡령, 손괴 등과 같이 고의적인 범죄행위일 때에는 군용시설 등 손괴죄(제69조) 또는 군용물 등 범죄에 대한 가중처벌 규정(제75조)이 적용된다.

사례연구 159 ▶ 병기 등 결핍죄

육군 수송병인 A상병은 계엄지역에서 근무를 게을리하여 정당한 사유없이 일부 식량을 부패 · 변질시켜 식량보급에 차질을 야기하였다. 이 경우, A상병은 어떻게 되는가?

▶ 병기 등 결핍죄에서 "운반 또는 공급하는 사람"이란 육·해·공군의 수송 또는 보급의 임무를 맡은 군인 또는 준군인이고, "없애거나 모자라게 한다"는 것은 부패·변질로 인하여 없애거나 모자라게 하는 것을 포함하여 양적으로 부족하게 하는 것을 말한다. 따라서 A상병은 병기 등 결핍죄가 성립되어 무기 또는 1년 이상의 징역에 따라 처벌받게 된다(제35조 제5호).

Ⅲ 비행군기문란죄

【구성요건·법정형】 비행(飛行)에 관한 법규 또는 명령을 위반하여 항공기를 조종함으로써 비행군기를 문란하게 한 사람은 적전인 경우에는 1년 이상의 유기징역 또는 유기금고, 전시, 사변 시 또는 계엄지역인 경우에는 3년 이하의 징역 또는 금고, 그 밖의 경우에는 1년 이하의 징역 또는 금고에 처한다(제36조).

1. 의의

비행군기문란죄(飛行軍紀紊亂罪)란 비행(飛行)에 관한 법규 또는 명령을 위반하여 항공기를 조종하여 비행군기를 문란하게 함으로써 성립하는 범죄이다. 공군은 항공작전을 주 임무로 하고 전쟁 억제 및 국익증진, 전승(戰勝)의 핵심역할을 수행하게 되고, 현대전에 있어서 항공기 조종사의 임무는 가장 중요하고 위험하기 때문에 엄격한 군기확립이 필요하며, 이 죄는 항공기에 의한 전투력을 보존·발휘하려는 데에 그 입법취지가 있다. 그리고 이 죄는 최소한 비행(飛行)에 관한 법규 또는 명령을 위반하여 항공기를 조종함으로써 비행군기를 문란하게 할 가능성이 존재하면 성립되는 추상적 위험범이다.

2. 구성요건요소

(1) 주체

이 죄의 주체는 항공기를 조종하는 사람이고, 조종자격이 없는 일반 군인의 조종 자체가 비행 법규의 위반이 되기 때문에 조종 자격의 유무에 상관없이 이 죄의 주체가 된다.

(2) 행위

행위는 비행(飛行)에 관한 법규 또는 명령을 위반하여 항공기를 조종함으로써 비행군기를 문란하게 하는 것이다

여기서 "비행에 관한 법규 또는 명령"에서 "법규"란 항공기의 조정에 관한 법령, 즉 법의 존재형식으로서의 법률과 명령을 의미하고, "명령"이란 군 지휘체제 하에서 문서에 의한 일반적인 명령뿐만 아니라 지휘관의 개별적인 적법·정당한 명령도 포함된다. 따라서 비행에 관한 법규 또는 명령을 위반한 경우에는 군 조직에서 정당한 명령 또는 규칙을 준수할 의무가 있는 사람이 이를 위반하거나 준수하지 아니함으로써 성립하는 명령위반죄(제47조)와 상상적 경합범이 되고, 편대장 등 상관의 정당한 명령에 반항하거나 복종하지 아니하여 항공기를 조종하였을 경우에는 항명죄(제44조)와 상상적 경합관계에 놓이게 된다.

사례연구 160 ▸ 비행군기문란죄

공군 A병장은 입대 전에 대학에서 항공운항과 재학 중 휴학하고 입대하였다. A병장은 대학에서 항공 비행 훈련을 받기는 하였으나 아직 조정자격을 취득하지 못하였다. 어느 날 A병장은 호기심에 항공기 조정석에 앉아 비행을 위한 시동을 걸었다. 조정자격이 없는 A병장에 대하여도 비행군기문란죄가 성립되는가?

▶ 비행군기문란죄의 주체는 항공기를 조종하는 사람이고, 조종자격이 없는 일반 군인의 조종 자체가 비행 법규의 위반이 되기 때문에 조종 자격의 유무에 상관없이 이 죄의 주체가 된다. 따라서 A병장은 비행군기문란죄와 명령위

반죄(제47조)의 상상적 경합범이 된다.

Ⅳ 위계로 인한 항행위험죄

【구성요건 · 법정형】 거짓 신호를 하거나 그 밖의 방법으로 군용에 공하는 함선 또는 항공기의 항행(航行)에 위험을 발생시킨 사람은 전시, 사변 시 또는 계엄지역인 경우에는 사형, 무기 또는 5년 이상의 징역, 그 밖의 경우에는 무기 또는 2년 이상의 징역에 처한다(제37조).

1. 의의

위계(僞計)로 인한 항행위험죄란 거짓 신호를 하거나 그 밖의 방법으로 군용에 공하는 함선 또는 항공기의 항행(航行)에 위험을 발생시킴으로써 성립하는 범죄이다.

군용 함선이나 항공기는 수많은 부품이 복잡하게 조립된 군용물이므로 그 항행에는 세심한 주의를 필요로 한다. 따라서 군용함선 또는 군용항공기의 항행의 안전을 도모하여 군용물이 지니고 있는 군의 물적 전쟁수행능력을 보전 · 유지하려는 데에 이 죄의 입법취지가 있고 불법이 가중된 구성요건이며, 이러한 보호법익 침해에 대한 일반적(추상적) 위험이 발생할 가능성만 있으면 성립하는 추상적 위험범이다.

2. 구성요건요소

(1) 주체

이 죄의 주체는 거짓 신호를 하거나 그 밖의 방법으로 군용에 공하는 함선 또는 항공기의 항행(航行)에 위험을 발생시킨 군인 또는 준군인이고, 군형법의 적용대상자가 아닌 사람이 이러한 행위를 하게 되면 형법상 선박 등의 교통방해죄(제186조)가 성립된다.

(2) 행위

행위는 '거짓 신호를 하거나 그 밖의 방법으로 군용에 공하는 함선 또는 항공기의 항행(航行)에 위험을 발생시키는 것'이다

여기서 "거짓신호"란 상대방의 부지(不知)나 착오를 이용하여 진실에 반하는 신호를 보내 항행에 위험을 발생시키는 것을 말하고, "항행에 위험을 발생시킨다"는 것은 구성요건이 보호하고 있는 법익침해가 있을 것을 요구하는 것뿐만 아니라 법익침해에 대한 일반적(추상적) 위험발생도 포함한다. 따라서 함선・항공기를 복몰 또는 손괴하였다면 함선・항공기의 복몰・손괴죄(제71조)가 성립하고, 이 죄의 행위가 국가에 반기를 들고 적을 이롭게 하는 것을 목적으로 한 행위라면 이 죄가 성립되지 않고, 일반이적죄(제14조)의 통로 등 손괴죄(제4호)가 성립된다.

사례연구 161 ▶ 위계(僞計)로 인한 항행위험죄

해군 A병장은 해상작전수행으로 심신이 모두 지쳐 있던 중, B중사로부터 근무를 게을리하고 상관에 대한 태도가 불량하다는 이유로 주먹과 발로 구타를 당했다. 이에 앙심을 품은 A병장은 야간작전수행 중 B중사에게 함선을 좌초시킬 목적으로 거짓신호를 보냈으나 다행히도 이를 모면하였다. A병장은 함선을 복몰(覆沒)시킨 것도 아닌데, 위계에 의한 항행위험죄가 설립되는가?

▶ 위계(僞計)로 인한 항행위험죄는 군용함선 또는 군용항공기의 항행의 안전을 보호법익으로 하고 있고, 이러한 보호법익 침해에 대한 일반적(추상적) 위험이 발생할 가능성만 있으면 성립하는 추상적 위험범이다. 따라서 이 죄는 항행에 위험을 발생시키면 충분하고 함선 또는 항공기를 복몰(覆沒) 또는 손괴하는 것을 필요로 하지 않는다. 따라서 A병장은 위계(僞計)로 인한 항행위험죄가 성립되어 전시, 사면 시 또는 계엄지역의 경우가 아니면 무기 또는 2년 이상의 징역에 처해지게 된다(제37조).

V 허위의 명령 · 통보 · 보고죄

> 【구성요건 · 법정형】 군사(軍事)에 관하여 거짓 명령, 통보 또는 보고를 한 사람은 적전인 경우에는 사형, 무기 또는 5년 이상의 징역, 전시, 사변 시 또는 계엄지역인 경우에는 7년 이하의 징역, 그 밖의 경우에는 1년 이하의 징역에 처한다(제38조 제1항). 군사에 관한 명령, 통보 또는 보고를 할 의무가 있는 사람이 제1항의 죄를 범한 경우에는 제1항 각 호에서 정한 형의 2분의 1까지 가중한다(제38조 제2항).

1. 의의

허위의 명령 · 통보 · 보고죄란 군사(軍事)에 관하여 거짓 명령, 통보 또는 보고하거나(제38조 제1항), 군사에 관한 명령, 통보 또는 보고를 할 의무가 있는 사람이 이와 같은 행위를 함으로써 성립하는 범죄이다(같은 조 제2항). 이 죄는 군 지휘계통을 마비시키고 혼란을 초래하는 행위를 방지하는 데에 그 입법취지가 있고, 법익침해가 있을 것을 요구하는 침해범이다.

2. 구성요건요소

(1) 주체

이 죄의 주체는 군사(軍事)에 관하여 거짓 명령, 통보 또는 보고한 군인 또는 준군인이다. 다만, 군사에 관한 명령, 통보 또는 보고를 할 의무가 있는 군인 또는 준군인이 군사에 관하여 거짓 명령, 통보 또는 보고할 경우에는 불법이 가중되는 구성요건이다.

(2) 행위

행위는 군사에 관하여 거짓 명령, 통보 또는 보고하거나(제38조 제1항), 군사에 관한 명령, 통보 또는 보고를 할 의무가 있는 사람이 그와 같은 행위를 하는 것이다(제38조 제2항).

여기서 "군사에 관하여"란 국방목적을 위하여 현실적으로 지휘·명령하고 통솔하는 용병작용인 군령권(軍令權)과 국가안보와 국토방위를 위하여 국군을 편성·조직하고 병력을 취득·관리하는 작용으로 국가가 통치권에 의거하여 국민에게 명령·강제하고 부담을 과하는 작용인 군정권(軍政權)을 모두 포함한다. 즉, '전투·작전·교육훈련 등 군 본연의 임무수행에 관련된 사항 중 허위 보고의 내용에 따라 중대한 장애가 초래되거나 이를 예견할 수 있는 사안에 관한 것'만으로 제한하여 해석할 수는 없다.

"명령"은 일반적·추상적 규범으로서의 명령이 아니라 상관의 현실적·사실적 명령을 말하고, "통보"란 상급자, 하급자가 아닌 대등한 당사자 간에 사물이나 어떤 상황에 대해 자신이 인지한 내용이나 자료를 전달하거나 명령복종관계에 있는 사람 간에 명령적 성격을 가지지 않는 내용이나 자료를 전달하는 것이며, "보고"란 지시 또는 감독관계에 있는 군인 또는 준군인이 상급자에게 주어진 임무의 내용과 결과 등을 구두 또는 문서로 알리는 것을 말한다. "거짓 명령, 통보 또는 보고한다"는 것은 진실에 반하는 명령, 통보 또는 보고를 한다는 의미이다.

또한, "의무"란 일정한 행위를 하여야 할 또는 하지 않아야 할 구속, 즉 그것을 원하든 원하지 않든 상관없이 어떤 행위를 하거나 하지 않도록 강제되는 것을 말한다.

이 죄의 행위가 국가에 반기를 들고 적을 이롭게 하는 것을 목적으로 한 행위라면 이 죄가 성립되지 않고, 일반이적죄(제14조)의 암호 등 사용죄(제5호)가 성립된다.

사례연구 162 ▸ 허위의 명령·통보·보고죄

A중사와 B상병은 군악(軍樂)지원 업무를 마치고 순수이 개인적인 모임을 가지다가 A중사가 술을 많이 마신 결과로 별다른 이유도 없이 B상병을 구타하여 2주간의 치료를 요하는 비골골절상을 가하였다. X지구병원에서 진찰을 받은 결과 별다른 이상이 없다는 결과를 통보받고, B상병에게 부탁하여 상해의 원인을 A중사의 구타에 의한 것이 아니라 보면대(악보거치대)에 부딪혀 발생한 것이라

고 업무상 상관인 문화홍보과장 C중령에게 보고하였다. 이 경우, A중사는 무슨 죄가 성립되는가?

▶ 대법원에서는 "군인 사이에 구타로 인하여 상해가 발생하였음에도 불구하고 그 상해의 원인이 물건에 부딪혀 일어난 것이라고 허위로 보고한 것은 병력에 결원이 발생한 원인을 허위로 보고하고 군인 사이에 발생한 구타사고를 은폐함으로써 지휘관의 징계권 및 군사법권의 행사를 비롯하여 구타 사고에 대한 재발방지를 위한 조치 등 병력에 대한 관리 작용에 해당하는 군행정절차를 방해하는 결과를 초래한 것으로서 군 본연의 임무수행에 중대한 장애가 초래되거나 이를 예견할 수 있는 사안에 관한 것이므로, 군형법 제38조의 '군사에 관한' 허위의 보고에 해당한다."고 판시하였다(대법원 2006. 8. 25. 선고 2006도620 판결).

Ⅵ 명령 등의 허위전달죄

【구성요건 · 법정형】 전시, 사변 시 또는 계엄지역에서 군사에 관한 명령, 통보 또는 보고를 전달하는 사람이 거짓으로 전달하거나 전달하지 아니한 경우에는 제38조(허위의 명령 · 통보 · 보고죄)의 예에 따른다(제39조).

1. 의의

명령 등의 허위전달죄란 전시, 사변 시 또는 계엄지역에서 군사에 관한 명령, 통보 또는 보고를 전달하는 사람이 거짓으로 전달하거나 전달하지 아니함으로써 성립하는 범죄이다. 이 죄는 군의 기능을 마비시키고 혼란을 초래하는 행위를 방지하는 데에 그 입법취지가 있고, 법익침해가 있을 것을 요구하는 침해범이다.

2. 구성요건요소

(1) 주체

이 죄의 주체는 전시, 사변시 또는 계엄지역에서 군사에 관한 명령, 통보 또는 보고를 전달한 군인 또는 준군인이다. 다만, 일반적·추상적 규범으로서의 일반·추상명령 등을 전달하는 군인 또는 준군인뿐만 아니라 상관의 현실적·사실적 명령을 전달하는 군인 또는 준군인도 이 죄의 주체가 된다.

(2) 행위

행위는 전시, 사변시 또는 계엄지역에서 군사에 관한 명령, 통보 또는 보고를 전달하는 사람이 거짓으로 전달하거나 전달하지 아니하는 것이다. 따라서 전시, 사변시 또는 계엄지역이 아닌 기타 지역에서 이와 같은 행위를 하였다면 이 죄가 성립되지 않는다.

여기서 "군사에 관한 명령, 통보 또는 보고"는 앞의 허위의 명령·통보·보고죄(제38조)에서 설명한 그대로이다. 그리고 "거짓으로 전달한다"는 것은 상대방의 부지(不知)나 착오를 이용하여 진실에 반하는 명령, 통보 또는 보고를 전달하는 것이고, "전달하지 아니한다"는 것은 부작위에 의해 전부를 전달하지 않은 것이고 그 일부를 전달하지 않는 것은 거짓으로 전달하는 것이라 보며, 전달을 게을리하는 것만으로는 이 죄가 성립하지 않는다.

사례연구 163 ▶ 명령 등의 허위전달죄

A병장은 계엄지역에서 군사상의 필요나 공공의 안녕질서를 유지하기 위해 배치된 전령병(傳令兵)이다. 계엄지역 내의 X대학에서 집회가 진행 중이었는데, X대학 대학원 재학 중 휴학하고 입대한 A병장은 집회 현황의 일부를 삭제하여 보고하였다. 이 경우에도 군형법상 허위의 명령·통보·보고죄(제39조)가 성립되는가?

▶ 명령 등의 허위전달죄의 구성요건요소에서 "거짓으로 전달한다"는 것은 상대방의 부지(不知)나 착오를 이용하여 진실에 반하는 명령, 통보 또는 보고를

전달하는 것으로 그 전부를 거짓 조작하여 전달하든 그 일부를 거짓 조작하여 전달하든, 아니면 그 일부를 삭제하여 보고하는 경우든 모두 이 죄가 성립한다.

Ⅶ 초령위반죄

【구성요건 · 법정형】 정당한 사유 없이 정하여진 규칙에 따르지 아니하고 초병을 교체하게 하거나 교체한 사람은 적전인 경우에는 사형, 무기 또는 2년 이상의 징역, 전시, 사변 시 또는 계엄지역인 경우에는 5년 이하의 징역, 그 밖의 경우에는 2년 이하의 징역에 처한다(제40조 제1항). 초병이 잠을 자거나 술을 마신 경우에도 제1항의 형에 처한다(같은 조 제2항).

1. 의의

초령위반죄란 정당한 사유 없이 정하여진 규칙에 따르지 아니하고 초병을 교체하게 하거나 교체한 것 그리고 초병이 잠을 자거나 술을 마심으로써 성립하는 범죄이다. 초병은 전우들의 안전을 책임지고 임무 수행에 핵심적인 장비 · 시설을 보호하는 막중한 책임을 지니고 있다는 점에서 초병으로서 부대를 수호한다는 사명감을 잊지 말고 흐트러짐 없이 경계근무를 해야 한다. 이 죄는 정당한 사유 없이 정하여진 규칙에 따르지 아니하고 초병을 교체하게 하거나 교체한 행위와 초병이 잠을 자거나 술을 마시는 것을 벌하기 위한 것으로, 경계근무의 안전성을 그 보호법익으로 하고 있다.

2. 구성요건요소

(1) 주체

이 죄의 주체는 군형법 적용대상자로서 행위에 따라 그 범위가 다르다. 즉, 정당한 사유 없이 정하여진 규칙에 따르지 아니하고 초병을 교체하게 하거나 교체한 경우는 군인으로 이에 제한이 없으나, 잠을 자거나 술을 마신 경우는 초병에 한정된다.

(2) 행위

군형법 제40조 초령위반죄는 두 가지 행위가 있다

첫째, 행위는 정당한 사유 없이 정하여진 규칙에 따르지 아니하고 초병을 교체하게 하거나 교체한 것이다.

여기서 "정당한 사유없이"란 위법성 또는 책임성을 조각할 사유를 말하고, 법령에 의한 행위 또는 업무로 인한 행위 기타 사회상규에 위배되지 아니하는 행위(정당행위)로 초병을 교체하게 하거나 교체한 경우에는 위법성이 조각된다. "정하여진 규칙에 따르지 아니한다"는 것은 초소에 대한 관련규칙 또는 경계임무를 하는 여러 기관의 복무상 관련규칙에 따르지 않는 것을 말하고, "초병을 교체하거나"는 이미 확정되어 있는 규칙에 의하지 아니하고 초병을 교체시킨 경우만을 말하는 것이며, 지휘관의 근무편성행위는 규칙에 위반되어도 이 죄의 교체행위에는 포함되지 않는다(대법원 1978. 2. 14. 선고 77도2978 판결). 그리고 "교체한 것"은 1962년 1월 20일 군형법 제정 당시에는 없었던 규정이었으나, 1994년 1월 5일 일부개정(법률 제4703호)을 통해 이를 추가한 것으로 제정 당시의 규정에 의하면 초병임무수행자가 다른 사람과 초병을 교체한 경우는 이 죄가 성립되지 않는 문제점이 있어 이를 해소하기 위한 것이었다.

둘째, 행위는 잠을 자거나 술을 마신 것이다. 이는 초병의 신분이 있는 군인이 수면 또는 음주한 경우에 성립하는 범죄이다. 따라서 초병의 신분을 갖기 전에 음주한 후 주취상태에서 초병으로 근무한 경우에는 초령위반죄에 해당하지 않는다(대법원 1998. 11. 27. 선고 98도2505 판결). 그리고 초병으로서 초소 내에 있으면서 수면 또는 술을 마시는 경우에만 성립되며 초소를 떠난 경우는 이 죄가 성립되지 않고 행위의 태양에 따라 군무이탈죄(제30조) 등이 성립된다.

사례연구 164 ▶ 초령위반죄

A상병은 초병의 신분을 취득하였으나 초병으로 임무를 수행하기 바로 직전에 내무반 선임병의 생일을 맞이하여 선·후임병과 급하게 술을 마시고 경계근무에 임하였다. 음주량은 소주 몇 잔 정도로 경계근무의 임무를 수행하는 데에는 이상이 없다고 생각하였는데, 이 경우에도 초령위반죄가 성립되는가?

▶ 대법원에서는 "초령위반죄 중 초병이 수면 또는 주취한 경우에는 초병이 안면(현, 수면) 또는 주취하는 행위 자체로 구성요건에 해당하는 것이지 위 행위에 직무태만의 요건까지 첨가되어야 하는 것은 아니다."고 판시하였다. A상병은 초병의 신분을 취득한 상태에서 술을 마신 것이므로 초령위반죄가 성립된다(대법원 1984. 7. 10. 선고 84도1161 판결).

Ⅷ 근무기피목적의 사술죄

【구성요건·법정형】 근무를 기피할 목적으로 신체를 상해한 사람은 적전인 경우에는 사형, 무기 또는 5년 이상의 징역, 그 밖의 경우에는 3년 이하의 징역에 처한다(제41조 제1항). 근무를 기피할 목적으로 질병을 가장하거나 그 밖의 위계(僞計)를 한 사람은 적전인 경우에는 10년 이하의 징역, 그 밖의 경우에는 1년 이하의 징역에 처한다(같은 조 제2항).

1. 의의

근무기피목적의 사술죄(詐術罪)란 근무를 기피할 목적으로 신체를 상해하거나 또는 근무를 기피할 목적으로 질병을 가장하거나 그 밖의 위계를 함으로써 성립하는 범죄이다.

군복무는 대부분 의무복무로 구성되므로 복무에 대한 의지가 약하고 직무를 회피하려는 경향이 있다. 특히 일부 군인은 군생활에 염증을 느껴 자신의 신체에 상해를 가하여 병원에서 쉴 목적, 꾀병을 부려 쉴 목적, 거짓 전화, 우편 등을 이용하여 휴가·외박 등을 나가 근무를 기피하는 경우가 있다. 국군은 대한민국의 자유와 독립을 보전하고 국토를 방위하며 국민의 생명과 재산을 보호하고 나아가 국제평화의 유지에 이바지함을 그 사명으로 하고 있다(군인의 지위 및 복무에 관한 기본법 제5조 제2항)는 점에서 형법에서 범죄로 구성되지 않는 행위에 대하여도 근무기피목적의 사술죄를 규정하여 이를 처벌하는 것이다. 이 죄는 군병력의 절대적 유지·확보, 전투력의 유지 및 정상적인 임무 보호를 그 보호법익으로 하고 있고, 침해범·결과범이다. 근무기피의 목적은 근무 기피의 인식만으로 충분하고, 근무기피의 희망이나 목적까지는 요하지 않는다.

2. 구성요건요소

(1) 주체

이 죄의 주체는 군인 또는 준군인이다. 따라서 군인이나 군무원 등 군인에 준하는 사람에 해당되지 아니한다 할지라도 범행 당시에 군인 또는 군무원 신분을 가지고 있었다면 형법 제8조(총칙의 적용), 군형법 제4조(다른 법의 적용례)의 규정에 따라 이 죄의 주체가 될 수 있다. 그러나 군의 보충대에 입영하였다가 국군병원에서 실시된 신체검사결과에 따라 귀향조치 되었다면 그 후 그 사람이 병무청에서 실시한 재검 당시에는 군인 신분이 아니므로 이 죄의 주체가 되지 않는다(대법원 1992. 12. 24. 선고 92도2346 판결).

(2) 행위

군형법 제41조 근무기피목적의 사술죄는 두 가지 행위가 있다

첫째, 근무를 기피할 목적으로 신체를 상해하는 것이다. 형법상 자상행위(自傷行爲)는 자기의 법익을 침해하는 것이므로 처벌대상이 되지 않지만, 그 행위가 다른 법령의 보호법익을 침해하는 경우에는 범죄가 성립한다. 예컨

대, 신병을 비관하여 자살하려다가 신체에 상해만 입고 미수에 그친 경우에는 처벌하지 않지만, 근무기피를 목적으로 스스로 상해를 입힌 경우에는 병역법 또는 군형법의 위반으로 처벌받게 된다.

여기서 "근무기피목적"이란 군인 또는 준군인으로서 수행해야 할 일반적 직무를 회피하려는 목적을 말하고, 신체에 상해를 입힌다는 인식·의사가 있어야 하고, 미필적 고의로도 충분하다. 그러나 근무기피목적이 아닌 다른 목적으로 신체를 상해하는 경우나 진실로 자살을 하려다가 미수에 그친 경우는 이 죄가 성립되지 않는다.

둘째, 근무를 기피할 목적으로 질병을 가장하거나 그 밖의 위계(僞計)하는 것이다. 여기서 "질병을 가장하거나"는 건강상태가 양호함에도 불구하고 질병 또는 신체적 이상이 있다고 속이는 행위이다. 이른바 꾀병을 뜻한다. 그리고 "위계(僞計)"란 목적이나 수단을 상대방에게 알리지 아니하고 그의 부지(不知)나 착오를 이용하여 근무기피목적을 달성하는 것을 말하고, 기망이나 유혹을 사용한 경우가 이에 해당한다.

한편, 적전 근무기피목적위계의 범죄를 범하면 10년 이하의 징역에 처해지게 되는데(제41조 제2항 제1호), 남방한계선 철책에 있는 일반초소(GOP)에 투입되었다가 근무를 기피할 목적으로 위계를 행하였다 하여 군형법 제41조 제2항 제1호에서 정한 '적전근무기피목적위계'로 기소된 사안에서, 위 일반초소(GOP)에 근무한다는 사실만으로 '적전'에 해당한다고 할 수 없으므로 이 규정이 적용될 수 없다(대법원 2014. 9. 4. 선고 2014도5033 판결).

사례연구 165 ▸ 근무기피목적상해죄의 상해 정도

A이병은 미숙한 업무 수행으로 선임병의 질책을 받자, 남은 군생활에 대한 두려움과 염증을 느껴 오던 중, 병원으로 후송가서 편히 쉬고 싶다는 생각에 개머리판으로 팔뚝을 내리쳤으나 찰과상에 그쳤다. 찰과상만으로는 근무기피의 목적을 달성하기에는 충분하지 않은데, 이 경우에도 근무기피목적의 사술죄가 성립하는가?

▶ 대법원에서는 "근무기피목적상해죄는 상해의 결과가 발생함으로써 기수

에 달하는 것이고, 그 상해의 정도가 근무기피 목적을 달성하기에 충분할 정도일 필요도 없다."고 판시하였다(대법원 1997. 12. 9. 선고 97도2644 판결). 따라서 A이병은 근무기피목적의 사술죄가 성립된다.

Ⅸ 유해음식물공급죄

【구성요건・법정형】 독성이 있는 음식물을 군에 공급한 사람은 10년 이하의 징역에 처한다(제42조 제1항). 제1항의 죄를 범하여 사람을 사망 또는 상해에 이르게 한 사람은 사형, 무기 또는 5년 이상의 징역에 처한다(같은 조 제2항). 과실로 인하여 제1항의 죄를 범한 사람은 5년 이하의 징역이나 금고에 처한다(같은 조 제3항). 적을 이롭게 하기 위하여 제1항의 죄를 범한 사람은 사형, 무기 또는 5년 이상의 징역에 처한다(같은 조 제4항).

1. 의의

유해음식물공급죄란 독성이 있는 음식물을 군에 공급함으로써 성립하는 범죄이다. 형법에서는 유해음식물을 제공하여 상해를 입히게 되면 상해죄가 성립하는데 그치지만, 이 죄는 국군은 국토를 방위하고 국민의 생명과 재산을 보호하는 등 그 사명이 엄중하므로 군에 막대한 해를 끼치게 되는 음식물 제공행위에 대해 엄벌하기 위하여 규정한 것이다.

이 죄는 군인의 생명・신체・건강을 그 보호법익으로 하고 있고, 독성이 있는 음식물을 군에 공급하여 법익침해가 있을 것을 요하지 않고, 이 죄의 범죄유형 중 결과범인 유해음식물공급 치사상죄(제42조 제2항)를 제외하고 단순유해음식물공급죄(제42조 제1항), 과실유해음식물공급죄(제42조 제3항), 이적목적유해음식물공급죄(제42조 제4항) 등은 단순히 독성이 있는 음식물을 제공하여 법익이 침해될 위험만 있으면 성립하는 추상적 위험범이다.

2. 구성요건요소

(1) 주체와 객체

이 죄의 주체는 군인·준군인에 한하지 않고 내국인·외국인도 주체가 될 수 있다(제1조 제4항 제2호). 독성이 있는 음식물을 군에 공급하는 이상 그 사람이 업무담당자이건 보조자이건 협력자이건 불문하고 이 죄의 주체가 된다. 그리고 이 죄의 객체는 독성이 있는 음식물이다.

(2) 행위

이 죄의 행위는 독성이 있는 음식물을 군에 공급하는 것이다. 여기서 "독성이 있는 음식물"이란 인체의 건강을 해치거나 해칠 우려가 있는 음식물이다. "공급한다"는 것은 군인 또는 준군인에게 제공하기 위해 부대의 요구나 필요에 따라 제공하는 것을 말하고, 여기에서 공급행위가 종료한 시점은 음식물 공급자가 실질적으로 음식물을 수요지 부대에 제공하여 부대 보급장에서 검수관이 검수할 수 있는 상태에 도달하였을 때를 말한다.

이 죄는 범죄행위의 유형별로 단순유해음식물공급죄(제42조 제1항), 유해음식물공급치사상죄(제42조 제2항), 과실유해음식물공급죄(제42조 제3항), 이적목적유해음식물공급죄(제42조 제4항) 등이 있는데, 이 중에서 유해음식물공급치사상죄(제42조 제2항)는 유해음식물제공의 범죄행위와 함께 사상에 이르게 하는 결과발생까지 필요로 하는 결과적 가중범이다. 그리고 과실유해음식물공급죄(제42조 제3항)는 업무상 과실, 중과실, 경과실을 묻지 않고, 이적목적유해음식물공급죄(제42조 제4항)는 일반이적죄(제14조)와 상상적 경합관계이다.

사례연구 166 ▸ 유해음식물공급죄

X부대 A검수관은 B납품업자와 공모하여 뇌물을 받고 사병 급식용 고기를 구매함에 있어 유통기간이 지나 부패가 시작된 상품을 수납검사에서 통과시켰다. 독성이 있는 음식물이 아닌데도 유해음식물공급죄가 성립되는가?

▶ 유해음식물공급죄에서 “독성이 있는 음식물”이란 반드시 독극물이 포함되어 있는 음식물뿐만 아니라 음식물의 부패·변질로 인하여 군인 또는 준군인의 건강에 해를 끼치거나 해칠 우려가 있는 음식물이라면 모두 이에 포함되고, 주식 또는 부식 등을 가리지 않는다. A검수관의 뇌물수뢰죄와 B납품업자의 뇌물증뢰죄는 별론으로 하고 A검수관과 B납품업자 모두 유해음식물공급죄의 주체가 된다.

X 출병거부죄

【구성요건·법정형】 지휘관이 출병(出兵)을 요구할 수 있는 권한을 가진 사람으로부터 그 요구를 받고 상당한 이유 없이 이에 응하지 아니한 경우에는 7년 이하의 징역이나 금고에 처한다(제43조).

1. 의의

출병거부죄란 지휘관이 출병(出兵)을 요구할 수 있는 권한을 가진 사람으로부터 그 요구를 받고 상당한 이유 없이 이에 응하지 아니함으로써 성립하는 범죄이다. 이 죄는 군 조직의 위계질서 및 통수체계 유지를 그 보호법익으로 하고 있다

2. 구성요건요소

(1) 주체

이 죄의 주체는 출병(出兵)을 요구할 수 있는 권한을 가진 사람으로부터 그 요구를 받고 상당한 이유 없이 이에 응하지 아니한 지휘관에 한정된다. 즉, 지휘관이라는 신분이 있는 사람만이 범죄의 주체가 될 수 있는 신분범이다. 다만, 지휘관으로부터 그 요구를 받고 출병하지 않은 군인 또는 준군인은 공범관계가 된다.

(2) 행위

이 죄의 행위는 출병(出兵)을 요구할 수 있는 권한을 가진 사람으로부터 그 요구를 받고 상당한 이유 없이 이에 응하지 아니하는 것이다.

여기서 "권한을 가진 사람"이란 「군인의 지위 및 복무에 관한 기본법」을 비롯하여 관련법령상 인정된 사람에 의한 것이라야 하고, 권한없는 사람의 출병요구에 응하지 않은 행위는 당연히 이 죄가 성립되지 않는다. 그리고 "상당한 이유 없이"란 "정당한 사유 없이"와 같은 의미로 위법성 또는 책임성을 조각할 사유를 말한다. 그리고 "응하지 않는다"는 것은 출병요구에 전혀 응하지 않는 것을 의미하고 이를 게을리한 경우에는 이 죄가 성립하지 않는다.

제9절 항명(抗命)의 죄

I 서설

군형법 각칙 제8장(제44조~제47조)은 「항명의 죄」라는 제목 하에 항명죄(제44조), 집단항명죄(제45조), 상관의 제지불복죄(제46조), 명령위반죄(제47조) 등에 대해 규정하고 있다. 제8장에 이상의 죄를 범죄로 규정하고 있는 것은 각 범죄 상호간에 행위의 유사성이 있기 때문이라고 보이지만, 각각 조문들은 그 보호하는 법익이나 객체에 있어서 차이가 있다.

항명의 죄란 상관의 명령에 반항·불복종하거나 상관의 폭행제지에 불복종하거나, 정당한 명령·규칙을 위반·미준수함으로써 성립하는 범죄이다.

Ⅱ 항명죄(抗命罪)

1. 의의

군형법상의 항명죄란 상관의 정당한 명령에 반항하거나 복종하지 아니함으로써 성립하는 범죄이다. 즉 상관의 정당한 명령을 고의로 불복종하는 경우에 성립하는 유형의 범죄이다(고등군사법원 1969. 3. 18. 선고 육군 69고군형항59 판결). 군은 전시를 대비한 전력이라는 특수성으로 인해 상명하복이라는 수직적 조직구조를 가진다. 특별행정법관계는 특별한 법률상의 원인에 의하여 공법상의 특정목적을 달성하기 위하여 필요한 범위 내에서 일방이 타방을 포괄적으로 지배하고 타방이 그에 복종할 의무가 있는데, 이에는 공무원의 국가 또는 공공단체와의 근로관계나 군인의 국가에 대한 복무관계 및 전시의 근로동원관계 등이 있다.

그러나 공무원에 있어서는 상관의 정당한 명령에 반항하거나 복종하지 않을 경우, 징계처분에 그치지만, 군대는 생명을 건 전투수행을 그 임무로 하는 상명하복이라는 조직구조상의 특수성으로 인하여 단순한 징계처분에 그치지 않고, 이를 범죄로 규정하여 엄하게 처벌하고 있다.

2. 구성요건요소

(1) 주체와 객체

항명죄의 주체는 군인・준군인이고, 객체는 행위로서의 객체가 아닌 보호를 객체로 하는 상관의 정당한 명령이다. 군형법 제2조 제1호에 규정된 상관은 ① 명령복종 관계에서 명령권을 가진 사람인 순정상관(純正上官)과 ② 명령복종 관계가 없는 경우의 상위 계급자와 상위 서열자는 상관에 준하는 사람인 준상관(準上官) 등 두 가지가 있지만, 군형법 제44조의 상관은 정당한 명령복종관계에 있는 사람에 한정되므로 순정상관만을 말하고, 준상관은 포함되지 않는다.

항명죄의 객체는 '상관의 정당한 명령'인데, 정당한 명령은 당해명령을 할 수 있는 직권을 가진 장교인 상관이 특정의 군법피적용자(개인 또는 특정할 수 있는 다수인)에 대하여 군무에 속하는 특정사항에 관하여 하명(구두, 서면, 전화, 전산 등의 방법으로 직접 또는 제3자를 통하여 전달하는 명령)된 명백히 불법한 내용이라고는 보여지지 않는 명령(작위 또는 부작위를 요구하는 명확하고 구체적인 의사표시)을 이르는 것이다(대법원 1967. 3. 21. 선고 63오4 판결).

그리고 "정당한 명령"이란 상관의 명령에 대한 부하의 복종의무에 대한 한계에 대해서는 의견의 대립이 있지만, 상관의 적법한 명령에 한하여 복종해야 한다는 것이 통설이다. 따라서 상관의 명령이라면 어떠한 명령이라도 복종해야 하는 것은 아니다. 복종의 의무를 발생시키는 명령은 첫째, 정당한 권한을 가진 자에 의한 명령이어야 한다. 즉, 소속 상관이라 하더라도 명령을 내릴 수 있는 권한이 있는 자인 순정상관에 의한 명령인 경우에 한하여 복종의 의무가 발생한다. 둘째, 상관의 명령은 직무상의 명령이어야 한다. 따라서 직무와 무관한 개인적인 명령이라면 복종하지 않아도 된다. 셋째, 그 내용이 법령에 반하는 것이어서는 안 된다. 즉, 위법한 명령에 대해서는 복종의 의무가 없으나 단순히 법령의 해석에 있어서 차이가 있는 경우, 예컨대 소속 상관은 적법한 명령이라 해석하고, 명령을 받은 부하는 위법한 명령이라고 서로 해석이 다르고, 실제로 이와 같이 다른 해석이 가능하다면 명령을 받은 부하는 위법한 명령으로 해석된다는 이유로 명령에 불복종할 수 없다. 요컨대, 이상과 같은 복종의 의무를 발생시키는 명령에 반항 또는 불복종하게 되면 항명죄가 성립한다.

사례연구 167 ▸ 항명죄

A사병은 좌경골원위부에 골연골종(骨軟骨腫)이 발병하여 00국군병원에 입원하였다. 이에 상관인 00국군병원 B병원장은 A사병에게 한 골종을 제거하는 수술을 받으라는 명령을 하였음에도 불구하고 이에 복종하지 않았다. 군병원에 입원 중인 사병에 대하여 상관인 국군병원장이 수술을 받으라고 한 명령이 군형법 제44조 소정의 정당한 명령에 해당하는가?

> ▶ 대법원은 "국군병원장이 그 병원에 입원한 사병인 피고인에게 한 골종을 제거하는 수술을 받으라는 명령은, 피고인이 그 수술 없이도 군복무를 지장 없이 수행할 수 있다는 특단의 사정이 없는 한, 소속대 지휘관인 병원장이 질병이 있거나 부상당한 군인을 치료하여 원대로 복귀시킴으로써 군의 전투력을 보호함을 임무로 하고 있는 자신의 권한 범위 내에서 발한 것으로서, 군의 사기, 군기 및 피지휘자의 유용성을 보호 내지 증진하기 위해 적합하고 필요하며 군의 질서를 유지하는데 직접적으로 연관된 행동, 즉 군사상의 의무를 부과하는 것을 내용으로 하고 있는 명령으로서, 그 명령이 군사상의 필요성을 넘어 지나치게 개인의 기본권을 침해하는 것이라고 볼 수 없으므로, 이는 군형법 제44조 소정의 상관의 정당한 명령에 해당한다."고 판시하였다(대법원 1996. 10. 25. 선고 96도2233 판결).

(2) 행위

행위는 고의로 정당한 명령에 항거 또는 불복종하는 것이다. 여기서 "명령에 항거한다"는 것은 정당한 명령에 대한 복종을 명시적으로 거부·항의하는 것을 말하고, "명령에 불복종한다"는 것은 명령의 수행을 묵시적으로 거부하는 것을 말한다. "고의로 불복종한다"는 것은 하명을 받은 군법 적용대상자가 그 명령의 내용을 인식하였음에도 불구하고, 고의적(주관적 요건)으로 이에 복종하지 아니하는 행위(객관적 요건)를 말하는 것이라고 제한적으로 해석하여야 한다(대법원 1967. 3. 21. 선고 63오4 판결). 다만 예컨대 정당한 명령을 복종하지 않는 것이 해당 군인 또는 준군인이 태만, 분망, 착각, 무사려, 부주의와 같은 사유로 인한 것일 때에는 항명죄가 성립되지 않고(고등군사법원 1978. 6. 8. 선고 육군 78고군형항256 판결), 전달된 중대장 명령에 대한 시정건의 또는 애로사항의 건의는 그 표현방법이 반항적이고 불량하다고 하더라도 항명행위는 아니다(고등군사법원 1972. 1. 11. 선고 육군 71고군형항634 판결).

3. 범죄유형과 법정형

(1) 항명죄

【구성요건 · 법정형】 상관의 정당한 명령에 반항하거나 복종하지 아니한 사람은 적전인 경우에는 사형, 무기 또는 10년 이상의 징역, 전시, 사변 시 또는 계엄지역인 경우에는 1년 이상 7년 이하의 징역, 그 밖의 경우에는 3년 이하의 징역에 처한다(제44조).

이 죄는 상관의 정당한 명령에 반항하거나 복종하지 아니함으로써 성립하는 범죄이다.

종교상의 교리를 내세워 상관으로부터 집총을 하고 군사교육을 받으라는 명령을 수회 받고도 그때마다 이를 거부한 경우, 항명죄의 죄수는 수개의 항명죄가 성립한다. 즉, 상관으로부터 집총을 하고 군사교육을 받으라는 명령을 수회 받고도 그때마다 이를 거부한 경우에는 그 명령 횟수 만큼의 항명죄가 즉시 성립하는 것이지, 집총거부의 의사가 단일하고 계속된 것이며 피해법익이 동일하다고 하여 수회의 명령거부행위에 대하여 하나의 항명죄만 성립한다고 할 수는 없다(대법원 1992. 9. 14. 선고 92도1534 판결).

사례연구 168 ▸ 종교적 신앙 등에 따른 병역거부자

김여호 군은 입영 통지를 받았으나 평소 종교적 신념에 따라 무기를 들어야만 하는 군대에는 가지 않겠다고 결심하고 병역을 거부함에 따라 병역법 제88조 위반으로 기소되었다. 김여호 군은 '나는 양심상 총을 들 수 없다. 양심을 버릴 수 없고 우리 헌법에는 양심의 자유가 보장되고 있다'고 주장하고 있는데, 이는 정당한가?

▶ 양심상의 이유에 의한 집총거부자에 관하여 병역을 면제하는 국가도 있고, "반전론자 등 개인의 양심을 존중하면서 병역거부자들이 다른 방식으로 사회에 봉사할 기회를 주는 대체제도를 마련하는 것이 국가의 의무"라는 주장과 "분단이라는 특수상황에서 양심적 병역거부 또는 대체복무 도입은 악용될 우려가 있다."는 주장이 있다. 헌법재판소에서는 2004년 8월 26일 '병역법 제

88조(입영의 기피)에 대해 3년 이하의 징역에 처하도록 한 규정은 헌법을 위반하지 않다'고 결정하였으나(헌법재판소 2004. 8. 26. 2002헌가1 결정), 2018년 6월 28일, 헌법재판소는 양심적 병역 거부 처벌 조항으로 사용되던 병역법 제88조 제1항에 대해서는, 법원이 정당한 사유의 해석에 따라 양심적 병역거부자에 대해 현행 조항으로도 충분히 무죄 선고가 가능하며, 병역기피자들을 처벌하는 조항으로서 여전히 기능할 수 있다는 취지로 처벌조항에 대해서는 합헌 결정을 내리면서도, 대체복무제가 없는 병역법 제5조 제1항에 대해서는 헌법 불합치 판결을 내렸다. 또한 2018년 11월 1일, 대법원 전원합의체는 여호와의 증인 신자의 양심에 따른 병역 거부 사건에 대해 9대 4의 다수 의견으로 종교적인 양심도 입영 거부의 "정당한 사유"에 해당한다고 인정하여 무죄를 선고했다.

한편 국방부는 2019년 1월 4일 대체복무제와 관련해 군에서 병역의무를 이행했거나 이행 중이거나 이행할 사람들이 비양심적인 것처럼 오해될 수 있다는 국민적 우려를 고려 '양심적 병역거부자' 대신 '종교적 신앙 등에 따른 병역거부자'라는 용어를 사용하겠다고 밝힌 바 있다.

(2) 집단항명죄

【구성요건 · 법정형】 집단을 이루어 제44조(항명)의 죄를 범한 사람은 적전인 경우에는 수괴는 사형, 그 밖의 사람은 사형 또는 무기징역, 전시, 사변 시 또는 계엄지역인 경우에는 수괴는 무기 또는 7년 이상의 징역, 그 밖의 사람은 1년 이상의 유기징역, 그 밖의 경우에는 수괴는 3년 이상의 유기징역, 그 밖의 사람은 7년 이하의 징역에 따라 처벌한다(제45조).

이 죄는 집단을 이루어 항명(제44조)의 죄를 범함으로써 성립하는 범죄이다. 집단을 이루는 사람의 수에 대한 제한은 없으나, 단체 또는 다중의 위력을 보일 정도이면 이 죄가 성립되고, 그 정도에 이르지 못한 경우에는 단순항명죄의 공범이라 보는 것이 타당하다. "단체 또는 다중의 위력"은 앞서 상관에 대한 집단폭행 · 협박죄에서 설명한 그대로이다.

Ⅲ 상관의 제지불응죄

> **【구성요건 · 법정형】** 폭행을 하는 사람이 상관의 제지에 복종하지 아니한 경우에는 3년 이하의 징역에 처한다(제46조).

1. 의의

상관의 제지불응죄란 폭행을 하는 사람이 상관의 제지에 복종하지 아니함으로써 성립하는 범죄이다. 이 죄는 상관의 폭행저지 그 자체라는 점에서 상관의 직무와 관련하여 내린 명령에 대한 반항 또는 불복종함으로써 성립하는 항명죄와는 구별된다.

2. 구성요건요소

(1) 주체

이 죄의 주체는 "폭행을 하는 사람(군인, 준군인)"이다. 따라서 폭행 이외의 다른 범죄의 저지에 복종하지 않더라도 이 죄가 성립하지 않고, 직무상의 명령도 아니라는 점에서 항명죄와도 구별된다.

이 죄에서 "폭행"의 의미는 사람의 신체에 대한 유형력, 즉 모든 물리력의 행사이다. 그런데 앞서 폭행 · 협박죄에서 설명한 바와 같이 형법 내지 군형법상의 폭행은 여러 범죄가 있는데, 각 구성요건이 보호하는 대상에 따라 폭행의 개념 · 내용도 달리한다. 여기에서의 폭행은 형법상의 소요죄(제115조), 공무집행방해죄(제136조), 상해죄(제257조) 또는 군형법상의 특수소요죄(제61조)의 구성요건요소의 행위인 '폭행을 하는 것'인 경우에 상관의 제지에 복종하지 않는다면 이 죄가 성립한다.

(2) 행위

행위는 폭행을 하는 사람이 상관의 제지에 복종하지 아니하는 것이다. 여기서 "상관의 제지"는 신체적 동작 또는 언어 등에 의하여 명시적으로 제지하는 것에 한정되고, 묵시적으로 폭행의 중지를 바라는 것만으로는 이 죄가 성립되지 않는다. 그리고 "복종하지 아니한다"는 것은 폭행뿐만 아니라 반항도 포함된다고 보며, 상관이 폭행에 대한 제지에도 불구하고 폭행을 하게 되면 형법상의 소요죄(제115조), 공무집행방해죄(제136조), 상해죄(제257조) 또는 군형법상의 특수소요죄(제61조) 등의 경합범이 된다.

Ⅳ 명령위반죄

【구성요건 · 법정형】 정당한 명령 또는 규칙을 준수할 의무가 있는 사람이 이를 위반하거나 준수하지 아니한 경우에는 2년 이하의 징역이나 금고에 처한다(제47조).

1. 의의

명령위반죄란 정당한 명령 또는 규칙을 준수할 의무가 있는 사람이 이를 위반하거나 준수하지 아니함으로써 성립하는 범죄이다. 이 죄는 행위에 관한 일반적 규범으로서의 명령 또는 규칙을 위반함으로써 성립된다는 점에서 상관의 개별적 명령에 반항하거나 복종하지 않음으로써 성립하는 항명죄와 구별된다.

그런데 명령 또는 규칙을 위반할 경우에 범죄가 성립되어 형벌을 내릴 수 있는가 하는 문제가 있다. 죄형법정주의는 어떤 행위가 범죄가 되고, 그 범죄에 대해서 어떠한 형벌을 부과할 것인가 하는 것을 미리 성문의 법률로 정해 놓아야 한다는 근대형법의 원칙을 말한다. 따라서 이에 따르면 명령 또는 규칙으로 형벌을 과할 수 없게 된다. 그러나 대법원에서는 군형법 제47조가 입법기관인 국회가 위임한 것으로 해석하여 죄형법정주의를 위반하지 않는다고 선고하고 있다(대법원 2002. 6. 14. 선고 2002도1282 판결 및 대법원 1982. 7. 27. 선고 82도399 판결 등).

2. 구성요건요소

(1) 주체

이 죄의 주체는 정당한 명령 또는 규칙을 준수할 의무가 있는 사람이다. 즉, 정당한 명령과 규칙을 위반하거나 준수하지 아니한 사람이다.

여기서 "명령"이란 국회의 의결을 거치지 않고 대통령 이하의 행정기관이 제정한 법규를 말하고, "정당한 명령"이란 통수권을 담당하는 기관이 입법기관인 국회가 군형법 제47조로 위임한 통수작용상 필요한 중요하고도 구체성 있는 특정한 사항에 관하여 발하는 것으로서 본질적으로는 입법사항인 형법의 실질적 내용에 해당하는 사항에 관한 명령을 의미한다(대법원 2002. 6. 14. 선고 2002도1282 판결, 대법원 1989. 9. 12. 선고 88도1667 판결, 대법원 1984. 3. 27. 선고 83도3260 판결 등).

또한 "규칙"이란 행정기관이 행정조직 내부 또는 특별권력관계 내부에서의 조직이나 활동을 규율하기 위하여 법률의 수권없이 발하는 일반적·추상적 규정을 말한다. 명령을 법관계의 종류에 따라 구분하면 조직규칙(예컨대, 사무분장규정 등), 근무규칙(훈령, 통첩 등), 영조물규칙(각종 안전수칙 등) 등이 있고, 형식에 의해서는 훈령, 지시, 예규, 일일명령, 고시 등으로 구분할 수 있다. 규칙은 법규로서의 성질을 가지고 있지 못하므로 규칙을 위반할 경우 형벌로서 다룰 것이 아니라 내부적 징계사유에 그치는 것이 타당하다고 본다.

"정당한 명령에 해당한다."고 하여 명령위반죄로 본 사례로는 ① 휴전선 20km 이내 부대에서 개인이동전화의 사용을 금지한 군사보안업무시행규칙에 위반하여 개인이동전화를 사용한 경우(대법원 2002. 6. 14. 선고 2002도1282 판결), ② 해안경계순찰근무자는 소총과 실탄을 휴대하여야 한다는 육군 제31사단장의 해안경계실무지침을 위반한 경우(대법원 1989. 9. 12. 선고 88도1667

판결), ③ 통문개폐에 관한 GOP 근무지침을 위반한 경우(대법원 1984. 10. 10. 선고 84도239 판결), ④ 보병 제A사단 GP 및 GOP 근무내규를 위반한 경우(대법원 1984. 9. 25. 선고 84도1329 판결), ⑤ GOP 등 내에서의 병력이동은 규정된 무장을 하여 4인 이상 단체행동(전술대형유지)하라는 사단장의 명령인 근무지침이나 구두지시를 위반한 경우(대법원 1984. 3. 13. 선고 84도95 판결), ⑥ 3군경계근무지침 및 GOP 초급간부 지침서의 순찰근무 및 철책점검에 관한 규정(대법원 1984. 2. 28. 선고 83도3362 판결), ⑦ 비무장 지대의 출입문 초소 경비에 관한 사단의 야전예규를 위반한 경우(대법원 1982. 7. 27. 선고 82도399 판결), ⑧ DMZ지대의 혹한기 동계근무 계획에 따른 GP 초소간의 야간경계근무에 관한 군 내규의 규정과 DMZ 운영내규에 GP 소대장 및 선임하사관은 야간순찰근무를 수행하여야 한다는 규정(대법원 1979. 11. 13. 선고 79도2270 판결), ⑨ 참모총장 및 군단장의 지휘각서로 된 음주통제명령이나 군인출입구역에 관한 군인복무규율의 규정에 위반한 경우(대법원 1970. 11. 24. 선고 70도1839 판결), ⑩ 근무이탈자는 일정기간 내에 헌병대에 자진복귀하라는 육군참모총장의 명령(대법원 1969. 10. 28. 선고 68도1834 판결) 등이 있다.

반면, "정당한 명령에 해당하지 않는다."고 본 사례로는 ① 구타행위자 등의 제재에 관한 육군 참모총장의 일반명령 제37호(1979.12.22.를 위반한 경우(대법원 1984. 5. 15. 선고 84도250 판결), ② "후문에는 일정한 인원 및 차량을 제외하고는 출입을 금한다"는 특별수칙 제3호를 위반한 경우(대법원 1976. 3. 9. 선고 75도3294 판결), ③ 중대장이 일반적으로 발하는 실탄발사금지명령(광주고법 1974. 11. 13. 74노184 제2형사부판결 : 확정), ④ 음주를 함에 소속 중대장의 허가를 받아야 한다는 명령을 위반한 경우(대법원 1970. 12. 22. 선고 70도2130 판결), ⑤ 사단장의 야외훈련장에서의 화기단속에 관한 명령(고등군사법원 1978. 6. 8. 선고 육군 78고군형항256 판결) 등이 있다.

(2) 행위

행위는 정당한 명령 또는 규칙을 준수할 의무가 있는 사람이 이를 위반하거나 준수하지 아니하는 것이다. 여기서 "위반한다"는 것은 적극적으로 정당한 명령 또는 규칙의 위반행위를 말하고, "준수하지 않는다"는 것은 소극적으로 정당한 명령 또는 규칙이 요구하는 규범 내용을 그대로 실행하지 않는 것을 말한다. 다만, "위반한다"와 "준수하지 않는다"는 것은 모두 정당한 명령 또는 규칙을 따르지 않는 것이라는 점에서 동일하고, 이를 구별할 실익도 없다.

사례연구 169 ▶ 명령위반죄의 "정당한 명령"

1) A병장은 GOP 근무 중 「통문개폐에 관한 GOP 근무지침」을 위반하여 GOP 통문을 개방하였다. 통문개폐에 관한 GOP 근무지침이 군형법 제47조 소정의 "정당한 명령"에 해당되는가?

2) A병장과 C상병은 중대장으로부터 외출허가를 받고 출입을 금지하고 있는 후문을 통해 인근 주점에서 허가없이 중대장의 음주금지명령을 위반하였는데, 이는 군형법 제47조 소정의 "정당한 명령"에 해당되는가?

▶ 1) 대법원에서는 "「통문개폐에 관한 GOP 근무지침」은 적과 대치하고 있는 상황 하에서 통문개폐관리를 신중히 하고 엄격히 하여 적의 침투와 아군의 병력손실을 예방하기 위한 군통수 작전상 중요하고도 구체성있는 특정상황에 관한 것으로서 군형법 제47조 소정의 '정당한 명령'에 해당한다."고 판시하였다(대법원 1984. 10. 10. 선고 84도239 판결).

2) 대법원에서는 "후문에는 일정한 인원 및 차량을 제외하고는 출입을 금한다"는 특별수칙 제3호는 부근에 거주하는 장교 및 하사관이나 기타 장교가 탑승한 차량의 출입 및 물자의 작업인원의 출입의 편의를 도모하는 한편 이를 제외한 다른 출입을 금한다는 것으로 그 내용의 성질상 이는 군통수작용상 필요한 중요하고도 구체성 있는 특정사항에 관한 것이 아니어서 군형법 제47조 "소정의 정당한 명령 또는 규칙에 해당되지 않으므로 이에 위반하였다 하여도 명령위반죄로 처벌할 수 없다."고 판시하였고(대법원 1976. 3. 9. 선고 75도3294 판결), "음주를 함에는 소속 중대장의 사전허가를 받아야 한다는 명령 따위는 통수권을 담당하는 기관이 입법기관인 국회가 군형법 제47조로서 위임한 통수작용상 필요하고도 중요한 구체성 있는 특정사항에 관한 것으로 형벌의 실질적 내용을 가진 것이라고는 볼 수 없다."고 판시하였다(대법원 1970.

12. 22. 선고 70도2130 판결).

제10절 모욕의 죄

I 의의와 보호법익

1. 의의

군형법 각칙 제10장(제64조~제65조)은 「모욕의 죄」라는 제목 하에 상관모욕 등의 죄(제64조), 초병모욕죄(제65조)에 대해 규정하고 있다. 현행 군형법에는 상관에 대한 명예훼손죄가 포함되어 있으므로 「모욕의 죄」 보다는 형법 제33장 「명예에 관한 죄」(제307조~312조)와 같은 제목이 입법론적으로 타당하다고 본다.

군형법 제10장 「모욕의 죄」는 상관 또는 초병을 모욕하거나, 공연히 사실 또는 허위사실을 적시하여 상관 또는 초병의 명예를 훼손함으로써 성립하는 범죄이다. 사람은 사회적 존재이므로 사회의 다른 구성원으로부터 독립된 인격체로서의 가치를 인정받고, 그 가치에 적합한 처우를 받음으로써 적절한 생활을 영위하고 발전해 나갈 수 있다. 이러한 사회적 가치를 침해받을 경우에 사회구성원으로서 생활하고 발전해 나갈 가능성도 침해된다. 그리고 여기서 말하는 사람의 가치는 특히 상관 또는 초병으로서의 가치에 한하는 것이 아니라 사람으로서의 가치를 의미하는 것이다.

특히 군인은 "명예를 먹고 산다"고 하여 명예를 최고의 가치로 여기고 있는 사람으로서 그 중에서도 상관 또는 초병의 명예를 훼손하게 되면 군기를 문란하게 하고 군의 위신을 하락시키는 바가 크다. 형법은 제33장 「명예에 관한 죄」에 명예훼손죄와 모욕죄, 군형법은 제10장 「모욕의 죄」에 상관에 대한 명예훼손죄와 모욕죄 그리고 초병모욕죄를 두어 군형법은 형법에 비해 법정형을 가중하여 엄하게 처벌하고 있다.

그리고 형법에서는 사자명예훼손죄(제308조)와 모욕죄(제311조)에 대하여 고소권자가 고소를 하여야만 공소를 제기할 수 있는 '친고죄'와 명예훼손죄(제307조)와 출판물 등에 의한 명예훼손(제309조)에 대하여 피해자의 명시적 의사에 반하여 공소를 제기할 수 없는 '반의사불벌죄'이지만, 군형법 제10장 「모욕의 죄」에서는 이러한 친고죄와 반의사불벌죄의 규정이 없다.

2. 보호법익

이 죄의 보호법익은 상관 또는 초병의 명예라는 점에 대해서는 이견이 없다. 그런데 명예의 내용을 어떻게 볼 것인가에 관하여는 견해가 나누어진다.

첫 번째 견해는 명예의 내용을 "내부적 명예"로 보는 견해이다. 즉, 사람이 가지고 있는 인격의 내부적 가치 그 자체를 말한다. 그러나 이러한 가치는 사회적 평가와는 관계없는 절대적 가치이므로 타인의 침해에 의하여 훼손될 성질이 아니고, 법적 규율대상이 될 수 없다. 따라서 내부적 명예는 군형법에서 보호할 필요도 없고 보호할 수도 없다.

두 번째 견해는 명예의 내용을 "외부적 명예"로 보는 견해이다. 즉, 사람의 가치에 대해서 타인으로부터 주어지는 인격적 평가로서 개인의 참된 가치와 관계없이 일반적으로 주어지는 사회적 평가로 본다. 따라서 외부적 명예는 타인의 침해에 의해서 훼손될 수 있으므로 군형법적 보호의 필요성이 요구된다.

세 번째 견해는 명예의 내용을 "명예감정"으로 보는 견해이다. 즉, 자기의 인격적 가치에 대한 자기 자신의 주관적인 평가·감정으로 보는 견해이다. 명예감정은 자기 자신에 대한 가치판단이므로 사람마다 다르고, 혹은 자신을 과대평가하거나 과소평가하기도 하여 객관적으로 보호의 대상이 되는 기준이 없다.

Ⅱ 상관모욕 등의 죄

1. 상관모욕죄

【구성요건・법정형】 상관을 그 면전에서 모욕한 사람은 2년 이하의 징역이나 금고에 처한다(제64조 제1항).

(1) 의의와 보호법익

상관모욕죄란 상관을 그 면전에서 모욕함으로써 성립하는 범죄이다.

상관모욕죄는 군대 내에서 초급 여군장교와 고참 간부간의 갈등으로 인한 경우, 고참병사와 초급간부들의 갈등에 의한 경우 등에서 그 한계와 정도를 넘어서 상관을 모욕하는 경우도 많이 발생한다. 보호법익은 상관의 명예 등의 개인적 법익뿐만 아니라 군 조직의 위계질서 및 통수체계 유지도 포함된다(대법원 2021. 3. 11., 선고 2018도12270 판결).

(2) 구성요건요소

(가) 주체와 객체

이 죄의 주체는 하위 계급자와 하위 서열자이다. 즉, 상관모욕죄는 상관의 명예 등의 개인적 법익뿐만 아니라 군 조직의 위계질서 및 통수체계 유지도 보호법익으로 하는 점 등에 비추어 보면, 이 죄에서의 상관에는 명령복종관계가 없는 경우의 상위 계급자와 상위 서열자도 포함된다. 이 죄의 객체는 상위 계급자와 상위 서열자이고, 상관모욕죄의 객체에 병사도 포함되는지의 여부에 대하여 대법원은 "병 상호간에는 육군규정 120 병영생활규정 제43조의2에 따라 대등한 관계에 있기 때문에 상관모욕의 객체에 병은 해당하지 아니한다"는 원심판단을 파기하여 "부대지휘 및 관리, 병영생활에서 분대장이 분대원의 상관에 해당한다"고 판시하였다(대법원 2021. 3. 11., 선고 2018도12270 선고).

(나) 행위

구성요건요소로서의 행위는 상관을 그 면전에서 모욕하는 것이다.

형법상의 모욕죄(제311조)는 사람을 '공연히' 모욕할 것을 구성요건요소로 하고 있고, 여기서 '공연히(공연성)'란 불특정 또는 다수인이 직접 인식할 수 있는 상태를 의미한다. 군형법의 상관모욕죄(제64조 제1항)에는 '공연히'라는 문구없이 단순히 상관의 '면전에서'라는 문구만이 있을 뿐이다.

따라서 군형법상의 '면전에서'라는 문구에서 '공연성'도 있어야만 이 죄가 성립하는지의 여부가 문제가 되는데, 군형법상의 모욕죄는 형법상의 모욕죄와는 달리 군 조직의 위계질서 및 통수체계 유지를 보호법익으로 하고 있다는 입법취지와 형을 가중하고 있다는 점을 볼 때, '공연성'이 없어도 이 죄가 성립한다. 즉, 불특정 또는 다수인이 직접 인식할 수 있는 상태가 아니라도 이 죄가 성립하는 것으로 보는 것이 타당하다고 본다.

사례연구 170 ▶ 상관모욕죄에 있어서의 '공연성" 구성요건요소 여부

제대 말년의 A · B병장은 C하사와 갈등관계에 있었는데, 어느 날 A · B병장과 C하사는 영내 벤치에서 내무반 질서유지와 관련하여 대화를 나누던 중 의견대립이 있었고, 급기야 A병장은 C하사의 면전에서 "아이씨"라고 하였고, B병장은 "×같은 새끼! 또라이 새끼!"라고 말하였다. 2명만이 있었던 자리라서 '공연성'이 없는데, 이 경우에도 상관모욕죄가 성립하는가?

▶ 대법원에서는 "상관모욕죄는 '상관을 그 면전에서 모욕한 사람'을 처벌한다고 규정하고 있을 뿐 제64조 제2항과 달리 공연한 방법으로 모욕할 것을 요구하지 아니하므로, 상관을 면전에서 모욕한 경우에는 공연성을 갖추지 아니하더라도 상관모욕죄가 성립한다"고 판시하였다(대법원 2015. 9. 24. 선고 2015도11286 판결). 한편 "아이씨"라고 한 A 병장은 인격적 가치에 대한 사회적 평가를 저하시킬 만한 구체적인 것이 아니므로 이 죄가 성립하지 않는다(대법원 2021. 4. 29., 선고 2018도4449 판결).

그리고 이 죄의 구성요건은 상관을 그 면전에서 모욕하는 것인데, 여기에서 '면전에서'란 얼굴을 마주 대한 상태를 의미하는 것이므로 전화를 통하여 통화하는 것을 면전에서의 대화라고는 할 수 없다(대법원 2002. 12. 27. 선고 2002도2539 판결).

또한, 이 죄에 있어서의 "모욕"이란 사실을 적시하지 아니하고 상위 계급자와 상위 서열자에 대하여 사회적 평가를 저해시킬만한 추상적 판단이나 경멸적 감정을 표현하는 것을 말한다. 예컨대 '죽일 놈(년)', '망할 놈(년), '×같은 새끼', '개같은 잡놈(년)', '창녀(남)같은 년(놈)'이라고 한 경우가 모욕에 해당한다(대법원 1990. 9. 25. 선고 90도873 판결, 대법원 1985. 10. 22. 선고 85도1629 판결).

모욕의 시기는 직무수행 중이거나 직무수행 중이 아니거나를 가리지 않고 모두 성립된다(대법원 2015. 9. 24. 선고 2015도11286 판결). 모욕의 장소도 불문한다. 즉, 공식석상에서의 직무상 발언에 의한 모욕뿐만 아니라 사석에서의 발언일지라도 직무내외를 막론하고 그 상관의 면전에서 한 경우에는 역시 이 죄가 성립된다.

사례연구 171 ▶ 상관모욕죄와 모욕 장소의 문제

육군 A소위는 술자리에서 같은 중대소속 B중사가 반말투로 말하거나 자세가 불량하자, B중사에게 "말이 짧으네! 똑바로 해! 자세 똑바로!"라고 하자, B중사는 "야 소대장 너 그렇게 밖에 말 못 하겠나, 술좌석에서 군기 잡으려 하나"라고 하였다. 술자리에서의 이런 발언도 상관모욕죄가 성립되는가?

▶ 대법원에서는 "육군 A중사가 같은 중대소속 육군 A소위의 면전에서 A소위에 대하여 '야 소대장 너 그렇게 밖에 말 못 하겠나! 술좌석에서 군기 잡으려 하나!'라고 말한 사실을 인정하여 군형법 제64조 제1항을 적용하여 상관모욕죄로 처단하였음은 정당하다. B중사가 상관인 A소위에 대하여 위와 같은 언사를 하였음에 있어 상관에 대한 경멸의 의사를 표시하였으며 동 발언에 의하여 피해자에게 상관으로서의 지위 내지 평가에 침해를 받았다 할 것이다"고 판시하였다(대법원 1972. 5. 23. 선고 72도568 판결).

(다) 처벌

상관을 그 면전에서 모욕한 사람은 2년 이하의 징역이나 금고에 처하도록 규정하고 있다(제64조 제1항). 형법상의 모욕죄(제312조)는 고소권자가 고소를 하여야만 공소를 제기할 수 있는 친고죄이지만, 군형법상의 상관모욕죄는 군 조직의 위계질서 및 통수체계 유지도 보호법익으로 하고 있다는 점에서 친고죄 규정을 두고 있지 않고 엄하게 처벌하고 있다.

사례연구 172 ▸ 상관에 대한 모욕죄

육군 A여자소위는 자대배치 후, 군경력이 훨씬 앞서는 B남자중사와 가깝게 지냈고, A여자소위는 B남자중사가 친오빠와 많이 닮았다며 이제는 군경력의 선후배사이로 까지 발전하였다. 그러나 B남자중사가 군조직사회에서 용납할 수 있는 한계와 도를 넘어 가게 되면서 한 회식 자리에서 술을 잘 마시고, 춤도 잘 추는 A여자소위에게 농담으로 "언니! 옛날에 껌 좀 씹었나 봐?"라고 말하였다. 이 경우, 상관모욕죄가 성립되는가?

▶ 초급 여군장교와 이들보다 군경력이 훨씬 앞서는 부사관 사이의 관계에서 양자가 군경력 선후배사이가 되는 경우를 종종 볼 수 있다. 그런데 군조직사회에서 용납할 수 있는 한계와 도를 넘어 가게 되면 점점 관계가 나빠지고 감정이 상하게 되는 경우도 발생한다. 위 사례와 같이 군조직사회에서 위계질서를 파괴하여 용인할 수 없을 정도로 그 한계와 도를 넘게 되는 경우에는 사실의 적시가 없다는 점에서 상관모욕죄가 성립될 수도 있고, 징계사유가 될 수도 있다.

2. 상관공연모욕죄

【구성요건 · 법정형】 문서, 도화(圖畵) 또는 우상(偶像)을 공시(公示)하거나 연설 또는 그 밖의 공연(公然)한 방법으로 상관을 모욕한 사람은 3년 이하의 징역이나 금고에 처한다(제64조 제2항).

(1) 의의와 보호법익

상관공연모욕죄란 문서, 도화(圖畵) 또는 우상(偶像)을 공시(公示)하거나 연설 또는 그 밖의 공연(公然)한 방법으로 상관을 모욕함으로써 성립하는 범죄이다. 사실을 적시하지 않는다는 점에서 명예훼손죄와 구별된다.

상관공연모욕죄의 보호법익은 사람의 가치에 대해서 타인으로부터 주어지는 인격적 평가로써 개인의 참된 가치와 관계없이 일반적으로 주어지는 사회적 평가, 즉 외부적 명예이다. 그리고 이와 같은 상관의 신체, 명예 등의 개인적 법익뿐만 아니라 군 조직의 위계질서 및 통수체계 유지도 포함된다.

(2) 구성요건요소

(가) 주체와 객체

이 죄의 주체는 하위 계급자와 하위 서열자이고, 객체는 상위 계급자와 상위 서열자이다. 이에 대해서는 위에서 설명한 상관모욕죄와 같다.

(나) 행위

구성요건요소로서의 행위는 문서, 도화(圖畵) 또는 우상(偶像)을 공시(公示)하거나 연설 또는 그 밖의 공연(公然)한 방법으로 상관을 모욕하는 것이다.

여기에서 "문서"란 글이나 기호 등으로 일정한 의사, 관념 또는 사상을 말하고, 출판물에 의하든 손으로 작성한 것이든 불문한다. "도화"란 선이나 색채를 이용하여 사람이나 사물, 풍경 또는 감정이나 상상력을 구체적인 모양으로 나타내는 그림이나 미술품이나 공예품, 건축물 등의 모양이나 색채 등을 그림으로 나타낸 도안을 말한다. "우상"이란 특정한 인물 등을 상징적으로 표현하는 형상을 말하고, 우상의 소재(素材)나 실제 인물과의 유사도 역시 묻지 않는다. "공시하거나"에서의 "공시"는 불특정 또는 다수인이 볼 수 있는 상태 하에 두는 것을 말한다. 따라서 상관이 볼 수 있는 상태이면 충분하므로 현실적으로 보는 것을 필요로 하지는 않고, 공시장소에 있지 않아도 성립된다. "연설"이란 언어를 통해 불특정 또는 다수인에게 일정한 의사, 주장을 전달하는 것이다. "그 밖의 공연한 방법"이란 문서·도화·우상 이외의 일체의 언동으로써 불특정 또는 다수인이 직접 인식할 수 있는 상태를 만드는 일체의 방법을 말한다.

군형법상의 상관공연모욕죄의 '공연성'에 대해서는 불특정 또는 다수인이 인식할 수 있는 상태에서 상관을 모욕함으로써 성립하고, 다수인이 그 공연성의 정도가 반드시 문서, 도화 또는 우상을 공시하거나 연설을 하는 방법에 상응하는 정도의 것이어야 하는 것은 아니다(대법원 1999. 11. 12. 선고 99도3801 판결)는 점에서 특별한 방법을 필요로 하지 않는 상관모욕죄(제64조 제1항)와 구별된다.

사례연구 173 ▶ 군통수권자로서의 대통령

육군 A대위는 자신의 스마트폰 트위터 계정이나 PC 등에 접속한 후 대통령에 대해 "쥐새끼, 4대강으로 총알 장전해서 신공항, KTX, 수돗물까지 다 해쳐 먹으려는 듯!", "가카새끼", " 아 씨발 00이", "00이 저식새끼"라는 글을 올리는 등 수차례에 걸쳐 현직 대통령을 모욕하는 내용의 글을 올렸다. 이러한 글들이 모욕죄의 모욕에 해당하는가? 그리고 이와 같은 모욕적 표현은 사회상규에 위배되지 않는가?

▶ 특수전사령부 보통군사법원에서는 " '쥐새끼', '가카새끼', '아 씨발 00이', '00이 저식새끼'의 각 표현이 개인에 대한 경멸적 감정을 표현한 것임은 그 자체로 분명하고 설사 대통령을 비판하는 민간인들이 자주 사용하는 표현이고 정치적 비판의 과정에서 나온 발언이라 하더라도 모욕의 객관적 구성요건에 해당함은 달라지지 않는다. 그렇다면 과연 이 사건 범죄사실의 모욕적 표현이 사회상규에 위배되지 않는지 보건대, 군형법상 상관모욕죄의 경우 군인을 주체로 하고 상관을 객체로 하는 군의 위계질서와 통수계통을 유지하기 위한 일반 형법의 가중구성 요건인 바 그 특수성상 형법의 모욕죄에 비해 위법성조각 여부를 엄격하게 판단해야 할 것인 점, 피고인의 게재글의 내용은 구체적인 정책에 대한 사실적 비판보다는 감정적이고 경멸적인 표현이 주를 이루는 점에 비추어 그 표현이 사회통념상 용인될 수 있는 범위를 벗어난 것이라고 봄이 상당하다"고 판시하였다(특수전사령부 보통군사법원 2012. 11. 2. 선고 2012고7 판결).

(다) 처벌

문서, 도화(圖畵) 또는 우상(偶像)을 공시(公示)하거나 연설 또는 그 밖의 공연(公然)한 방법으로 상관을 모욕한 사람은 3년 이하의 징역이나 금고에 처하도록 규정하고 있다(제64조 제2항). 형법 제33장의 「명예에 관한 죄」는 친고죄 또는 반의사불벌죄를 규정하고 있지만, 군형법 제64조 제2항의 상관공연모욕죄는 이러한 규정이 없이 엄벌하고 있다.

3. 상관명예훼손죄

> **【구성요건 · 법정형】** 공연히 사실을 적시하여 상관의 명예를 훼손한 사람은 3년 이하의 징역이나 금고에 따라 처벌한다(제64조 제3항). 공연히 거짓 사실을 적시하여 상관의 명예를 훼손한 사람은 5년 이하의 징역이나 금고에 따라 처벌한다(같은 조 제4항).

(1) 의의와 보호법익

상관명예훼손죄란 공연히 사실을 적시하거나, 거짓 사실을 적시하여 상관의 명예를 훼손함으로써 성립하는 범죄이다. 상관명예훼손죄의 보호법익은 앞에서 설명한 상관모욕죄와 같다.

(2) 구성요건요소

(가) 주체와 객체

이 죄의 주체와 객체에 대해서는 앞에서 설명한 상관모욕죄와 같다.

(나) 행위

행위는 공연히 사실을 적시하거나, 거짓 사실을 적시하여 상관의 명예를 훼손하는 것이다.

여기에서 "공연히"란 불특정 또는 다수인이 직접 인식할 수 있는 상태를 만드는 일체의 방법을 말한다. 따라서 불특정인 경우에는 다수이건 아니건 불문하고, 다수인의 경우에는 불특정이건 특정이건 불문한다. 또한 특정인 또는 다수인이 인식할 수 있는 상태에 있으면 충분하고 현실적으로 인식할 것을 요하지는 않는다. "사실을 적시하여"에서 "사실"이란 현실적으로 발생하고 증명할 수 있는 과거와 현재의 상태를 말한다. 적시한 사실은 사람의 사회적 가치·평가를 저하시킬 만한 사실이면 무엇이든 상관없다. 그리고 "적시"란 사람의 사회적 가치 평가를 저하시키는데 충분한 사실을 지적하는 것이다. 사실의 적시는 특정인의 가치가 침해될 수 있을 정도로 구체적인 것을 요하지만, 사실이 그 시간·장소·수단까지 상세하게 특정될 것을 요하는 것은 아니다. 사실의 적시라고 하기 위해서는 피해자도 특정되어야 한다. 그리고 "명예를 훼손하여"에서 명예란 사람의 가치에 대해서 타인으로부터 주어지는 인격적 평가로서 개인의 참된 가치와 관계없이 일반적으로 주어지는 사회적 평가를 말하고, 명예훼손은 현실적인 명예훼손을 요하는 것이 아니라 명예를 해할 우려가 있는 행위가 있음으로써 기수가 된다. 따라서 현실적으로 상대방 또는 불특정인이 인지할 것까지 요하지 않는다.

(다) 처벌

공연히 사실을 적시하여 상관의 명예를 훼손한 사람은 3년 이하의 징역이나 금고에 처하도록 규정하고 있다(제64조 제3항). 그리고 공연히 거짓 사실을 적시하여 상관의 명예를 훼손한 사람은 5년 이하의 징역이나 금고에 처하도록 규정하고 있는데(같은 조 제4항), 이는 행위방법 때문에 불법이 가중되는 가중적 구성요건이다.

형법상의 명예훼손죄(제307조)는 피해자의 명시적 의사에 반하여 공소를 제기할 수 없는 반의사불벌죄이지만, 군형법상의 상관명예훼손죄는 상관의 명예 등의 개인적 법익뿐만 아니라 군 조직의 위계질서 및 통수체계 유지도 그 보호법익으로 하고 있다는 점에서 반의사불벌죄 규정을 두고 있지 않고 엄하게 처벌하고 있다.

Ⅲ 초병모욕죄

【구성요건 · 법정형】 초병을 그 면전에서 모욕한 사람은 1년 이하의 징역이나 금고에 따라 처벌한다(제65조).

1. 의의와 보호법익

초병모욕죄란 초병을 그 면전에서 모욕함으로써 성립하는 범죄이다. 형법상의 모욕죄(제311조)는 "공연히 사람을 모욕한 사람"으로 규정하고 있으나, 군형법상의 초병모욕죄(제65조)는 "초병을 그 면전에서 모욕한 사람"이라고 규정하고 있고, 형법상의 모욕죄에 대한 가중적 구성요건요소이다.

초병모욕죄의 보호법익은 초병의 명예 등의 개인적 법익뿐만 아니라 직무수행의 안전성도 포함된다.

2. 구성요건요소

(1) 주체와 객체

이 죄의 주체는 군형법의 군인, 준군인 등 그 적용대상자이고(제1조), 객체는 초병(제2조 제3호)이다.

(2) 행위

구성요건요소로서의 행위는 초병을 그 '면전'에서 '모욕'하는 것이다. 여기서 '면전'의 의의는 상관모욕죄에서 설명한 내용과 같다. 다만, 상관모욕죄(제64조 제1항)는 면전이 아닌 공연성 즉, 불특정 또는 다수인이 직접 인식할 수 있는 상태가 아니라도 이 죄가 성립하는 것으로 보는 것이 타당하다고 보고, 모욕의 시기는 직무수행 중이거나 직무수행 중이 아니거나를 가리지 않고 모두 성립되며, 모욕의 장소도 불문한다. 반면에 초병은 '경계를 그 고유의 임무로 하여 지상, 해상 또는 공중에 책임 범위를 전하여 배치된 사람'이므로 모욕의 행위방법은 초병 그 면전에서의 방법뿐이다. 즉, 초병은 직무수행 중임이 필연적이므로 면전이 아닌 초병 모욕은 무의미하다. 따라서 공연히 초병을 모욕한 경우에는 군형법상 초병모욕죄(제65조)가 적용되지 않고, 형법상 모욕죄(제311조)가 적용된다.

3. 처벌

초병을 그 면전에서 모욕한 사람은 1년 이하의 징역이나 금고에 처하도록 규정하고 있다(제65조). 형법상의 모욕죄(제312조)는 고소권자가 고소를 하여야만 공소를 제기할 수 있는 '친고죄'이지만, 군형법상의 초병모욕죄는 상관모욕죄(제64조 제1항)와 같이 친고죄 규정을 두고 있지 않다.

제11절 지휘권 남용의 죄

I 서설

군형법 각칙 제3장(제18조~제21조)은 「지휘권 남용의 죄」라는 제목 하에 불법전투개시죄(제18조), 불법전투계속죄(제19조), 불법진퇴죄(제20조), 미수범(제21조) 등에 대해 규정하고 있다.

지휘권 남용의 죄란 지휘관이 국군의 통수권을 일부 위임받은 권한을 정당한 사유없이 그 권한을 위임 범위 내지 목적에 반하여 행하는 것을 내용으로 하는 범죄이다. 이 죄는 계급과 직책에 의해서 예하 부대에 대하여 합법적으로 행사하는 권한(지휘권)의 행사를 침해하는 범죄로써 지휘관이라는 신분이 있는 사람만이 범죄의 주체가 될 수 있는 신분범이다. 지휘관은 중대 이상 단위부대, 함선부대 및 함정, 항공기의 대소(大小)를 막론하고 국군의 통수권을 일부 위임받은 권한이 엄격하게 정해져 있어 그 권한을 위임 범위 내지 목적에 반하여 행할 수 없고, 지휘관이 이를 위반할 경우 군 기강의 문란과 국군 통수체제의 붕괴를 초래하기 때문에 이를 엄하게 처벌하고 있다.

이 죄는 불법전투개시죄, 불법전투계속죄, 불법진퇴죄 등 모두 단독으로 범할 수 있는 성질이 아니므로 지휘관의 지휘권 남용의 죄의 공범이 된다. 따라서 불법전투를 개시하거나, 불법전투를 계속하거나, 불법진퇴를 하는 경우에는 범죄를 함께 실행했다는 점에서 각각 해당범죄의 공동정범이 된다(형법 제33조).

Ⅱ 지휘권남용죄의 유형

1. 불법전투개시죄

> **【구성요건 · 법정형】** 지휘관이 정당한 사유 없이 외국에 대하여 전투를 개시한 경우에는 사형에 처한다(제18조). 미수범은 처벌한다(제21조).

(1) 의의

불법전투개시죄란 지휘관이 정당한 사유 없이 외국에 대하여 전투를 개시함으로써 성립하는 범죄이다. 이 죄는 평화국제법 관계를 전시국제법 관계로 전환시키는 국가의 전쟁개시에 의하지 아니하고 지휘관이 자의적으로 전투를 개시하는 경우에는 국군 통수체계의 붕괴뿐만 아니라 군병력과 군용물을 낭비하게 되고 국민의 생명에 막대한 위험을 초래하게 되므로 이를 금지하려는 데에 그 입법취지가 있다.

(2) 구성요건요소

이 죄의 주체는 정당한 사유 없이 외국에 대하여 전투를 개시한 지휘관과 지휘관의 이러한 명령에 따라 전투행위를 한 사람이다. 여기서 지휘관이란 중대 이상 단위부대의 장과 함선(艦船)부대의 장 또는 함정(艦艇) 및 항공기를 지휘하는 사람을 말한다(군형법 제2조 제2호).

행위는 정당한 사유 없이 외국에 대하여 전투를 개시하는 것이다. 여기서 "정당한 사유"란 위법성 또는 책임성을 조각할 사유를 말하고, 외국으로부터 급박한 위해를 받은 경우 이를 방위하기 위하여 실력을 행사하는 자위권 발동이나 국가 또는 국민에 대한 급박한 위해를 피하기 위하여 부득이 취하는 방위행위인 긴급피난은 위법성이 조각되어 이 죄가 성립하지 않는다. "외국"이란 대한민국 이외의 우호국뿐만 아니라 적성국 등 모든 국가에 대하여 전투를 개시하는 경우에도 이 죄가 성립하며, "외국에 대하여"는 국가에 한정되지 않고 앞서 설명한 교전단체도 포함한다. 그리고 "전투"란 국가가 평화국제법 관계를 전시국제법 관계로 전환시키는 전쟁이 아니라 지휘관이 자의로 무력을 행사하는 것을 말하고, "전쟁을 개시한다"는 것은 전쟁법상 전쟁의 개시가 아니라 무력적 전투행위의 원인을 야기하는 것을 의미한다.

사례연구 174 ▶ 불법전투개시죄

A대대장은 나랏일을 걱정하고 염려하는 참된 심정으로 휴전상태에 있는 교전단체에 대하여 정당한 사유 없이 예하부대원에게 명령하여 전투를 개시하였다. 이 경우에도 A대대장은 불법전투개시죄가 성립되는가?

▶ 교전단체란 어느 국가에서 그 국가를 전복하여 정권을 획득하거나 본국으로부터 분리·독립하려는 목적으로 반란을 일으킨 반도(叛徒)가 국가영역의 일부를 점령하고 사실상의 정부를 조직하여 그 영역에서 실권을 장악하고 있는 단체를 말한다. 우국충절의 신념 등 그 동기는 묻지 않고 이 죄가 성립되므로 A대대장은 불법전투개시죄가 성립된다.

2. 불법전투계속죄

> 【구성요건 · 법정형】 지휘관이 휴전 또는 강화(講和)의 고지를 받고도 정당한 사유 없이 전투를 계속한 경우에는 사형에 처한다(제19조). 미수범은 처벌한다(제21조).

(1) 의의

불법전투계속죄란 지휘관이 휴전 또는 강화(講和)의 고지를 받고도 정당한 사유 없이 전투를 계속함으로써 성립하는 범죄이다. 이 죄의 입법취지는 앞서 설명한 불법전투개시죄와 같다.

(2) 구성요건요소

이 죄의 주체는 휴전 또는 강화(講和)의 고지를 받고도 정당한 사유 없이 전투를 계속한 지휘관과 지휘관의 이러한 명령에 따라 전투행위를 한 사람이다.

행위는 휴전 또는 강화(講和)의 고지를 받고도 정당한 사유 없이 전투를 계속하는 것이다. 여기서 "휴전"이란 교전당사국간의 합의에 의한 적대행위의 일부 또는 전부를 정지하는 것이고, 휴전에는 ① 교전당사국 간의 합의로 모든 전투원 및 전투지역에 대하여 적대행위를 정지시키는 일반휴전, ② 일부의 전투원 · 전투지역에 대하여 일시적 · 국지적 군사목적만으로 적대행위를 정지하는 부분휴전, ③ 교전당사자의 군대간의 합의에 의해 국지적 군사목적만으로 단기간 적대행위를 정지하는 고전적 의미의 정전과 UN의 관행상 UN의 기관의 조치로서 적대행위가 중지되는 정전(1953년 한국의 정전) 등이 있는데, 이러한 일반정전, 부분정전, 정전 등의 종류는 묻지 않고 휴전협정 체결의 유무도 불문하고 이 죄가 성립한다. 그리고 "강화"란 조약 · 교환공문 · 공동성명 등의 형식을 통해 전쟁종료를 위한 교전당사자간의 합의를 말하고, 전쟁의 종료방식인 강화(평화)조약의 체결뿐만 아니라 교전당사국이 정식으로 휴전 또는 강화조약을 정식으로 체결하지 않고 사실상으로 모든 적대행위를 중지함으로써 평화관계를 회복하는 적대행위의 중지의 경우에도 정당한 사유없이 전투를 계속하게 되면 이 죄가 성립한다.

다만, 이 죄는 휴전 또는 강화의 고지를 받은 경우에 한정되므로 단순히 상관의 전투행위 중지명령을 받고 이에 불응하고 전투를 계속한 경우에는 이 죄가 성립되지 않고 항명죄가 성립되며(제44조), 휴전 또는 강화 후 적대행위를 정지했다가 다시 전투행위를 재개한 경우에는 이 죄가 성립되지 않고, 불법전투개시죄(제18조)가 성립된다.

사례연구 175 ▶ 불법전투계속죄

A연대장은 교전당사국과 휴전협정이 체결되었다는 고지를 받지는 않았으나, 방송을 통해 이를 알고 있었다. A연대장은 이를 애써 모른 채 하고 우국충정에서 전략적 요충지의 탈환을 목적으로 전투를 단 한차례 계속한 경우, 불법전투계속죄가 성립되는가?

▶ 불법전투계속죄는 휴전 또는 강화의 명시적 고지를 받았을 때에 한정되지 않고, 방송 등을 통해 지휘관 스스로 휴전 또는 강화가 성립된 것을 안 때에도 성립된다고 본다. 또한 전투행위의 장・단기도 불문하므로 휴전 또는 강화가 성립된 것을 알고 단 한차례의 전투행위를 계속하였어도 이 죄가 성립한다.

3. 불법진퇴죄(不法進退罪)

【구성요건・법정형】 전시, 사변 시 또는 계엄지역에서 지휘관이 권한을 남용하여 부득이한 사유 없이 부대, 함선 또는 항공기를 진퇴(進退)시킨 경우에는 사형, 무기 또는 7년 이상의 징역이나 금고에 처한다(제20조). 미수범은 처벌한다(제21조).

(1) 의의

불법진퇴죄란 전시, 사변 시 또는 계엄지역에서 지휘관이 권한을 남용하여 부득이한 사유 없이 부대, 함선 또는 항공기를 진퇴(進退)시킴으로써 성립하는 범죄이다. 이 죄의 입법취지는 앞서 설명한 불법전투개시죄와 같다.

(2) 구성요건요소

이 죄의 주체는 전시, 사변 시 또는 계엄지역에서 지휘관이 권한을 남용하여 부득이한 사유 없이 부대, 함선 또는 항공기를 진퇴(進退)시킨 지휘관과 지휘관의 이러한 명령에 따라 진퇴행위를 한 사람이다. 그리고 이 죄의 객체는 부대, 함선 또는 항공기이고, 군의 인적요소의 군병력은 물론 물적요소인 군용물, 즉 군의 용도에만 사용되는 군소유의 물건이라면 탄약・폭탄 등을 제조하는 공장, 군병원과 같은 군용에 공(供)하는 시설도 포함되어 이 죄의 객체가 된다.

행위는 전시, 사변 시 또는 계엄지역에서 지휘관이 권한을 남용하여 부득이한 사유 없이 부대, 함선 또는 항공기를 진퇴시키는 것이다. 여기서 "전시"란 상대국이나 교전단체에 대하여 선전포고나 대적(對敵)행위를 한 때부터 그 상대국이나 교전단체와 휴전협정이 성립된 때까지의 기간을 말하고(제2조 제6호), "사변"이란 전시에 준하는 동란(動亂)상태로서 전국 또는 지역별로 계엄이 선포된 기간을 말하며(제2조 제7호), "계엄지역"이란 전시 또는 사변 등 국가비상사태가 발생한 경우 이를 극복하기 위하여 병력을 사용하는 국가의 긴급조치 지역을 말한다. "권한을 남용한다"는 것은 지휘관이 국군의 통수권을 일부 위임받은 권한을 정당한 사유없이 그 권한을 위임 범위 내지 목적에 반하여 행하는 것을 말한다. 그리고 불법전투개시죄(제18조) 및 불법전투계속죄(제19조)에서는 "정당한 사유"를 구성요건으로 하고 있으나 이 죄에서는 "부득이한 사유 없이"라고 규정하고 있으나 각각의 죄에 있어서의 실질적 의미는 동일한 것으로 이는 국가의 자위권 발동이나 긴급피난 등과 같이 위법성 또는 책임성을 조각할 사유를 말한다. 또한, "진퇴"란 진격과 후퇴를 말하지만 반드시 여기에 한정되는 것이 아니라 이동의 의미라고 보아야 한다.

사례연구 176 ▶ 불법진퇴죄

육군소장 A는 군 동기를 비롯하여 그 부하들과 무리를 이루어 모의를 하여 병기를 휴대하고 반란을 일으켰다. 이 경우, 반란에 수반하여 행한 불법진퇴가 반란죄에 흡수되어 불법진퇴죄는 따로 성립되지 않는가?

▶ 대법원 전원합의체 판결에서는 반란죄에 흡수된다고 볼 수는 없고 각각 별도의 죄가 성립한다는 의견이 일부 있었으나 다수의견은 "반란의 진행과정에서 그에 수반하여 일어난 지휘관계엄지역수소이탈 및 불법진퇴는 반란 자체를 실행하는 전형적인 행위라고 인정되므로, 반란죄에 흡수되어 별죄를 구성하지 아니한다."고 판시하였다(대법원 1997. 4. 17. 선고 96도3376, 전원합의체 판결).

제12절 기타

I 서설

군형법 각칙은 제1장(반란의 죄)～제16장(그 밖의 죄)으로 구성되어 있으나 앞에서는 군대 내에서 비교적 많이 발생하는 죄에 대해 설명하였고, 제1장「반란의 죄」, 제2장「이적의 죄」, 제4장「지휘관의 항복과 도피의 죄」, 제13장「약탈의 죄」, 제14장「포로에 관한 죄」, 제16장「그 밖의 죄」등은 비교적 발생빈도가 적은 범죄로서 이에 대해 간략히 설명하고자 하는데, 이는 편의상의 순서에 불과하다.

Ⅱ 반란의 죄

1. 의의

군형법 각론 제1장(제5조~제10조)에는 「반란의 죄」라는 제목 하에 반란죄(제5조), 반란목적 군용물탈취죄(제6조), 미수범(제7조), 예비·음모·선동·선전죄(제7조), 반란불보고죄(제9조), 동맹국에 대한 행위(제10조) 등에 대해 규정하고 있다.

반란의 죄란 다수의 군인이 작당(作黨)하여 병기를 휴대하고 국권에 반항함으로써 성립하는 범죄이고, 여기서 말하는 국권에는 군의 통수권 및 지휘권도 포함된다(대법원 1997. 4. 17. 선고 96도3376 전원합의체 판결). 이 죄는 대내적 군권 또는 국군의 존립상의 안전을 그 보호법익으로 하고 있고, 대외적으로 이를 보호하려는 이적의 죄(제2장)와 구별된다.

우리 형법에는 내란죄가 규정되어 있으나 군형법상의 반란의 죄는 몇가지 점에서 구별된다. 즉 첫째, 내란죄는 자연인이면 모두 주체가 될 수 있지만, 반란죄는 신분범으로써 군인과 준군인이다. 둘째, 내란죄의 행위는 폭동을 하는 것으로써 폭동은 다수인이 결합하여 폭행·협박하는 것이고 '폭행'은 사람뿐만 아니라 물건에 대한 일체의 유형력의 행사, '협박'은 공포심을 생기게 할 만한 해악의 고지가 있으면 충분하지만, 반란죄는 병기를 휴대하여 반란을 할 것을 필요로 한다. 셋째, 내란죄는 폭행·협박이 국토참절이나 군헌문란의 목적 달성을 위한 수단으로 사용된 것이어야 하지만, 반란죄는 목적에 제한이 없다. 그리고 이 죄는 국가존립을 위태롭게 하는 범죄인 점에서 사회공공의 안녕·평화를 침해하는 범죄인 특수소요죄(제61조)와 성질을 달리한다.

2. 반란죄

【구성요건·법정형】 작당(作黨)하여 병기를 휴대하고 반란을 일으킨 사람은 수괴(首魁)는 사형, 반란 모의에 참여하거나 반란을 지휘하거나 그 밖에 반란에서 중요한 임무

에 종사한 사람과 반란 시 살상, 파괴 또는 약탈 행위를 한 사람은 사형, 무기 또는 7년 이상의 징역이나 금고, 반란에 부화뇌동(附和雷同)하거나 단순히 폭동에만 관여한 사람은 7년 이하의 징역이나 금고에 처한다(제5조). 미수범은 처벌한다(제7조).

반란죄란 군인이 작당(作黨)하여 병기를 휴대하고 반란을 일으킴으로써 성립하는 범죄이고, 형법상의 내란죄(제87조)에 대한 특별죄이다.

반란죄의 주체는 순정군사범으로 군인과 준군인에 한정되는 신분범이다. 행위는 작당(作黨)하여 병기를 휴대하고 반란을 일으키는 것이다. 여기서 "작당하여"란 다수인이 공동의 목적을 달성하기 위하여 공통의 의사를 가지고 상호 결집하는 것을 말하고, "병기를 휴대하여"란 현재 국군의 사용 여부를 불문하고 총(銃), 포(包), 검(劍) 등 전투에 사용하는 무기를 말하며, 반란 참여자의 다수만 휴대하여도 이 죄는 성립한다. 그리고 "반란"이란 폭행・협박으로써 군병력 또는 관직에 있는 사람에 대항하는 것을 말한다.

반란죄는 군인 또는 준군인이 작당하여 병기를 휴대하고 반란을 일으키면 성립하는 것이고, 국가를 배반하고 타 국가를 이롭게 하기 위하여 반역하는 경우에 한하여 성립하는 것은 아니다(대법원 1966. 4. 21. 선고 66도152 판결).

사례연구 177 ▶ 12.12 군사반란에 대한 가벌성 여부

12.12사태는 1979년 12월 12일 전두환과 노태우 등을 중심으로 한 신군부 세력이 정승화 육군 참모총장 등을 불법적으로 강제 연행하고 군권을 장악하면서 시작되었다. 신군부 세력은 1980년 5월 17일 비상계엄 확대를 계기로 국가권력을 탈취하고 쿠데타 일정을 마무리했다. 군사반란과 내란을 통하여 정권을 장악한 경우, 가벌성이 있는가?

▶ 대법원 전원합의체 판결에서는 군사반란과 내란을 통하여 정권을 장악한 경우의 가벌성 여부에 대해 다수의견으로 "군사반란과 내란을 통하여 폭력으로 헌법에 의하여 설치된 국가기관의 권능행사를 사실상 불가능하게 하고 정권을 장악한 후 국민투표를 거쳐 헌법을 개정하고 개정된 헌법에 따라 국가를 통치하여 왔다고 하더라도 그 군사반란과 내란을 통하여 새로운 법질서를 수립한 것이라고 할 수는 없으며, 우리나라의 헌법질서 아래에서는 헌법에 정한

민주적 절차에 의하지 아니하고 폭력에 의하여 헌법기관의 권능행사를 불가능하게 하거나 정권을 장악하는 행위는 어떠한 경우에도 용인될 수 없다. 따라서 그 군사반란과 내란행위는 처벌의 대상이 된다."고 판시하였다(대법원 1997. 4. 17. 선고 96도3376 전원합의체 판결).

3. 반란목적의 군용물탈취죄

【구성요건 · 법정형】 반란을 목적으로 작당하여 병기, 탄약 또는 그 밖에 군용에 공(供)하는 물건을 탈취한 사람은 제5조(반란죄)의 예에 따라 처벌한다(제6조). 미수범은 처벌한다(제7조).

반란목적의 군용물탈취죄란 반란을 목적으로 작당하여 병기, 탄약 또는 그 밖에 군용에 공(供)하는 물건을 탈취함으로써 성립하는 범죄이다. 반란목적의 군용물탈취죄의 주체는 반란죄(제5조)와 마찬가지로 순정군사범으로 군인과 준군인에 한정되는 신분범이다. 행위는 작당하여 병기, 탄약 또는 그 밖에 군용에 공(供)하는 물건을 탈취하는 것이다. 여기서 "작당하여"는 앞에서 설명한 그대로 이고, "탈취"란 폭력에 의해 강제로 빼앗거나(강취:强取) 다른 사람의 물건을 을러 매어서 억지로 빼앗는 것(갈취:喝取)에 한하고, 절도나 횡령의 경우는 이 죄가 성립하지 않는다.

4. 반란예비 · 음모죄와 반란선동 · 선전죄

【구성요건 · 법정형】 제5조(반란죄) 또는 제6조(반란목적의 군용물탈취죄)를 범할 목적으로 예비 또는 음모를 한 사람은 5년 이상의 유기징역이나 유기금고에 처한다. 다만, 그 목적한 죄의 실행에 이르기 전에 자수한 경우에는 그 형을 감경하거나 면제한다(제8조 제1항). 제5조(반란죄) 또는 제6조(반란목적의 군용물탈취죄)의 죄를 범할 것을 선동하거나 선전한 사람도 제1항의 형에 처한다(같은 조 제2항).

반란예비·음모죄란 작당(作黨)하여 병기를 휴대하고 반란을 일으키거나, 반란을 목적으로 작당하여 병기, 탄약 또는 그 밖에 군용에 공(供)하는 물건을 탈취할 목적으로 예비 또는 음모함으로써 성립하는 범죄이다. 여기서 "예비"란 반란죄(제5조) 또는 반란목적의 군용물탈취죄(제6조)를 실행하기 위한 무기, 자금, 범죄장소의 물색 등 물적 준비를 말하고, "음모"란 반란죄(제5조) 또는 반란목적의 군용물탈취죄(제6조)의 실행계획과 방법 등에 관해 2인 이상이 협의하는 것을 말한다.

반란선동·선전죄란 작당(作黨)하여 병기를 휴대하고 반란을 일으키거나 반란을 목적으로 작당하여 병기, 탄약 또는 그 밖에 군용에 공(供)하는 물건을 탈취할 목적으로 선동 또는 선전함으로써 성립하는 범죄이다. 여기서 "선동"이란 군인 또는 준군인 등을 포함하여 불특정 다수인에게 감정적인 자극을 주어 내란 또는 반란목적의 군용물 탈취의 실행을 결의하거나 이미 존재한 결의를 촉구하는 것을 말하고, "선전"이란 내란 또는 반란목적의 군용물 탈취의 필요성에 관한 취지를 불특정 다수인에게 이해시키고 그들의 찬동을 얻기 위한 일체의 의사전달을 행위를 말한다.

5. 반란불보고죄

【구성요건·법정형】 반란을 알고도 이를 상관 또는 그 밖의 관계관에게 지체 없이 보고하지 아니한 사람은 2년 이하의 징역이나 금고에 처한다(제9조 제1항). 제1항의 경우에 적을 이롭게 할 목적으로 보고하지 아니한 사람은 7년 이하의 징역이나 금고에 처한다(같은 조 제2항).

반란불보고죄란 반란을 알고도 이를 상관 또는 그 밖의 관계관에게 지체 없이 보고하지 아니하거나, 또는 이를 통해 적을 이롭게 할 목적으로 보고하지 아니함으로써 성립하는 범죄이다. 이 죄는 반란행위를 소극적으로 방조하는 결과를 가져옴으로써 반란을 촉진하는 부작위에 의한 순정군사범이다.

이 죄의 주체는 반란사실을 알고 있는 군인과 준군인이고, "알고 있다"는 것은 확정적인 것은 물론 불확실한 것도 포함한다고 본다. 행위는 반란을 알고도 이를 상관 또는 그 밖의 관계관에게 보고하지 아니하는 것이다. 여기서 "상관"은 순정상관으로서의 자기의 상관뿐만 아니라 반란자의 상관도 포함되고 반란자의 상관은 그 반란에 가담하지 않았을 뿐만 아니라 반란의 사실을 모르고 있는 자에 한정되며, "관계자"는 반란의 진압에 있어서 일정한 조치를 취할 수 있는 권한이 있는 자 또는 관직에 있는 사람을 말하며 반드시 군사안보지원사령부 등 군수사기관임을 요하지 않는다.

6. 동맹국에 대한 행위

> **【구성요건 · 법정형】** 이 장의 규정은 대한민국의 동맹국에 대한 행위에도 적용한다(제10조).

반란의 죄는 동맹국에 대한 행위에도 적용된다. 여기서 "동맹국"이란 제3국에 대한 공격과 방위 등 일정한 경우 상호원조를 약속한 국가를 말한다. 일정한 경우의 여하에 따라 공격동맹, 방위동맹 또는 외교동맹으로 나누어지고, 국제연합헌장 하에서는 오로지 자위를 위한 동맹조약만이 허용된다. 동맹은 대부분 현실적 · 잠재적인 적이 될 가능성이 있는 적성국가에 대항하여 제3국과 힘을 합침으로써 서로 힘을 보강할 목적으로 이루어지고, 자유우방국 등의 사실상의 우호관계에 있다고 해서 모두 동맹국이 되는 것은 아니다.

Ⅲ 이적의 죄

1. 의의

군형법각칙 제2장(제11조~제17조)에는 「이적의 죄」라는 제목 하에 군대 및 군용시설 제공죄(제11조), 군용시설 등 파괴죄(제12조), 간첩죄(제13조), 일반이적죄(제14조), 미수범(제15조), 예비 · 음모 · 선동 · 선전죄(제16조), 동맹국에 대한 행위(제17조) 등에 대해 규정하고 있다.

이적의 죄란 적에게 군대 및 군용시설의 제공, 군용시설의 파괴, 간첩행위 등 대한민국의 군사상 이익을 해하거나 적국에 군사상 이익을 공여함으로써 성립하는 범죄이다. 이적의 죄는 군권 또는 국군의 존립상의 안전을 그 보호법익으로 하고 있고, 이 죄는 대내적으로 이를 보호하려는 내란의 죄와 구별되며, 내란의 죄와 달리 매국적 행위로 성립하는 범죄라는 점에서 생명형인 사형 또는 자유형 중 징역형만을 규정하여 엄하게 처벌하고 있다.

2. 군대 및 군용시설 제공죄

> **【구성요건 · 법정형】** 군대 요새(要塞), 진영(陣營) 또는 군용에 공하는 함선이나 항공기 또는 그 밖의 장소, 설비 또는 건조물을 적에게 제공한 사람은 사형에 처한다(제11조 제1항). 미수범은 처벌한다(제15조). 군대 및 군용시설 제공죄를 범할 목적으로 예비 또는 음모를 한 사람은 3년 이상의 유기징역에 처한다. 다만, 그 목적한 죄의 실행에 이르기 전에 자수한 경우에는 그 형을 감경하거나 면제한다(제16조 제1항). 군대 및 군용시설 제공죄를 범할 것을 선동하거나 선전한 사람도 제1항의 형에 처한다(제16조 제2항). 이 죄는 대한민국의 동맹국에 대한 행위에도 적용한다(제17조).

군대 및 군용시설 제공죄란 군대 요새(要塞), 진영(陣營) 또는 군용에 공(供)하는 함선이나 항공기 또는 그 밖의 장소, 설비 또는 건조물을 적에게 제공함으로써 성립하는 범죄이고, 형법상의 시설제공이적죄(제95조)에 대한 가중적 범죄이다.

군대 및 군용시설 제공죄의 주체는 순정군사범으로 군인과 준군인에 한정되는 신분범이다. 객체는 군대 요새(要塞), 진영(陣營) 또는 군용에 공하는 함선이나 항공기 또는 그 밖의 장소, 설비 또는 건조물이다

이 죄의 행위는 군대 요새(要塞), 진영(陣營) 또는 군용에 공하는 함선이나 항공기 또는 그 밖의 장소, 설비 또는 건조물을 적에게 제공하는 것이다. 여기에서 "군용에 공하는 설비 또는 건조물"이란 군사목적에 직접 사용하기 위하여 설비한 일체의 시설 또는 건조물을 말하고, 예를 들면 군사통신시설,

군용양곡창고 등도 이에 포함된다. "제공한다."는 것은 적으로 하여금 사실상의 지배·점유할 수 있도록 할 수 있는 현실적 공여를 의미한다.

사례연구 178 ▶ 교전단체에 대한 군용시설 제공

X국에서 내란이 발생하였다. X국의 A반도(叛徒)(혁명군)가 X국 일정지역을 점령하고 지방적으로 사실상의 정부로서의 자격을 갖추게 되었다. 이에 A반도에 우호적이던 B대령은 A반도에게 장갑차와 총기를 제공하였다. A반도는 정식 주권국가가 아닌데, 군대 및 군용시설 제공죄가 성립되는가?

▶ 군형법상 군대 및 군용시설 제공죄는 군대 요새(要塞), 진영(陣營) 또는 군용에 공하는 함선이나 항공기 또는 그 밖의 장소, 설비 또는 건조물을 적에게 제공함으로써 성립한다(제11조 제1항). 즉 "적국"이라 규정하지 않고 "적"이라 규정하고 있다. 여기서 "적"이란 교전당사국의 일방당사국인 적국이나 현실적·잠재적인 적이 될 가능성이 있는 적성국가 뿐만 아니라 적성국의 단체 또는 교전단체도 포함되고, 교전단체에 대하여는 국제법상 교전자격이 부여된다. 따라서 B대령은 군대 및 군용시설 제공죄가 성립된다.

3. 군용물제공죄

【구성요건·법정형】 병기, 탄약 또는 그 밖에 군용에 공하는 물건을 적에게 제공한 사람도 제1항의 형에 처한다(제11조 제2항). 미수범은 처벌한다(제15조). 군용물제공죄를 범할 목적으로 예비 또는 음모를 한 사람은 3년 이상의 유기징역에 처한다. 다만, 그 목적한 죄의 실행에 이르기 전에 자수한 경우에는 그 형을 감경하거나 면제한다(제16조 제1항). 군용물제공죄를 범할 것을 선동하거나 선전한 사람도 제1항의 형에 처한다(제16조 제2항). 이 죄는 대한민국의 동맹국에 대한 행위에도 적용한다(제17조).

군용물제공죄란 병기, 탄약 또는 그 밖에 군용에 공하는 물건을 적에게 제공함으로써 성립하는 범죄이고, 형법상의 물건제공이적죄(제97조)에 대한 가중적 범죄이다.

군용물제공죄의 주체는 순정군사범으로서 군인과 준군인에 한정되는 신분범이고, 객체는 병기, 탄약 또는 그 밖에 군용에 공하는 물건이다.

이 죄의 행위는 병기, 탄약 또는 그 밖에 군용에 공하는 물건을 적에게 제공하는 것이고, "그 밖에 군용에 공하는 물건"에는 전차, 자동차, 차량, 장구(裝具), 기재(器材), 식량, 피복 등 군용으로 공되는 물건으로 현실적으로 군용에 이바지 하고 있는 것에 한한다.

4. 군용시설 등 파괴죄

> **【구성요건 · 법정형】** 적을 위하여 제11조(군대 및 군용시설 제공죄)에 규정된 군용시설 또는 그 밖의 물건을 파괴하거나 사용할 수 없게 한 사람은 사형에 처한다(제12조). 미수범은 처벌한다(제15조). 군용시설 등 파괴죄를 범할 목적으로 예비 또는 음모를 한 사람은 3년 이상의 유기징역에 처한다. 다만, 그 목적한 죄의 실행에 이르기 전에 자수한 경우에는 그 형을 감경하거나 면제한다(제16조 제1항). 군용시설 등 파괴죄를 범할 것을 선동하거나 선전한 사람도 제1항의 형에 처한다(제16조 제2항). 이 죄는 대한민국의 동맹국에 대한 행위에도 적용한다(제17조).

군용시설 등 파괴죄란 군대 요새(要塞), 진영(陣營) 또는 군용에 공하는 함선이나 항공기 또는 그 밖의 장소, 설비 또는 건조물 그리고 병기, 탄약 또는 그 밖에 군용에 공하는 물건을 파괴하거나 사용할 수 없게 함으로써 성립하는 범죄이고, 형법상의 시설파괴이적죄(제96조)에 대한 가중적 범죄이다.

군용시설 등 파괴죄의 주체는 순정군사범으로 군인과 준군인에 한정되는 신분범이고, 객체는 군대 요새(要塞), 진영(陣營) 또는 군용에 공하는 함선이나 항공기 또는 그 밖의 장소, 설비 또는 건조물(제11조 제1항) 그리고 병기, 탄약, 전차, 자동차, 차량, 장구(裝具), 기재(器材), 식량, 피복 등 군용으로 공하는 물건(제11조 제2항)이다.

이 죄의 행위는 군대 요새(要塞), 진영(陣營) 또는 군용에 공하는 함선이나 항공기 또는 그 밖의 장소, 설비 또는 건조물 그리고 병기, 탄약, 전차, 자동차, 차량, 장구(裝具), 기재(器材), 식량, 피복 등 군용으로 공하는 물건을 파괴하거나 사용할 수 없게 하는 것이다. 여기서 "파괴한다"는 것은 군용시설을 훼손하거나 그 본래의 효용을 해치는 행위를 말하는 것이 아니라 군용시설의 중요부분을 본래 용도대로 사용할 수 없는 본질적 훼손이어야 한다.

사례연구 179 ▸ 군용시설 등 파괴죄(함선파괴죄)의 성립여부

X국과 Y국은 함선을 동원하여 해상전투가 벌어지고 있다. 그런데 X국 함대의 화기가 Y국의 화기에 비해 열악하여 함선을 빼앗길 상황이 되었다. 이에 A함대장은 함선을 적에게 빼앗기지 않기 위해 스스로 암초에 부딪치는 방법으로 파괴하였다. A함대장은 군용시설 등 파괴죄(함선파괴죄)가 성립되는가?

▶ 군용시설 등 파괴죄(함선파괴죄)가 성립하기 위해서는 군용시설·군용물건을 파괴 또는 사용할 수 없게 한다는 고의 외에 적을 위한다는 이적의사(경향범)가 있어야 한다. 따라서 적국함대의 포획을 면하기 위하여 함선을 침몰케 하는 경우에는 이적의사가 없으므로 이 죄가 성립되지 않는다.

5. 간첩죄

【구성요건·법정형】 적을 위하여 간첩행위를 한 사람은 사형에 처하고, 적의 간첩을 방조한 사람은 사형 또는 무기징역에 처한다(제13조 제1항). 군사상 기밀을 적에게 누설한 사람도 제1항의 형에 처한다(제2항). 부대·기지·군항(軍港)지역 또는 그 밖에 군사시설 보호를 위한 법령에 따라 고시되거나 공고된 지역, 부대이동지역·부대훈련지역·대간첩작전지역 또는 그 밖에 군이 특수작전을 수행하는 지역, 「방위사업법」에 따라 지정되거나 위촉된 방위산업체와 연구기관에서 제1항 및 제2항의 죄를 범한 사람도 제1항의 형에 처한다(제3항 제1호~제3호). 미수범은 처벌한다(제15조). 간첩죄를 범할 목적으로 예비 또는 음모를 한 사람은 3년 이상의 유기징역에 처한다. 다만, 그 목적한 죄의 실행에 이르기 전에 자수한 경우에는 그 형을 감경하거나 면제한다(제16조 제1항). 간첩죄를 범할 것을 선동하거나 선전한 사람도 제1항의 형에 처한다(제16조 제2항). 이 죄는 대한민국의 동맹국에 대한 행위에도 적용한다(제17조).

간첩죄란 적을 위하여 간첩하거나 적의 간첩을 방조하거나 또는 군사상의 기밀을 적에게 누설하거나 그리고 특정 지역 또는 방위산업체와 연구기관에서 적을 위하여 간첩하거나 적의 간첩을 방조하거나 또는 군사상의 기밀을 적에게 누설함으로써 성립하는 범죄이고, 형법상의 간첩죄(제98조 제1항 및 제2항)에 대한 가중적 범죄이다. 이 죄는 적을 위한다는 이적의사가 있어야 한다.

간첩의 주체는 군인, 준군인과 군사기밀을 누설한 내외국민 및 제13조에 따른 특정 지역 또는 기관에서 간첩 또는 이를 방조한 내외국인이다(제1조 제4항 제1호).

이 죄의 행위는 적을 위하여 간첩하거나 적의 간첩을 방조하거나 또는 군사상의 기밀을 적에게 누설하거나 그리고 특정 지역 또는 방위산업체와 연구기관에서 적을 위하여 간첩하거나 적의 간첩을 방조하거나 또는 군사상의 기밀을 적에게 누설하는 것이다.

여기서 "간첩"이란 적국에게 알리기 위하여 국가의 기밀을 탐지 · 수집하는 것을 말하고, 적을 위하여 간첩한 것이라야 하므로 적어도 적과의 의사연락은 있어야 하며, 편면적 간첩은 있을 수 없다. 종래의 판례에서는 '국민에게 널리 알려진 공지의 사실도 국가기밀이 될 수 있다'는 태도를 취하고 있었으나(대법원 1991. 3. 12. 선고 91도3 판결), 그 후 '국내에서의 적법한 절차 등을 거쳐 이미 일반인에게 널리 알려진 공지의 사실은 국가기밀이 될 수 없다'고 판시하였다(대법원 1997. 7. 16. 선고 97도985 전원합의체 판결).

"방조한다"는 것은 적국의 간첩이라는 정을 알면서 그의 간첩행위를 원조하여 그 실행을 용이하게 하는 일체의 행위를 말하고, 방조의 수단 · 방법은 묻지 않는다. 특히 형법에서는 방조범에 대해서는 종범으로 처벌하여 정범보다 형을 감경할 수 있으나(제32조), 군형법은 간첩방조행위에 대해서도 따로 규정하고 있어 정범과 같이 취급함으로써 법관의 재량에 따른 감경을 할 수 없도록 하고 있다. 방조는 국가기밀(군사기밀)을 탐지 · 수집하는 간첩행위 그 자체를 원조하여 그 실행을 용이하게 하는 것이다. 따라서 간첩행위가 아닌 간첩에게 단순히 숙식의 편의 제공(대법원 1986. 2. 25. 선고 85도2533 판결), 은닉처의 제공(대법원 1979. 10. 10. 선고 79도1003 판결), 안부편지 또는 사진

전달행위(대법원 1966. 7. 12. 선고 66도470 판결) 등은 방조에 해당하지 않는다.

사례연구 180 ▸ 간첩방조죄

A는 군사상의 기밀을 탐지·수집하지는 않았지만, 북괴의 대남공작원을 충남 X해변으로 상륙시켰다. A는 간첩방조죄가 성립하는가?

▶ 대법원에서는 북괴의 대남공작원을 상륙시키거나(대법원 1961. 1. 27. 선고 4293형상807 판결), 간첩과의 접선방법을 합의하거나(대법원 1971. 9. 28. 선고 71도1333 판결), 남파공작원의 신분을 합법적으로 가장시킨 것(대법원 1970. 9. 28. 선고 71도1333 판결)은 간첩행위와 관련된 행위로서 간첩행위를 용이하게 한 간첩방조에 해당한다고 판시하였다.

사례연구 181 ▸ 군사기밀의 범위

이선실은 대표적인 간첩으로 군사상의 기밀뿐만 아니라 정치·경제·사회 전반에 관한 국가의 기밀을 탐지·수집 활동을 하다가 1990년, 조직의 세포인 황인오와 함께 강화도를 통해 북으로 돌아갔다. 이후 공화국 영웅 칭호를 받는 한편 당 중앙위 정치국 후보위원으로 당 서열 22위로 파악되기도 하였다. 군형법에는 '군사상 기밀'이라고 규정하고 있는데, 정치·경제·사회문제도 군사적 기밀에 속하는가?

▶ 대법원에서는 "간첩죄에 있어서의 군사상의 기밀이라 함은 순전한 군사상의 기밀에만 그치는 것뿐만 아니라 사회, 정치, 경제에 관한 기밀은 동시에 군사상 기밀에 속하는 것이라 보아야 한다"고 판시하였고(대법원 1980. 9. 9. 선고 80도1430 판결), 다른 판결에서도 "지령에 의하여 민심동향을 파악·수집하는 것도 이에 해당되며, 그 탐지, 수집의 대상이 우리 국민의 해외교포사회에 대한 정보여서 그 기밀사항이 국외에 존재한다고 하여도 군사기밀에 포함된다"고 판시하였다(대법원 1988. 11. 8. 선고 88도1630 판결).

6. 일반이적죄

> **【구성요건・법정형】** 제11조(군대 및 군용시설제공죄), 제12조(군용시설 등 파괴죄), 제13조(간첩죄)의 행위 외에 적을 위하여 진로를 인도하거나 지리를 알려준 사람(제1호), 적에게 항복하게 하기 위하여 지휘관에게 이를 강요한 사람(제2호), 적을 숨기거나 비호(庇護)한 사람(제3호), 적을 위하여 통로, 교량, 등대, 표지 또는 그 밖의 교통시설을 손괴하거나 불통하게 하거나 그 밖의 방법으로 부대 또는 군용에 공하는 함선, 항공기 또는 차량의 왕래를 방해한 사람(제4호), 적을 위하여 암호 또는 신호를 사용하거나 명령, 통보 또는 보고의 내용을 고쳐서 전달하거나 전달을 게을리하거나 거짓 명령, 통보나 보고를 한 사람(제5호), 적을 위하여 부대, 함대(艦隊), 편대(編隊) 또는 대원을 해산시키거나 혼란을 일으키게 하거나 그 연락이나 집합을 방해한 사람(제6호), 군용에 공하지 아니하는 병기, 탄약 또는 전투용에 공할 수 있는 물건을 적에게 제공한 사람(제7호), 그 밖에 대한민국의 군사상 이익을 해하거나 적에게 군사상 이익을 제공한 사람(제8호)은 사형, 무기 또는 5년 이상의 징역에 처한다(제14조). 미수범은 처벌한다(제15조). 일반이적죄를 범할 목적으로 예비 또는 음모를 한 사람은 3년 이상의 유기징역에 처한다. 다만, 그 목적한 죄의 실행에 이르기 전에 자수한 경우에는 그 형을 감경하거나 면제한다(제16조 제1항). 일반이적죄를 범할 것을 선동하거나 선전한 사람도 제1항의 형에 처한다(제16조 제2항). 이 죄는 대한민국의 동맹국에 대한 행위에도 적용한다(제17조).

(1) 의의

일반이적죄란 군대 및 군용시설제공죄(제11조), 군용시설 등 파괴죄(제12조), 간첩죄(제13조)의 행위 외에 적을 위하여 진로를 인도하거나 지리를 알려준 사람 등 제14조 각호(제1호~제8호)에 해당하는 행위를 함으로써 성립하는 범죄이다.

(2) 범죄유형

(가) 적향도죄(敵嚮導罪)(제1호)

이 죄는 적을 위하여 진로를 인도하거나 지리를 알려줌으로써 성립하는 범죄이다. 이적의 목적을 필요로 하지 않는 상대적 이적죄라는 점에서 절대적 이적죄인 간첩죄와 차이가 있고, 결과가 발생한다는 인식은 확정적일 것뿐만 아니라 미필적이라도 상관없다.

(나) 항복강요죄(제2호)

이 죄는 적에게 항복하게 하기 위하여 지휘관에게 이를 강요함으로써 성립하는 범죄이다. 여기서 "항복"이란 적의 힘에 눌려 전투의사를 포기하는 것이고, 이 죄는 적향도죄와는 달리 이적의 목적을 필요로 한다는 점에서 절대적 이적죄이다.

(다) 적은닉비호죄(敵隱匿庇護罪)(제3호)

이 죄는 적을 숨기거나 비호(庇護)함으로써 성립하는 범죄이고, 절대적 이적죄이다. 여기서 "적을 숨긴다(은닉)"란 군수사기관 등의 발견·체포를 면할 수 있는 장소를 제공하여 범인을 감추어주는 행위를 말하고, "비호"란 은닉 이외의 방법으로 군수사기관의 발견·체포를 곤란 또는 불가능하게 하는 일체의 행위를 말한다.

사례연구 182 ▸ 은닉과 비호

A중사는 적이 변장을 할 수 있도록 가발과 수염 등을 제공하여 군용 차량에 태워 운행하였는데, 어떤 죄가 성립하는가?

▶ 은닉과 비호의 개념은 본문에서 설명한 그대로 이고, 은닉장소 여부는 묻지 않는다. 즉 선박 또는 차량에 태우고 운행하여도 은닉에 해당한다. 그리고 변장용의 의류·장신구를 제공하여 범인을 변장시키거나 도피자금·은신처 등을 제공하여 도피의 편의를 보아주는 행위, 적에게 수사상황을 알려주는 행위, 적을 추적하는 군수사관에게 적의 방향과 반대방향을 가르쳐 주는 행위 등도 비호에 포함된다.

(라) 통로 등 손괴죄(제4호)

이 죄는 적을 위하여 통로, 교량, 등대, 표지 또는 그 밖의 교통시설을 손괴하거나 불통하게 하거나 그 밖의 방법으로 부대 또는 군용에 공하는 함선, 항공기 또는 차량의 왕래를 방해함으로써 성립하는 범죄이다. 이 죄는 이적을 목적으로 하는 범죄이므로 이적의 목적이 없는 경우에는 군형법상 군용시설 등 손괴죄(제69조) 또는 형법상의 교통방해의 죄(제185조~187조)가 성립된다. 여기서 "손괴"란 폭발물의 파열 등에 의해 군용물을 훼손하거나 그 본래의 효용을 해치는 일체의 행위를 말하고 반드시 중요부분에 대한 훼손의 필요는 없지만, 본래 용도대로 사용할 수 없는 본질적 훼손이어야 한다. 그리고 "불통하게 한다"는 것은 장애물 설치 등을 말한다.

(마) 암호 등 사용죄(제5호)

이 죄는 적을 위하여 암호 또는 신호를 사용하거나 명령, 통보 또는 보고의 내용을 고쳐서 전달하거나 전달을 게을리 하거나 거짓 명령, 통보나 보고를 함으로써 성립하는 범죄이다. 암호 등 사용죄의 행위 태양은 첫째, 적을 위하여 암호 또는 신호를 사용하는 것, 둘째, 명령, 통보 또는 보고의 내용을 고쳐서 전달하거나 전달을 게을리 하는 것, 셋째, 거짓 명령, 통보나 보고를 하는 것이다. 이 죄는 이적을 목적으로 한다는 점에서 거짓명령・통보・보고죄(제38조), 명령 등의 거짓전달죄(제39조), 암호부정사용죄(제81조)와 구별된다.

(바) 부대 등 해산죄(제6호)

적을 위하여 부대, 함대(艦隊), 편대(編隊) 또는 대원을 해산시키거나 혼란을 일으키게 하거나 그 연락이나 집합을 방해함으로써 성립하는 범죄이다. 이 죄의 행위는 해산시키거나, 혼란을 일으키게 하거나, 연락이나 집합을 방해하는 것이다. 부대, 함대(艦隊), 편대(編隊) 또는 대원을 해산시켜 연락이나 집합을 방해하게 되면 포괄일죄가 되어 하나의 죄만 성립한다.

(사) 비군용병기 등 제공죄(제7호)

군용에 공하지 아니하는 병기, 탄약 또는 전투용에 공할 수 있는 물건을 적에게 제공함으로써 성립하는 범죄이다. 이 죄의 객체는 첫째, 군용에 공하지 아니하는 병기, 탄약으로서 현재 아군 군용에 공하지 않는 병기, 탄약을 말하고, 둘째, 기타의 경우에는 전투용에 공할 수 있는 물건으로서 현재 전투용에 공하지 않지만 전투용에 공할 수 있거나 향후 군용에 공할 가능성이 있는 것이어야 한다.

(아) 보충적이적죄(제8호)

이 죄는 적향도죄(제1호), 항복강요죄(제2호), 적은닉비호죄(제3호), 통로 등 손괴죄(제4호), 암호 등 사용죄(제5호), 부대 등 해산죄(제6호), 비군용병기 등 제공죄(제7호) 이외에 대한민국의 군사상 이익을 해하거나 적에게 군사상 이익을 제공함으로써 성립하는 범죄이다. 대한민국의 군사상 이익을 해하는 행위라면 적에게 이익을 공여하거나 또는 공여하지 않더라도 이적의 목적을 갖는다면 이 죄가 성립한다.

Ⅳ 지휘관의 항복과 도피의 죄

1. 의의

군형법각칙 제4장(제22조~제26조)에는 「지휘관의 항복과 도피의 죄」라는 제목 하에 항복죄(제22조), 부대인솔도피죄(제23조), 직무유기죄(제24조), 미수범(제25조), 예비·음모죄(제26조) 등에 대해 규정하고 있다.

지휘관의 항복과 도피의 죄란 지휘관이 그 맡은 바 책임을 다하지 아니하고 그 임무에 위배된 행위를 하여 그 직분을 욕되게 함으로써 성립하는 범죄이다. 중대 이상 단위부대의 장과 함선(艦船)부대의 장 또는 함정(艦艇) 및 항공기를 지휘하는 특별한 임무를 부담하는 사람으로서 그 임무를 다하는 것이 지휘관에게 부여된 본분이다. 이 죄는 막중한 임무를 부여받은 지휘관이 항복이라는 비겁한 행위를 하거나 직무를 태만히 하거나 기타의 이유로 직무를 다하지 않았을 때에는 군기를 문란하게 하고 군인의 안녕질서를 파괴하게 되므로 이를 방지하기 위한 것이 그 입법취지이다.

2. 항복죄

> **【구성요건 · 법정형】** 지휘관이 그 할 바를 다하지 아니하고 적에게 항복하거나 부대, 요새, 진영, 함선 또는 항공기를 적에게 방임(放任)한 경우에는 사형에 처한다(제22조). 미수범은 처벌한다(제25조). 항복죄(제22조) 또는 부대인솔도피죄(제23조)의 죄를 범할 목적으로 예비 또는 음모를 한 사람은 3년 이상의 유기징역에 처한다(제26조).

항복죄란 지휘관이 그 할 바를 다하지 아니하고 적에게 항복하거나 부대, 요새, 진영, 함선 또는 항공기를 적에게 방임(放任)함으로써 성립하는 범죄이다. 군의 지휘관이라는 신분을 가진 사람에게만 성립하는 순정군사범(純正軍事犯)이다.

이 죄의 주체는 지휘관이다. 따라서 지휘관이 아닌 사람이 이와 같은 범죄를 저지르면, 행위의 유형에 따라 군무이탈죄(제30조), 근무태만죄(제35조), 항명죄(제44조)가 성립될 뿐 이 죄가 성립하지는 않는다.

항복죄의 행위태양은 첫째, 지휘관이 그 할 바를 다하지 아니하고 적에게 항복하는 것, 둘째, 지휘관이 부대, 요새, 진영, 함선 또는 항공기를 적에게 방임(放任)하는 것이다. 여기서 "항복한다"는 것은 적에 대한 전투의사를 포기하고 굴복하는 것이고, "방임한다"는 것은 사실상의 지배력을 포기하는 것으로, 사실상의 지배력을 포기하면 적이 부대, 요새, 진영, 함선 또는 항공기를 점유·취득하게 된다는 것을 인식하고 하는 행위를 말한다.

3. 부대인솔도피죄

> **【구성요건 · 법정형】** 지휘관이 적전에서 그 할 바를 다하지 아니하고 부대를 인솔하여 도피한 경우에는 사형에 처한다(제23조). 미수범은 처벌한다(제25조). 항복죄(제22조) 또는 부대인솔도피죄(제23조)의 죄를 범할 목적으로 예비 또는 음모를 한 사람은 3년 이상의 유기징역에 처한다(제26조)

부대인솔도피죄란 지휘관이 적전(敵前)에서 그 할 바를 다하지 아니하고 부대를 인솔하여 도피함으로써 성립하는 범죄이고, 지휘관이라는 신분을 가진 사람에만 한정되는 순정군사범이다.

이 죄의 주체는 지휘관이다. 행위는 적전에서 그 할 바를 다하지 아니하고 부대를 인솔하여 도피하는 것이다. 따라서 이 죄는 적에 대하여 공격・방어의 전투행동을 개시하기 직전과 개시 후의 상태 또는 적과 직접 대치하여 적의 습격을 경계하는 상태에 있을 때에만 성립되고, 적전 이외에 도피할 경우에는 행위의 유형에 따라 불법진퇴죄(제20조), 지휘관의 수소이탈죄(제27조)가 성립될 수 있다.

4. 직무유기죄

> **【구성요건・법정형】** 지휘관이 정당한 사유 없이 직무수행을 거부하거나 직무를 유기(遺棄)한 경우에는 적전의 경우에는 사형, 전시, 사변 시 또는 계엄지역인 경우에는 5년 이상의 유기징역 또는 유기금고, 그 밖의 경우에는 3년 이하의 징역 또는 금고에 처한다(제24조).

직무유기죄란 지휘관이 정당한 사유 없이 직무수행을 거부하거나 직무를 유기(遺棄)함으로써 성립하는 범죄이다. 직무유기죄도 지휘관에게만 성립되는 순정군사범이다.

이 죄의 행위는 지휘관이 정당한 사유 없이 직무수행을 거부하거나 직무를 유기(遺棄)하는 것이다. 여기서 "정당한 사유없이"란 '위법성 또는 책임성이 조각되는 사유가 없이'라는 의미이다. 그리고 "유기하는 것"이란 지휘관이 직무를 버림으로써 군의 지휘체계를 침해하는 행위를 말한다. 다만, 유기는 항상 구체적인 의무에 대해서만 성립하기 때문에 추상적인 직무는 이를 거부하더라도 유기라 할 수 없고 이 죄는 고의범에 한한다.

직무유기죄가 성립하려면 그 직무내용이 법령상 근거가 있거나 적어도 군대 내의 특단의 지시 또는 명령이 있어 그것이 고유의 직무 내용을 이루고 있어야 한다(고등군사법원 1977. 2. 16. 선고 육군 76고군형항1230 판결). 그러나 지휘관으로서의 직무를 버린다는 주관적인 인식과 직무 또는 직장을 유기하는 객관적인 행위가 있어야 하고 직무집행의 내용이 적정하지 못하였기 때문에 부당한 결과가 초래되었다고 하여 그 사유만으로 직무유기죄가 성립되는 것은 아니다(대법원 1983. 4. 26. 선고 82도1060 판결).

사례연구 183 ▶ 직무유기죄의 성립 여부

1) A대대장에게 불만을 품고 소속부대원이 부대 내에서 소란을 피웠는데, 문제를 확대시키지 않기 위해 이를 상급부대에 보고하지 않은 경우, 직무유기죄가 성립하는가? 2) B대위는 부하장병이 군무이탈하자 일반부사관인 C하사 등에게 체포 명령을 내렸고, 결국 C하사는 군무이탈자를 발견하여 부대 복귀를 위해 동행 하던 중 놓쳤다. 이 경우, 직무유기죄가 성립하는가?

▶ 1) 대법원에서는 "직무유기죄가 성립되려면 그 직무의 내용이 성문된 법령상의 근거가 있거나 적어도 군대내의 특단의 지시 또는 명령이 있어 그것이 고유의 직무내용을 이루고 있어야 하는 바, 군인복무규율 제12조에 의해도 부대지휘관에게 소속부대원이 부대 내에서 소란을 일으킨 경우를 상급부대에 보고하여야 한다는 고유의 직무가 있다고 할 수 없고 타에 이런 경우에 보고할 의무가 대대장의 고유의 직무라고 볼만한 자료가 없으므로 그 보고를 아니한 대대장을 직무유기죄로 처단할 수 없다."고 판시하였고(대법원 1976. 10. 12. 선고 75도1895 판결), 이 경우에는 부하범죄부진정죄(제93조)가 성립한다. 2) 그리고 대법원은 "하사관인 피고인은 군사법경찰업무에 종사하는 자가 아니므로 군무이탈자를 체포 연행할 의무가 있다 할 수 없고 설사 상관으로부터 군무이탈자를 체포 동행하라는 명령지시가 있다하여도 이 명령은 군사법경찰관리가 아닌 피고인에 대한 위법한 것이라 할 것이므로 피고인에게 그런 직무가 있다고 할 수 없으니 군무이탈자를 동행 중 놓쳤다 하여 직무유기로 단정할 수 없다."고 판시하였다(대법원 1976. 10. 12. 선고 75도1895 판결).

V 약탈의 죄

1. 의의

군형법각칙 제13장(제82조~제85조)에는 「약탈의 죄」라는 제목 하에 약탈죄(제82조), 약탈치사상죄(제83조), 전지강간죄(제84조), 미수범(제85조) 등에 대해 규정하고 있다. 제13장에는 3가지 범죄와 미수범에 대해 규정하고 있으나, 이는 보호법익이 같아서가 아니라 단지 편의상의 분류이다.

약탈의 죄란 전투지역 또는 점령지역에서 주민, 전사자 또는 전상병자의 재물을 약탈함으로써 성립하는 범죄이다.

전쟁 수행 중에 민간인을 보호하고, 전사상자를 존중·보호하는 것은 후술(제3편 전쟁법)하는 바와 같이 1907년 헤이그 「육전(陸戰)법규·관례에 관한 조약(제4호 조약)」 및 1949년 제네바 「전시에 있어서의 민간인의 보호에 관한 협약」 등에서 인정되고 있다. 그리고 전투지역 또는 점령지역에서 주민, 전사자 또는 전상병자의 재물을 약탈하거나 사람을 강간하는 행위는 위에 언급한 각 조약을 위반하는 행위로서 종래의 전쟁범죄로 처벌되고, 새로운 전쟁범죄인 '인도에 관한 죄'로도 처벌받게 된다. 이와 같은 행위는 국가 또는 군대의 위신을 손상하게 하고 치안을 방해하는 악질적 행위이기 때문에 엄벌하고 있다. 예컨대 사람을 강간한 사람은 5년 이상의 유기징역에 처해지지만, 전투지역 또는 점령지역에서 강간한 사람은 사형에 처하도록 규정하고 있다(제84조).

2. 약탈죄

> **【구성요건·법정형】** 전투지역 또는 점령지역에서 군의 위력 또는 전투의 공포를 이용하여 주민의 재물을 약취(掠取)한 사람은 무기 또는 3년 이상의 징역에 처한다(제82조 제1항). 전투지역에서 전사자 또는 전상병자의 의류나 그 밖의 재물을 약취한 사람은 1년 이상의 유기징역에 처한다(제2항). 미수범은 처벌한다(제85조).

(1) 의의

약탈죄란 전투지역 또는 점령지역에서 군의 위력 또는 전투의 공포를 이용하여 주민의 재물을 약취(掠取)하거나, 전투지역에서 전사자 또는 전상병자의 의류나 그 밖의 재물을 약취함으로써 성립하는 범죄이다. 약탈죄의 행위태양은 첫째, 전투지역 또는 점령지역에서 군의 위력 또는 전투의 공포를 이용하여 주민의 재물을 약취하는 것, 둘째, 전투지역에서 전사자 또는 전상병자의 의류나 그 밖의 재물을 약취하는 것이다.

주민재물약탈죄란 전투지역 또는 점령지역에서 군의 위력 또는 전투의 공포를 이용하여 주민의 재물을 약취함으로써 성립하는 범죄이다. 이 죄는 전투지역 또는 점령지역에서 약자인 주민의 공포라는 심리상태를 이용하여 재물을 절취한다는 점에서 형법상의 공갈죄(제350조) 또는 강도죄(제333조)에 비해 죄질이 불량하다는 점에서 법정 최고형을 무기징역으로 엄벌하고 있다. 제2차 세계대전 이후, 뉴른베르그 국제군사재판소 헌장에는 범행지의 국내법 위반 여부에 관계없이 전쟁 전 또는 전쟁 중에 민간주민에 대한 기타 비인도적 행위를 전쟁범죄로 규정하여 국제법상 개인에게도 처벌의 대상으로 삼고 있다(제6조c).

(2) 구성요건요소

이 죄의 객체는 전투지역 또는 점령지역에 있는 주민이다. 따라서 교전자로서의 전투원이 아닌 주민이고, 여기에는 국적을 묻지 않는다.

이 죄의 행위는 전투지역 또는 점령지역에서 군의 위력 또는 전투의 공포를 이용하여 주민의 재물을 약취하는 것이다. 현대전에 있어서의 전투지역은 국가 영역 전체가 전투지역이 될 가능성이 있지만, 여기서 "전투지역"이란 입법취지상 교전당사자간에 직접 대치하여 전투행위를 하는 지역을 말하는 것으로 본다. 그리고 "점령지역"이란 전시 중 우리 군대가 타방 교전당사국 일부 또는 전부를 사실상 지배 하에 두는 지역을 말한다(1907년 헤이그 「육전(陸戰)법규·관례에 관한 조약(제4호 조약)」 제42조 제1항). 현실적인 전투행위의 유무와 관계없다. 다만 아군이 영토를 재탈환하는 경우는 전시복구이고,

경우에 따라서는 전투지역이 될 뿐이다. 그리고 "강취한다"는 것은 반항을 억압할 수 있는 폭행·협박에 의해서 피해자의 의사에 반하여 그 재물을 자기 또는 제3자의 지배 하에 옮기는 것을 말한다.

사례연구 184 ▶ 약탈행위

X국과 Y국은 Z지역에서 전투 중에 있는데, 민간인 A는 군대를 따라다니면서 군용물을 취득하고 있다. 민간인 A에 대해서는 어떻게 처벌할 수 있는가?

▶ 전쟁법상 약탈행위란 전장(戰場)에서 전진·후퇴하는 군대를 따라 다니면서 군용물을 취득하는 행위이다. 민간인의 약탈행위는 흔히 전투행위가 아니기 때문에 교전법규 위반이 아니지만, 군의 안전을 위태롭게 할 수 있는 행위가 되기 때문에 교전당사자는 이러한 행위를 한 자에 대해 전쟁범죄로 처벌할 수 있다.

3. 약탈치사상죄

【구성요건·법정형】 제82조(약탈죄)를 범하여 사람을 살해하거나 사망에 이르게 한 사람은 사형 또는 무기징역에 처한다(제83조 제1항). 제82조(약탈죄)를 범하여 사람을 상해하거나 상해에 이르게 한 사람은 무기 또는 7년 이상의 징역에 처한다(제2항). 미수범은 처벌한다(제85조).

약탈치사상죄란 약탈죄를 범하여 사람을 살해하거나 사망에 이르게 하거나(약탈치사죄), 사람을 상해하거나 상해에 이르게 함(약탈치상죄)으로써 성립하는 범죄이다. 이 죄는 약탈죄와 살인죄의 결합범, 고의범이고, 결과적 가중범이다.

4. 전지강간죄(戰地强姦罪)

> 【구성요건 · 법정형】 전투지역 또는 점령지역에서 사람을 강간한 사람은 사형에 처한다(제84조 제1항). 미수범은 처벌한다(제85조).

전지강간죄란 전투지역 또는 점령지역에서 사람을 강간함으로써 성립하는 범죄이다.

이 죄는 형법상 고유한 의미의 강간죄(제297조)에 한하지 않고, 유사강간죄(제297조의2), 미성년자 등 간음죄(제302조), 미성년자간음죄(제305조) 등을 모두 포함한다고 보며, 사람의 성적자기결정권의 자유가 현저하게 침해되어 불법이 가중되는 가중적 구성요건이다. 이 죄의 객체는 남성 · 여성, 성년 · 미성년자 또는 기혼 · 미혼을 가리지 않는다.

이 죄의 행위는 전투지역 또는 점령지역에서 사람을 강간하는 것이다. 여기서 "전투지역"이란 군대가 적과 교전 중인 지역, 교전 직전 및 직후의 지역 또는 전투의 목적을 가지고 병력으로 장악함으로써 전투의 공포 및 군의 위력에 의하여 물리적으로나 심리적으로 지배되고 있는 지역을 말하고(고등군사법원 1966. 5. 6. 선고 육군 66고군형항17 판결), 점령지역이란 전시 중에 일방 교전당사국 군대가 타방 교전당사국 영역의 일부 또는 전부를 사실상 지배하에 두는 것을 말한다(「1907년 헤이그 육전(陸戰)법규 · 관례에 관한 조약」 제42조 제1항).

사례연구 185 ▸ 전지강간

전시 성폭력 피해 증언을 담은 「함락된 도시의 여자 : 1945년 봄의 기록」에는 "한 병사가 내 손목을 잡은 채 통로 위쪽으로 끌고 갔다. 다른 한 명도 합세했다. … 오른손으로 저항을 해봤지만 아무 소용이 없었다. 거들 스타킹이 완전히 찢겨 나갔다"는 이야기가 나온다. 나치 패망 직전 1945년 4월, '여자만 남은 도시' 독일 베를린에 소련해방군이 입성하였고, 노인이든 소녀든 닥치는 대로 성폭행했다는 증언도 나온다. A국은 B국의 도시를 함락하고, 승리에 도취한 병사들은 여자들을 닥치는 대로 성폭행하였다. 이와 같은 행위는 어떻게 되는가?

▶ 1907년 헤이그 「육전(陸戰)법규·관례에 관한 조약(제4호 조약)」 및 1949년 제네바 「전시에 있어서의 민간인의 보호에 관한 협약」에는 전쟁 수행 중에 민간인을 보호하도록 규정하고 있어 이를 위반하면 종래의 전쟁범죄로 처벌하고, 제2차 세계대전 이후의 새로운 전쟁범죄인 '인도에 관한 죄'로도 처벌받게 된다. 한편, 대법원에서는 "전지강간이라 함은 전투지역 또는 점령지역에서 사람에 대한 폭행이나 협박뿐만 아니라 심신상실이나 항거불능 상태를 이용하여 간음하는 행위도 포함되는 것이다."고 판시하였다(대법원 1970. 4. 28. 선고 70도449 판결). 전지강간죄는 전투의 공포 및 군의 위력에 의하여 물리적으로나 심리적으로 지배되고 있는 전투지역 또는 점령지역에서 약자인 주민의 공포라는 심리상태를 이용하여 간음한다는 점에서 죄질이 극히 불량하고, 우리 군형법에서는 이 죄에 대해 법정형을 사형 이외에 징역형 등 다른 자유형을 두고 있지 않다(제84조).

Ⅵ 그 밖의 죄

1. 의의

군형법각칙 제16장(제93조~제94조)에는 「그 밖의 죄」라는 제목 하에 부하범죄부진정죄(제93조), 정치관여죄(제94조) 등에 대해 규정하고 있고, 2009. 11. 2. 법률 제9820호로 신설되었다. 제16장 「그 밖의 죄」에 규정된 2개 조항은 보호법익이 같아서 함께 규정한 것이 아니라 단지 편의상의 분류이다.

2. 부하범죄부진정죄(部下犯罪不鎭定罪)

【구성요건·법정형】 부하가 다수 공동하여 죄를 범함을 알고도 그 진정(鎭定)을 위하여 필요한 방법을 다하지 아니한 사람은 3년 이하의 징역이나 금고에 처한다(제93조).

(1) 의의

부하범죄부진정죄란 부하가 다수 공동하여 죄를 범함을 알고도 그 진정(鎭定)을 위하여 필요한 방법을 다하지 아니함으로써 성립하는 범죄이다. 이 죄는 부하가 다수 공동하여 죄를 범함을 알고 그 진정을 위하여 필요한 방법을 다하지 아니하는 경우에 성립되는 순정부작위범의 일종이다(고등군사법원 1976. 12. 3. 선고 육군 76고군형항789 판결).

(2) 구성요건요소

이 죄의 주체는 범죄행위자인 부하에 대하여 명령권을 가지고 있는 상관에 한한다. 따라서 부하는 단순히 하급자 또는 하위서열자를 의미하는 것이 아니라 지휘감독 하에 있는 부하를 말한다.

이 죄의 행위는 부하가 다수 공동하여 죄를 범함을 알고도 그 진정을 위하여 필요한 방법을 다하지 아니하는 것이다. 여기서 "부하가 다수 공동하여 죄를 범한다"고 규정하고 있기 때문에 부하의 단독범행을 알고 이를 진정하지 않더라도 이 죄가 성립하지 않는다. 또한 '다수'가 전원 자기의 지휘감독 하에 있음을 요하지 않고, 자기 부하가 다수 공동하여 범죄를 저지르는 한 자기의 부하가 아닌 사람이 이에 합세하였더라도 이 죄는 성립한다. 그리고 이 죄는 '진정을 위하여 필요한 방법을 다하지 아니한 경우'에 한정되므로 지휘감독권을 가진 상관이 그 범죄의 발생을 현실적으로 제지함을 필요로 하지 않고 그 진정을 위하여 필요한 방법을 다했다면 이 죄는 성립하지 않는다. 예컨대, 외출, 외박 허가권자인 중대장이 소속부하들의 근무장소 이탈행위를 알고도 묵인한 행위는 묵시적 허가 있는 경우에는 무단이탈이 성립하지 않고, 그 이탈행위를 제지하지 않았다고 하여 중대장에게 부하범죄부진정죄의 죄책을 물을 수는 없다(고등군사법원 1978. 7. 4. 선고 육군 78고군형항320 판결).

사례연구 186 ▶ 부하범죄부진정죄

일본 주재 미국 육군사령관인 A는 자신의 소속부대에 있던 B대령이 일본 여성을 대상으로 성범죄를 저질렀다는 신고를 접수하였다. 그런데 A사령관은 신고 접수된 성범죄범이 오랜 기간 동안 잘 알고 지내던 부하 B대령 이였기 때문에 즉각 군 수사기관에 보고하지 않은 채 자체 조사만을 실시하였다. 이 경우, A사령관은 어떻게 되는가?

▶ A사령관은 미국의 기관지 기자가 취재를 시작한 이후에서야 상부에 늦장보고 하였고, A사령관은 보직해임 되었다. 뿐만 아니라 A사령관이 퇴역신청을 하였지만 계급 강등을 당했다. 우리 군형법에서는 행정적 제재인 징계 이외에도 부하가 다수 공동하여 죄를 범함을 알고도 그 진정을 위하여 필요한 방법을 다하지 아니한 사람은 3년 이하의 징역이나 금고에 처하도록 규정하고 있다(제93조). 다만, 위 사례는 부하가 다수 공동하여 죄를 범한 것이 아니므로 부하범죄부진정죄가 성립되지는 않는다.

3. 정치관여죄

【구성요건 · 법정형】 정당이나 정치단체에 가입하거나 정당이나 정치단체의 결성 또는 가입을 지원하거나 방해하는 행위(제1호), 그 직위를 이용하여 특정 정당이나 특정 정치인에 대하여 지지 또는 반대 의견을 유포하거나, 그러한 여론을 조성할 목적으로 특정 정당이나 특정 정치인에 대하여 찬양하거나 비방하는 내용의 의견 또는 사실을 유포하는 행위(제2호), 특정 정당이나 특정 정치인을 위하여 기부금 모집을 지원하거나 방해하는 행위 또는 국가 · 지방자치단체 및 「공공기관의 운영에 관한 법률」에 따른 공공기관의 자금을 이용하거나 이용하게 하는 행위(제3호), 특정 정당이나 특정인의 선거운동을 하거나 선거 관련 대책회의에 관여하는 행위(제4호), 「정보통신망 이용촉진 및 정보보호 등에 관한 법률」에 따른 정보통신망을 이용한 제1호부터 제4호에 해당하는 행위(제5호), 제1조(적용대상자) 제1항부터 제3항까지에 규정된 사람이나 다른 공무원에 대하여 제1호부터 제5호까지의 행위를 하도록 요구하거나 그 행위와 관련한 보상 또는 보복으로서 이익 또는 불이익을 주거나 이를 약속 또는 고지(告知)하는 행위(제6호)에 해당하는 행위를 한 사람은 5년 이하의 징역과 5년 이하의 자격정지에 처한다(제94조 제1항). 제1항에 규정된 죄에 대한 공소시효의 기간은 「군사법원법」 제291조(공

소시효의 기간) 제1항에도 불구하고 10년으로 한다(제94조 제2항).

(1) 의의

정치관여죄란 군인이 정당이나 정치단체에 가입하거나 그 직위를 이용하여 특정 정당이나 특정 정치인에 대하여 지지 또는 반대 의견을 유포하거나, 그러한 여론을 조성할 목적으로 특정 정당이나 특정 정치인에 대하여 찬양하거나 비방하는 내용의 의견 또는 사실을 유포하는 등 정치에 관여함으로써 성립하는 범죄이다.

우리 헌법 제5조 제2항에는 "국군은 국가의 안전보장과 국토방위의 신성한 의무를 수행함을 사명으로 하며, 그 정치적 중립성은 준수된다."고 규정하고 있다. 군인의 지위 및 복무에 관한 기본법 제33조 제1항에는 "군인은 정당이나 그 밖의 정치단체의 결성에 관여하거나 이에 가입할 수 없다."고 규정하고 있고, 같은 조 제2항에는 "군인은 선거에서 특정 정당 또는 특정인을 지지 또는 반대하기 위한 행위를 하여서는 아니 된다"고 규정하고 있다.

군형법 제94조의 정치관여죄에 대하여 1962년 1월 20일 군형법 제정당시에는 "정치단체에 가입하거나 연설, 문서 또는 그 밖의 방법으로 정치적 의견을 공표하거나 그 밖의 정치운동을 한 사람은 2년 이하의 금고에 처한다" 고 규정하고 있었으나, 이 조항은 2014. 1. 14. 법률12232호로 정치관여 행위의 유형을 상세하게 규정하였다(제94조 제1항 제1호~제6호). 정치관여죄는 군사법원법의 제291조 제1항의 공소시효 기간 규정에도 불구하고 공소시효 기간을 특별히 10년으로 규정하였다(같은 조 제2항).

이 죄는 정치의 안전성과 군의 정치적 중립성을 그 보호법익으로 하고 있다. 즉 군이 적극적으로 정치활동에 참여한다면 군조직 내에 파벌이 조성되고, 군기가 파괴뿐만 아니라 국가전체의 정치적 불안을 초래할 수 있다는 점에서 특별히 규정한 것이다.

(2) 구성요건요소

이 죄의 주체는 군인이다.

이 죄의 행위는 군인이 정당이나 정치단체에 가입하거나 정치에 관여하는 것 등이다. 이 죄는 정당뿐만 아니라 정치단체의 가입도 금지하고 있다. 여기서 "정치단체"란 정치활동을 목적으로 하는 모든 단체를 의미하는 것으로, 정당의 산하단체 및 기타 이와 유사한 단체 등 정치활동을 목적으로 하는 한 그 명칭 여하를 막론하고 여기에 포함된다. "가입한다"는 것은 정치적 목적을 가진 단체라는 것을 알고 그 구성원이 되는 것을 말하고, 정당 또는 정치단체의 가입에 있어서 자천·타천이나 가입방법도 불문한다.

한편, 국가기관에 청원하는 것은 여기서 말하는 정치운동이 아니고, 헌법상 모든 국민에게 보장된 권리이다(제29조 제1항). 즉, 국민은 입법, 사법, 행정, 기타 모든 국가기관 및 지방자치단체, 공공단체 등에 ① 피해의 구제, ② 공무원의 위법·부당한 행위에 대한 시정이나 징계의 요구, ③ 법률·명령·규칙의 제정·개정 또는 폐지, ④ 공공의 제도 또는 시설의 운영, ⑤ 그 밖에 공공기관 등의 권한에 속하는 사항 등을 청원할 수 있다(청원법 제5조). 다만, 군인복무기본법에는 군무와 관련된 고충사항을 집단으로 진정 또는 서명하는 행위를 금지하고 있고, 군인은 군과 관련된 제도의 개선 등 군에 유익한 의견이나 복무와 관련된 정당한 의견이 있는 경우에는 지휘계통에 따라 단독으로 상관에게 건의할 수 있으며(제39조 제1항 및 제2항). 군인은 근무여건·인사관리 및 신상문제 등에 관하여 군인고충심사위원회에 고충의 심사를 청구할 수 있다(제40조 제1항).

사례연구 187 ▸ 정치관여죄

(1) 국군사이버사령부(현, 사이버작전사령부) 심리전단은 북한과 국외 적대세력의 대남 사이버심리전에 대응하고, 국방 및 안보정책을 홍보하는 작전을 수행하는 조직이다. 그럼에도 불구하고 2012년 L대통령 집권 시절, A사령관 등은 소속부대원에게 정부에 대한 부정적 언론기사나 인터넷 사이트 등에 대해 L대통

령에 대한 지지표명, 정부의 특정 정책이나 성과에 대하여 지지의견 등의 의견(댓글)을 달도록 지시하였다. A사령관의 행위는 어떻게 되는가?

(2) B는 공소 외인 등과 공모하여 국군기무사령부(현, 국군방첩사령부) 소속 휘하 부하들을 동원하여 국가정책을 홍보하는 의견(댓글) 등을 달게 하였는데, 2014. 1. 14. 개정(법률 제12232호)된 군형법 제94조 제2항에 따른 10년의 공소시효기간이 개정 법률 시행 후 발생한 범죄에만 적용되는가?

▶ (1) 대법원에서는 "대통령은 행정부의 수반인 공무원으로서의 지위와 정치적 헌법기관 또는 정치인으로서의 지위를 겸유하고 있으므로, 현직 대통령에 대한 지지의견을 공표하는 것은 그 자체로 특정 정치인에 대한 지지행위로서 구 군형법(2014. 1. 14. 법률 제12232호로 개정되기 전의 것, 이하 같다) 제94조에서 금지하는 정치적 의견 공표행위에 해당한다. 또한 정부의 특정 정책이나 성과를 지지하는 것은 정부의 수반인 대통령 및 대통령과 정치적 입장을 같이하는 여당 등 특정 정당에 대한 지지 또는 정부・여당의 해당 정책에 비판하는 야당 등 특정 정당에 대한 반대로 이해될 수 있다. 그러므로 정부의 특정 정책이나 성과에 대한 지지의견을 공표하는 것 역시 구 군형법 제94조에서 금지하는 정치적 의견 공표행위에 해당한다. 그리고 이러한 지지 또는 반대의견을 공표할 당시까지 해당 정책이나 성과에 대하여 여야 간 의견대립이 명시적으로 드러나지 않았더라도 그 사정만으로 달리 볼 것은 아니다."고 판시하였다(대법원 2018. 6. 28. 선고 2017도2741 판결).

(2) 대법원에서는 "정치관여죄에 관한 개정 군형법 조항은 개정 이후에 범해진 정치관여죄에만 적용된다"고 판시하였다(대법원 2021. 9. 9. 선고 2019도5371 판결).

PART

3 전쟁법

Chapter

1 전쟁법 일반론

제1절 전쟁법 교육의 필요성

인류의 역사는 전쟁의 역사 속에 점철되어 왔다. 일반적으로 금지하고 있는 보편적 평화기구가 존재함에도 불구하고 오늘날 전쟁은 여전히 계속되고 있다. 라이트형제가 1904년 비행기를 발명한 이후, 이 비행기의 발명은 전쟁의 성격을 완전히 바꾸어 놓았다. 제1차 세계대전 중에 동원된 인원만 6,500만명, 전사자 1천만명, 포로・행방불명자 600만명, 부상자 2천만명, 일반시민 900만명이 사망하였다. 그 후 인류의 보편적 평화기구였던 국제연맹이 창설되었으나 실효를 거두지 못하였고, 결국 제2차 세계대전이 발발하여 전사자만 2,200만명, 부상 3,400만명이었다. 제2차 세계대전 이후 국제연합이 창설되었으나 현재도 세계의 곳곳에서 잔혹한 전쟁이 일어나고 있다.

칸트(Immanuel Kant, 1724~1804)는 그의 저서 「영구평화론(1795년)」의 서문에서 묘지가 그려진 어느 모텔 간판 위에 "영원한 평화를 위하여"라고 적혀 있었다면서 "이 문제가 인류전체에 타당한 말인가, 아니면 전쟁에 싫증날 줄 모르는 국가의 지배자가 또는 평화의 단꿈에 도취된 철학자에게만 타당한 말인가 하는 문제는 우선 접어 두어도 좋겠다"고 쓰고 있다. 아마도 모텔 주인은 손님에게 조용한 안식처를 제공한다는 의미에서 일부러 묘지를 그린다는 기발한 선전방법을 취한 것에 불과한 것이라도 칸트가 이 간판을 원용한 것은 깊은 의미가 있다.

인간의 욕망은 무한하기 때문에 반드시 객관적 준칙이 필요하다. 만약 인간에게 객관적 준칙이 없다면 우리 사회는 홉스(Thomas Hobben, 1588~1679)가 말한 것처럼 "인간은 인간에 대한 늑대", "만인의 만인에 대한 투쟁상태"가 될 것이다. 국제사회도 마찬가지로 국가, 국제조직, 개인을 규율하는 국제사회의 법, 즉 국제법이 없다면 약육강식만이 지배하는 동물의 세계와 다를 바 없다.

특히 전쟁 수행 중에 무방비 민간인 지역에 대한 포격·폭격행위로 인한 아동, 부녀자의 인명과 막대한 재산상의 피해, 무차별 공격으로 인한 인류의 문화유산 파괴, 전쟁 승리에 도취해 승전국 군인에 의한 강간범죄 등은 모두 전쟁범죄가 인정되어 처벌받게 된다. 그리고 우리 인간은 인간으로서의 존엄과 가치를 누리며 살아갈 권리를 갖고 있는데(헌법 제10조), 전쟁은 인간의 존엄과 가치를 파괴하기 때문에 전쟁법이 필요하고 군인은 전쟁법을 알아야 하며, 이를 준수해야 한다.

「군인의 지위 및 복무에 관한 기본법」에도 군인은 무력충돌 행위에 관련된 모든 국제법 중에서 대한민국이 당사자로서 가입한 조약과 일반적으로 승인된 국제법규(국제관습법)를 준수하여야 하고(제34조 제1항), 군인은 전쟁법을 숙지하여야 하며, 국방부장관은 대통령령으로 정하는 바에 따라 군인에게 전쟁법에 대한 교육을 실시하도록 규정하고 있다(같은 조 제2항).

요컨대 국군은 대한민국의 자유와 독립을 보전하고 국토를 방위하며 국민의 생명과 재산을 보호하고 나아가 국제평화의 유지에 이바지함을 그 사명으로 한다는 점에서 군인은 무엇보다도 올바른 법의식의 함양이 중요하고, 군형법 등 국내법을 비롯하여 국제사회의 전쟁을 규율하는 전쟁법에 대한 이해를 함양해야 한다.

사례연구 188 ▸ 군인의 전쟁법 교육 내용

무방비 민간인 지역에 대한 포격·폭격행위, 무차별 공격으로 인한 인류의 문화유산 파괴행위, 전쟁 승리에 도취해 승전국 군인에 의한 강간범죄행위는 전쟁범죄를 구성하게 되는데, 우리 군인은 전쟁법에 대하여 어떤 교육을 받아야 하는가?

▶ 전쟁법에 대한 교육에는 ① 전쟁법의 개념과 필요성, ② 전쟁법의 기본 원칙, ③ 전쟁법상 공격목표 선정의 원칙, ④ 무력행사의 방법에 관한 사항, ⑤ 상병자(傷病者) 및 민간인 보호에 관한 사항, ⑥ 포로의 대우에 관한 일반 원칙, ⑦ 전쟁법 위반행위의 처벌, ⑧ 그 밖에 전쟁법 교육에 필요한 내용 등이 포함되어야 한다(군인의 지위 및 복무에 관한 기본법 시행령 제22조 제1항 제1호~제8호). 그리고 전쟁법 교육의 대상, 시기 등 그 밖에 필요한 사항은 국방부장관이 정하도록 하고 있다(같은 조 제2항).

제2절 전쟁법의 의의와 법원

I 전쟁법의 의의

전쟁이란 "상대국을 자국의 의사에 굴복시키기 위하여 평시에는 허락되지 않는 군대에 의한 가해수단을 취하는 것이 인정되는 동시에 평시에 다른 국제법상의 관계를 발생시키는 것이 인정되는 2개국 이상의 국가 간에 존재하는 투쟁상태"라 정의할 수 있다.

전쟁이 발생하였을 경우, 교전국은 통상의 관계에서 존중되는 국제법상의 권리를 일반적으로 부인하고 상대국을 굴복시키기 위하여 필요한 모든 수단을 동원하게 되며, 이에 따라 전쟁의 수행형태는 대단히 참혹할 뿐만 아니라 제3국의 이익까지 침해할 염려가 있게 된다. 여기에 교전국간의 해적수단(害敵手段)에 일정한 제약을 가하고 이를 법적으로 규제할 필요성이 따르기 때문에 전쟁법이 국제법의 중요한 일부분으로 형성되어 왔다.

전쟁법이란 "전쟁이 발생한 다음 교전국간 또는 교전국과 비교전국간의 관계를 규율하는 국제법규"를 말한다. 따라서 전쟁법의 존재이유는 전쟁 또는 무력분쟁에 있어서의 비인도적 행위의 완화 및 전쟁희생자의 보호에 있고, 이것은 무력분쟁의 법적 성질 여하에 따라 변동되거나 소멸되는 것은 아니다.

Ⅱ 전쟁법의 법원(法源)

전쟁법도 다른 국제법과 마찬가지로 국제조약과 국제관습법으로써 이루어진다. 19세기 후반 이래 국제관습법의 내용 대부분은 성문화되거나 새로운 성문법규가 성립되었으며 대표적인 전쟁법의 법원은 헤이그조약과 제네바협약 등이다. 즉, 1899년 및 1907년 '헤이그(Hague)평화회의'가 전쟁법의 성문화에 큰 공헌을 하였고, 1864년, 1929년, 1949년 및 1977년에 채택된 제네바(Geneva)협약은 전쟁법의 성문화를 더욱 발전시켰다.

다만, 헤이그조약은 대체적으로 전쟁의 수단과 방법에 대한 허용과 금지를 구체적으로 규율하는 조약이라는 특징이 있는 반면, 제네바협약은 적군이 장악하고 있는 지역에서의 전쟁희생자를 보호하기 위한 것으로 적십자정신에 입각하여 적대행위에 참여하지 않았거나 전투능력을 상실한 전투요원의 생명・신체의 안전을 보호하는 데에 그 특징이 있다. 즉 제네바협약은 전쟁포로, 부상자, 병자, 해난자 등 무력충돌의 희생자가 된 군인・민간인 그리고 의료요원 등 무력충돌의 희생자를 돌보는 의사・간호사 등이 보호대상이 되고 있다.

1. 헤이그조약

1899년 제1차 헤이그평화회의에서는 「육전(陸戰)법규・관례에 관한 조약」, 「질식성(窒息性)・유독성가스의 살포를 유일한 목적으로 하는 투사물(投射物)의 사용을 금지하는 선언」 등 각종 조약과 선언이 채택되었다. 그리고 1907년 제2차 헤이그평화회의에서는 「국제분쟁의 평화적 처리에 관한 조약(제1호 조약)」, 「적대행위 개시에 관한 조약(제3호 조약)」, 「육전(陸戰)법규・관례에 관한 조약(제4호 조약, 1899년 조약의 수정)(이하, '1907년 헤이그 육전규칙'이라 함)」, 「개전시 적상선(敵商船)의 취급에 관한 조약(제6호 조약) 」(이하, '1907년 헤이그 적상선 취급조약'이라 함), 「전시 해군의 포격에 관한 조약(제9호 조약)(이하, '1907년 헤이그 전시해군포격협약'이라 함), 해전에서 포획권행사의 제한에 관한 조약(제11호 조약)(이하, '1907년 헤이그 포획권행사제한조약'이라 함) 등 13개 조약이 채택되었다.

2. 제네바협약

제네바협약은 광의로는 스위스 제네바에서 체결된 일체의 협약을 말하고, 협의로는 제2차 세계대전 이후 1949년 8월 12일에 체결된 전쟁의 피해자의 보호를 위한 4개의 협약을 말하는데, 이 제네바협약은 인도주의에 대한 국제법의 기초가 된다.

제네바에서는 1864년 「전장(戰場)에서 군대 부상자의 상태 개선에 관한 제네바협약」(이하, '1864년 제네바협약'이라 함)이 체결되었는데, 이는 솔페리노전투(1859. 6. 24. 오스트리아군과 프랑스-페에몬테연합군)를 목격한 장 앙리 뒤낭(Jean-Henri Dunant)이 전쟁희생자를 감소시키기 위한 노력의 결과로 체결된 협약이고, 이후 국제적십자사 설립운동이 일어난 배경이 되었다. 그리고 1906년 「바다에서 군대의 부상자와 해난자의 상태 개선에 관한 제네바 협약」(이하, '1906년 제네바협약'이라 함)을 채택하여 육전에서 해전까지 전장(戰場)을 확대하였고, 1929년에는 「전쟁 포로의 대우에 대한 제네바 협약」(이하, '1929년 제네바협약'이라 함)이 채택되었다.

1949년에는 「전장(戰場)에 있는 군대의 부상자와 병자의 상태개선을 위한 협약」(이하, '1949년 제네바 적십자협약'이라 함), 「해상에 있는 군대의 부상자・병자 및 해난자의 상태개선을 위한 협약」(이하, '1949년 제네바 해상협약'이라 함), 「포로의 대우에 관한 협약」(이하, '1949년 제네바 포로협약'이라 함), 「전시에 있어서의 민간인의 보호에 관한 협약」(이하, '1949년 제네바 민간인보호협약'이라 함) 등 4개 협약이 채택되었다. 이 4개 협약의 특징은 총가입조항을 포함하고 있지 않아 일부조항에 대해 유보할 수 있고, 전쟁이라는 명칭을 사용하지 않는 무력행사에도 적용된다는 점에 있다.

그 이후 1977년에는 「국제적 무력 충돌의 희생자 보호에 대한 제네바 협정의 제1추가의정서」(이하, '1977년 제네바 제1추가의정서'라 함), 「비국제적 무력 충돌의 희생자 보호에 대한 제네바 협정의 제2추가의정서」(이하, '1977년 제네바 제2추가의정서'라 함)과 2005년 「적십자 표장 추가 등 제네바 협정의 제3추가의정서」 등이 제네바협약에 추가로 체결되었다. 다만 1949년까지의 제네바 협약은 적군이 장악하고 있는 지역에서의 전쟁희생자를 보호하기 위한 것이었지만, 1977년 제네바 제1추가의정서에는 여기에 전쟁의 수단과 방법에 대한 허용과 금지를 규율하는 것까지 포함하고 있다.

제3절 전쟁법의 기본원칙과 구속력

I 기본원칙

일반적으로 승인된 국제법규, 즉 국제관습법에 의하면 전쟁법규의 기본원칙이라고 불리우는 3가지 원칙이 있는데, 이것은 1907년 헤이그 육전규칙(前文)에 직·간접적으로 명시되어 있다. 이 기본원칙은 전쟁법규의 발전, 해석 및 적용에서 중요한 역할을 한다.

1. 군사필요의 원칙

교전당사자는 최소한의 시간과 인명, 금전의 소모로써 적을 굴복시키는 것이 필요한다는 원칙으로 '정력집중의 원칙'이라고도 한다. 그러나 교전자는 해적수단(害敵手段)의 선택에 있어서 무제한의 권리를 가지는 것이 아니고 합법적인 강제조치만을 사용할 수 있다(1907년 헤이그 육전규칙 제22조, 1977년 제네바 제1추가의정서 제35조 제1항).

2. 인도주의의 원칙

필요한 양과 종류를 막론하고 전쟁 목적상에 필요하지 않는 어떠한 폭력작용(무력)이 금지된다는 원칙을 말한다. 인도주의의 원칙은 현대전쟁법규에서 가장 핵심을 이루고 있으며 전쟁법규가 인도(人道)를 입법의 이유로서 적용하고 있는 것이 국내법과 비교해 볼 때 커다란 특색이라 할 수 있다.

부상자와 포로는 이미 적에 대한 위협이 아니기 때문에 이들을 돌보아 주고 적대행위로부터 보호해 주어야 한다. 1907년 헤이그 육전규칙은 무기를 버리고 자위의 수단으로 투항하는 자의 살해를 금지하고 있고, 불필요한 고통을 주는 무기의 사용도 금지하고 있다.

3. 기사도(騎士道)의 원칙

교전당사자는 공방 시 어느 정도의 공명정대함과 상호존중이 요구된다는 원칙을 말한다. 즉, 대치한 병력 간의 공격·방어에 있어 명확한 공평성과 상호존중을 의미한다. James St. Spaight는 “기사도를 정의하는 것은 곤란하다. 넓은 의미에서 주지된 형식과 예절에 따라 전쟁을 수행하는 원칙이다”라고 정의하였다.

교전당사자는 불명예스럽거나 배신적인 수단에 호소하는 것이 금지되는데, 전투방법으로서 허용되는 위계행위를 ‘기계(奇計)’라고 하며, 위법한 위계행위를 ‘배신행위’라고 한다. 그러나 오늘날 게릴라전이 특히 중요한 전술수단의 지위를 점하고 있는데 그 전법(戰法)이 종종 기사도의 원칙과 충돌한다.

Ⅱ 전쟁법의 구속력

전쟁법도 국제법이므로 그것이 국제조약의 형태이든 국제관습법의 형태이든 교전국가와 개인 특히 병력의 구성원에 대해 법적 구속력을 가진다.

이와 같이 전쟁법은 상대국의 비합법적인 전쟁행위에 대한 복구의 경우를 제외하고는 모든 상황과 조건 하에 교전당사자를 구속한다. 그러나 전쟁 중에 교전국이 전쟁법 준수의무로부터 해방되는 사유로 주장되는 것으로 전수(戰數, military necessity), 즉 전시비상사유 또는 교전조건이 있다. 이 이론은 제1차 세계대전 전에 독일학자들에 의해 주장되었던 이론으로, 전쟁 중 교전국이 전쟁법을 준수함으로써 자국의 중대한 이익이나 위험에 직면하는 경우에는 예외적으로 전쟁법의 구속력을 상실한다고 주장하는 것이다.

이에 대해 미국군사법원은 'Thiel Steinert사건(1945년)'에서 적에 의해 포위되어 있을 때에 안전한 곳으로 피하기 위하여 동반했던 포로를 살해한 자를 유죄판결함으로써 긴급성 또는 군사적 필요를 부인하였다. 그리고 1948년 독일 뉘른베르그국제군사재판소에서도 "헤이그규칙은 동 규정이 특별히 규정한 경우를 제외하고는 아무리 위급한 경우라도 군사적 필요성에 우선한다. 위급이나 필요성은 전쟁법규의 위반을 보증할 수 없다"고 하여 전수론을 부정하였다.

생각 컨데 전쟁법은 3개의 기본원칙이 반영된 것이며, 전수를 긍정하는 것은 전쟁법을 부인하는 것이기 때문에 부득이 발생하는 전쟁으로부터의 피해를 가능한 한 방지하려는 것이 인류의 염원에 반하지 않는다면 전쟁법의 구속력은 인정되어야 한다.

사례연구 189 ▸ 전쟁법의 구속력

X국의 잠수함이 Y국의 화물선 Z호를 격침하고 구명정에 분승한 승무원을 포격하였다. X국은 '격침의 흔적을 없애 잠수함의 추적을 불가능하게 하려는 군사적 필요에 의하여 부득이한 조치였다'라고 주장하고 있는데, 이는 전쟁법을 위반하는 것인가?

▶ 위 사건은 1945년 독일잠수함(U-852)이 그리이스 화물선 페리우스(Peleus)호(號)를 격침시킨 이른바 페리우스호사건인데, 영국군사재판소에서는 "그러한 군사적 필요는 인정할 수 없다"고 판시하였다. 모든 전쟁법은 군사적 필요와 인도주의원칙의 타협의 산물로서 이미 그 자체 내에 군사적 필요성이 고려되어 있으므로 군사적 필요의 경우에도 전수(戰數, military necessity)에 의해 전쟁법의 구속을 배제할 수 없다.

Chapter

2 전쟁의 개시

제1절 전쟁의 개시의 의의와 방법

I 의의

전쟁의 개시란 평시국제법관계를 전시국제법관계로 전환시키는 행위를 말하며, 명시적이든 묵시적이든 다른 당사국의 동의를 필요로 하지 않는다. 또한 개전국이 전쟁법규에 의하여 행한 행위 및 개전국과 제3국과의 사이에 발생하는 중립의 법적 효과는 다른 당사국의 전의(戰意)의 부인으로 아무런 영향을 받지 않는다.

II 방법

1. 선전포고

선전포고는 명시적 의사표시로써 교전국에 대하여 전쟁상태로 들어간다는 의사표시이다. 적대행위의 개시와 전후에 발하는 것인데, 이전부터 계속해 오던 적대행위를 전쟁으로 바꾸기 위해 발하는 경우도 있다. 1907년 「헤이그 적대행위 개시에 관한 조약」에 의하면 선전포고는 전쟁을 개시하게 된 이유를 붙여야 하며 상대국에 통보하여야 한다(제1조). 선전포고는 지체없이 중립국에 통고해야 하며 통고를 한 후가 아니면 그 중립국에 대하여 중립의 요구가 발생하지 않는다. 통보를 하지 않더라도 전쟁은 개시되지만 교전국이 중립국에 대하여 그 권리를 주장할 수 없을 뿐이다.

2. 최후통첩

국가 간의 현안에 관한 당사국이 상대국에 대하여 일정기간 내에 양보를 강요하는 최후적인 요구를 말한다. 따라서 당해문제에 대해 교섭 타개의 의사표시와 이것이 거부될 때 강제수단을 행사할 것이 예고되어 있고, 조건부 선전포고라고도 한다. 중립국에 대한 효과는 선전포고의 경우와 동일하며 통고한 후라야만 이에 대항할 수 있다.

3. 적대행위

적대행위란 무력에 의한 가해행위이며 전쟁개시의 묵시적 방법이다. 그러나 1907년 「헤이그 적대행위 개시에 관한 조약」은 앞에서 설명한 선전포고와 최후통첩만을 전쟁개시의 방법으로 인정하고 있을 뿐이고(제1조), 같은 조약에 따르면 적대행위에 의한 전쟁의 개시는 개전방법은 아니다.

사례연구 190 ▶ 선전포고와 최후통첩 없는 전쟁 개시의 위법성 여부

X국은 오랜 앙숙관계에 있던 Y국에 대해 선전포고 또는 최후통첩을 하지 않고 무력행사를 하였다. 이는 전쟁법을 위반하는 것인가?

▶ 1907년 「헤이그 적대행위 개시에 관한 조약」에 관계없이 적대행위에 의한 전쟁개시는 오래 전부터 사실상 인정되어 오고 있으므로 국제관습법상 확립되었다고 볼 수 있다. 다만 국제연맹은 1931년 일본이 중국의 만주를 침공한 사건, 1935년 이탈리아의 에디오피아 침공에 대해 사전통고가 없었음을 비난하였고, 1939년 독일이 폴란드와 1941년 소련을 공격했을 때 사전통고가 없었다는 것에 대해 뉴른베르그국제군사재판소에서 이를 비난했다. 마찬가지로

1941년 12월, 일본의 진주만 공격에 대하여 동경국제군사재판소도 동일한 입장을 취했다.

제2절 전쟁의 개시의 효과

I 외교 · 조약 · 통상관계

1. 외교관계

개전(開戰)으로 교전당사국 간의 외교관계는 단절되고, 외교사절은 퇴거해야 하며, 영사에 대한 허가장을 철회하여 영사로서의 직무를 정지시키는 것이 보통이다.

2. 조약관계

정치적 성격을 띠는 조약(예컨대, 방위조약, 통상조약 등)은 모두 소멸한다. 처분조약(예컨대, 국경조약, 영토할양조약 등)은 전시에도 효력을 상실하지 않으며 기술적 · 행정적 · 전문적 성질의 조약은 소멸하지 않고 효력이 정지될 뿐이다.

3. 통상관계

전쟁의 개시가 교전당사국 국민 간의 통상관계에 미치는 효과에 대하여 국제법상 확립된 원칙은 없다. 그러나 개전이 국제법상 대적통상(對敵通商)을 금지하는 절대적 효력을 가지는 것은 아니고, 대륙법계국가(독일, 프랑스 등)는 물론 영미법계국가(영국, 미국 등)에서도 국내법으로 금지조치를 취하고 있을 뿐이며, 교전당사국은 자유로이 통상조약의 효력을 결정할 수 있는 것이므로 통상관계는 결국 교전국이 자유로이 결정한다.

Ⅱ 적국민관계와 적재산관계

1. 적국민관계(敵國民關係)

교전당사국은 자국 내의 적국국민에 대하여 상당한 기간 내에 퇴거하는 것을 허용하여야 한다. 단 적국의 병력에 속한 사람, 적국의 전투능력의 증강에 이바지 할 수 있는 중요인물 등은 억류할 수 있다. 1949년 제네바 민간인 보호협약은 전쟁개시 또는 전쟁기간 중에 있어서 퇴거를 희망하는 일방 교전당사국 내의 적국국민에게 퇴거할 권리가 있음을 명백히 규정하고 있다(제35조).

2. 적재산관계(敵財産關係)

(1) 사유재산

자국 내에 재류하는 적국국민의 사유재산을 몰수할 수 없으나, 적국국민의 채권회수를 정지시키고 직접 군사상의 필요에 따라 전후에 반환을 조건으로 압류·관리·사용할 수 있다(1919년 베르사이유조약 제297조, 제300조, 제302조).

사례연구 191 ▶ 전쟁의 개시와 적재산에 대한 효과

X국은 Y국에 선전포고를 하였는데, X국은 X국 내에 있는 적국국민의 사유재산은 전시에도 보호되어야 하고 몰수는 금지되는데, 이러한 사유재산이 군사상의 목적에 이용될 수 있다. 적국국민의 사유재산을 압류・관리・사용할 수 있는가?

▶ X국은 보상하거나 전후에 반환하는 것이 원칙이다. 1차 세계대전 중, 사유재산은 몰수할 수 없을 뿐 관리 또는 전후의 보상을 전제로 이용・처분할 수 있다는 적 재산관리의 법리가 시행되었고, 제2차 세계대전에 있어서도 평화조약에서 승전국은 그 영역 내에 적재산을 압수・유치・청산 또는 기타의 방법으로 처분하고(대일평화조약 제14조, 대이탈리아 평화조약 제79조), 패전국은 그 영역 내에 있는 적 재산을 반환 또는 보상하기로 하였다(대일평화조약 제15조, 대이탈리아 평화조약 제78조). 한편 공유재산(公有財産)은 부동산의 경우, 몰수할 수 없고 다만 수익・사용할 수 있을 뿐이고, 동산은 직・간접으로 전쟁에 사용될 수 있는 것은 몰수할 수 있으며, 채권은 몰수할 수 없지만 지불을 정지할 수는 있다.

(2) 사선(私船)・사항공기(私航空機)

사선의 경우에는 전쟁개시 후의 적사선, 특히 적상선의 취급에 대해서는 특별한 법규가 성립되어 있다. 해상의 적상선은 오늘날 일반적으로 포획・몰수되거나 개전 시에 교전당사국 항내에 있는 적상선은 몰수는 물론 억류도 할 수 없고 일정한 유예기간을 정해서 퇴거를 허용하도록 하고 있다(1907년 헤이그 적상선 취급조약).

사항공기의 경우는 전쟁 시 교전상대국 영역 내에 있는 적국의 사항공기의 취급에 관해서는 조약도 없고 관행도 성립되어 있지 않다. 다만 국제민간항공의 발달과 통상진흥을 고려하여 상호주의원칙 하에 사항공기 특히 상업용 항공기는 상선과 동일하게 취급하는 것이 옳다고 본다.

사례연구 192 ▶ 전쟁의 개시와 상선(商船)에 대한 효과

X국은 Y국에 선전포고를 하고 전쟁을 수행 중에 있었는데, Y국은 Y국 상선으로 상품을 운송하고 있다. Y국은 상선을 통해 전쟁물자를 수송할 수 있는데, X국 항구 내에 Y국 상선이 있는 경우 또는 개전 전에 최후의 항(港)을 출항해서 해상에 있는 경우에 어떤 조치를 취할 수 있는가?

▶ 1762년 크림(Cremean)전쟁 이후 국제해운의 안전을 도모하기 위하여 개전과 동시에 몰수 또는 억류하지 아니하고 일정한 유예기간을 부여하여 그 기간 내에 출항을 허용하는 관행이 생겼고, 1907년 개전시 적상선의 취급에 관한 조약은 이런 관행을 기초로 하여 성립되었다. 같은 조약에 의하면 상선이 전쟁 시 항구 내에 있거나, 개전 전에 최후의 항(港)을 출항하여 전쟁을 모르고 적항에 입항했을 경우에는 즉각 또는 상당한 유예기간이 지난 후에 자유로이 출항하도록 하여야 하므로 통항권을 발부하여 도착항 또는 지정항까지 직항시키거나 이를 위반할 때에는 도중에서 포획할 수 있다(제1조). 출항이 불허되었을 경우에도 몰수할 수는 없고, 압류・징발은 가능하나 전후에 반환 또는 배상해야 한다(제2조). 또한 개전 전에 최후의 항을 출항해서 해상에서 적군함에 포획된 상선 및 화물선도 개전의 사실을 알지 못했을 경우에는 나포・몰수할 수 없다. 다만, 전후의 반환 또는 배상을 조건으로 억류・징발・파괴할 수 있으나, 이런 경우 인원과 선박서류의 보관의무를 부담한다(제3조).

Chapter

3 전쟁법규

제1절 육전법규

I 교전자(交戰者)

1. 의의

전쟁법의 중요한 존재이유 중에 하나는 전투원과 민간인과의 구별을 통해 해적행위(害敵行爲)를 교전자과 군사물자에 한정시키고 민간인과 민간물자에 대하여는 최대한 이를 방지하려는 데에 있다.

교전자란 전쟁을 수행하는 국가의 기관으로 무력에 의한 해적수단(害敵手段)을 행사할 수 있는 전투행위의 주체인 동시에 객체이다. 따라서 교전자가 적군에 체포된 경우 포로의 대우를 받을 권리를 향유한다. 반면에 민간인은 무력에 의한 해적수단(害敵手段)을 행사할 수 없고, 전투행위에 참여한 민간인은 포로의 대우를 받을 권리를 향유하지 못한다.

교전자의 범위에 대하여 1977년 제네바 제1추가의정서는 모든 조직적인 병력과 단체 및 부대의 구성원(제43조 제1항)이라고 규정하여 정규군, 민병(民兵, militia), 의용병(義勇兵, volunteer corps) 이외에 저항운동이나 민족해방운동까지 교전자격을 인정하였고, 게릴라(guerrillas)에 대해서도 일정한 조건 하에 교전자격을 부여함으로써 1949년 제네바 포로협약보다 교전자의 범위를 확대하였다(제44조 제3항).

2. 종류

육전에 있어서 이러한 교전자는 육상의 병력으로 여기에는 정규군과 비정규군으로 구분된다.

(1) 정규군

정규군은 교전국의 국내법령에 의한 모든 육·해·공군 및 이들과 동일한 기능을 가지는 기타 명칭의 무장부대이다. 정규군은 직무의 분류에 따라 직접 가해행위에 종사하는 정규군인 전투원과 군법·경리·의무·종교 등의 군무에 종사하는 정규군인 비전투원이 있다.

(2) 비정규군

정규군 이외의 교전자격자로서 전시에 일시적으로 군에 종사하는 사람을 말하고, 비정규군에는 소속 교전당사국에 의해 허가된 병력인 민병(民兵, militia), 의용병(義勇兵, volunteer corps), 게릴라(guerrillas)가 있고, 허가되지 않은 병력인 군민병(群民兵)이 있다.

민병은 평시에 수시로 훈련을 받고 전시에 정부로부터 소집되어 조직된 병력이고, 의용병은 전시에 국가의 위기를 타개하기 위한 지원과 이에 대한 국가의 허가로 조직된 병력을 말한다. 민병과 의용병은 정규군에 편입시킬 수도 있다(1907년 헤이그 육전규칙 제1조 제2항). 그리고 게릴라란 1977년 제네바협정 제1추가의정서에서 정의되지는 않았지만 일반적으로 적에 의하여 확보된 영토(적국 영토 또는 적국에 의해 점령된 영토) 내에서 유격전을 전개하는 작은 부대의 구성원을 말한다. 즉 조직적 저항운동단체이다. 게릴라는 1949년 제네바 포로협약에서 비로소 교전자격을 인정받고, 1977년 제네바협정 제1추가의정서」에서 새로운 기준에 따라 교전자격을 인정받았다. 군민병이란 미점령지역의 주민으로서 적이 근접 시에 민병 또는 의용병을 조직하여 교전자로서의 요건을 구비할 시간적 여유가 없어서 자발적으로 무기를 들고 적군에 대항하는 주민의 집단이다.

사례연구 193 ▶ 프랑스 레지스탕스

"사랑하는 어머니, 내가 좋아하는 형제 그리고 사랑하는 나의 아버지에게, … 저는 이제 처형당합니다. 당신들에게 부탁하고 싶은 것은, 특히 어머니에게 부탁드리고 싶은 것은 부디 강하게 마음을 먹으라는 것입니다. 저는 저의 앞서서 죽어간 모든 레지스탕스들처럼 그렇게 용감하게 죽음을 맞이하고 싶습니다 … 돌이켜보면 저의 나이 이제 17세. 죽기에는 너무 어리다고 생각됩니다 … 그러나 후회는 없습니다 … 다만 사랑하는 가족들을 떠나는 것이 힘들 뿐입니다.". 이것은 레지스탕스 활동을 하다가 독일군에게 체포되어 처형당한 어린 소년이 남긴 편지이다. 레지스탕스는 누구를 말하는가?

▶ 레지스탕스는 역사적으로 볼 때 제2차 세계대전에서 유래되었고 포괄적인 뜻으로는 파시즘(Fascism)에 저항하는 시민군을 가리키며, 좁은 뜻으로는 프랑스인민의 비시 프랑스정권에 대한 저항운동을 가리킨다. 활동은 지하신문을 발행하거나 유대인 및 적지에 격추된 연합군 조종사의 탈출을 돕는 데서부터 사보타지, 독일 순찰병에 대한 기습공격, 정보전달 등에 이르기까지 매우 다양했다. 레지스탕스는 군민병(群民兵)인데, 미점령지역의 주민으로서 적이 접근시 민병 또는 의용병을 조직하여 교전자로서 구비해야 할 요건을 구비할 시간적 여유가 없어서 자발적으로 무기를 들고 적군에 대항하는 주민의 집단이다.

비정규군이 교전자로서의 자격을 갖추게 되면 적군에 체포되어도 포로로서의 대우를 받게 되므로 교전자격요건은 그만큼 중요하고, 비정규군은 다음과 같은 일정요건을 구비해야 한다.

민병과 의용병이 교전자로서의 자격을 갖추려면 ① 부하를 위하여 책임을 지는 통솔자가 있으며, ② 멀리서 인지할 수 있는 고착된 특별기장을 달고, ③ 공공연히 무기를 휴대하며, ④ 전쟁법규·관례를 준수할 수 있을 때이다(1907년 헤이그 육전규칙 제1조 제1항 및 제2조). 그리고 군민병이 교전자로서의 자격을 갖추려면 ① 공공연히 무기를 휴대하고, ② 전쟁법규·관례를 준수할 수 있을 때이다(1907년 헤이그 육전규칙 제2조). 조직적인 저항운동 및 민족해방운동이 적대당사국에 의해 정부 또는 당국으로부터 인정되지 않은 경우에도 ① 부하의 행위에 관하여 책임을 지는 지휘관 하에 있고, ② 국제법규에 부합하는 내부적 규율제도에 복종하고 있으면 교전자로서의 자격을 갖는다(1977년 제네바 제1추가의정서 제43조 제1항).

사례연구 194 ▸ 게릴라의 자격요건

베트남은 우리나라처럼 남베트남(자유주의)과 북베트남(사회주의)으로 분단되었던 나라이다. 북베트남이 소련의 지원을 받자 미군이 확전을 우려하여 북베트남을 침공하지 못하고 남베트남에서 게릴라전을 펼친 베트콩만을 토벌하다가 1974년 철수하면서 통일을 이룩하였다. 교전자격이 인정되는 게릴라는 어떤 조건이 필요한가?

▶ 게릴라로서 교전자격을 인정받으려면 전투원은 공격 또는 공격준비를 위한 군사작전에 가담할 경우, 자신을 민간주민과 구별하도록 하여야 할 의무가 있다(1977년 제네바 제1추가의정서 제44조 제3항). 그러나 적대행위의 성격에 의하여 자신을 민간인과 구별할 수 없는 경우에도 매 교전기간 중 및 공격개시 전의 작전전개에 가담하는 동안 적에게 노출되는 기간 중 무기를 공공연하게 휴대하는 경우에는 전투원의 지위를 가진다. 다만, 제1추가의정서는 1949년 제네바 포로협약 보다 오히려 게릴라에 대한 식별요건을 크게 완화함으로써 전통적인 전쟁법상의 기본원칙에도 상반되는 결과를 가져 왔을 뿐만 아니라 민간주민 보호의 강화를 의도한 기본목적에 크게 상반되는 결과를 가져왔다. 따라서 게릴라에게 식별가능한 요건을 요구하지 않는 한, 공공연한 무기휴대의 요건을 엄격하게 부과해야 할 것으로 본다.

Ⅱ 공격목표 선정의 원칙

전쟁의 목적은 국가의 인적·물적 자원을 동원하여 적국을 자국의 의사에 굴복시키는데 있으므로 필요한 모든 해적수단을 동원하는 것은 목적달성을 위해 당연하다, 그러나 해적수단은 무제한일 수 없다(1907년 헤이그 육전규칙

제22조, 1977년 제네바 제1추가의정서 제35조 제1항). 이것은 전쟁법이 추구하는 이념적 측면뿐만 아니라 한정된 인적·물적자원의 효율적인 사용 측면에서도 중요하다.

1. 차별의 원칙

차별의 원칙이란 무력에 의한 해적수단(害敵手段)은 교전자(정규군 및 비정규군) 및 군사시설·물자 등의 합법적인 공격 목표에 한정되어야 하고 민간인 및 무방비(無防備)의 민간시설·물자에 대하여는 이를 행사하여 공격목표의 대상으로 삼을 수 없다는 원칙을 말한다(1977년 제네바 제1추가의정서 제48조). 여기서 "교전자"에 대해서는 앞에서 설명한 그대로이고, "군사시설·물자"란 적의 전쟁수행능력을 돕는 일체의 목표물, 즉 군의 공장, 함선, 항공기 또는 전투용으로 공(供)하는 시설, 기차, 전차, 자동차, 교량 등과 병기, 탄약, 장구(裝具), 기타 기재(器材), 식량, 피복 등이고, 이러한 군사시설·물자를 파괴하는 것이 아군에게 군사적 이익을 가져오는 군사적 중요성이 있는 목표물을 말한다.

교전당사국이 해적수단으로 선택한 수단은 그 의도하는 목적의 달성에 적합한 것이어야 하고(적합성), 해적수단은 목적을 실현하기 위하여 필요 이상으로 행해져서는 안 된다(필요성).

1977년 제네바 제1추가의정서에는 차별의 원칙과 관련하여, 공격의 대상은 엄격히 군사목표물에 한정된다. 물건에 관한 한 군사목표물은 그 성질·위치·목적·용도상 군사적 행동에 유효한 기여를 하고, 당시의 지배적 상황에 있어 그것들의 전부 또는 일부의 파괴, 포획 또는 무용화가 명백한 군사적 이익을 제공하는 물건에 한정된다고 규정하고 있다(제48조). 따라서 민간인, 이미 전투능력을 상실한 전투원과(1907년 헤이그 육전규칙 제23조 제1항 c), 인도상·종교상·위생상의 임무에 종사하는 기관 및 비전투원 그리고 무방비(無防備)의 도시·촌락·건물을 공격목표로 삼을 수 없다. 그리고 공중폭격에 대해 1923년 공전법규안에도 "분명히 교전자에게 군사적 이익을 줄 수 있는 목표만을 공격할 수 있다"고 규정하여 차별의 원칙을 채용하고 있다(제24조).

2. 비례의 원칙

비례의 원칙(또는 상당성의 원칙)이란 상대국을 자국의 의사에 굴복시키기 위한 목적 실현에 필요한 경우라 할지라도 일방교전당사국의 해적행위의 정도는 군사상 필요의 정도와 상당한 균형을 이루어야 한다는 것을 말한다. 즉 무방비(無防備)의 민간시설·물자 등이 군사적 이익을 제공하는 공격목표물인 경우에는 공격의 대상이 될 수 있지만(1977년 제네바 제1추가의정서 제52조 제2항), 이러한 군사적 공격 목표물이라 하더라도 해적행위에 의한 확실하고도 직접적인 군사적 이익 보다 민간인 또는 민간시설·물자의 훨씬 더 많은 피해를 가져올 수 있다면 해적행위를 해서는 안된다.

1977년 제네바 제1추가의정서에는 비례의 원칙과 관련하여, 공격을 계획하거나 결정하는 자는 모든 수단과 방법을 동원하여 공격의 표적이 전투원 또는 기타 합법적인 군사목표로만 구성되어 있어 특별한 보호를 받지 못하는 것을 확인하고, 민간인 살상 및 민간물자에 대한 손상 피해가 너무 과도한 공격을 피하고, 무기의 종류나 공격의 방법을 선택할 수 있으면 부수적인 민간인 살상이나 민간물자 손상 피해를 피하거나 최소화시킬 수 있는 것을 선택하고, 유사한 군사적 이익을 얻을 수 있는 몇 개의 표적을 선택할 수 있는 경우 민간인 사상이나 민간물자 손상에 최소의 위험을 동반하는 표적을 선택하여야 한다고 규정하고 있다(제57조). 그리고 국제연합헌장 제51조 전단에는 국제관습법상의 자위권을 수용하여 자위권을 국가의 고유한 권리로 인정하고 있고 있지만, "무력공격의 발생(행사사유의 통제)"과 "안전보장이사회가 국제평화와 안전의 유지에 필요한 조치를 취할 때까지(행사시기의 재한)"와 함께 자위권행사의 경우 가맹국이 취한 조치는 "즉시 안전보장이사회에 보고(행사적부의 제한)"하도록 규정함으로써 심사를 통해 자위권을 통제하고 있는데, 이것은 자위행동이 필요한 한도를 넘어서 행사되는 것을 방지하려는 목적을 가진 것이다.

Ⅲ 해적수단(害敵手段)과 그 제한

전쟁의 목적은 국가의 인적·물적 자원을 동원하여 적국을 자국의 의사에 굴복시키는데 있으므로 필요한 모든 해적수단을 동원하는 것은 목적달성을 위해 당연하다. 그러나 해적수단은 무제한일 수 없다(1907년 헤이그 육전규칙 제22조, 1977년 제네바 제1추가의정서 제35조 제1항). 즉, 해적행위에 있어서 ⅰ) 적의 전투원을 실명시키는 대인레이저 무기의 사용, 1991년 걸프전에서 미군이 이라크참호를 불도저로 밀어 이라크군을 생매장시킨 사건과 같이 불필요한 고통이나 상해를 가할 수 있는 전쟁의 방법과 수단은 금지되고(불필요한 고통 금지의 원칙), ⅱ) 위에서 설명한 바와 같이 전투원·군사목표와 민간인과 민간시설·물자를 구별하여 무차별 공격과 무차별 무기의 사용은 금지되며(차별의 원칙), 그리고 ⅲ) 후술하는 배신행위 등은 해적행위의 수단과 방법으로 사용할 수 없다. 아래에서는 사람과 장소, 무기의 종류 등에 있어서 허용되는 해적수단과 그의 제한에 대해 설명한다.

1. 사람에 대한 살상(殺傷)

적의 전투원은 이를 직접 공격하여 살해할 수 있다. 적의 전투원을 살상하는 것은 적의 저항을 좌절시키기 위한 것이므로 이미 전투능력을 상실한 자에 대한 살상은 금지된다(1907년 헤이그 육전규칙 제23조 제1항 c). 비전투원은 인도상·종교상·위생상의 임무에 종사하는 기관 및 비전투원의 지위는 그 시설과 함께 존중되어야 한다(1949년 제네바 적십자협약 제12조, 1949년 제네바 포로협약 제33조). 그리고 적에게 체포되었을 경우 모두 포로의 대우를 받는다.

사례연구 195 ▸ 전투능력상실자

X국과 Y국은 치열한 전투 중이다. 이에 X국은 Y국의 저항의지를 무력화시키기 위해 X국의 권력 내에 있는 교전자, 전투능력상실자와 잠재적 교전자인 민간인까지 살상하고 있다. 이는 전쟁법의 위반인가?

▶ 적의 전투원은 직접 공격·살해할 수 있다. 그러나 전투능력상실자로 인정되거나 또는 상황에 따라 그러한 전투원으로 승인되어야 할 전투원은 공격의 대상이 되지 않는다. 여기서 전투능력상실자란 i) 적대국의 권한 내에 있는 자, ii) 투항의 의사를 명백히 표명한 자, iii) 부상이나 질병으로 인하여 의식불명이 되었거나 또는 다른 상태로 무능화되어 자위능력이 없는 자를 말한다(1977년 제네바 제1추가의정서 제41조 제2항). 그리고 민간주민은 군사작전에 기인하는 위험에 대한 일반적 보호를 향유하고 공격의 대상이 되지 않는다(1977년 제네바 제1추가의정서 제119조 참고). 따라서 위와 같은 사례에 대해서는 전쟁법 위반행위로 처벌받게 된다.

2. 도시·촌락(村落)에 대한 공격

무방비(無防備)의 도시·촌락·건물은 육상·해상·공중으로부터의 여하한 수단으로도 공격할 수 없다(1907년 헤이그 육전규칙 제25조, 1977년 제네바 제1추가의정서 제59조 제1항). 다만 파괴 등이 군사적 이익을 제공하는 공격목표물(1977년 제네바 제1추가의정서 제52조 제2항)인 경우에는 공격의 대상이 된다. 즉 이런 공격목표물을 파괴하는 것이 아군의 군사적 이익을 주는 것이 명백하다면 공격목표가 된다.

방비된 지역은 군사목표물 뿐만 아니라 평화적 인민 및 민가 등을 모두 포함시켜 그 전체지역에 대한 공격이 가능하다. 단 공격자는 공격예고조치 및 특수건물보호를 위한 모든 수단을 다하여야 한다(1907년 헤이그 육전규칙 제26조 및 제27조).

사례연구 196 ▶ 문화유적지에 대한 공격

2012년 시리아 내전 중에 반정부 무장세력은 정부군의 공격을 피하기 위해 오래된 성채(성과 요새)들의 벽 뒤에 숨거나 오래된 모스크(이슬람사원)들을 야전병원으로 삼았으나 정부군을 이에 대해 무차별 포격을 가하여 성채와 모스크는 파괴되었다. 이와 같은 정부군의 행위는 전쟁법을 위반하는 것인가?

▶ 방비된 지역에 대해서는 무차별의 공격이 허용되지만 일정한 제한이 있는데, i) 공격부대의 지휘관은 돌격의 경우를 제외하고는 포격을 개시하기 전에 그 지방의 공무원에게 이를 통고하기 위한 모든 수단을 다하여야 한다(1907년 헤이그 육전규칙 제26조). ii) 포격을 할 때는 종교·학술·자선 등의 목적에 사용되는 건물 및 역사상의 기념건조물·병원·부상자의 수용시설 등을 가능한 한 피해를 면하도록 필요한 수단을 다하여야 한다. 단, 이러한 건물이 군사상의 목적으로 사용되는 경우에는 예외이다(같은 규칙 제27조). 다만 전투행위로 인한 인명 피해가 물질적 손실보다 중요하지만, 6천년의 역사와 문명을 보여주는 시리아의 문화재와 유적들은 모든 인류의 공동유산이라고 본다.

3. 금지된 무기

어떠한 무력충돌의 경우라도 당사국의 해적수단 선택권은 무제한적으로 허용되지 않고, 과도한 상해 또는 불필요한 고통을 야기하는 성질의 무기·발사체 및 전투물자와 방법, 자연환경에 대하여 광범위하고 장기적으로 극심한 손상을 주는 전투방법 및 수단은 금지된다(1977년 제네바 제1추가의정서 제35조).

금지된 무기에는 i) 독(毒) 또는 독으로 가공한 무기(1907년 헤이그 육전규칙 제23조 제1항 a), ii) 불필요한 고통을 주는 무기(1907년 헤이그 육전규칙 제23조 제1항 e), iii) 1899년 제1차 헤이그평화회의에서 채택된 「질식성(窒息性)·유독성가스의 살포를 유일한 목적으로 하는 투사물(投射物)의 사용을 금지하는 선언」의 질식성·유독성가스, iv) 질식성·세균적 전쟁방법의 사용(1925년 제네바 독가스 등 금지의정서), iv) 중량 400g 이하의 작열탄(炸裂彈) 및 소이탄(燒夷彈)(1868년 St. Petersburg선언), v) 담담(Dum Dum)탄, vi) 핵무기 등이다. 여기서 핵무기의 사용을 직접적으로 금지한 일반조약은 아직 체결되어 있지 않지만 1961년 11월 24일 UN총회는 핵무기의 사용은 인종과 문명에 대한 범죄를 구성한다는 결의를 채택한 바 있고, 1972년 11월 29일 UN총회에서는 핵무기의 영구사용을 금지하는 결의문을 채택하였다.

사례연구 197 ▶ 베트남전쟁과 고엽제

1964년 베트남 통킹만사건으로 미국이 베트남전쟁에 본격 개입하면서 정글에서 기습적으로 치고 빠지는 베트콩(베트남민족해방전선의 군인)에 놀란 미국은 다이옥신과 같은 독성이 함유되었다는 사실이 밝혀지기 전에 고엽제(枯葉濟)를 대량 살포하였다. 이런 독성물질의 살포는 전쟁법의 위반인가?

▶ 베트남전쟁에서 화학무기의 사용을 계기로 미국 등 몇몇 국가들에 의해 비치사성 최루가스와 고엽제는 국제법상 금지되지 않는 것으로 1925년 제네바 독가스 등 금지의정서를 해석하려 하였다. 그래서 미국은 1975년 같은 의정서 비준시에 고엽제, 폭도진압제의 사용은 그 금지에 포함하지 않는다고 선언하였다. 그러나 다수의 국가들은 이에 반대하여 이것을 반영한 UN총회결의 2603호가 채택되었다. 한편, 미국의 고엽제 살포로 독성의 후유증으로 살포지역의 생태계가 파괴, 교란되었으며, 주민뿐만 아니라 참전군인들에게 각종 질병과 장애가 발생하면서 큰 사회문제로 대두되었다. 베트남전에 참전한 한국군에게서도 집단적인 피해가 발생하였다.

4. 전시위계(戰時僞計)와 간첩 · 전시반란 · 전사(軍使)

(1) 전시위계

전시위계란 교전 시에 적을 오도(誤導)하기 위하여 행하는 술책을 말하고, 배신행위와 기계(奇計)가 있다.

배신행위란 국제조약 또는 국제관습법에 의해서 금지되고 있는 행위나 명시적 · 묵시적 약속에 반하는 행위를 이용하여 적을 착오에 빠지게 하는 행위로, 예컨대, 적십자기장 부착, 적국 또는 중립국의 국기 · 표장 · 제복 착용, 백기의 부당한 사용, 특별한 보호를 받는 의료표시 · 문화재표시, 민간인이나 비전투원으로의 위장, 의무수송 · 민간인수송 · 포로수송으로의 위장 등이 있다. 반면에 기계(奇計)란 교전국 군대가 작전수행 상의 이익을 위하여 제반법규에 위반하지 않는 범위 내에서 적을 과오에 빠뜨릴 목적으로 하는 모든 행위로, 예컨대, 기습공격, 적신호의 역이용 등이 있다.

다만 간접적인 해적수단이라 할 수 있는 전시위계는 원칙적으로 국제법상 금지되지만(1907년 헤이그 육전규칙 제23조f, 1977년 제네바 제1추가의정서 제37조~제39조), 기계(奇計)는 적법한 위계가 된다(1907년 헤이그 육전규칙 제24조, 1977년 제네바 제1추가의정서 제37조 제2항).

(2) 간첩

간첩(spy)은 교전자의 작전지역 내에서 상대교전자에게 통보할 의사로써 은밀히 또는 허위의 구실 하에 행동하여 정보를 모집하거나 모집하려는 자이고(1907년 헤이그 육전규칙 제29조), 간첩은 국제법상 금지되어 있는 것은 아니지만 적국에 생포되면 포로의 대우를 받지 못하고 처벌을 받는 것이 일반적이다(1949년 제네바 민간인보호협약 제5조 및 제68조 등).

(3) 전시반란

전시반란이란 교전당사국의 영역・점령지・작전지대 내에 있는 적국인 또는 중립국인이 적국을 이롭게 할 목적으로 행하는 이적행위를 말한다. 이는 반드시 작전지대 내 또는 현행 중이 아니라도 처벌된다는 점에서 간첩행위와 구별된다. 전시반란자는 전쟁법규상 특별한 명문의 규정은 없으나 국제관습법상 국내법에 의해 전시반란죄로 처벌할 수 있다. 우리 군형법에서도 작당(作黨)하여 병기를 휴대하고 반란을 일으킨 사람에 대해 처벌하도록 규정하고 있다(제5조).

(5) 군사(軍使)

군사란 일방교전자가 항복의 권고, 적대행위의 중지, 포로교환 등의 비적대적 교섭을 위하여 또는 기타의 구두명령이나 문서를 타당 교전자에게 전달하기 위하여 군지휘관의 명령에 의해 백기를 들고 오는 자를 말한다(해전에서는 백기 게양).

사례연구 198 ▶ 군사(軍使)의 지위

X국과 Y국간에 치열한 전투가 진행되었지만, 이제 Y국은 병력이나 군수물자가 부족한 상태이다. 이를 알게 된 X국에서는 Y국에게 항복을 권유하기 위해 A 상병을 전사(軍使)로 지정하여 백기를 들고 Y국 지역으로 들어가다가 적군에 의해 사살되었다. 이런 Y국의 행위는 전쟁법의 위반인가?

▶ 군사는 그 수행원(통역 등)과 더불어 불가침권이 인정되고(1907년 헤이그 육전규칙 제32조), 고의적인 직접사격을 받지 않는다. 그러나 이를 발견한 교전자는 전반적인 사격을 중지해야 할 의무는 없기 때문에 전사가 그 임무수행 중 사살되어도 항의할 수 없다. 다만 오늘날 전사의 임무는 라디오, TV, 항공기로부터의 전단살포로 대체되는 경향이 증가하고 있다.

5. 전시점령(戰時占領)

전시점령이란 전시 중 일방 교전당사국 군대가 타당 교전당사국 일부 또는 전부를 사실상 지배 하에 두는 것을 말한다(1907년 헤이그 육전규칙 제42조 제1항). 전시점령은 사실상 지배의 효과를 갖기 때문에 점령국은 국제법규가 금지하고 있는 사항을 제외하고는 점령지의 질서유지를 위해 군사적·현실적 통치권을 행사할 수도 있다. 즉 점령군은 점령지의 주민을 직접 지배하고 점령지의 재산을 일정한 범위 내에서 사용·수익·처분할 수 있고, 필요한 법령을 시행할 수 있다. 다만, 점령군은 점령지 국가의 법률·명령을 존중해야 하고(1907년 헤이그 육전규칙 제43조), 주민의 기본권은 우편의 검열, 언론기관의 통제 등 일정한 경우를 제외하고는 존중되어야 한다(제46조 제2항).

제2절 해전법규

I 교전자(交戰者)

육전(陸戰)에서는 개인이 전투단위이고 교전자격자이지만, 해전(海戰)에서는 군함이 전쟁단위이며 교전자격자이다.

군함은 국가의 해군에 소속하는 선박으로 그 국가의 군함임을 표시하는 외부표식을 게양해야 하며 정부에 의해 정식으로 임명되고 그 성명이 해군명부에 기재되어 있는 정규해전장교의 지휘 하에 있고, 해군법규에 복종하는 승무원이 배치되어 있는 선박을 말한다(해양법협약 제29조).

사례연구 199 ▶ 군함 승무원의 표식

X국과 Y국간의 전쟁 중에 Y국 군함이 X국 Z시 항구에 입항하였다. 군함은 외부표식을 해야 하는데, Y국 A승무원은 Y국 표식없이 X국 육지로 하선한 후 적대행위를 하였다면 전쟁범죄인으로 처벌되는가?

▶ 군함의 승무원은 군함 내에 있는 한 반드시 개별적인 표식을 하지 않아도 교전자로 인정되어 적에게 체포되었을 경우에 포로의 대우를 받는다. 그러나 개별적 표식을 하지 않은 승무원의 육상에서의 적대행위는 전쟁범죄를 구성하고, 비록 개별적인 표식을 하였더라도 교전자격없는 선박(예컨대 상선) 내에 있는 승무원의 적대행위는 전쟁범죄를 구성한다.

그리고 상선은 앞에서 설명한 국제해양법상의 군함의 요건 등에 합치될 경우(정확한 요건은 1907년 「개전시 적상선(敵商船)의 취급에 관한 조약(제6호 조약)」 참고)에 군함으로 변경시킬 수 있고, 교전자격이 인정되며, 그 승무원도 군함 승무원의 지위와 동일하다.

Ⅱ 해적수단(害敵手段)과 그 제한

해전에 있어서의 해적수단도 무제한이 아니며 육전의 경우와 마찬가지로 일정한 제한이 있다.

1. 선박에 대한 공격

군함과 기타의 공선(公船)은 교전국의 영해 또는 공해에서 경고없이 공격할 수 있으나, 중립국의 영해 상에서의 공격은 금지된다. 그러나 군함 또는 공선이라 할지라도 학술·종교 또는 전애(傳愛)의 임무에 종사하는 선박, 군용병원선, Cartel선(예컨대 포로교환선, 적과의 공적 통신을 수송하는 선박 등), 조난선 등은 공격으로부터 제외된다. 일반사선은 교전자격자가 아니므로 즉시 공격할 수 없다(런던조약 제2조).

사례연구 200 ▶ 공격할 수 없는 공선(公船)

X국과 Y국간의 전쟁 중인데, X국 영토 내에 Y국 국민이 억류되어 있다. 인도적 차원에서 X국은 Y국과의 협정에 의해 허가를 받고 Y국 국민구호물품을 X국 공선으로 운송 중에 있었는데 Y국의 군함의 공격을 받고 침몰하였다면 이는 전쟁법 위반인가?

▶ 제2차 세계대전 중(1945. 4. 1.) 일본 와이미루호(號)는 연합국과의 협정에 따라 안전 운항을 보장받는 권리증을 얻어 일본에 억류된 연합국 국민의 구호품을 운송하던 중 미국 잠수함에 의해 격침되었는데, 미국정부는 전쟁법규 위반을 인정하였다(1949. 4. 1. 미·일협정).

2. 해안에 대한 공격

1907년 헤이그 전시해군포격협약은 군함에 의한 해안, 도시에 대한 포격에 관해 육군에 의한 공격의 경우와 마찬가지로 무방비지역과 방비지역을 구분하여 규정하고 있다.

무방비(無防備)의 항구・도시・촌락・건물은 포격할 수 없고(제1조 제1항), 항구의 전면에 자동촉발수뢰(自動觸發水雷)를 매설하였다는 사실만으로는 포격할 수 없다(같은 조 제2항). 그러나 다수의 국가들은 이것을 방비된 지역이라 하여 제1조를 유보하였다. 무방비지역이라도 군사상의 공작물・병기 및 군용자재의 저장소, 적의 함대, 적군의 사용에 제공될 공장 및 시설은 포격할 수 있다(제2조 제1항).

방비된 지역에 대한 공격 즉, 육군 또는 해병대의 점령 작전을 엄호하여 함포사격을 감행하는 경우에 육전의 경우와 마찬가지로 무차별공격이 허용된다. 그러나 지휘관은 육전과 마찬가지로 포격을 할 때는 종교・학술・자선 등의 목적에 사용되는 건물 및 역사상의 기념건조물・병원・부상자의 수용시설 등이 군사상의 목적으로 사용되는 경우를 제외하고는 가능한 한 피해를 면하도록 필요한 수단을 다하여야 하고(제5조), 군사상 피할 수 없는 경우를 제외하고는 포격 개시 전에 지방 공무원에게 포격을 통고하기 위한 모든 수단을 다하여야 한다(제6조).

3. 금지된 무기

앞에서 설명한 1907년 제네바 육전규칙에서 금지된 무기는 해전에서도 사용할 수 없다. 해전에서 특히 금지되는 무기는 ⅰ) 부설자의 관리를 떠난 후, 적어도 한 시간 이내에 무해한 것으로 되지 않는 무계류자동촉발수뢰(無繫留自動觸發水雷), ⅱ) 계류(繫留)를 떠난 후 즉시 무해한 것으로 되지 않은 계류자동촉발수뢰(繫留自動觸發水雷), ⅲ) 명중하지 않은 경우에 무해한 것으로 되지 않는 어형수뢰(魚形水雷)(이상, 1907년 자동촉발해저수뢰의 매설에 관한 협약 제1조), ⅳ) 오직 상업상의 항해를 차단할 목적으로 적의 연안 및 항구의 전면에 자동촉발수뢰를 부설하는 것(제2조), ⅴ) 계류자동촉발수뢰를 사용할 때에는 평화적 항해의 안전을 확보하기 위한 모든 수단을 다할 것, 그리고 일정기간 후에는 무해한 것으로 되는 장치를 할 것(제3조) 등이다. 이와 같은 특별한 규정을 둔 이유는 항해하는 선박과 접촉하면 자동적으로 폭발하는 수뢰는 중립국 선박의 안전해항을 해칠 위험성이 많기 때문에 그 사용을 금지한 것이다.

4. 전시위계(戰時僞計)

해전에서도 육전에서와 마찬가지로 전시위계 중 배신행위는 금지되고, 기계(奇計)는 적법한 위계가 된다. 군사기(軍使旗), 적십자기, 휴전기를 부당하게 사용하거나 교전국의 병원선이 적십자의 휘장을 걸고 군사적 작전을 수행하는 것 등은 명백한 배신행위가 된다. 그러나 교전국의 군함이 적선에 접근하기 위해 또는 그것으로부터 이탈하기 위해 중립국 또는 적국의 기장(旗章)을 게양하는 것은 기계행위로써 적법하다. 단, 공격개시, 임검, 수색, 나포 등을 행할 때에는 반드시 자국의 기장을 게양해야 한다.

사례연구 201 ▶ 적법한 위계와 위법한 위계

X국 A군함은 P국 국기를 걸고 T국에 들어가 정박 중이던 Z국 B군함에 돌진한 다음, P국의 국기를 내리고 X국 국기를 게양한 후 공격을 시작하여 Z국 B군함을 침몰시켰다 이는 적법한 공격인가?

▶ 제1차 세계대전 중 독일의 엠덴호(Emden)는 일본 국기를 걸고 말레이시아 페낭항에 들어가 정박 중이던 러시아 군함 젬슈그호(Zhemshug)에 돌진한 후 일본의 국기를 내리고 독일 국기를 게양한 후 공격을 시작하여 러시아 군함 젬슈그호(Zhemshug)를 침몰시켰는데, 이 행위는 기계로써 합법적인 것으로 인정되었다. 이에 반하여 독일의 순양함 슈페호(Admiral Graf Spee)가 프랑스 국기를 게양한 채로 서아프리카해안에서 영국의 화물선 트레바니안호(Trevanion)를 공격한 행위는 국제법 위반으로 비난을 받고 있다.

Ⅲ 해상포획(海上捕獲)

해상포획이란 전시에 교전국의 적국 또는 중립국의 선박이나 화물을 해상에서 포획하는 것을 말하는데, 해상포획은 현대전이 경제전 양상으로 나타남에 따라 점차 중요성이 더해지고 있다.

해상포획권을 행사할 수 있는 주체는 교전당사국의 군함에 한하고, 사선은 포획권을 행사할 수 없다.

육전법규에서는 원칙적으로 사유재산을 몰수할 수 없지만, 해전법규에 의하면 적선은 공・사유를 막론하고 포획권이 있고, 화물은 전시금제품에 해당하지 않는 한 선박 내에 있는 경우에만 포획・몰수할 수 있다(1850년 파리선언 제2항 및 제3항).

사례연구 202 ▶ 해상포획할 수 없는 선박

해상포획은 특히 중립국의 이익에 중대한 영향을 미치므로 과거 수세기 동안 교전국과 중립국간의 분쟁원인이 되는 경우가 많았다. X국과 Y국은 전쟁 수행 중에 있는데, X국 군함은 중립국인 Z국의 병원선을 해상포획하였다. 이는 적법한가?

▶ 적선과 선박 내의 화물은 원칙적으로 포획할 수 있다. 그러나 i) 카르텔호(號)(국제관습법), ii) 교전국의 병원선(1949년 제네바 해상협약 제22조), iii) 학술・종교・전애(傳愛)의 임무에 종사하는 선박(1907년 헤이그 포획권행사제한조약 제4조), iv) 전적으로 연안어업 및 지방적 항해에 사용하는 선박(제2조), v) 중립국선박・적선의 우편서신(제1조), vi) 최후의 항을 출발하여 개전 사실을 알지 못하고 적항에 입항한 선박 및 화물(1907년 헤이그 적상선취급조약 제1조 제2항, 제4조 제1항), vii) 적과의 무역에 관한 특별허가를 교전국으로부터 받은 허가선(국제관습법), 조난선(국제관습법) 등은 포획할 수 없다. 따라서 X국 군함은 1949년 제네바 해상협약(제22조)을 위반한 불법행위이다.

제3절 공전법규

공전법규에 관한 법규는 공전(空戰)의 역사가 짧기 때문에 1923년 공전법규안(空戰法規案, Draft Code of Warfare)이 있을 뿐 극히 불충분하고, 육전법규 또는 해전법규를 유추하여 적용한다.

Ⅰ 교전자(交戰者)

정규의 교전자는 군용항공기이고(공전법규안 제13조), 군용항공기는 그 국적 및 군사적 성질을 표시하는 외부표식을 하여야 한다(제3조). 군용항공기의 탑승원은 그 항공기로부터 떠난 경우에 먼거리에서 인식할 수 있는 고착된 특수기장을 하여야 한다(제13조).

비군용항공기는 공항공기나 사항공기를 막론하고 군용항공기로 변경할 수 있으나, 자국의 관할 내에서만 할 수 있고, 공해에서는 할 수 없다(제9조).

Ⅱ 해적수단(害敵手段)과 그 제한

공전에 있어서의 해적수단도 무제한이 아니며 육전과 해전의 경우와 마찬가지로 일정한 제한이 있다. 공전도 전쟁법의 3대 기본원칙에 지배됨은 물론이고, 공전 특유의 기본원칙에 부합하도록 수행하여야 한다. 즉, ① 평화적 인민에 대한 폭격 및 고의적인 공격은 국제법에 반한다는 원칙, ② 공중으로부터의 조준의 표적은 군사적 목표에 한하여야 한다는 군사목표주의의 원칙, ③ 군사적 목표를 공격할 때에는 평화적 인민이 희생당하지 않도록 주의해야 한다는 합리주의의 원칙이 그것이다(1938년 국제연맹총회 결의).

1. 항공기에 대한 공격

군용항공기는 육・해・공군으로부터 즉시 공격의 대상이 된다. 그러나 전투능력을 상실했거나, 상병자나 포로를 수송하거나, 항복의 신호를 해오는 항공기 등은 군용항공기라도 공격할 수 없다. 비행 능력을 상실한 항공기로부터 낙하산으로 도피하는 자에 대하여는 그 강하 중에 공격의 대상이 되지 않으며, 적대국에 의하여 지배되는 영역에 도달하는 즉시 그가 적대적 행위에 가담하고 있음이 분명하지 않는 한, 공격의 대상이 되기 전에 항복할 기회가 부여되어야 한다. 단, 공수부대는 여기서 제외된다(1977년 제네바 제1추가의정서 제42조).

비군용항공기는 자국관할 내에서 비행하는 경우에는 적군용기가 접근하여 올 때까지 가장 가까운 적당한 장소에 착륙 또는 착수(着水)하지 않는 한 공격을 받는다(공전법규안 제23조). 적십자기는 공격할 수 없다.

2. 폭격

공중폭격에 대해 1923년 공전법규안 제24조는 "분명히 교전자에게 군사적 이익을 줄 수 있는 목표만을 공격할 수 있다"는 군사목표주의를 채택하고 있다. 그 구체적인 목표는 군대, 군사공작물, 군사상의 건설물 또는 저장소, 병기・탄약이나 명백히 군수품의 제조에 종사하는 것을 형성하는 중요한 것, 군사상의 목적에 사용하는 교통선이나 수송선 등이다(제24조 제2항).

사례연구 203 ▸ 민간인 거주지역에 대한 폭격

X국은 A반란단체와 교전상태에 있고. A반란단체는 일부지역을 함락하여 사실상 지배하고 있다. 그런데 X국을 지원하는 Y국과 그 연합군은 전선도 아니고 적군의 징후도 없는 민간인 거주지역을 폭격하여 민간인 수백명이 사망하거나 부상을 당하였다. 그런데 Y국 및 그 연합국은 어쩔 수 없는 선택이었다고 주장하는데 이는 정당한가?

▶ 공전(空戰)의 역사가 짧기 때문에 육전법규 또는 해전법규를 유추하여 적용해야 하는데, 육전에 있어서 무방비(無防備)의 도시・촌락・건물은 육상・해상・공중으로부터의 여하한 수단으로도 공격할 수 없다(1907년 헤이그 육전규칙 제25조, 1977년 제네바 제1추가의정서 제59조 제1항). 특히 1923년 공전법규안(空戰法規案, Draft Code of Warfare)에는 군사목표라도 평화적 인민에 대하여 무차별폭격을 하지 않으면 폭격할 수 없는 경우에도 폭격을 피하도록 하는 초안을 만들었다(제24조 제3항). 이 초안은 정식 국제협약으로 채택되어 있지는 않지만 국제관습법을 형성한다고 본다. 따라서 Y국과 그 연합국의 민간인 거주지역에 대한 폭격행위는 전쟁법 위반행위로 본다.

3. 금지된 무기

공전의 경우에는 해전과는 달리 특별히 금지되어 있는 무기는 없다. 육전에 있어서 금지되어 있는 무기는 공전에서도 원칙적으로 금지된다. 그러나 육전에 있어서는 중량 400g 이하의 작열탄(炸裂彈) 및 소이탄(燒夷彈)은 금지된 무기이지만(1868년 St. Petersburg선언), 공전에서는 항공기에 의한 또는 항공기에 대한 예광탄(曳光彈)・소이탄 또는 폭발성있는 투하물을 사용하는 것은 금지하지 않는다(공전규칙안 제18조). 그 이유는 공전에 있어서는 항공기가 전투단위로 되어 있으므로 항공기에 대하여는 폭발성이나 소이성이 없는 탄환은 사실상 그 효과를 거둘 수 없기 때문이다.

Chapter 4

휴전과 전쟁의 종료

제1절 휴전

I 휴전(休戰)의 개념과 종류

1. 휴전의 개념

휴전이란 교전당사국 간의 합의에 의한 적대행위의 일부 또는 전부를 정지하는 것을 말한다(1907년 헤이그 육전규칙 제36조). 적대행위의 정지에 불과하므로 전쟁의 종료와는 구별되어야 한다. 일반적 휴전이 휴전의 장기화로 인하여 전쟁의 사실상의 종료 결과를 가져온다 하여도 휴전의 법적 성격 자체는 전쟁상태로 보아야 한다.

2. 휴전의 종류

(1) 정전(停戰, suspensions of arms)

정전이란 교전당사국의 군대간의 합의에 의해 국지적 군사목적으로만 단기간 적대행위를 정지시키는 것을 말한다. 예컨대 부상자수송, 전사자 매장, 항복교섭, 방비지역으로부터의 철거 등 비정치적 목적을 위한 국지적 휴전의 최소 형태라는 점에서 부분적 휴전과 구별된다. 1907년 헤이그 육전규칙은 정전에 대하여 명시적 규정을 두고 있지 않지만 교전당사국의 지휘관은 비준 없이 이러한 정전협정을 체결할 권한을 갖는다(제37조의 부분적 휴전은 정전을 포함하는 것으로 해석한다). 그러나 어떤 지휘관도 자기의 지휘 하에 있지 않는 병력에 관하여 휴전협정을 체결할 수 없다.

(2) 일반적 휴전(general armistice)

교전당사국 간의 합의로 모든 전투원 및 전투지역에 대하여 적대행위를 정지시키는 것을 말하며, 보통 휴전이라 하면 이것을 의미하는 경우가 많다. 일반적 휴전은 전쟁의 사실상의 종료와 같은 정치적 효과를 가져 오는 것이 보통이므로 교전당사자의 정부·전권위원군총사령관만이 휴전협정의 체결권자가 된다.

(3) 부분적 휴전(partial armistice)

일반적 휴전과 같이 모든 전투원의 전투지역 전체에 대한 적대행위와 정지가 아니라 일부의 전투원·전투지역에 대하여 일시적·국지적 군사목적만으로 적대행위를 정지하는 것이다. 예컨대 식민지에서의 적대행위 정지, 해군에 의한 적대행위 정지 등이다. 부분적 휴전은 상당한 부분의 전투원·전투지역을 대상으로 한다는 점에서 전쟁전반에 정치적 영향을 미친다. 휴전협정은 군총사령관에 의해 합의할 수 있으며, 특별한 규정이 없는 한 비준을 필요로 하지 않는다.

Ⅱ 휴전(休戰)의 종료

휴전의 종료는 두 가지 형태가 있다.

첫째, 휴전기간의 만료 또는 해제조건의 성취이다. 즉 휴전도 일종의 조약이므로 국제법의 일반원칙에 따라 종료된다. 휴전협정에 유효기간이 규정되어 있지 않은 경우, 교전당사국은 언제라도 전투행위를 재개할 수 있지만(1907년 헤이그 육전규칙 제36조 후단), 이때에 휴전조건에 따라야 하며 소정기간 내에 교전당사국에 통보하여야 한다.

둘째, 휴전조약의 위반이다. 일방 교전당사국에 중대한 휴전협정 위반이 있는 경우, 타방 교전당사국은 협정을 폐기할 권리를 가질 뿐만 아니라 긴급한 경우에는 즉각적으로 전투를 개시할 수 있다(제40조).

사례연구 204 ▸ 휴전과 무조건 항복

제2차 세계대전에서 독일과 일본은 무조건 항복을 하였고, 이탈리아, 불가리아, 루마니아 및 헝가리와는 휴전협정에 의해 적대행위가 종료되었다. 무조건 항복은 어떤 법적 의미가 있는가?

▶ 제2차 세계대전 말에는 적대행위의 종료방식에 전통적인 휴전(정전, 일반적 휴전, 부분적 휴전) 이외에 무조건 항복이 채택되었다. 통상의 휴전은 양 교전당사자의 합의의 성격을 갖고 이에 따른 권리·의무를 포괄적으로 규정하고 있는데 반하여, 무조건 항복은 적대행위를 재개하지 않을 묵시적 의무 외에는 승전국의 행동의 자유에 아무런 법적 제한이 부과되지 않음을 특징으로 한다. 즉, 승전국의 일방적 의사표시를 패전국이 승인함으로써 합의가 성립된 것이고, 승전국이 제시한 조건 및 명령을 패전국이 이행해야할 의무를 부담하게 된다.

제2절 전쟁의 종료

Ⅰ 평화조약

평화조약이란 전쟁의 종료를 위한 교전당사자 간의 명시적 합의로, 강화조약이라고도 한다. 전쟁의 종료를 목적으로 하는 조약인 한, 그 명칭이 조약·교환공문·공동성명 등 무엇이든 평화조약이다.

평화조약의 내용은 특정한 원칙은 없지만 일반적으로 ① 적대행위의 중지, ② 점령군 철수, ③ 포획재산의 반환, ④ 포로 송환, ⑤ 국가배상, ⑥ 조약관계 부활 등이 포함된다. 평화조약의 효력이 발생하면 그와 동시에 전쟁상태는 전면적·확정적으로 종결하는 것이 원칙이므로 교전당사국 간에는 평시의 법률관계가 회복되고, 제3국과의 중립관계도 당연히 해제된다.

Ⅱ 적대행위의 중지

적대행위의 중지란 교전당사국이 정식으로 휴전도 강화도 하지 않고 사실상으로 모든 적대행위를 금지함으로써 평화관계를 회복하는 것이다. 즉 교전국간의 묵시적 전쟁종료방식이다. 1716년 스웨덴·폴란드전쟁 등 과거의 전쟁종료 방식이었지만 현재는 찾아 볼 수 없다.

Ⅲ 전쟁상태 종료선언

전쟁상태 종료선언이란 일방 교전당사국이 타방 교전당사국에게 교전당사국 쌍방 간의 전투상태가 종료하였음을 선언하는 일방적 행위를 말한다. 제1

차 세계대전 이후 평화조약이 체결되지 않는 경우의 전쟁종료방식으로 각국의 관행에 의해 채용되었다.

사례연구 205 ▶ 전쟁상태 종료선언

X국과 그 연합군 그리고 Y국과 그 연합군 간의 전쟁이 발발하였으나 마침내 X국과 그 연합군의 승리로 종식되고, 승전국과 패전국간의 강화조약을 체결하려 하였으나 X국은 그 강화조약의 내용에 불만이 있다. 이 경우 X국은 적대행위의 중지 이외에 전쟁종료 방식으로는 무엇이 있는가?

▶ 제1차 세계대전 이후 미국과 중국은 각각 국제연맹규약 및 산둥조항에 반대하여 베르사이유조약에 서명하지 않고 전쟁상태 종료선언을 통해 독일과 전쟁을 종료한 후 단독평화조약을 체결하였고, 제2차 세계대전 후 영국은 오스트리아에 대하여, 영국·미국·프랑스·소련 등 4개국은 독일에 대하여, 인도·버어마(현, 미안마)·유고·이탈리아는 일본에 대하여 전쟁상태 종료선언을 함으로써 전쟁을 종료시켰다. 다만 일방적 선언만으로 교전당사국의 전쟁상태를 확정적으로 종료시키는 것은 곤란하며 타방 당사국의 합의를 추정할 수 있는 행위가 존재해야만 전쟁종료의 효과가 완성된다고 본다. 1956년 미·소공동성명, 1972년 미·중공 양국정부의 공동성명은 합의에 의한 전쟁상태 종료를 선언한 것이다.

Chapter

5 전쟁범죄와 전쟁희생자

제1절 전쟁범죄

I 전쟁범죄의 의의

전쟁범죄란 '무력행사와 관련하여 행해지는 국제법에 위반하는 개인의 가벌적 행위'라고 정의할 수 있는데, 종래부터 인정되어 온 '통상의 전쟁범죄'(전시범죄)와 제2차 세계대전 이후에 인정된 '새로운 전쟁범죄', 즉 '인도에 관한 죄'와 '평화에 관한 죄'로 구분된다.

1. 전시범죄(戰時犯罪)

전시범죄란 전쟁법규의 위반, 특히 해적수단에 관한 전쟁법규를 위반한 개인에 대해 타방 당사국이 처벌하는 것을 말한다. 즉, 전쟁 그 자체의 개시·수행에 관한 범죄가 아니라, 일단 개시된 전쟁에 있어서 전쟁법규에 위반한 행위를 말한다. 전시범죄는 전쟁의 수행에 관한 절차적 성격을 갖는 전쟁법규의 위반행위를 대상으로 하고, 전시행위를 전제로 한 것이다.

2. 새로운 전쟁범죄

새로운 전쟁범죄란 제2차 세계대전을 거치면서 침략전쟁이 위법화됨에 따라 전쟁금지를 위반한 행위에 대하여 개별적 책임을 묻는 새로운 전쟁범죄가 논의되어 왔는데, '인도에 관한 죄'와 '평화에 관한 죄'가 그것으로, 전자는 침략전쟁의 개시·수행을 말하고, 후자는 민간주민에 대한 비인도적 행위를 말한다. 새로운 전쟁범죄는 전쟁의 개시·수행에 관한 실체적인 국제법 규범의 위반행위를 대상으로 하고, 전시뿐만 아니라 평시의 행위에 대하여도 성립될 수 있다.

Ⅱ 전쟁범죄의 구성행위

1. 통상의 전시범죄(戰時犯罪)

통상의 전시범죄를 구성하는 행위로는 ① 교전국의 병력에 속하는 자의 전쟁법규 위반, ② 병력에 속하지 않는 자의 적대행위, ③ 약탈(掠奪)행위, ④ 간첩 및 전시반란 등이 있는데, ④ 간첩 및 전시반란은 앞에서 설명한 그대로 이고, 나머지에 대해 설명한다.

(1) 교전국의 병력에 속하는 자(전투원)의 전쟁법규 위반

전시범죄의 고전적 행위로써 i) 독 또는 기타 금지된 무기 및 불필요한 고통을 주는 무기의 사용, ii) 전투능력상실자의 살상, iii) 민간주민·재산에 대한 살상·파괴, iv) 포로·상병자·민간주민에 대한 비인도적 대우, v) 무방비의 도시·병원선 공격, vi) 배신행위, vii) 항복규약 위반행위, viii) 예고 없는 포격, ix) 적십자조약 위반, x) 투항하는 적의 살생행위, xi) 종교·예술·학술·자선에 사용되는 건물, 역사적 기념물, 병원 등에 대해 손해를 면하기 위한 모든 수단을 다하지 않는 공격 및 포격·폭격 등이 이에 속하는 것으로 볼 수 있다. 한편 뉴른베르그 국제군사재판소헌장에는 전쟁범죄를 '전쟁법규·관습의 위반행위'라고 정의하고(제6조b), 점령지역 주민의 살해·학대 및 노비노동 기타 목적을 위한 민간주민의 강제추방도 포함시키고 있다(극동국제군사재판소 조례 제5조b 포함).

(2) 병력에 속하지 않는 자(비전투원)의 적대행위

국제법상 비전투원에 의한 적대행위는 전시범죄를 구성하며 이에 대한 제한은 없다. 예컨대, 적병력이 진입해 올 때, 이에 대한 적대행위를 하는 경우나 피점령지역 주민이 점령군에 대하여 적대행위를 하는 경우 등이다. 다만, 민병·군민병·저항운동단체의 요건을 구비하면 전시범죄를 구성하지 않는다.

(3) 약탈(掠奪)행위

전장(戰場)에서 전진·후퇴하는 군대를 따라 다니면서 군용물을 취득하는 행위이다. 이는 흔히 전투행위가 아니기 때문에 교전법규 위반이 아니지만, 군의 안전을 위태롭게 할 수 있는 행위가 되기 때문에 교전당사자는 이를 처벌할 수 있다.

2. 새로운 전쟁범죄

(1) 평화에 관한 죄

뉴른베르그 국제군사재판소 헌장 제6조 a항에는 "침략전쟁 또는 국제조약·협정·보증에 위반하는 전쟁을 계획·준비·착수·실행 또는 이러한 행위를 달성하기 위한 공동계획·공동모의에 참가하는 것"이라고 정의하고 있다(극동국제군사재판소 조례 제5조 a항 포함). 이러한 행위는 전쟁범죄를 구성하여 국제법상 개인도 처벌 대상이 된다.

(2) 인도에 관한 죄

뉴른베르그 국제군사재판소 헌장 제6조 c항은 "범행지의 국내법 위반 여부에 관계없이 전쟁전·전쟁 중에 민간주민에 대한 살해·절종(絕種)·노비화·추방 기타 비인도적 행위, 정치적·인종적·종교적 이유에 의한 박해행위 및 앞의 여러 행위를 위한 공동계획·공동모의에 참가하는 것"이라고 정의하고 있다(극동국제군사재판소 조례 제5조 c항 포함). 이러한 인도에 대한 죄와 관련된 지도자·조직자·교사자·공범자는 전쟁범죄를 구성하여 평화에 관한 죄와 마찬가지로 개인에게도 처벌의 대상으로 삼고 있다.

사례연구 206 ▶ 전쟁범죄인에 대한 국제군사재판소의 판결

제2차 세계대전에 참가한 군인 중 사망자 2,200만명, 부상자 3,400만명 등이 발생하였다고 한다. 그런데 제2차 세계대전이 끝난 후, "유럽추축국의 전쟁범죄인의 소추처벌을 위한 협정"에 따라 독일에는 뉘른베르크 국제군사재판소가 설치되고, 태평양연합군사령관의 "극동군사재판소 설치에 관한 선언"에 따라 일본에서도 극동국제군사재판소가 설치되어 전쟁범죄인을 처벌하였는데, 이때에는 어떤 법이 적용되었는가?

▶ 제2차 세계대전 이후, 전쟁범죄의 범위가 확대되어 종래의 전쟁범죄 외에 '평화에 관한 죄', '인도에 관한 죄'가 첨가되었고, 이를 근거로 전쟁범죄인을 처벌하였다. 이에 대하여, i) 평화에 대한 죄나 인도에 대한 죄는 사후법의 적용이며, 죄형법정주의에 반한다는 점, ii) 전쟁범죄인으로 소추된 개인은 국가의 기관으로서 행동한 것이므로 이를 개인적 책임으로 돌린다는 것은 잘못이라는 점, iii) 재판소의 구성이 연합국측 사람으로만 구성되었다는 점 등의 비판이 있었다. 그러나 제2차 세계대전의 전범자는 국제사회 전체의 이익을 해쳤으므로 여기에 제재를 가하는 것은 국제평화의 유지와 인권보장을 위해 필요한 일이고, 국제법의 발전적 현상으로 평가되기도 하며, 평화에 대한 죄, 인도에 관한 죄 등 자연법의 실제적 요청이 승리한 예라고 볼 수 있다.

Ⅲ 전쟁범죄에 대한 제재

1. 개인에 대한 제재

전쟁법규를 위반한 개인에 대한 제재는 두 가지 형태가 있다. 첫째, 전쟁법규상 전쟁범죄인 소속국에게 제재의무가 부과되는 경우이다. 즉, 개인이 휴전조약을 위반한 경우(1907년 헤이그 육전규칙 제41조), 1949년 제네바 민간인보호협약의 중대한 위반(제146조 및 제147조), 1949년 제네바 포로협약의 중대한 위반(제129조 및 제130조) 등이다. 둘째, 전쟁범죄인을 체포한 적국에 의한 처벌의 경우이다. 즉, 교전당사자는 상대방의 전쟁법규 위반자를 체포하였을 때에 그 행위에 대하여 당연히 처벌할 수 있다. 그러나 간첩은 범행 중에 체포된 경우에 한하여 처벌되고, 전쟁범죄인은 공정한 재판을 받을 권리가 인정되며 즉결처분은 금지된다(1949년 제네바 포로협약 제102조~제107조).

2. 국가에 대한 제재

국가에 대한 제재방법은 두 가지가 있다. 첫째, 전시복구이다. 즉 일방 교전당사국은 타방 교전당사국의 전쟁법규 위반에 대하여 동일한 전쟁법규 위반으로 대응할 수 있다. 국제관습법상 제도인 전시복구는 타방 교전당사국의 전쟁법규 위반행위를 전제로 하는 한 위법성이 조각된다. 둘째, 손해배상이다. 즉 일방 교전당사국의 전쟁법규 위반행위로 인하여 타방 교전당사국에 손해가 발생한 경우, 일방 교전당사국이 이를 배상하는 것으로 합법적인 전쟁을 보장하기 위한 적법한 방법이고, 국제관습법상의 구제수단이다.

사례연구 207 ▶ 국가의 국제책임

X국은 Y국과의 전쟁 중에 투항의 의사를 명백히 표명한 전투원을 전쟁 수행에 방해가 된다는 사유로 포로로 대우하지 않고 사살하였다. 그리고 전쟁과 관련없는 민간 주민을 살해하고 재산을 무차별적으로 파괴하였다. 이와 같은 전쟁범죄에 대한 해당국가의 책임은 무엇인가?

▶ UN국제법위원회가 2001년 채택한 「국제위법행위에 대한 국가책임에 관한 규정 초안」 제1조에는 "국가의 모든 국제위법행위는 그 국가의 국가책임을 수반한다."고 규정하고 있다. 국가책임이 성립하기 위해서는 국가의 고의 또는 과실에 의하여 국제법상의 의무에 대한 위반이 발생하여야 한다. 국가책임의 해제방법으로는 원상회복, 손해배상, 진사(陳謝), 관계자의 처벌, 장래에 대한 보장 등이 있다.

제2절 전쟁희생자

I 포로

1. 개념과 범위

(1) 개념

포로란 전쟁에 의하여 교전당사자의 세력 하에 들어와 자유를 박탈당했으나 국제법 또는 특별협정에 의해 일정한 대우가 보장된 적국민을 말한다. 포로의 대우가 형벌이 아니라는 것은 국제법의 기본원칙이다.

(2) 포로의 범위

1949년 제네바 포로협약은 다음 부류의 하나에 속하는 자로서 적의 권력 내에 떨어진 자라고 규정하고 있다(제1조).

즉, i) 군대의 구성원과 그러한 군대의 일부를 구성하는 민병대 또는 의용병의 구성원, ii) 기타 민병대 및 의용병의 구성원으로서 교전자격이 있는 자, iii) 억류국이 승인하지 않은 정부 또는 당국에 충성을 맹세한 정규군의 구성원, iv) 실제 있어서는 승인하지 않은 정부 또는 군의 허가를 얻어 종군(從軍)하는 자(예컨대, 종군기자, 군용기의 민간인 승무원, 납품업자, 노무대원, 군대복지기관의 구성원), v) 적상선의 승무원(선장, 승무원, 도선사, 견습선원) 및 적민간항공기의 승무원, vi) 군민병의 구성원, vii) 피점령국의 군대에 소속하는 자 또는 그 군대에 소속하였던 자로서 특히 전투에 종사하고 있는 소속부대에 복귀하려다 실패한 경우 또는 억류를 목적으로 행한 소환에 불응한 경우에 그 부대에의 소속을 이유로 점령국이 억류하는 것을 필요로 하는 자, viii) 위의 부류의 하나에 속하는 자로서 중립국 또는 비교전국이 자국영역 내에 수용하고 있고, 그러한 국가가 국제법상 억류함을 요하는 자 등이다.

그 외에도 국가원수, 장관, 외교사절 등과 같이 정치적 요직에 있는 자도 적국에 억류된 때에는 포로로 대우해 주는 것이 관례이다.

사례연구 208 ▸ 게릴라와 포로의 지위

X국과 Y국은 전쟁상태에 있고, X국이 Y국 영토 일부를 점령하고 있다. 이에 Y국 국민 중 A를 비롯하여 수백명이 게릴라전을 펼치고 있다. 그러나 A를 비롯하여 수십명이 X국 군대에 체포되었는데, 포로의 지위를 갖게 되는가?

▶ 1977년 「국제적 무력 충돌의 희생자 보호에 대한 제네바 협정의 제1추가의정서」에는 게릴라로서 교전자격을 인정받으려면 전투원은 공격 또는 공격준비를 위한 군사작전에 가담할 경우, 자신을 민간주민과 구별하도록 하여야 할 의무가 있다(제44조 제3항). 그러나 적대행위의 성격에 의하여 자신을 민간인과 구별할 수 없는 경우에도 매 교전기간 중 및 공격개시 전의 작전전개에 가담하는 동안 적에게 노출되는 기간 중 무기를 공공연하게 휴대하는 경우에 한하여 전투원의 지위를 가진다. 이상과 같이 특별한 요건을 갖출 경우에 포로의 자격을 갖게 된다.

2. 포로의 대우

(1) 일반적 보호

포로는 억류국의 권력 하에 있는 것이지 포로를 체포한 개인이나 군대의 권력 하에 있는 것이 아니다(1949년 제네바 포로협약 제12조). 그러므로 억류국은 개인적 책임과는 별도로 포로에 대한 대우와 관련하여 국가책임을 부담하게 된다. 포로는 항상 인도적으로 대우되어야 하고, 포로는 복구의 대상으로 삼지 않는다(제13조). 포로는 모든 경우에 있어서 그들의 신체와 명예를 존중받을 권리를 가지며, 포로가 될 때에 향유하던 완전한 사법상의 행위능력을 보유한다(제14조). 억류국은 무상으로 포로에 대한 급식을 제공하고 필요한 의료를 제공하여야 한다(제15조). 인종・국적・종교적 신조・정치적 의견・기타의 기준에 의해 차별대우해서는 안 된다(제16조). 또한 정보를 얻기 위해 포로에 대하여 육체적·정신적 고문이나 기타 모든 형태의 강제를 가하지 못한다(제17조).

(2) 억류

억류국은 위생·보건상으로 모든 것이 보장된 지상건물에만 포로를 억류할 수 있으며, 수용소의 청결 및 위생의 확보와 전염병의 방지를 위하여 필요한 모든 위생상의 조치를 취할 의무가 있다(제22조 제1항). 동일 수용소 내에는 국적·언어·관습을 달리하는 포로들을 수용할 수 없다(같은 조 제2항).

(3) 보급

식량·침구·피복의 양과 질은 적어도 억류국의 보충부대를 급양하는 것과 동일한 것이어야 한다(제25조 제1항), 그 밖에 충분한 음료수 공급과 흡연이 허가되어야 하며(제3항), 식량에 의한 집단적 징계는 금지된다(제6항).

(4) 노역·통신·기율(紀律)

억류국은 포로를 노역에 사용할 수 있지만, 장교는 본인이 원하지 않는 한 노역을 강제할 수 없다(제49조~제54조 등). 포로는 서신·소포·전보를 발송·접수할 수 있고, 억류국은 모든 편의를 제공해야 한다(제70조~제73조 등). 그리고 포로는 억류국 군대에 적용되는 법률·규칙·명령에 복종할 의무가 있고, 이를 위반하면 일정한 제재가 부과된다(제82조).

사례연구 209 ▶ 영화 '콰이강의 다리'와 포로의 노역

1942년 태평양 전쟁 당시, 태국 밀림 속에서 영국군 공병대가 일본군 포로수용소로 이송된다. 일본군은 남방작전의 일환으로 병력과 보급품을 수송하기 위해 영국군 포로들을 동원하여 콰이강에 다리를 건설할 계획을 세우고 장교들까지 노역에 투입하려 하였다. 일본군 수용소장 사이토대령은 제네바협약을 들어 이를 거부한 니콜슨대령을 독방에 감금하였고, 니콜슨대령은 이에 저항하다가 군기 유지를 위해 다리 건설에 자신이 직접 나선다. 다리는 완성되고 첫 기차가 통과하던 날, 아군을 살상하기 위해 다리에 설치된 폭발물 도화선을 보고 이를 제거하려다 오히려 쓰러지면서 도화선을 누르게 되고, 다리는 폭파된다. 이상은 1957년 개봉되어 아카데미 시상식에서 작품상 등 7개 부문을 차지한 '콰이강의 다리'의 줄거리이다. 영화 속에서는 장교까지 노역을 시키려 하였는데, 포로의 노역과 제재는 어떻게 되는가?

▶ 억류국은 포로의 양호한 건강상태를 유지하기 위해 포로의 연령·성별·계급 및 신체적 적성을 고려하여 노역시킬 수 있다(제49조 제1항). 그러나 부사관인 포로에 대하여는 감독자로서의 노동만을 요구할 수 있고(제2항), 장교인 포로가 자기에 적합한 노동을 요구한 경우에는 가능한 한, 그 노동을 시켜야 하되 어떠한 경우에도 노동을 강제하지 못한다(제3항). 포로는 군사적인 노무 또는 위험하거나 건강에 유해하거나 품위를 저해시키는 성질의 노무를 강제할 수 없다(제52조). 그리고 포로에 대한 고문·체형(體型)·특수감방수용·연대벌은 금지된다(제85조 및 제86조).

Ⅱ 상병자(傷病者)

1. 의의

상병자란 국적과 관계없이 전투능력을 상실하고 부대의 대열로부터 이탈된 자를 말한다. 상병자의 보호는 1864년 제네바협약을 최초로 하여 1906년 제네바협약에서 육전뿐만 아니라 해전까지 확대하였고, 1929년 제네바협약을 거쳐 1949년 제네바 적십자협약에서 상세한 규정을 두게 되었으며, 1977년 제네바 제1추가의정서는 1949년 제네바 적십자협약의 미비점을 상당히 보완하고 있다.

상병자로서의 대우를 받을 수 있는 자격은 포로자격과 동일하고, 국제전뿐만 아니라 내전에서의 상병자에게도 부과된다(1949년 제네바 적십자협약 제13조 및 1949년 제네바 해상협약 제13조). 특히 1977년 제네바 제1추가의정서는 피보호자의 범위를 대폭적으로 확대시켰다. 즉 부상자, 병자는 군인, 평화적 인민과 관계없이 외상・질환 또는 신체적・정신적 장애 및 무능력으로 인해 의료원조와 간호를 필요로 하는 자, 그리고 임신부, 신생아 기타의 허약자・임산부처럼 직접 의료원조 및 간호를 필요로 하는 자까지 포함시켰다.

2. 상병자 대우

교전당사자는 상병자를 인도적으로 대우하여야 하고, 성별・인종・국적・종교・정치적 신조 또는 기타 이에 유사한 기준에 의하여 차별대우를 해서는 안된다(1949년 제네바 적십자협약 제12조). 상병자의 생명・신체에 대한 위해, 특히 살해・고문・생리적 시험・비위생적 방치가 금지된다(제13조). 적의 세력 하에 들어간 상병자는 포로가 되며, 포로에 관한 국제법규와 상병자 보호에 관한 국제법규가 동시에 적용된다(제14조). 그리고 교전당사자는 상병자를 약탈・학대로부터 보호해야 하고, 전선에서의 부상자의 후송・교환을 위해 필요한 경우 지방적 협정을 체결할 것이 권고된다(제15조). 또한 교전당사자는 교전 후 사상자・병자에 대한 조사를 하고, 수용장소・발견자 성명 및 기타 필요한 사항을 신속히 통지하여야 한다(제16조).

3. 의무부대와 병원선

교전당사국은 의무부대와 병원선을 보호・존중하고 포획해서는 안 되고(1949년 제네바 적십자협약 제19조 및 1949년 제네바 해상협약 제22조), 자체방위를 위해 무장할 수 있으나 전투원 보호・간첩행위・공격용무기 은폐 등 해적행위를 하는 경우에는 보호받지 못한다(1949년 제네바 적십자협약 제21조 및 1949년 제네바 해상협약 제34조).

사례연구 210 ▸ '백의의 천사' 나이팅게일

1854년. 프랑스와 영국의 연합국은 러시아의 군함이 지중해로 나올 수 있는 전략적 요충지인 크림반도의 요새인 세바스토폴을 빼앗기 위해 군대를 투입하였고, 참혹한 전쟁으로 인해 군인들의 사망자가 대폭 늘었다. 이에 나이팅게일은 간호사를 이끌고 전쟁터에서 상병자를 돌보아 많은 병사들을 구해 내었고, 은닉된 군사물자, 친지들의 도움을 받아 군대 간호시설 발전에 커다란 기여를 하였다. 전시에 의무요원은 어떤 대우를 받게 되는가?

▶ 의무요원은 상병자의 수용·운송·치료에 전적으로 종사하는 자 또는 본국으로부터 정식으로 인정된 구제단체의 인원을 말한다. 즉, 교전당사국에 의해 부상자, 병자 및 조난자 등의 수색·수용·운송·진료 및 치료 또는 병자의 예방을 위해 목적의 수행이나 의무부대의 병원선의 관리 또는 의무수송기관의 운영 및 관리 등에 전속된 자를 말하는데, 어떠한 경우에도 의무요원은 보호·존중된다(1949년 제네바 적십자협약 제9조). 그리고 이들은 적의 세력 하에 들어가도 포로가 되지 않고, 적국의 동일계급자 또는 대등한 인원과 동등한 대우를 받는다(제10조~제13조).

Ⅲ 사자(死者)와 행방불명자

1. 사자(死者)

사자(死者)는 1949년 제네바 포로협약에 의하여 포로자격이 있는 자로서 사망한 자를 말한다.

교전당사국은 그 세력 하에 들어온 사자에 대하여 식별에 사용될 명세를 가능한 한 조속히 기록하여야 하고, 그 기록에는 소속국, 군의 명칭, 부대명칭, 군번, 성별, 성명, 출생지, 신분증, 인식표에 기재한 기타 명세, 사망일시·장소, 사망원인 등이 포함된다. 교전당사국은 사망증명서 또는 사망자명부를 작성, 사자의 유서, 중요한 서류, 기타의 내재적·감정적 가치가 있는 물품과 함께 포로정보국을 통해 교환한다(1949년 제네바 포로협약 제16조). 교전당사국은 위생상 절대로 필요한 경우 및 사자의 종교에 기인한 경우 이외에는 화장할 수 없다(제17조 제2항).

사례연구 211 ▸ 전사자에 대한 유해발굴권

국방부 유해발굴감식단 홈페이지 메인화면(2025. 2.)에는 "그들을 조국의 품으로 … 마지막 한분을 모시는 그날까지 … 결코 잊지 않겠습니다."가 나온다. 우리 정부는 6.25전쟁 당시 나라를 위해 하나 밖에 없는 목숨을 바쳤으나 미처 수습되지 못한 채 아직도 이름 모를 산야에 홀로 남겨진 12만 3천여 위의 호국용사들의 유해를 조국의 품으로 모시는 국가적 숭고한 호국보훈사업인 '유해발굴사업'을 추진하고 있다. 전쟁이 종료된 후, 일방교전당사국은 타방당사국에게 유해발굴권을 부여해야 하는가?

▶ 교전당사국은 전쟁 중에 사망한 자의 유골을 존중하고 묘지의 유지 및 보호와 표시 등을 수행할 의무를 지며, 전쟁종료 후 유족에게 묘지의 유지 및 사체발굴의 권리를 부여하여야 한다(1977년 제네바 제1추가의정서 제34조).

2. 행방불명자

행방불명자란 1949년 제네바 포로협약에 의하여 포로자격이 있는 자로서 행방이 불명한 자를 말한다. 행방불명자의 유족들은 자기 친족의 운명에 관하여 알 권리가 있다(1977년 제네바 제1추가의정서 제32조). 따라서 교전당사국은 행방불명자에 관한 정보를 이익보호국 또는 국제적십자위원회의 중앙심인(尋人)사무소를 통해 전달하여야 하며, 행방불명자를 탐색하기 위해 모든 노력을 다하여야 한다(제33조).

한편 우리 민법에서의 실종선고 기간은 전쟁, 선박, 항공기 추락 등에 의한 재난으로 실종된 경우에는 1년이고, 그 밖의 사정에는 5년이 경과하여야 한다(제27조).

사례연구 212 ▶ 관련사항 ; 사실의 의제와 실종선고

1) A중사는 아내와 두 명의 자식을 두고 있다. A중사는 월남전에 파병되어 소속부대원과 함께 작전지역에 투입되어 많은 적을 무찔렀으나, 아군도 많은 피해를 입었고 몇 명의 아군과 함께 A중사가 돌아오지 않고 있으며, 생사도 알 수 없었다. 5년이 넘도록 A중사의 생사를 알 수 없으므로 가족들은 여러 가지 곤경에 빠졌는데, 가족들이 A중사의 재산의 일부를 팔아 생활비로 쓰고자 하는데 이는 가능한가? 2) 그리고 만약 A중사에 대한 생사를 알수 없는 상태에서 5년이 지나 그의 부인B가 다른 사람과 결혼하였는데 A중사가 살아 돌아왔다면 법률관계는 어떻게 되는가?(위 사례는 전쟁법과 관련은 없지만 '의제', '간주', '본다'라는 법문이 전쟁법 등에서 많이 사용되므로 설명하고자 함)

▶ 사실의 의제란 그 사실의 진실여부와는 관계없이 법에 의하여 일정한 효과를 부여하는 것을 말하고, 법규에서 주로 '… 으로 본다' 또는 '… 으로 간주한다'고 규정하고 있는 것이 보통이다. 어떤 이유로 인하여 생사불명상태가 장기간에 이르러 사망의 개연성이 크지만, 그렇다고 사망의 확증도 없는 경우가 있다. 이런 경우에는 일정한 조건하에 가족, 재산관리인, 채권자와 같은 이해관계인 또는 검사가 법원에 실종선고를 청구하여 사망한 것으로 간주하는 제도가 있다. 전쟁, 선박, 항공기 추락에 의한 재난으로 실종된 경우에는 1년이고, 그 밖의 실종에는 5년이 경과되어야 한다(민법 제27조).

1)의 사례에서 A중사는 전쟁에서 실종되어 5년이 경과하였으므로 사망으로 간주한다. 2)의 사례에서 사망으로 간주된 A중사는 법원에 실종선고 취소를 청구할 수 있고, 만약 부인에게 A중사의 재산이 상속되었다면 A중사가 다시 돌려받을 수 있다. 다만, A중사가 포로가 되고 부인B가 A중사의 생존사실을 알고도 재혼하였다면 A중사와 부인B의 혼인은 다시 부활하지만 이혼사유가 되고, 부인B와 재혼남의 혼인은 중혼이 되어 취소할 수 있다. 또한, 부인B와 재혼남 모두가 A중사가 사망한 것으로 알고 재혼한 경우에는 살아 돌아왔다 하더라도 그 혼인은 그대로 유지된다.

Ⅳ 전시의 민간인 보호

적대행위에 가담하지 않은 사람들이 거주하는 민간주민 거주지역에 대한 해적행위는 허용되지 않는다. 그럼에도 불구하고 제1차·제2차 세계대전까지 전시의 민간보호에 관한 국제적 합의는 인색하였고, 가공할 전쟁무기의 등장으로 현대전에서는 전쟁에서의 승리에 못지않게 민간인 보호의 문제는 중대한 것이다.

1. 민간인 보호에 관한 국제법규

(1) 1907년 헤이그 육전규칙

1907년 헤이그 육전규칙은 방비되지 않은 도시·촌락·주거지대 또는 건물에 대한 공격을 금지하고(제25조~제27조), 민간주민의 보호에 관한 여러 개의 규정을 두었으나, 2차 세계대전 이전까지만 해도 전쟁은 민간인들과 상관없는 국가행동으로 간주되어 국제법은 전시에 있어서 민간주민에게 아무런 보호도 부여하지 않았다.

(2) 1949년 제네바 민간인보호협약

제2차 세계대전의 참혹성을 경험한 인류는 1949년 제네바 민간인보호협약을 채택하였다. 이 협약은 무력충돌의 희생자들에 대한 존중과 보호 및 인도적 대우를 확보하기 위하여 모든 선언과 전쟁 또는 기타 무력충돌 및 점령의 경우에 있어서 교전당사국 내의 외국인 또는 점령지역 내의 주민이 교전당사국 또는 점령국의 안전에 유해한 행동을 하지 않는 한 그들을 보호할 것을 규정하고(제4조 및 제5조), 비국제적 무력충돌의 경우에도 적대행위에 직접 참가하지 않은 사람은 불리한 차별을 받지 않고 인도적으로 대우할 것을 규정함으로써 자연법으로서의 인간의 존엄성에 대한 국제적 인도법전(人道法典)으로 평가되고 있다.

(3) 1977년 제네바 제1추가의정서

1977년 제네바 제1추가의정서는 교전당사국 내의 외국인 또는 점령지역 내의 주민을 대상으로 하였기 때문에 무력충돌 중의 공중폭격 또는 게릴라전과 같은 새로운 전쟁방법 및 신무기로부터 모든 민간인을 최대한도로 보호하기에는 미흡하였기 때문에 미비점을 보완하여 채택하게 되었다.

즉 민족자결권을 행사하기 위해 식민지 지배, 외국의 점령 및 인종차별정권에 항거하는 무력충돌을 포함하여(제1조) 그 범위를 확대하는 한편 적대행위의 영향으로부터 민간인을 보호할 것(제48조~제67조)과 민간주민을 구호할 것(제68조~제71조) 및 교전당사국 권력 내에 있는 개인을 보호할 것(제72조~제79조) 등을 규정하고 있다.

2. 전쟁의 특정결과에 대한 민간인 보호

(1) 전쟁지역의 모든 민간인 보호

민간인이란 군대에 소속하지 않고 적대행위에 가담하지 않는 자, 즉 1977년 제네바 제1추가의정서 제43조의 군대와 교전자를 제외한 모든 사람을 말한다.

민간인에 대한 인종・국적・종교 또는 정치적 의견 등에 근거한 불리한 차별은 금지되고(1977년 제네바 제1추가의정서 제75조), 부상자・병자・허약자 및 임산부는 특별히 보호・존중해야 하며(1949년 제네바 민간인보호협약 제16조), 해적행위에 이용되지 않는 한 그들을 위한 민간병원 및 의무요원과 의무수송을 위한 차량・열차・선박・항공기 등도 특별한 존중의 대상이 되어야 하며 적십자표장의 보호 하에 둘 수 있다(1949년 제네바 민간인보호협약 제18조~제22조). 특히 임산부와 아동은 '모든 저열한 폭행으로부터 특별히 존중되며, 이들에 대한 사형집행은 금지된다(1977년 제네바 제1추가의정서 제76조~제77조).

또한 전쟁지역 내에서 위험한 직무에 종사하는 기자는 민간인으로 간주되고, 1949년 제네바 민간인보호협약 A(4)에 규정된 지위, 즉 적국 지역에 들어갈 경우 포로로 되는 자격을 갖게 되어 종군한다.

사례연구 213 ▶ 전시 무차별공격

A국은 B국과의 전쟁 중에 전세가 불리하자 민간인 지역에 집중 포격·폭격을 하고 결국 그 도시를 함락하였다. 이는 전쟁법을 위반하는 행위인가?

▶ 무방비(無防備)의 도시·촌락·건물은 육상·해상·공중으로부터의 여하한 수단으로도 공격할 수 없다(1907년 헤이그 육전규칙 제25조, 1977년 제네바 제1추가의정서 제59조 제1항). 그리고, 민간주민·재산에 대한 살상·파괴, 포로·상병자·민간주민에 대한 비인도적 대우, 무방비의 도시·병원선 공격 등은 전쟁범죄인으로 처벌받게 된다.

(2) 피보호자에 대한 보호

피보호자란 무력충돌 또는 점령시 교전당사국 또는 점령지역 내에 있는 자로서 교전당사국 또는 점령국의 국민이 아닌 사람(1949년 제네바 민간인보호협약 제4조) 및 적대행위 개시 전에 관계당사국들에 의해 채택된 국제조약 또는 피난국이나 거류국의 국내법에 의하여 무국적자 또는 피난민으로 인정된 사람이다(1977년 제네바 제1추가의정서 제73조).

피보호자의 신체·생명·가족으로서 갖는 모든 권리·신앙 및 종교상의 행위·풍속 및 관습은 존중되어야 한다(1949년 제네바 민간인보호협약 제27조). 피보호자 소재지의 군사적 이용(제28조), 강제적인 정보취득(제31조), 육체적 학대 및 살육(제32조) 및 연대형이나 약탈 또는 보복(제33조), 인질행위(제34조) 등은 금지된다.

그리고 교전당사국 영역 내의 외국인은 교전당사국의 국가적 이익에 반하지 않는 한 안전·위생·보건 및 식량에 관하여 만족할 만한 조건 하에 퇴거할 권리를 갖는다(제35조~제36조). 만일 그들이 퇴거하지 않고 그대로 잔류하고 있는 경우에는 일반 외국인과 동일한 대우를 받는다(제38조).

또한 점령지역 내의 외국인은 점령국의 국가적 이익에 반하지 않는 한 점령국이 정하는 절차에 따라 퇴거할 권리를 가지고(제48조), 주민의 안전 및 군사상 이유가 없는 한 점령지역으로부터 강제이송 및 추방(제49조), 강제노동·자발적 지원을 위한 압박 및 선전(제51조), 재산상의 불필요한 파괴(53조) 등이 금지된다.

(3) 피억류자에 대한 보호

피억류자란 피보호자를 권력 내에 두고 있는 국가의 통치조치(제41조), 재류국의 안전보장상 이유(제42조), 법원 또는 행정청의 재심사(제43조), 점령국에 대한 범죄행위의 처치(제68조), 피보호자에 대한 안전조치(제78조) 등으로 억류 또는 주거지정의 사람을 말한다.

재류국은 피재류자가 민간인이라는 사실을 고려하여 포로와는 분리수용하여야 하지만(제84조), 수용소의 위치(제83조), 종교적 의식(제86조), 매점 및 공습대피소설치(제87조~제88조), 식량 및 피복(제89조~제90조) 및 의료(제91조~제92조), 종교적·지적 및 육체적 활동(제93조~제96조) 등은 포로에 대한 것과 동일하게 보장되어야 한다.

저자약력

원 영 철

- 청주대학교 법정대학 법학과 졸업(법학사)
- 동 대학원 법학과 수료(법학석사·법학박사)
- 상지영서대학교 전임강사 · 조교수 · 부교수 · 정교수
- 민주평화통일정책자문회의 자문위원
- 원주시공무원인사위원회 부위원장
- 원주시의회 행동강령운영 자문위원회 위원장
- 강원도교육청 청렴도민감사관
- 사단법인 한국법이론실무학회 회장
- (현) 강원특별자치도교육청 강원교육자치추진단 위원
- (현) 원주교육지원청 교육발전자문위원회 위원장, 학교폭력 · 교권보호위원회 심의위원
- (현) 상지대학교 세종창의교양대학 교양학부 정교수

〈 주요 저서 및 논문 〉

- 삼위일체 국제법(대왕사, 1997)
- (제1판~제6판) 이론과 사례연구 법과 생활(도서출판 삼영사, 1997~2021)
- (제1판~제8판) 생활과 법률(도서출판 삼영사, 2009~2025)
- 교사의 든든한 버팀목 알면 힘이 되는 법이야기(도서출판 삼영사, 2019)
- (이론과 사례연구) 군법개론(도서출판 삼영사, 2020)
- 알아두면 쓸모있는 교권 · 교직이야기(도서출판 삼영사, 2021)
- 꼬리에 꼬리를 무는 교육활동 보호 Q&A(도서출판 삼영사, 2025)
- 국제기업의 국제법적 규제에 관한 연구
- 해양환경보전과 지역조약
- 해양투기에 의한 해양오염의 국제법적 규제
- 국제법상 해양환경보전을 위한 지역적 협력방안에 관한 연구
  – 동북아해역의 해양환경보전을 중심으로
- UN해양법협약상 분쟁해결제도
- 난민의 국제적 보호에 관한 연구 외 다수

사례와 함께하는 **군사법규**

2025년 2월 11일 1판 1쇄 인쇄
2025년 2월 15일 1판 1쇄 발행

저 자 원 영 철
발행인 고 성 익

05027
발행처 서울특별시 광진구 아차산로 335 삼영빌딩
도서출판 三 英 社
등 록 1972년 4월 27일 제2013-21호
전 화 737-1052 · 734-8979 FAX 739-2386

정가 28,000원

ISBN 978-89-445-0596-6-93360